"十三五"国家重点出版物出版规划项目
现代机械工程系列精品教材

机械控制工程基础

第4版

陈秀梅　徐小力　编著
韩秋实　主审

机 械 工 业 出 版 社

本书主要介绍机械控制工程的基本原理、基础知识及其在机械工程中的应用。全书力求在讲清基本概念的基础上，阐述了近年来发展的相关理论方法和技术，并介绍了在机械工程中的应用知识和有关实例。全书分为上、下两篇。上篇为基础部分，主要内容包括：原理分类与方法、物理系统的数学模型及传递函数、瞬态响应及误差分析、频率特性分析、控制系统的稳定性、控制系统的综合与校正、根轨迹法等。下篇为扩展及应用部分，主要内容包括：MATLAB 在控制系统分析中的应用、系统辨识及模型、离散控制系统、非线性控制系统、现代控制理论基础、智能控制理论基础、机械系统预测控制方法及应用、机械系统状态监控与故障诊断技术。

本书可作为机械设计制造及其自动化、机械工程等专业的本科生和研究生的教材，也可供高等工科院校的教师及相关领域的工程技术人员学习与参考。

图书在版编目（CIP）数据

机械控制工程基础/陈秀梅，徐小力编著．—4 版．—北京：机械工业出版社，2024.1（2025.2 重印）
“十三五”国家重点出版物出版规划项目　现代机械工程系列精品教材
ISBN 978-7-111-74931-8

Ⅰ．①机…　Ⅱ．①陈…　②徐…　Ⅲ．①机械工程—控制系统—高等学校—教材　Ⅳ．①TH-39

中国国家版本馆 CIP 数据核字（2024）第 022474 号

机械工业出版社（北京市百万庄大街 22 号　邮政编码 100037）
策划编辑：徐鲁融　责任编辑：徐鲁融
责任校对：樊钟英　封面设计：张　静
责任印制：任维东
河北鹏盛贤印刷有限公司
2025 年 2 月第 4 版第 3 次印刷
184mm×260mm · 19.5 印张 · 479 千字
标准书号：ISBN 978-7-111-74931-8
定价：59.80 元

电话服务
客服电话：010-88361066
010-88379833
010-68326294

网络服务
机　工　官　网：www.cmpbook.com
机　工　官　博：weibo.com/cmp1952
金　　书　　网：www.golden-book.com
机工教育服务网：www.cmpedu.com

第4版前言

朱骥北教授主编的《机械控制工程基础》于1989年6月由机械工业出版社正式出版发行以来，在全国高等院校非控制类专业本科生、研究生、高校教师以及相关科研人员、工程技术人员中广泛使用，“机械控制工程基础”（或“控制工程基础”）课程也在全国高校机械类、仪器类等非控制类专业普遍开设。现代科学技术不断进步，特别是信息技术、人工智能等相关技术发展迅猛，为了适应国家教育部门不断提出的教学改革要求，以及我国科研任务与工程应用需求，本书多年来与时俱进地增加随信息技术发展而产生的相关先进机械控制理论与方法，补充基于计算机技术的分析工具和手段等，在修订补充相关内容后又先后于2013年和2020年出版发行了本书的第2版和第3版，且本书第3版被列入“十三五”国家重点出版物出版规划项目——现代机械工程系列精品教材。本书自第1版正式出版发行以来共印刷40余次，发行近15万册。

随着数字化、网络化、自动化、智能化等信息时代的现代机械控制工程技术的发展，为了造就具有新时代科技知识的专业人才，培养社会主义事业建设者和接班人，结合近年来教学经历及科研实践，力图在深入系统地阐明机械控制工程理论知识的基础上，将创新意识与工匠精神有机融入工科专业课程，适应社会对创新人才需求，培养学生职业素养与工程实践能力，理解工匠精神的精髓，实现知识内容无缝衔接，我们在本书第3版基础上再次进行修订，力求对经典控制理论、现代控制理论及应用有一个更全面的介绍。

本书将有关机械控制工程的内容分为上、下两篇。上篇主要为经典控制基本理论及方法；下篇为扩展应用部分，主要介绍现代控制理论及近年发展起来的智能控制理论、机械系统预测控制方法及应用、机械系统状态监控与故障诊断技术等相关新理论方法。

本书可作为机电类专业的一门技术基础课教材，课程参考学时为32~56学时，本书力求在阐明机械控制工程的基本概念、基本知识和基本方法的基础上，进一步结合机械工程实际，为读者运用机械控制工程理论解决机械电子、机电一体化等领域的实际问题打下基础并提供实例。本次修订参考了国内外同类教材和其他有关文献，具有并突出了以下特点：

1）着重阐明机械控制工程的基本概念及其基本方法，以机械系统作为主要受控对象，力求深入浅出地构建数学模型及分析系统动态特性。

2）注重控制理论和科研实践相结合，引入工程案例，力图以实例引导读者运用机械系统控制理论解决机械工程的实际问题。

3）阐述了随着计算机技术而发展起来的若干先进的机械控制理论与方法，提供了有关公式、参数及方法，便于读者了解新的理论方法，也便于各高校的考研学生自学与参考。

4）利用现代信息化、智能化技术增加了知识拓展的内容，尽可能地将一些新的科研成果融入教材，以落实立德树人根本任务，培育传承工匠精神。

本书由北京信息科技大学具有20余年教学经验的“机械控制工程基础”课程主讲教师、北京高校优质本科教材课件（《机械控制工程基础》）建设项目负责人——陈秀梅副教授确定了修订方案，并结合多年教学经验和科研实践进行了有关章节的补充及修订；由中国机械工程学会设备智能运维分会荣誉主任、北京信息科技大学原现代测控技术教育部重点实验室主任、机械电子工程北京市重点学科带头人——徐小力教授承担了统编及统稿工作。

本书由北京信息科技大学韩秋实教授主审，他对本书的修订编著提供了很多的帮助；黄民教授对本书中存在的一些问题提出了宝贵的修改意见，使得本书在修订后更加完善；王红军教授和彭宝营教授对本书的编著提出了宝贵建议，在此一并表示衷心的感谢！

本书得到了国家科技部重点研发计划课题（2021YFC2400300）、北京市教育委员会——促进高校分类发展北京高校优质本科教材课件项目（5112210814）、北京市科委科技计划项目（Z191100002019004）、京津冀协同创新共同体建设专项（22341802D）、河北省科技攻关计划项目（19041827Z）、北京信息科技大学优质课程建设等项目的资助和支持，在此表示衷心的感谢！

《机械控制工程基础》自第1版以来的多次再版、印刷与发行均由机械工业出版社承担，并由机械工业出版社负责了策划、编辑、校对与封面设计等，在此特别致谢！

我们尊敬的老前辈朱骥北教授于2020年逝世，谨以本书出版来纪念朱骥北教授并感谢他对本书出版做出的开创性及历史性贡献，向他在人才培养及专业建设中数十年所做出的突出贡献表示崇高的敬意。

对于书中的缺点和错误，敬请读者和专家批评指正。

陈秀梅　徐小力

2023年11月于北京

第1~3版前言

第3版前言

朱骥北教授主编的《机械控制工程基础》（以下简称第1版）正式出版以来，由于机械控制工程课程在全国各高等院校的机械类、仪器类等非控制专业的普遍开设，第1版已在相关专业的本科生、研究生培养中被广泛采用，各高校对本书的需求量日益增大，故已经过了多次印刷并出版了第2版。书中介绍的机械工程控制论所提供的理论和方法，也越来越多地成为科技工作者及工程技术人员分析和解决问题的有效手段。

为了深入系统地阐明机械控制工程的知识，适应机械控制工程技术的快速发展，结合近年来教学经历及科研实践，我们在第2版基础上又做了修订。本书力求对传统控制理论、现代控制理论及应用有一个更全面的介绍。

本书将有关机械控制工程的内容分为上、下两篇。

上篇为基础部分，主要内容包括：原理分类与方法、物理系统的数学模型及传递函数、瞬态响应及误差分析、频率特性分析、控制系统的稳定性、控制系统的综合与校正、根轨迹法等。为了帮助读者学习，在上篇的每一章后面都增加了小结、思考题和习题。这样使上篇更有利于读者学习了解有关机械控制工程的经典控制基本理论与基本方法。

下篇为扩展及应用部分，主要介绍了近年来发展的相关新理论方法和新技术，增加了在工程中的应用背景及应用知识，补充了有关应用实例，主要内容包括：MATLAB在控制系统分析中的应用、系统辨识及模型、离散控制系统、非线性控制系统、现代控制理论基础、智能控制理论基础、机械系统预测控制方法及应用、机械系统状态监控与故障诊断技术。下篇有利于读者进一步学习了解机械控制工程的新技术及工程应用。

本书可作为机电类专业的技术基础课教材，课程参考学时为32~56学时。本书力求在阐明机械控制工程的基本概念、基本知识和基本方法的基础上，进一步结合机械工程实际，为读者运用机械控制工程理论解决机械电子、机电一体化等领域的实际问题打下基础并提供实例。本次修订参考了国内外同类教材和其他有关文献。本书具有并突出了以下特点：

1）以机械系统作为主要受控对象，力求深入浅出地构建数学模型、分析系统动态特性，着重阐明机械控制工程的基本概念及其基本方法。

2）增加了随着数字化技术发展起来的若干先进的机械控制理论与方法，阐述了有关公式、参数及方法，便于读者了解新的理论方法，也便于各高校的考研学生自学与参考。

3）结合科研实践介绍机械系统控制工程应用技术，力图以实例引导读者运用机械系统控制理论解决机械工程的实际问题。

4）本书以二维码的形式引入“科普之窗”“科学家科学史”“信物百年”模块，介绍超级镜子发电站、我国探月工程等典型自动控制系统，讲述钱学森的科学家故事，介绍第一台国产电动轮自卸车、蛟龙号等研发创造的感人故事，让学生学习专业知识之余对机械系统、自动控制系统有更深入的了解，感受科学家精神和机械控制相关系统、产品的自主研发创造历程，将党的二十大精神融入其中，树立学生的科技自立自强意识，助力培养德才兼备的高素质人才。

第1版于1989年6月出版，由原北京机械工业学院（2008年更名为北京信息科技大学）朱骥北教授主编。本书第2版于2013年5月出版，是北京信息科技大学徐小力教授受朱骥北教授委托，由徐小力教授、陈秀梅副教授在原基础上重新编著完成的。本书正在编辑出版之际，朱骥北教授因病于美国洛杉矶不幸逝世，谨以本书出版来纪念并感谢尊敬的朱骥北教授，并向他在人才培养及专业建设中数十年所做出的贡献表示崇高的敬意。

在本书的编著过程中，徐小力确定了编著方案，承担了组织及统稿工作，并结合科研任务和工程应用完成了有关章节及内容的编著。陈秀梅结合多年来主讲机械控制工程基础课程的教学实践，承担了统编工作，对主要章节进行了撰写、编排、补充及修改。

北京信息科技大学韩秋实教授主审了本书，并对本书的编著提供了很多帮助，王红军教授和黄民教授对本书的编著提出了宝贵建议，陈涛、赵西伟助理研究员等参与了图形绘制，在此一并表示衷心的感谢。

本书的出版得到北京信息科技大学现代测控技术教育部重点实验室、机电系统测控北京市重点实验室、机电工程学院，中国机械工程学会设备与维修工程分会等的支持；得到国家自然科学基金项目（50975020、51275052、51410105027）、国家科技重大专项（2009ZX04014-101、2013ZX04011-012、2015ZX04001002）、国家863计划（2015AA04370202）、北京市自然科学基金项目（A类重点3131002）、北京市引进国外技术重点项目（B201101010）、北京学者资助计划（2015-No. 025）等的资助。

对于书中的错误及不足之处，敬请广大读者批评指正。

徐小力　陈秀梅

第2版前言

本书是在朱骥北教授主编的《机械控制工程基础》（以下简称第1版）的基础上做了较大修订和补充而成的。第1版于1989年6月出版。自第1版正式出版以来，“机械控制工程”课程已在全国各高等院校的机械类、仪器类等非控制专业普遍开设。随着各高校对教材的需求量日益增大，20多年来，第1版已经多次印刷。机械工程控制论所提供的理论和方法，近年来也有很大发展，并越来越多地成为科技工作者及工程技术人员分析和解决问题的有效手段。

为了能够深入系统地掌握机械控制工程的知识，适应机械控制工程技术的快速发展，由近年来在教学和科研第一线工作的教师在第1版基础上进行修订，力求对传统控制理论和现代控制理论有一个较为全面的介绍。

本书将有关机械控制工程的内容分为上、下两篇。

上篇以第1版内容为主，并对第1版章节中的内容做了一些修改和补充。主要的变动包括：在第1版第二章中添加了信号流图及梅逊公式，另外，增加了机械系统的数学模型实例；在第1版第三章中增加了静态误差系数；将第1版第五章中的根轨迹内容改在第七章单独编写等。为了帮助读者学习，在上篇的每一章后面都增加了小结、思考题和习题。上篇有利于读者学习了解有关机械控制工程的经典控制基本理论与基本方法。

下篇以介绍近年来发展的相关新理论方法和新技术为主，作为本书增加的新内容。新增加的内容包括：离散控制系统、非线性控制系统、现代控制理论、智能控制理论及机械系统预测控制方法等，另外，增加了在工程中的应用背景及应用知识，补充了有关应用实例。下篇有利于读者进一步学习了解机械控制工程的新技术及工程应用。

本书可作为机电类专业的技术基础课教材，课程参考学时为 32~56 学时。本书力求在阐明机械控制工程的基本概念、基本知识和基本方法的基础上，进一步结合机械工程实际，为读者运用机械控制工程理论解决机械电子、机电一体化等领域实际问题打下基础。本书参考了国内外同类教材和其他有关文献。本书保持并突出了以下特点：

1）以机械系统作为主要受控对象，力求深入浅出地构建数学模型及分析系统动态特性。

2）着重阐明机械控制工程的基本概念及其基本方法。

3）引入和编写了第 1 版中未包含的内容——梅逊公式、静态误差系数和根轨迹内容，以便于各高校的考研学生自学与参考。

4）增加了离散控制系统、非线性控制系统、现代控制理论基础、智能控制理论等基础理论知识，便于读者了解近年来随着计算机数字化技术发展起来的若干先进机械控制理论与方法。

5）结合科研任务介绍机械系统预测控制的应用技术，以实例引导读者运用机械系统控制理论解决机械工程中的实际问题。

第 1 版由朱骥北（原北京机械工业学院教授，北京机械工业学院于 2008 年更名为北京信息科技大学）主编完成。在本书出版之际，谨向朱骥北教授在数十年的人才培养及专业建设中所做出的贡献表示由衷的敬意。

本次修订由朱骥北教授委托徐小力负责实施，主要由徐小力（北京信息科技大学教授）、陈秀梅（北京信息科技大学副教授）编著完成。徐小力确定了本书的编著方案及承担了再版组织及统稿工作，并结合科研任务和工程应用完成了有关章节及内容的编著。陈秀梅承担了本书的统编工作，对上篇主要章节进行了补充和编排，并对下篇主要章节进行了撰写及修改。

本书由北京信息科技大学韩秋实教授审稿，他对本书的编写提供了很多帮助；王红军教授也对本次修订给予了热心指导；黄民教授对本书的编写提出了宝贵建议；陈涛助理研究员对有关内容进行了编写；任彬博士生进行了相关编辑工作；孙再富研究生做了大量录入工作。在此对他们一并表示深深的感谢。

本书得到国家自然科学基金项目（50975020、51275052）、北京市自然科学基金重点项目（3131002）、北京市引进国外技术重点项目（B201101010）、北京市教育委员会面上项目（KM200910772003）、北京市中青年骨干教师人才强教深化计划项目（PHR201008431）、北京信息科技大学教材建设项目等的资助和支持。

对于书中的缺点和错误，敬请读者批评指正，不胜感谢。

徐小力　陈秀梅

2013 年 5 月于北京

第1版前言

本书是根据全国高等学校工科类1986~1990年教材编审、出版规划，以及机械制造工艺及设备专业教学指导委员会制订的“机械控制工程基础”课程教学大纲编写的。

本门课程确定为技术基础课，教学总学时数为46学时。教材内容的取舍，适用范围为40~54学时的课程。这本书不但适用于机制专业，也特别适合机械设计与制造、精密仪器等机械类各专业大学生使用。

在适当配合其他教学环节的条件下，本课程应达到的教学目的及要求是：学习运用经典控制理论的基本原理及思想方法，初步分析与研究机械及电气系统中信息的传递、反馈及控制以及机械系统的动态特性。要求掌握有关的基本原理与方法，初步培养学生进行系统分析的能力，结合后续专业课的学习，为将来解决机械工程及机械电子工程中的实际问题具备一定能力。

本书共有七章，包括绪论、物理系统的数学模型及传递函数、瞬态响应及误差分析、频率特性分析、系统的稳定性、系统的综合与校正、系统辨识简介及附录拉普拉斯变换。讲授时，应以第二、三、四章作为重点。其中，特别是第四章频域法是经典控制理论的核心。由于机械工程实际问题的复杂性，即计算机控制需要采用离散的差分方程模型而编写了第七章系统辨识简介，可按学时数多少而取舍。附录中的拉普拉斯变换部分可根据学生的情况，作为复习内容。需要注意：要突出基本概念，使学生觉得“实”，避免“玄”“虚”“空”；要阐明基本知识及方法；要结合机、电、液；要运用并巩固已学的理论知识及联系后续的专业课；还要层次清晰、深入浅出。本书也正是按以上原则来编写的。

从1980年起，由于清华大学张伯鹏教授主编的《控制工程基础》教材的出版，国内各大学陆续在本科大学生中开设了此课。近10年来，随着这门新兴学科的进一步发展，机械类专业大都开设了这门课程，相应地积累了经验并编写了一些教材，其中由华中理工大学杨叔子及杨克冲教授主编的《机械工程控制基础》就是一本好的学术专著。本书正是参考了以上一些著作，并吸取了1988年全国机械控制工程研究学会讨论本书编写提纲时提出的不少好建议，力争做到好教、好学而编写的。在此，谨向众多的教授、副教授及讲师们表示衷心的感谢。

本书由北京机械工业管理学院朱骥北教授主编，并编写了第一、二、七章及附录拉普拉斯变换。陕西机械学院秦世良同志编写了第三、四、五、六章。

本书由西安交通大学何钺教授担任主审。参加审稿工作的还有天津大学刘又午教授、大连理工大学刘能宏教授、浙江大学张尚才教授。华中理工大学杨克冲和杨叔子教授等。他们提出了许多宝贵意见，在此表示衷心的感谢。此外，我的研究生们（讲师）在编写过程中也付出了劳动，在此也一并致谢。

限于编者水平，由于本课程是新的体系，许多问题有待于探讨与实践总结。因此，书中缺点与错误在所难免，恳请广大读者批评指正。

朱骥北

1989年6月于北京

目　录

下 篇

上篇

1

第一章 绪论

在科学技术飞速发展的今天，机械控制工程技术已经成为不可缺少的现代技术体系的主要内容。该项技术已经广泛地应用于机械、冶金、石油、化工、电子、电力（如超级镜子发电站，扫描下方二维码观看相关视频）、航空、航海、航天（如探月工程，扫描下方二维码观看相关视频）、核能等各个领域。随着现代机械制造业的发展，机械控制工程技术的研究越来越深入且应用越来越广泛。在机械制造过程中，通过综合运用控制理论、机械工程、计算机技术及微电子学等技术，能够明显地提高生产效能及质量，并不断研发出新型机电一体化产品。

中国创造：超级镜子发电站

我们的征途——中国探月工程1

我们的征途——中国探月工程2

我们的征途——中国探月工程3

本书所阐述的“机械控制工程”是一门技术科学，也是一门边缘科学。它主要研究用控制理论的基本原理来解决机械工程中的实际技术问题，随着工业生产及科学技术不断发展，越来越显示出它的重要性，为人们瞩目。

控制理论之所以在机械工业中受到重视，不仅是自动化技术高度发展的需要，而且它是与信息科学、系统科学密切相关联的。尤其重要的是，它提供了辩证的方法，不但从局部而且从整体上来分析与认识一个机械系统，进而去改造它，以满足生产实际的需要。

本书旨在介绍机械控制理论的基础内容，也就是在经典控制理论的范围内，怎样结合与应用于机械系统；重要的是从这个新的体系学习中，去建立基本的概念与掌握基本的方法，并能够进行运用。

第一节　控制系统的基本工作原理

控制系统的控制有人工控制与自动控制。自动控制就是在没有人的直接参与下，利用控制器（如机械装置、电器装置或电子计算机）使生产过程或控制对象（如机械或电器设备）的某一物理量（如温度、压力、液面、流量、速度、位移等）准确地按预期的规律运行。

例如：电冰箱自动控制冰箱中的温度恒定；水箱控制液面的高度恒定；数控机床根据加工工艺的要求，能够自动地、按照一定的加工程序加工出所要求形状的工件来。总之，控制系统要解决的最基本问题就是如何使受控对象的物理量按照给定的变化规律变化。

自动控制往往是参考人工控制而建立起来的，以下举出一些简单、典型的例子来说明控制系统的基本工作原理。

1. 机械加工

图 1-1a 所示为在车床上加工轴类零件。操作工人转动带有刻度盘的手轮，丝杠带动刀架移动以控制刀具的切槽进给。在这个大家熟知而简单的例子中，被控对象是刀架，被控参数是切槽进给，而控制器是刀架传动丝杠和手轮。这个例子为人工控制。

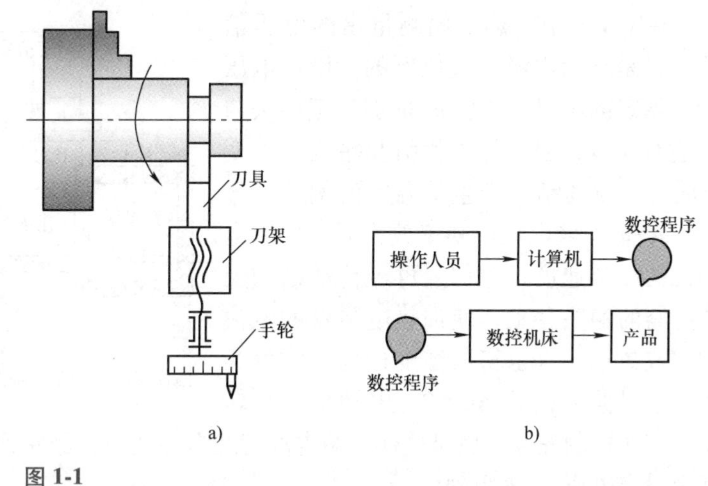

图 1-1

机械加工控制系统

a）在车床上加工轴类零件 b）数控机床加工的工作原理框图

图 1-1b 所示为数控机床加工的工作原理框图。操作人员按加工工件的要求，预先编出数控程序，把数控程序输入数控机床，于是机床在数控程序的操纵控制下，自动地加工出复杂而精确的零件。此例的操作人员在加工过程中，不直接参与操作，与产品之间没有实时的联系，为自动控制系统。

2. 恒温箱

图 1-2 所示为人工控制的恒温箱。当箱中的温度受环境或电源电压波动等外来的干扰而变化时，为满足箱中温度的恒温要求，可由人工来移动调压器的活动触头，改变加热电阻丝的电流，以控制箱内的温度。箱内温度由温度计来测量。这里，被控制对象是恒温箱，被控量（参数）是温度，控制器是调压器。

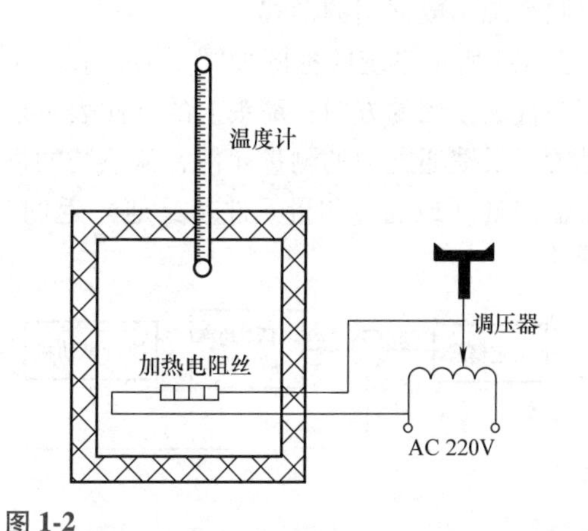

图 1-2

人工控制的恒温箱

恒温箱人工控制过程如下：由测量元件（温度计）观察出恒温箱的温度，与所要求的温度值（给定值）进行比较，两者之差称为偏差，因此得到了温度偏差的大小与方向，据此再来调节调压器，进行箱温的控制。例如：当箱温低于所要求的温度值时，可人工移动调压器的触头向右，增加加热电阻丝的电流，使箱温上升到给定值，反之，当箱温高于所要求的温度值时，可人工移动调压器的触头向左，以减少加热电阻丝的电流，使箱温下降回到给定值。这种控制称为人工定值控制。

人在这种控制中的作用是观测、求偏差及进行纠正偏差的控制，或简称为“求偏与纠偏”的过程。如果将以上人工的作用由一个自动控制器来代替，于是一个人工控制系统就变成为一个自动控制系统。

图1-3所示为恒温箱的自动控制系统。在这个自动控制系统中，图1-2所示的温度计由热电偶代替，并增加了电气、电动机及减速器等装置。

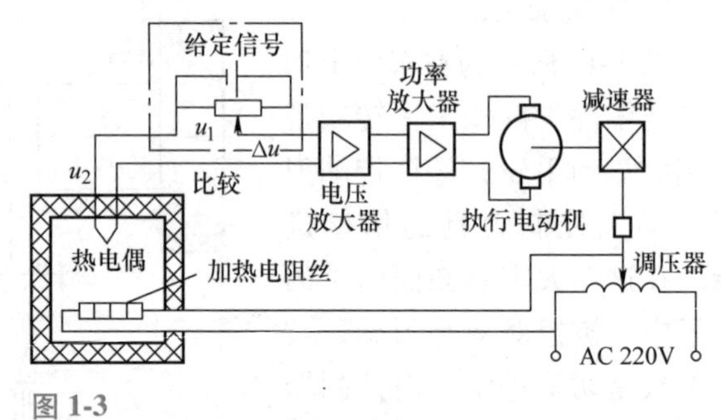

图1-3

恒温箱的自动控制系统

在图1-3中，热电偶测量出的电压信号u_2，是与箱内温度成比例的。设定电压u_1为给定的箱温，并使u_2能够反馈回去与u_1进行比较，当外界干扰引起箱内温度变化时，比较的结果产生了温度的偏差信号$\Delta u=u_1-u_2$，经电压及功率放大后，控制电动机的旋转速度及方向，再经传动结构及减速器的触头移动，使加热电阻丝的电流增加或减小，直至箱内温度达到给定值为止。这时偏差信号$\Delta u=0$，电动机停止转动，完成控制任务。就是这样，箱内温度经自动调节，经常保持在给定温度上，这个给定温度由设定电压u_1来得到。

通过上面人工控制系统与自动控制系统对比，可以看出：

1） 测量。前者靠操纵者的眼睛，后者由热电偶输出u_2来测量。

2） 比较。前者靠操纵者的头脑，后者靠自动控制器完成比较作用。

3） 执行。前者靠操纵者的手，而后者由电动机等完成执行作用。

为了便于对一个自动控制系统进行分析以及了解其各个组成部分的作用，经常把一个自动控制系统画成框图的形式。

图1-3所示系统的框图如图1-4所示。在图1-4中，方框表示系统的各个组成部分；直线箭头代表作用的方向；箭头上的标注表示框的输入及输出物理量；⊗表示比较元件。热电偶是置于反馈通道中的测量元件，从系统的框图可以明显地看出系统是有反馈的。反馈就是指将输出量（或通过测量元件及其他）返回到输入端，并与输入量相比较，比较的结果称为偏差。

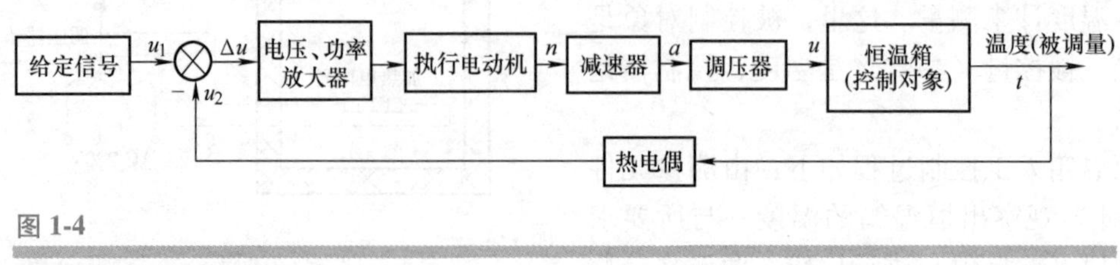

图1-4

恒温箱自动控制系统框图

由图1-4还可以清楚地看出，系统的输入量就是给定的电压信号，系统的输出量（即被调节量）就是被控制物理量——温度。控制系统是按偏差的大小与方向来工作的，最后使偏差减小或消除（这在以后章节中进一步讲述），从而使输出量随输入量而变化。

一般在自动控制系统中，偏差是基于反馈建立起来的。自动控制的过程就是“测偏与纠偏”的过程，这一原理又称为反馈控制原理。利用此原理组成的系统称为反馈控制系统。

第二节 自动控制系统的分类

自动控制系统的应用很广，因此，按其结构及功能的分类方法也很多，以下仅介绍自动控制系统的几种主要分类方法。

一、按控制系统有无反馈分类

1. 开环控制系统

控制系统的输出量不影响系统的控制作用，即系统中输出端与输入端之间无反馈通道时，称为开环控制系统。

图 1-5 所示的数控机床进给系统，由于没有反馈通道，故该系统是开环控制系统。系统的输出对控制作用没有任何影响。系统的输出量受输入量的控制。而图 1-5 中，若四个框的任一个性能变化，就称为系统内部存在扰动，这将影响输出量与输入量不一致，也就是说扰动将影响输出的精度。

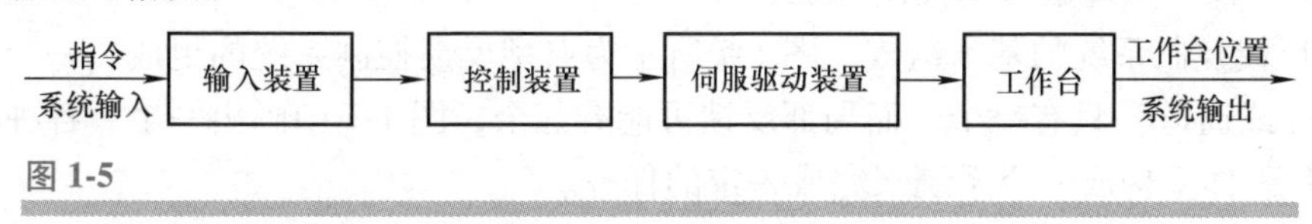

图 1-5

开环控制系统的数控机床进给系统

2. 闭环控制系统

控制系统的输出与输入存在着反馈通道，即系统的输出对控制作用有直接影响的系统，称为闭环控制系统。因此，反馈控制系统也就是闭环控制系统。

图 1-4 所示为一个闭环控制系统，其工作原理已如前所述。

图 1-6 所示的数控机床进给系统采用闭环控制系统。系统的输出（工作台的移动）通过检测装置（同步感应器或光栅等）把信号反馈到输入端，与输入信号一起通过控制装置对工作台的移动进行控制。

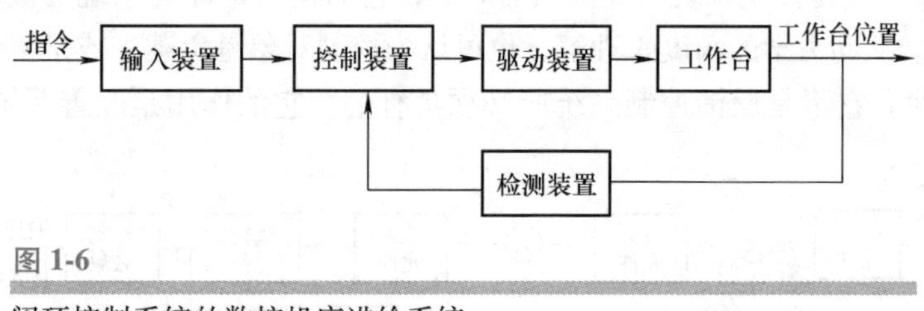

图 1-6

闭环控制系统的数控机床进给系统

闭环控制系统的主要优点是由于存在有反馈，若内外有干扰而使输出的实际值偏离给定值时，控制作用将减少这一偏差，因而精度较高；缺点也正是存在有反馈，若系统中的元件有惯性，以及与其配合不当时，将引起系统振荡，不能稳定工作。

必须指出，在系统主反馈通道中，只有采用负反馈才能达到控制的目的。若采用正反馈，将使偏差越来越大，导致系统发散而无法工作。

闭环控制是最常用的控制方式，通常所说的控制系统，一般都是指闭环控制系统。闭环控制系统是本课程讨论的重点。

3. 闭环控制系统与开环控制系统的比较

闭环控制系统与开环控制系统相比较，闭环控制系统的抗干扰能力强，对外扰动（如负载变化）和内扰动（如系统内元件性能的变动）引起被控量（输出）的偏差能够自动纠正，而开环控制系统则无此纠正能力，因而一般来说，闭环控制系统比开环控制系统的精度高。但是，由于开环控制系统没有反馈通道，因而结构较简单，实现容易；闭环控制系统在设计时要着重考虑稳定性问题，这给设计与制造系统带来许多困难，因而闭环控制系统主要用于要求高而复杂的系统中。

从自动控制理论的角度来说，主要是研究闭环控制系统，也就是研究反馈控制理论与方法。但是，对于机械系统的动特性，除自激振荡外，大多为开环控制系统，因此对开环控制系统的研究也是很重要的。

4. 反馈控制系统的基本组成及有关名词术语

由于反馈控制系统是完整而典型的自动控制系统，下面介绍其基本组成及有关名词术语，以便加深及全面理解自动控制系统。

（1）反馈控制系统的基本组成　图1-7所示为典型反馈控制系统的组成。一个系统的主反馈回路（或通道）只有一个。而局部反馈可能有几个，图1-7中画出一个。各种功能不同的元件，从整体上构成一个系统来完成一定的任务。

1）**控制元件**。用于产生输入信号（或称为控制信号）。

2）**反馈元件**。主要指置于主反馈通道中的元件。反馈元件一般用检测元件。若在主反馈通道中不设反馈元件，即输出为主反馈信号时，称为单位反馈。

3）**比较元件**。用来比较输入及反馈信号，并得出两者差值的偏差信号。

4）**放大元件**。把弱的信号放大以推动执行元件动作。放大元件有电气的、机械的、液压的及气动的。

5）**执行元件**。根据输入信号的要求直接对控制对象进行操作，如用液压缸、液压马达及电动机等。

6）**控制对象**。就是控制系统所要操纵的对象，它的输出量即为系统的被控制量，如数控机床的工作台等。从动力学的角度来理解，也可认为控制对象是负载，或是工作台上的负载。

7）**校正元件**。它不是反馈控制系统所必须具有的。它的作用是改善系统的控制性能。

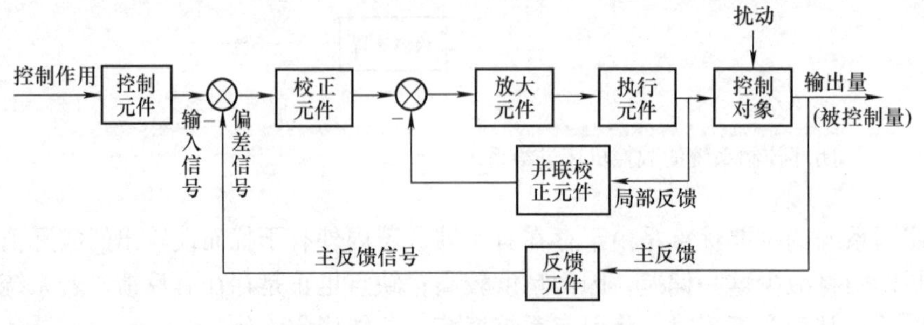

图1-7

典型反馈控制系统的组成

（2）反馈控制系统的有关名词术语

1）**输入信号**（输入量、控制量、给定量）。从广义上是指输入到系统中的各种信号，包括扰动信号这种对输出控制有害的信号在内。一般来说，输入信号是指控制输出量变化规律的信号。各种典型的输入信号将在以后的章节中介绍。

2）**输出信号**（输出量、被控制量、被调节量）。输出是输入的结果。它的变化规律通过控制应与输入信号之间保持有确定的关系。

3）**反馈信号**。输出信号经反馈元件变换后加到输入端的信号称为反馈信号。若它的符号与输入信号相同，称为正反馈；反之，称为负反馈。主反馈一般是负反馈，否则偏差越来越大，系统将会失控。系统中的局部反馈，主要用来对系统进行校正等，以满足控制某些性能要求。

4）**偏差信号**。为输入信号与主反馈信号之差。

5）**误差信号**。指输出量希望值与实际值之差。通常，希望值是系统的输入量。

需要注意的是，误差和偏差不是相同的概念。只有当系统的输出量不是部分的而是全部的反馈时，误差才等于偏差。

6）**扰动信号**。人为的激励或输入信号，称为控制信号。偶然的无法加以人为控制的信号，称为扰动信号或干扰信号。根据信号产生的部位，分为内扰与外扰。扰动也是一种输入量，一般对系统的输出量将产生不利的影响。

二、按控制作用的特点来分

按照给定量（即输入量）的特点不同，可将控制系统划分为恒值控制系统、程序控制系统和随动控制系统。

1. 恒值控制系统

前面介绍的恒温箱控制系统，它的特点是箱内的温度要求保持在某一给定值，这就是恒温控制系统。即当给定量（即输入量）是一个恒值时，称为恒值控制系统。这个恒值的给定量，也就是恒定值的输入信号，随着工作的要求，是可以调整变化的，但做调整后，又是一个新的恒值给定量，并且得到一个新的、与之对应的恒值输出量。

对恒值控制系统，要注意干扰对被控制对象的影响，研究怎样将实际的输出量保持在希望的给定值上。

2. 程序控制系统

对系统的给定量（即输入量）按预定程序变化的系统，称为程序控制系统。例如：数控机床工作台移动系统就是程序控制系统。程序控制系统可以是开环的，也可以是闭环的。

3. 随动控制系统

输出量能够迅速而准确地跟随变化着的输入量的系统，称为随动控制系统。具有机械量输出的随动控制系统，又可称为伺服控制系统。

随动控制系统的应用很广。例如：液压仿形刀架，输入是工件的靠模形状，输出是刀具的仿形运动；各种电信号笔式记录仪，输入是事先未知的电信号，输出是记录笔的位移；还有雷达自动跟踪系统及火炮自动瞄准系统都是随动控制系统。以上这些随动控制系统，由于输出均是机械量，故也都是伺服控制系统。

第三节 机械控制工程的研究对象与方法

机械工程涉及机械制造、交通运输、航天、能源、材料工程及生物工程等许多行业。由于科学技术的不断发展，以及计算机的广泛应用，尤其是机械与电子的结合，很多机械产品开始把电子、控制、计算机及机械融为一体，使古老的机械不断更新，以崭新的面貌出现。

控制论这门基础科学理论，来源于机械自动调节与控制技术的发展。由于生产的不断发展，从控制论派生出来工程控制论、生物控制论、经济控制论及社会控制论等技术科学。工程控制论的创始人钱学森（扫描右侧二维码观看钱学森的科学家故事）在他的著名著作《工程控制论》中，提出工程控制论是由工程技术实践中提炼出来的一般性理论，并能够应用到工程中去解决实际问题。而机械控制工程则是工程控制论在机械工程中应用的一门技术科学，我国是在20世纪80年代后才兴起的。

“两弹一星”功勋科学家：钱学森

怎样来阐明机械控制工程的研究对象与方法呢？这当然随着社会的前进及生产实践的不断发展，会得到越来越全面而科学的总结。工程控制论提出，“控制论的对象是系统”。系统动力学最早出现于1956年，创始人为美国麻省理工学院的福雷斯特（Jay. W. Forrester）教授，后来研究社会、经济、工程及生物的系统动力学在世界范围内蓬勃发展，并认为以上复杂系统具有共同的特点。这里我们仅参考其主要论点，来说明机械控制工程的研究对象及特点。

机械控制工程的研究对象是系统这是毋庸置疑的。具体地说：

1. 研究自动控制系统

用自动控制理论，包括经典控制理论和现代控制理论研究机电自动控制系统。经典控制理论主要研究单输入-单输出系统。而现代控制理论以状态的概念，研究复杂的多输入-多输出系统及时变系统的最优控制和自适应控制。

本教材将有关控制理论的内容分为上、下两篇：上篇以经典控制理论为主，下篇以现代控制理论为主。上篇主要研究的内容有：

1）控制系统分析。已知控制系统，对它进行静态及动态性能（一般可概括为稳、准、快）分析，看是否满足要求，并提出改进措施。

2）控制系统设计。也称为控制系统综合，就是根据所要求系统的性能指标，来设计控制系统。

以上两个方面，都需要首先建立系统的数学模型。

下篇以近年来发展的相关新理论方法和新技术为主，研究内容包括系统辨识、非线性控制系统、离散控制系统、现代控制理论、智能控制理论及机械系统预测控制方法等。

2. 研究机械动力学系统

这是由一般自动控制理论的任务发展而成的，它也正是机械控制工程所具有的特点。

这里系统的定义是：一个由相互作用的各部分组成的具有一定功能的整体。

机械动力学系统主要是指动态机械系统。研究机械动力学系统就是研究机械系统的动态特性，这是机械控制工程的主要任务之一。而目前关于研究广义的及有针对性的动力学系统，已形成系统动力学这样一门基础理论或技术科学。系统动力学具有以下特点：

（1）研究问题强调从系统出发　建立数学模型时，应考虑系统的界限。系统的界限可以人为划定，它服从于建模的需要。例如：上料—加工—停车—测量—卸件—上料的过程中，可以仅把“加工”作为一个系统来分析，也可以把以上整个过程作为一个系统来考虑。

（2）系统有大有小、有虚有实 例如：一个切削过程是一个系统，一台机器也是一个系统，还有生产管理系统、人—机系统等。

（3）系统内存在信息反馈 系统内存在信息反馈，或称系统存在内在反馈。系统内在反馈是动力学系统内部各参数相互作用而产生的反馈信息流。这是没有专设反馈通道的信息反馈，是根据系统动力学特性确定的反馈回路。它构成一个闭环控制系统，是一个动力学系统，而不是一个自动控制系统。例如：切削自激振荡、机床工作台低速运动出现爬行现象等各种机械系统产生的自激振荡，都是具有内在反馈的闭环控制系统，都是属于系统动力学范畴的。

下面以一个典型例子来说明动力学系统的含意与构成。

图 1-8 所示为工作台驱动系统的物理模型图。输入 x_i 为位移，输出 x_o 为工作台的位移，传动刚度为 k，工作台质量为 m，与速度有关的摩擦系数为 $B(\dot{x}_o)$，$B(\dot{x}_o)\dot{x}_o$ 为摩擦力，$k(x_i - x_o)$ 为驱动力。因此，可写出系统的数学模型为

$$k(x_i - x_o) - B(\dot{x}_o)\dot{x}_o = m\ddot{x}_o \tag{1-1}$$

由系统的数学模型，可以画出系统框图如图 1-9 所示。图 1-9 中，$D = \dfrac{\mathrm{d}}{\mathrm{d}t}$ 为算子。可以看出，系统存在内在反馈，有两个反馈回路，是一个闭环控制系统，当运动速度较低时，这个动力学系统将会产生自激振荡（爬行）。

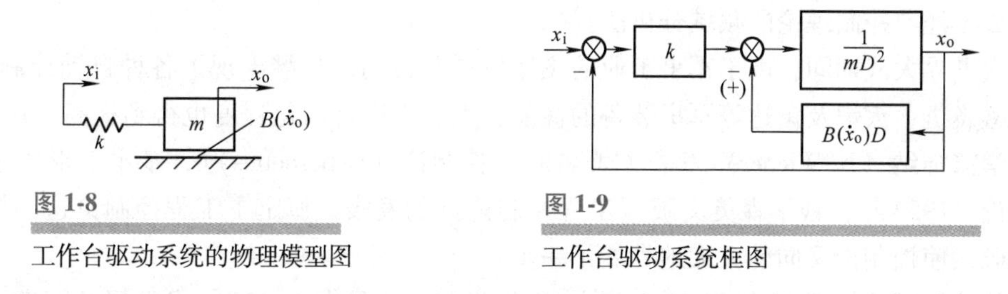

图 1-8

工作台驱动系统的物理模型图

图 1-9

工作台驱动系统框图

当运动速度 $\dot{x}_o$ 较低，处于摩擦力下降区时（见图 1-10），其特性是速度 $\dot{x}_o$ 增加，摩擦力 $B(\dot{x}_o)\dot{x}_o$ 下降，式（1-1）中这一项的符号由“-”变为“+”，也就是摩擦系数变为负摩擦系数［若把式（1-1）中的变量换为增量形式，可看得更清楚］，图 1-9 中 $B(\dot{x}_o)D$ 的负反馈变为正反馈。即相当于向系统中输入能量，于是系统将产生时走时停或时快时慢的爬行现象。

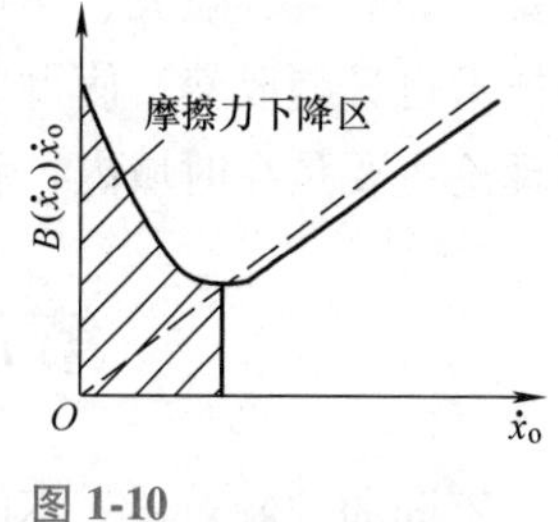

图 1-10

摩擦力与速度的关系

由此例可知，采用控制理论的方法去研究动力学系统，较之古典力学，方法简便、概念清晰。不仅如此，利用控制理论的有关建模方法、传递函数、频率特性、稳定性理论、状态空间、最优控制、信息处理、滤波及预报、系统辨识以及自适应控制等理论与方法，使机械工程的设计与研究，从经验阶段提高到理性阶段，从静态阶段提高到动态阶段，对于复杂的、过去无法解决的实际问题，逐渐揭示了其客观规律。

第四节 控制理论发展简史

控制理论是在人类征服自然的生产实践活动中随着社会生产和科学技术的进步而不断发展、完善起来的。

我国很早就发明了自动定向指南车及各种天文仪器等自动装置。例如：北宋时代（公元1086—1089年），苏颂和韩公廉利用天衡装置制造的水运仪象台，就是一个按负反馈原理构成的闭环非线性自动控制系统。

1681年，法国物理学家DennisPapin发明了用作安全调节装置的锅炉压力调节器；1765年，俄国人普尔佐诺夫（I. Polzunov）发明了蒸汽锅炉水位调节器等；1788年，英国人瓦特（James Watt）发明了蒸汽机离心调速器，解决了蒸汽机的速度控制问题。以后又不断出现各种自动装置，自瓦特发明蒸汽机几十年后，1868年，麦克斯威尔（J. C. Maxwell）发表了“论调速器”文章，对控制系统从理论上加以提高，首先提出了“反馈控制”的概念。之后，英国数学家劳斯（E. J. Routh）及其他学者，提出了有关线性系统稳定性的判据，这些方法奠定了经典控制理论中时域分析法的基础，从而推动了自动控制的发展。

20世纪30年代以来，美国物理学家奈奎斯特（H. Nyquist）研究了长距离电话线信号传输中出现的失真问题，运用复变函数理论建立了以频率特性为基础的稳定性判据，奠定了频率响应法的基础。随后，美国著名科学家伯德（H. W. Bode）和美国Taylor仪器公司工程师尼柯尔斯（N. B. Nichols）在20世纪30年代末和40年代初进一步将频率响应法加以发展，形成了经典控制理论的频域分析法。

二次世界大战期间，由于军事工业的飞速发展及带动，相继出现了各种自动控制系统，不断改善飞机、火炮及雷达等军事装备的性能，工业生产自动化程度也得到提高。1948年，美国数学家维纳（N. Wiener）发表了著名的《控制论（Cybernetics）》，基本上形成了经典控制理论。1954年，钱学森英文版《工程控制论》的发表，奠定了工程控制论这一技术科学的基础，使控制论又向前大大地发展了一步。

现代控制理论始于20世纪50年代末60年代初。这是由于空间技术发展及军事工业的需要，如航空、航天、导弹等对自动控制系统提出了很高的要求。加之新技术的发展，计算机技术也日趋成熟，使得现代控制理论发展很快，并逐渐形成一些体系与新的分支。现代控制理论主要是在时域内，利用状态空间来分析与研究多输入-多输出系统的最优控制问题。

第五节 对控制系统性能的基本要求

不同的控制对象、不同的工作方式和控制任务，对控制系统的性能指标要求也往往不相同。一般说来，对控制系统性能指标的基本要求可以归纳为稳定性、准确性、快速性。

（1）**稳定性** 稳定性是指动态过程的振荡倾向和系统能够恢复平衡状态的能力。任何一个能够正常工作的控制系统，首先必须是稳定的。稳定性是控制系统正常工作的首要条件。

（2）**准确性** 准确性是对控制系统稳态（静态）性能的要求。对一个稳定的系统而言，过渡过程结束后，系统输出量的希望值与实际值之差称为稳态误差，它是衡量系统控制精度的重要指标。稳态误差越小，表示控制系统的准确性越好，控制精度越高。

(3) 快速性　快速性是对控制系统动态性能（过渡过程性能）的要求。快速性是指控制系统运动到新的平衡状态所需要的时间。

由于被控对象的具体情况不同，各种系统对三项性能指标的要求各有侧重。例如：恒值系统一般对稳态性能限制比较严格，随动系统一般对动态性能要求较高。

同一个系统，上述三项性能指标之间往往是相互制约的。提高过程的快速性，可能会引起系统强烈振荡；改善控制系统的稳定性，控制过程又可能很迟缓，甚至精度也可能变差。分析和解决这些矛盾，将是本课程讨论的重要内容。

第六节　本课程的学习方法

机械控制工程是利用控制论的理论与方法解决机械工程实际问题的一门技术科学。机械工程中的机械设计与制造，一方面这个学科的专业性比较强，另一方面这个学科中的实际问题技术性比较复杂。而本课程是安排在专业课之前。另外，本课程在处理基础理论与专业技术关系上，绝不能削弱基础理论。因此，本课程是一门技术基础课。它的先修课程有理论力学、机械原理、机械零件及一定的机械制造基础知识。在学习本课程时，需注意以下几点：

1）内容主要是控制理论的基本理论与方法。由于还没有学习充分的专业课，因此课程中举的专业例子，都比较简单。虽然如此，但重点在于与机械工程的结合。希望在学习后续的专业课程时，注意运用这些基本理论与方法去分析与解决有关机械工程专业技术中的复杂实际问题。

2）课程中运用数学工具较多，几乎涉及过去所学的全部数学知识，要注意复习巩固及怎样应用这些数学知识。此外，本课程还涉及力学、电工、机械原理及机械零件等多门课程，注意这些课程的综合应用。

3）本课程具有比较抽象及概括的特点，给学习带来一定的困难。因此，在学习中要特别注意数学结论的由来及物理概念，既要结合实际又要善于逻辑思维。

控制理论不仅是一门学科，而且是一门卓越的方法论。它分析解决问题的思想方法是符合唯物辩证法的。例如：它看问题是从整体即系统为出发点的，认为系统及其中的部分均不是静止的，而是在运动中，而产生运动的根本原因是“内因”即系统本身固有的性能，“外因”即各种输入，是产生运动的条件。

4）控制理论的书籍很多，要学会看参考书，以加深理解。

5）重视实验及习题。

小结

本章介绍了控制系统的基本概念和有关的名词、术语；控制系统的组成和工作原理；在分析系统的工作原理时，应注意控制系统各组成部分的功能以及在系统中如何完成其相应的工作，并能用框图对系统进行分析。

控制系统按其是否存在反馈可分为开环控制系统和闭环控制系统（又称为反馈控制系统）。闭环控制系统的主要特点是将系统输出量经测量后反馈到系统输入端，与输入信号进行比较得到偏差，由偏差产生控制作用，控制的结果是使被控量朝着减少偏差或消除偏差的方向运动。

控制系统的分析问题和设计综合问题。

对控制系统的基本要求是：稳定性——控制系统正常工作的首要条件；准确性——系统的稳定控制精度要高（即稳态误差要小）；快速性——控制系统的响应过程要平稳快速。这些要求可归纳成“稳、准、快”三个字。

思考题

1. 机械控制工程的研究对象及任务是什么?
2. 什么是反馈及反馈控制?
3. 开环控制系统的特点是什么? 闭环控制系统的特点是什么? 它们有何区别?
4. 什么是控制系统的分析问题? 什么是控制系统的设计问题?
5. 控制系统的基本性能要求是什么?

习题

1. 试举例说明日常生活中有开环和闭环控制的控制系统的工作原理。
2. 说明蒸汽机离心调速器（见图1-11）的工作原理。

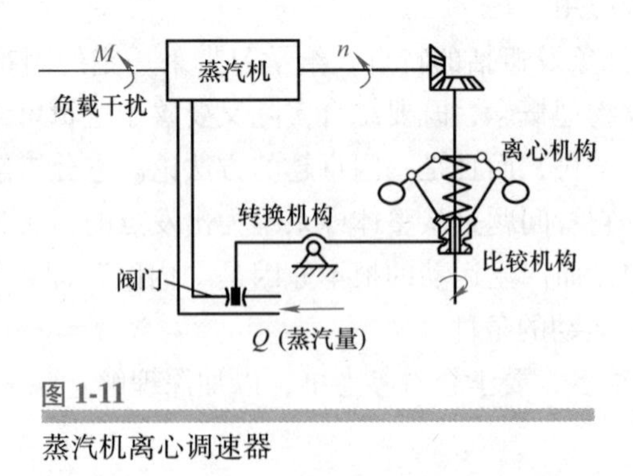

图 1-11

蒸汽机离心调速器

3. 图1-12所示为仓库大门垂直移动开闭的自动控制系统。试说明自动控制大门开闭的工作原理，并画出系统的框图。
4. 图1-13所示为仿形加工-随动系统，试说明其工作原理。

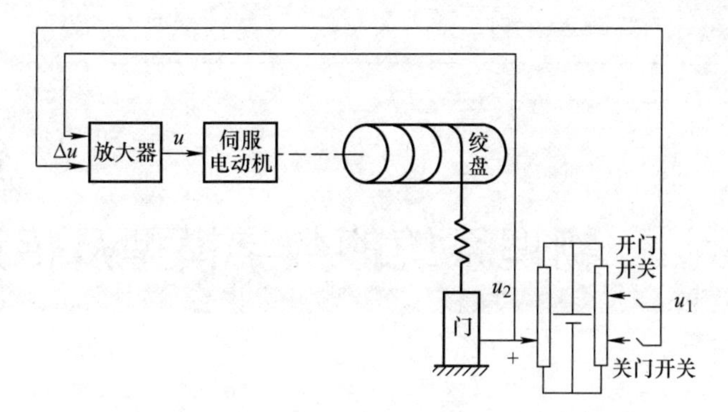

图 1-12

仓库大门垂直移动开闭的自动控制系统

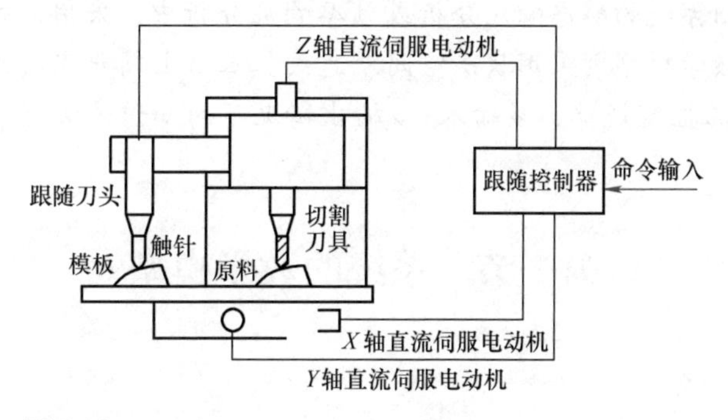

图 1-13

仿形加工-随动系统

第二章 物理系统的数学模型及传递函数

为了从理论上对控制系统进行分析计算，首先要建立控制系统的数学模型。数学模型可以有许多不同形式，随着具体系统和条件不同，一种数学表达式可能比另一种更合适。例如：在单输入-单输出系统的瞬态响应分析或频率响应分析中，采用的是传递函数；在多输入-多输出系统中，数学模型则采用状态空间表达式。本书上篇研究线性定常控制系统的单输入-单输出情况下的控制规律，多输入-多输出情况下的知识读者可以参看本书下篇相关章节。

第一节　系统的数学模型

一、数学模型

控制系统的数学模型是描述控制系统输入变量、输出变量以及内部各变量之间关系的数学表达式。例如：微分方程、差分方程、统计学方程、传递函数、频率特性式以及各种响应式等，都称为数学模型。数学模型有多种形式。时域中常用的数学模型有微分方程、差分方程和状态方程；复数域中常用的数学模型有传递函数、方框图、频域中常用的数学模型有频率特性等。

建立描述控制系统的数学模型，是控制理论分析与设计的基础。无论控制系统是机械的、电气的、热力的、液压的还是化工的，都可以用微分方程加以描述。对这些微分方程求解，就可以获得系统在输入作用下的响应（即系统的输出）。

本章只研究微分方程、传递函数、框图和信号流图等数学模型的建立及应用。

在对控制系统进行时域分析和频域分析之前，首先研究如何建立系统的数学模型，即列写系统的微分方程。

二、建立数学模型（建模）的方法

建立控制系统的数学模型，一般有解析法和实验法两种。解析法是对系统各部分的运动机理进行分析，根据所依据的物理规律或化学规律列写相应的运动方程。用微分方程来描述控制系统，由于微分方程的解就是控制系统在外部作用（输入）下的响应（输出），该响应对控制系统动态性能分析非常方便。实验法是人为地给系统施加某种测试信号，记录其输出响应，并用适当的数学模型去逼近，这种方法又称为系统辨识。近些年来，系统辨识已发展成一门独立的学科分支。本章主要采用解析法列写运动微分方程建立控制系统的数学模型。

建立机械工程系统与过程的微分方程，主要应用机械动力学、流体动力学等基础理论，对于一些机、电、液综合系统，除了运用能量守恒定律外，还必须应用电工原理、电子学等方面的基础理论。此外，还需具备有关专业的专业技术理论，如金属切削原理、液压传动及各种加工工艺原理等。

实际上，人们所遇到的系统往往比较复杂，一方面导致数学模型的阶数较高，这就给分析与设计系统带来困难，因此就提出了对模型进行简化的问题；另一方面，在建模时可能要忽略掉一些非线性参数及分布参数；或者是所遇到的系统，对其结构、参数以及作用机理还不太清楚，建模时需要做些假定与近似。总之，在建模时将会遇到模型简化与模型精度间的矛盾问题。解决这个问题，必须对系统做全面了解，这需要有丰富的实践经验，才能分出系统中各部分结构及参数的作用及影响的主次，建立一个既简化又有一定准确度的适用模型。

怎样才算是一个适用的模型，这只能通过实验来验证。因此，对于比较复杂的系统，往往通过理论与实践结合起来，以获得适用的数学模型。

三、线性控制系统

用线性微分方程描述的系统，称为线性控制系统。线性控制系统的重要性质是可以应用叠加原理。叠加原理有两重含义，即具有可叠加性和均匀性（又称为齐次性）。可叠加性是当系统同时有多个输入时，可以对每个输入分别考虑、单独处理以得到相应的每个响应，然后将这些响应叠加起来，就得到系统的响应。均匀性是指当输入量的数值成比例增加时，输出量的数值也成比例增加。对于线性控制系统，输出量的变化规律只与系统的结构、参数及输入量的变化规律有关，与输入量数值的大小是无关的。

例如：设有线性微分方程为

$$\frac{\mathrm{d}^2c(t)}{\mathrm{d}t^2}+\frac{\mathrm{d}c(t)}{\mathrm{d}t}+c(t)=f(t)$$

当 $f(t)=f_1(t)$ 时，上述方程的解为 $c_1(t)$；当 $f(t)=f_2(t)$ 时，其解为 $c_2(t)$。如果 $f(t)=f_1(t)+f_2(t)$，容易验证，方程的解必为 $c(t)=c_1(t)+c_2(t)$，这就是可叠加性。而当 $f(t)=Af_1(t)$ 时，式中，A 为常数，则方程的解必为 $c(t)=Ac_1(t)$，这就是均匀性。

线性控制系统的叠加原理表明，两个外作用同时加于系统所产生的总输出，等于各个外作用单独施加时分别产生的输出之和，且外作用的数值增大若干倍时，其输出相应增大同样的倍数。因此，对控制系统进行分析和设计时，如果有几个外作用同时加于系统，可以将它们分别处理，依次求出各个外作用单独加入时系统的输出，然后将它们叠加。此外，每个外作用在数值上可只取单位值，从而大大简化了线性控制系统的研究工作。

线性控制系统又可分为以下两种：

1. 线性定常系统

线性微分方程用来描述线性控制系统，若线性微分方程的系数是常数，则称为线性定常系统，或线性时不变系统。如控制系统的微分方程表达式为

$$a\frac{\mathrm{d}^2x(t)}{\mathrm{d}t^2}+b\frac{\mathrm{d}x(t)}{\mathrm{d}t}+cx(t)=dy(t)$$

式中，a、b、c、d 均是常数，则该控制系统称为线性定常系统。

2. 线性时变系统

如果描述系统的线性微分方程的系数为时间的函数，即

$$a(t)\frac{\mathrm{d}^2x(t)}{\mathrm{d}t^2}+b(t)\frac{\mathrm{d}x(t)}{\mathrm{d}t}+c(t)x(t)=d(t)y(t)$$

式中，$a(t)$、$b(t)$、$c(t)$、$d(t)$ 均是时间 t 的函数，则该控制系统称为线性时变系统。

如火箭的发射过程，由于燃料的消耗，火箭的质量随时间变化，重力也随时间变化。

其中，线性定常系统是经典控制论主要研究的对象，因为它可以方便地进行拉普拉斯变换，并求得传递函数。

用非线性微分方程描述的系统称为非线性控制系统。非线性元件或系统的输出与输入之间的关系不满足叠加原理，它的输出量的变化规律还与输入量的数值有关，这就使得非线性问题的求解非常复杂而困难。系统中只要含有一个非线性性质的元件，就为非线性控制系统。在一定条件下，可以采用忽略一些非线性因素将数学模型简化使得非线性控制系统线性化，详细内容参见本书第十一章。

第二节 传递函数

将元件及系统的微分方程建立后，就可以对其求解，得出系统输出量的运动规律，以便对系统进行分析与研究。但是，微分方程的求解十分烦琐，且从其本身很难分析研究系统的动态性能，尤其是对复杂的系统及高阶的微分方程。如果对微分方程进行拉普拉斯变换，得出代数方程，这将使解算简化而方便。传递函数是在此基础上得到的，用来描述单输入-单输出系统。传递函数的解算不但方便而且直观，避免了解微分方程的困难，便于分析研究系统的动态性能。

传递函数是对元件及系统分析、研究与综合的有力工具，后面章节中将要讲到的频率特性，也是建立在传递函数基础上的。传递函数及频率特性是经典控制理论的重要内容，因此，在对系统进行分析之前，首先引入传递函数的概念。

一、传递函数的定义

对于线性定常系统，当初始条件为零时，系统（或环节）的传递函数定义为输出量 $x_o(t)$ 的拉普拉斯变换与引起该输出的输入量 $x_i(t)$ 的拉普拉斯变换之比，即

$$G(s)=\frac{L[x_o(t)]}{L[x_i(t)]}=\frac{X_o(s)}{X_i(s)} \tag{2-1}$$

如果线性定常系统，零初始条件下系统的输入量 $x_i(t)$ 与输出量 $x_o(t)$ 之间的微分方程为

$$\begin{aligned}&a_n\frac{\mathrm{d}^nx_o(t)}{\mathrm{d}t^n}+a_{n-1}\frac{\mathrm{d}^{n-1}x_o(t)}{\mathrm{d}t^{n-1}}+\cdots+a_1\frac{\mathrm{d}x_o(t)}{\mathrm{d}t}+a_0x_o(t)\\&=b_m\frac{\mathrm{d}^mx_i(t)}{\mathrm{d}t^m}+b_{m-1}\frac{\mathrm{d}^{m-1}x_i(t)}{\mathrm{d}t^{m-1}}+\cdots+b_1\frac{\mathrm{d}x_i(t)}{\mathrm{d}t}+b_0x_i(t)\qquad(n\geqslant m)\end{aligned} \tag{2-2}$$

对式（2-2）进行拉普拉斯变换，得

$$(a_n s^n + a_{n-1}s^{n-1} + \cdots + a_1 s + a_0)X_o(s) = (b_m s^m + b_{m-1}s^{m-1} + \cdots + b_1 s + b_0)X_i(s) \tag{2-3}$$

整理式（2-3），可得到系统以 $x_o(t)$ 为输出量、$x_i(t)$ 为输入量的传递函数为

$$G(s) = \frac{X_o(s)}{X_i(s)} = \frac{b_m s^m + b_{m-1}s^{m-1} + \cdots + b_1 s + b_0}{a_n s^n + a_{n-1}s^{n-1} + \cdots + a_1 s + a_0} \quad (n \geqslant m) \tag{2-4}$$

由传递函数的定义，可知传递函数是描述系统的一种数学方式，有

$$X_o(s) = X_i(s)G(s) \tag{2-5}$$

因此，输入信号经系统（或环节）传递，即输入信号象函数乘以 $G(s)$ 后，可得输出信号象函数，通过数学变换即可得到输出信号函数，故称 $G(s)$ 为传递函数。图 2-1 中用方框示出了这种意义。

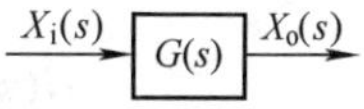

图 2-1

传递函数的意义

传递函数是在零初始条件下定义的。零初始条件有两方面含义：一是指输入信号是在 $t=0$ 以后才作用于系统，因此，系统输入量及其各阶导数在 $t \leqslant 0$ 时均为零；二是指输入作用于系统之前，系统是“相对静止”的，即系统输出量及各阶导数在 $t \leqslant 0$ 时的值也为零。大多数实际工程系统都满足这样的条件。零初始条件的规定不仅能简化运算，而且有利于在同等条件下比较系统性能。所以，这样规定是必要的。

二、传递函数的性质

传递函数满足以下性质：

1）传递函数只取决于系统的结构参数，与外作用无关。传递函数的分母反映了由系统的结构参数所决定的系统的固有特性，其分子反映了系统与外界之间的联系。

2）当系统初始状态为零时，对于给定的输入量，系统输出量的拉普拉斯变换完全取决于其传递函数。一旦系统的初始状态不为零，则传递函数不能完全反映系统动态历程。

3）传递函数是复变量 s 的有理分式，它具有复变函数的所有性质。因为实际物理系统中总是存在惯性，并且能源功率有限，所以实际系统传递函数的分母阶次 n 总是大于或等于分子阶次 m，即 $n \geqslant m$。

4）传递函数不说明被描述系统的物理结构。只要动态性能相似，不同的系统可以用同一类型的传递函数来描述。

5）传递函数可以是无量纲的，也可以是有量纲的，主要取决于输入量和输出量两者的量纲及其比值。

6）传递函数适用于对单输入-单输出线性定常系统的动态特性描述。对于多输入-多输出系统，需要对不同的输入量和输出量分别列写传递函数。

7）传递函数的拉普拉斯反变换即为系统的脉冲响应，脉冲响应是系统在单位脉冲输入时的输出响应，因此传递函数能反映系统动态特性。

因为单位脉冲函数的拉普拉斯变换式为 1（即 $X_i(s) = L[\delta(t)] = 1$），因此有

$$L^{-1}[G(s)] = L^{-1}\left[\frac{X_o(s)}{X_i(s)}\right] = L^{-1}[X_o(s)] = g(t) \tag{2-6}$$

应当注意传递函数的局限性及适用范围。传递函数是从拉普拉斯变换导出的，拉普拉斯变换是一种线性变换，因此传递函数只适应于描述线性定常系统。传递函数是在零初始条件下定义的，所以它不能反映非零初始条件下系统的自由响应运动规律。

三、传递函数的标准形式

传递函数通常表示成式（2-4）形式的有理分式，根据系统分析的需要，也常表示成首1标准型或尾1标准型。

1. 首1标准型（零、极点形式）

将传递函数式（2-4）的分子、分母最高次项（首项）系数均化为1，表示为式（2-7）所示的形式，称为首1标准型，也称为传递函数的零、极点形式：

$$G(s)=\frac{X_{\mathrm{o}}(s)}{X_{\mathrm{i}}(s)}=\frac{b_m s^m+b_{m-1}s^{m-1}+\cdots+b_1 s+b_0}{a_n s^n+a_{n-1}s^{n-1}+\cdots+a_1 s+a_0}$$

$$=\frac{K^*(s-z_1)(s-z_2)\cdots(s-z_m)}{(s-p_1)(s-p_2)\cdots(s-p_n)}=\frac{K^*\prod\limits_{j=1}^{m}(s-z_j)}{\prod\limits_{i=1}^{n}(s-p_i)} \tag{2-7}$$

（1）传递函数的零点、极点 传递函数是一个复变函数，根据复变函数知识，凡能使复变函数为0的点均称为零点；能使复变函数趋于 ∞ 的点均称为极点。在式（2-7）中，z_j（$j=1, 2, \cdots, m$）是分子多项式的根，称为传递函数的零点，在［s］平面上一般用“∘”表示；p_i（$i=1, 2, \cdots, n$）是分母多项式的根，称为传递函数的极点，在［s］平面上一般用“×”表示，如图2-2所示；K^*称为系统的放大系数。

传递函数的零点和极点的分布影响系统的动态性能。一般极点影响系统的稳定性，零点影响系统的瞬态响应曲线的形状。系统的放大系数决定了系统的稳态输出值。因此对系统的研究可变成对系统传递函数的零点、极点和放大系数的研究。

（2）传递函数的主导极点 在高阶系统的所有极点中，距离虚轴最近且周围没有零点的极点，而所有其他极点都远离虚轴，这样的极点称为主导极点。主导极点对系统的性能分析起主导作用，相对主导作用取决于极点实部的比值（即极点到虚轴的距离比）。分析式（2-7）可知，一对靠得很近的极点和零点，彼此将会相互抵消；如果其他极点在［s］平面左半部离虚轴的距离是该极点距虚轴距离的五倍以上，且该极点附近没有零点，则称该极点为主导极点。

2. 尾1标准型（即典型环节形式）

将传递函数式（2-4）的分子、分母最低次项（尾项）系数均化为1，表示为式（2-8）所示的形式，称为尾1标准型（简称为尾1型）。

$$G(s)=K\frac{\prod\limits_{k=1}^{m_1}(\tau_k s+1)\prod\limits_{l=1}^{m_2}(\tau_l^2 s^2+2\zeta\tau_l s+1)}{s^v\prod\limits_{i=1}^{n_1}(T_i s+1)\prod\limits_{j=1}^{n_2}(T_j^2 s^2+2\zeta T_j s+1)} \tag{2-8}$$

式（2-8）也称为传递函数的典型环节形式。其中每个因子都对应一个典型环节。这里，K 称为系统增益。K 与 K^* 的关系为

$$K=\frac{K^*\prod_{j=1}^{m}|z_j|}{\prod_{i=1}^{n}|p_i|} \tag{2-9}$$

例 2-1

已知某传递函数为 $G(s)=\dfrac{30(s+2)}{s(s+3)(s^2+2s+2)}$，求系统的增益 K 和系统的微分方程，并画出系统的零、极点分布图。

解：1）$K=\dfrac{30\times 2}{3\times 2}=10$。

2）由系统的传递函数 $G(s)=\dfrac{30(s+2)}{s(s+3)(s^2+2s+2)}$

$$=\frac{30(s+2)}{s^4+5s^3+8s^2+6s}=\frac{X_o(s)}{X_i(s)}$$

得
$$s^4X_o(s)+5s^3X_o(s)+8s^2X_o(s)+6sX_o(s)=30sX_i(s)+60X_i(s)$$

零初始条件下进行拉普拉斯反变换，可得系统的微分方程

$$\frac{d^4x_o(t)}{dt^4}+5\frac{d^3x_o(t)}{dt^3}+8\frac{d^2x_o(t)}{dt^2}+6\frac{dx_o(t)}{dt}=30\frac{dx_i(t)}{dt}+60x_i(t)$$

3）由系统的传递函数可知：系统有 1 个零点，$z_1=-2$；有 4 个极点，$p_1=0$，$p_2=-3$，$p_3=-1+j$，$p_4=-1-j$；系统零、极点分布图如图 2-2 所示。

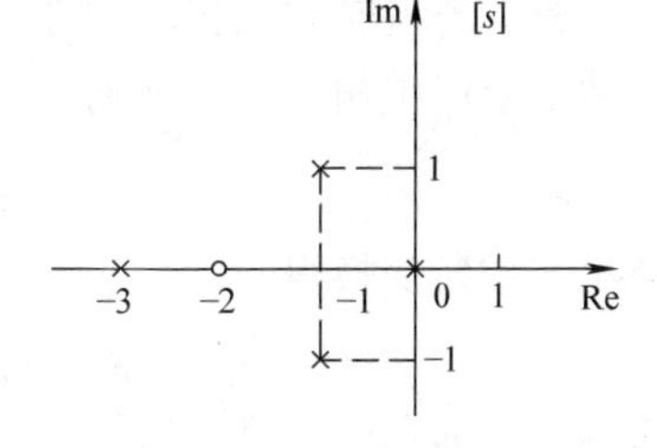

图 2-2

系统零、极点分布图

第三节　典型环节的传递函数

由各个元件组成的系统，可能是电气的、机械的、液压的、气动的等，尽管这些系统的物理本质差别很大，但是描述它们的动态性能的传递函数可能是相同的。如果能够从数学表达式出发，将一个复杂的系统化为有限的一些典型环节所组成的，并求出这些典型环节的传递函数，这将给分析及研究复杂的系统带来很大方便。因此环节与元件不同，环节是从动态性能的角度来看的，即典型环节是以数学模型来划分的。一个典型环节可以由一个或几个不

同的元件所组成。

控制系统中常用的典型环节有比例环节、一阶惯性环节、微分环节、积分环节、二阶振荡环节、一阶复合微分环节、二阶复合微分环节和延时环节等。以下介绍这些环节的传递函数及其推导。

一、比例环节

输出量不失真、无惯性地跟随输入量，且两者成比例关系的环节称为比例环节，又称为放大环节，其运动方程为

$$x_o(t) = Kx_i(t) \tag{2-10}$$

传递函数为

$$G(s) = \frac{X_o(s)}{X_i(s)} = K \tag{2-11}$$

图 2-3

比例环节框图

式中，K 是比例环节的增益，或放大环节的放大系数。

图 2-3 所示为比例环节框图。

例 2-2

求图 2-4 所示一齿轮传动副的传递函数。x_i、x_o 分别为输入轴及输出轴转速，z_1 及 z_2 为齿轮齿数。

解：若齿轮副无传动间隙，且传动系统刚性为无穷大，那么一旦输入轴有了转速 x_i，输出轴就会产生输出 x_o，故有

$$x_i z_1 = x_o z_2$$

经拉普拉斯变换得

$$X_i(s) z_1 = X_o(s) z_2$$

故传递函数为

$$G(s) = \frac{X_o(s)}{X_i(s)} = \frac{z_1}{z_2} = K$$

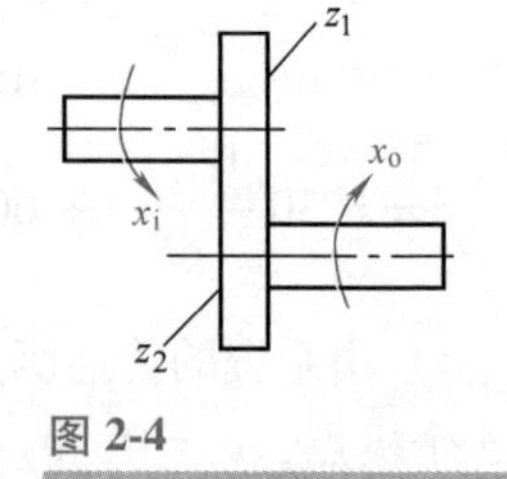

图 2-4

齿轮传动

式中，K 是齿轮副的传动比，$K=\frac{z_1}{z_2}$。

这种类型的环节很多，机械系统中忽略弹性的杠杆、作为测量元件的测速发电机（输入为转速、输出为电压时）以及电子放大器等，在一定条件下都可以认为是比例环节。

二、一阶惯性环节

凡动力学方程为一阶微分方程 $T\dot{x}_o(t) + x_o(t) = x_i(t)$ 形式的环节称为一阶惯性环节。显然，其传递函数为

$$G(s)=\frac{X_o(s)}{X_i(s)}=\frac{1}{Ts+1} \tag{2-12}$$

式中，T 是一阶惯性环节的时间常数，表征了环节的惯性，它和环节的结构参数有关。

一阶惯性环节框图如图 2-5 所示。在这类元件中，总含有储能元件，以致对于突变形式的输入来说，输出不能立即复现，输出总落后于输入。

 例 2-3

求图 2-6 所示简单电阻-电容电路图的传递函数。

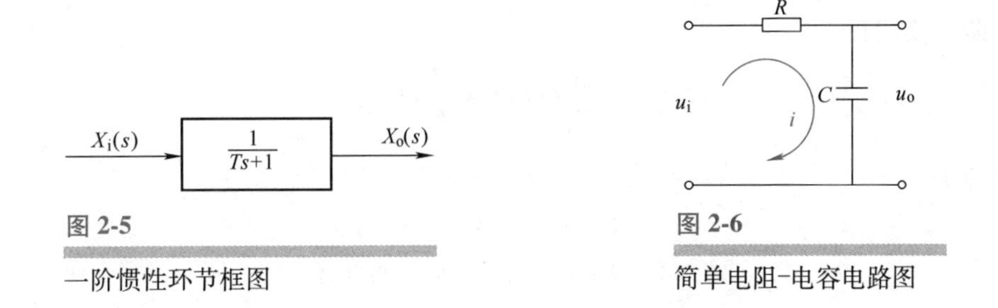

图 2-5
一阶惯性环节框图

图 2-6
简单电阻-电容电路图

解： 设 u_i 为输入电压、u_o 为输出电压、i 为电流、R 为电阻、C 为电容。

电路方程为

$$u_i=iR+\frac{1}{C}\int i\mathrm{d}t\,,\quad u_o=\frac{1}{C}\int i\mathrm{d}t$$

整理上面两式有

$$u_i=RC\frac{\mathrm{d}u_o}{\mathrm{d}t}+u_o$$

经拉普拉斯变换后得

$$U_i(s)=(RCs+1)U_o(s)$$

故传递函数为

$$G(s)=\frac{U_o(s)}{U_i(s)}=\frac{1}{RCs+1}=\frac{1}{Ts+1}$$

式中，T 是电路的时间常数，$T=RC$。

这个电路系统由于含有储能元件 C 和耗能元件 R，故构成了一阶惯性环节。

例 2-4

简化的直流发电机组如图 2-7 所示。转子恒速转动，R 为电阻，L 为电感，输入是励磁电压 u_i，输出是电压 u_o，试求此系统的传递函数。

解：在励磁电路中，电路方程为

$$u_{\mathrm{i}} = iR + L\frac{\mathrm{d}i}{\mathrm{d}t}$$

输出电路中，因转子恒速转动，故

$$u_{\mathrm{o}} = K_1 i$$

式中，K_1 是常数。

图 2-7

简化的直流发电机组

合并以上两式得

$$u_{\mathrm{i}} = \frac{u_{\mathrm{o}}}{K_1}R + L\frac{1}{K_1}\frac{\mathrm{d}u_{\mathrm{o}}}{\mathrm{d}t}$$

经拉普拉斯变换后得

$$U_{\mathrm{i}}(s) = \frac{R}{K_1}U_{\mathrm{o}}(s) + \frac{L}{K_1}sU_{\mathrm{o}}(s)$$

故传递函数为

$$G(s) = \frac{U_{\mathrm{o}}(s)}{U_{\mathrm{i}}(s)} = \frac{K_1}{Ls + R} = \frac{K}{Ts + 1}$$

式中，$K=\frac{K_1}{R}$，$T=\frac{L}{R}$。

以上例子说明，在一定条件下（如比例环节的放大系数 $K=1$），不同的物理系统可以具有相同类型（此处都为一阶惯性环节）的传递函数。

三、微分环节

凡是输出量正比于输入量微分的环节称为微分环节，其运动方程式为

$$x_{\mathrm{o}}(t) = \dot{x}_{\mathrm{i}}(t)$$

因而得理想微分环节的传递函数为

$$G(s) = \frac{X_{\mathrm{o}}(s)}{X_{\mathrm{i}}(s)} = s \tag{2-13}$$

微分环节框图如图 2-8 所示。

当输入量为阶跃函数时，输出在理论上将是一个幅值为无穷大而时间宽度为零的脉冲，这在实际上是不可能的。因此，微分环节不可能单独存在，它是与其他环节同时存在的。

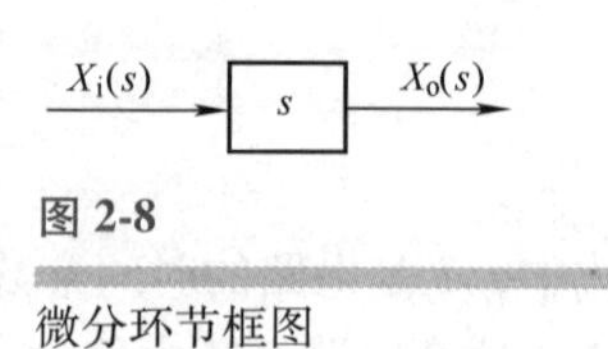

图 2-8

微分环节框图

例 2-5

仍以图 2-7 所示的直流发电机组为例。当励磁电压 u_{i} 恒定时，取输入量为转子转角 θ、输出量为电枢电压 u_{o}，由于 u_{i} 不变，故磁通为定值，因而电枢电压与转速成正比，即

$$u_{\mathrm{o}} = K\frac{\mathrm{d}\theta}{\mathrm{d}t}$$

式中，K 是常数。

经拉普拉斯变换后得

$$U_o(s)=Ks\Theta(s)$$

故传递函数为

$$G(s)=\frac{U_o(s)}{\Theta(s)}=Ks$$

当 $K=1$ 时，是一个标准的微分环节，即直流发电机作为测速发电机时，可以认为是一个微分环节。

例 2-6

图 2-9 所示为液压阻尼器的原理图。图 2-9 中，A 为活塞面积，k 为弹簧刚度，R 为液流流过阻尼小孔时的液阻，p_1、p_2 分别为液压缸左、右腔液体单位面积压力。输入量是活塞位移 x_i，输出量是液压缸的位移 x_o。求系统的传递函数。

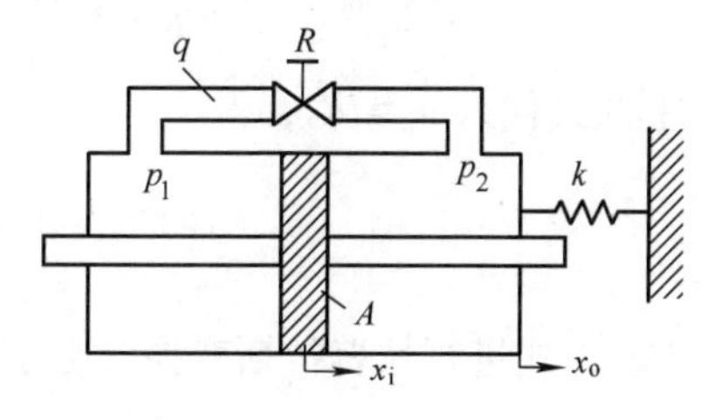

图 2-9

液压阻尼器的原理图

解：液压缸的力平衡方程为

$$A(p_2-p_1)=kx_o$$

通过阻尼小孔的流量方程为

$$q=\frac{p_2-p_1}{R}=A(\dot{x}_i-\dot{x}_o)$$

将以上两式中消去 p_1 及 p_2，可得

$$\dot{x}_i-\dot{x}_o=\frac{k}{A^2R}x_o$$

即

$$\dot{x}_o+\frac{k}{A^2R}x_o=\dot{x}_i$$

经拉普拉斯变换后得

$$sX_o(s)+\frac{k}{A^2R}X_o(s)=sX_i(s)$$

故传递函数为

$$G(s)=\frac{X_o(s)}{X_i(s)}=\frac{s}{s+\frac{k}{A^2R}}=\frac{Ts}{Ts+1} \tag{2-14}$$

式中，$T=\frac{A^2R}{k}$。

由式（2-14）的传递函数可以看出，此阻尼器是包含一阶惯性环节及微分环节的系统，称为具有惯性的微分环节。若当 $|Ts|\ll 1$ 时，$G(s)\approx Ts$，才近似成为理想的微分环节。

 例 2-7

图 2-10 所示为具有惯性的微分环节。图 2-10 中，R_1、R_2 为电阻，C 为电容，i、i_R 及 i_C 为电流，u_i 为输入电压，u_o 为输出电压。求其传递函数。

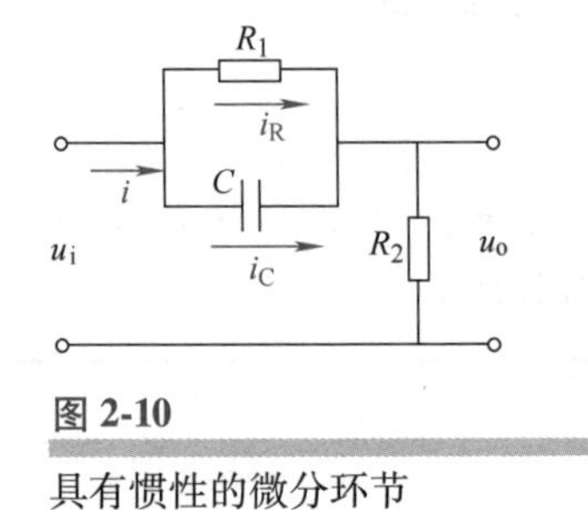

图 2-10

具有惯性的微分环节

解：电路方程为

$$u_i = \frac{1}{C}\int i_C \mathrm{d}t + u_o \text{ , } u_o = iR_2$$

$$i_R = \frac{1}{R_1 C}\int i_C \mathrm{d}t$$

$$i = i_R + i_C = \frac{1}{R_1 C}\int i_C \mathrm{d}t + i_C$$

把以上两式代入 $u_o = iR_2$，得

$$u_o = \frac{R_2}{R_1 C}\int i_C \, \mathrm{d}t + R_2 i_C$$

对 u_i 及 u_o 式进行拉普拉斯变换，分别得

$$U_i(s) = \frac{1}{Cs}I_C(s) + U_o(s) \text{ , } U_o(s) = \frac{R_2}{R_1 Cs}I_C(s) + R_2 I_C(s)$$

消去上两式中的 $I_C(s)$ 项，得

$$U_i(s) = \frac{R_1}{R_1 Cs + 1}\,\frac{U_o(s)}{R_2} + U_o(s)$$

故传递函数为

$$G(s) = \frac{U_o(s)}{U_i(s)} = \frac{R_2(R_1 Cs + 1)}{R_2(R_1 Cs + 1) + R_1} = \frac{K(Ts + 1)}{KTs + 1}$$

式中，T 是时间常数，$T = R_1 C$，$K = \dfrac{R_2}{R_1 + R_2}$。

在图 2-10 中，当 $R_1 \to \infty$ 时

$$u_i = \frac{1}{C}\int i \mathrm{d}t + u_o,\ u_o = iR_2$$

经拉普拉斯变换后得

$$U_i(s) = \left(\frac{1}{CR_2 s} + 1\right) U_o(s)$$

故传递函数为

$$G(s) = \frac{U_o(s)}{U_i(s)} = \frac{R_2 Cs}{R_2 Cs + 1} = \frac{Ts}{Ts + 1} \tag{2-15}$$

式中，T 是时间常数，$T = R_2 C$。

通过比较可以看出，式（2-14）和式（2-15）的形式是一样的，该两式统称为具有惯性的微分环节，也是实际的微分环节。微分环节的输出是输入的导数，即输出信号反映了输入信号的变化趋势。它主要用来改善系统的动态性能，增加系统的稳定性。此外，微分环节还能对输入有“预见”作用。

（1）预见输入　图2-11所示为比例加微分控制器。K是增益。

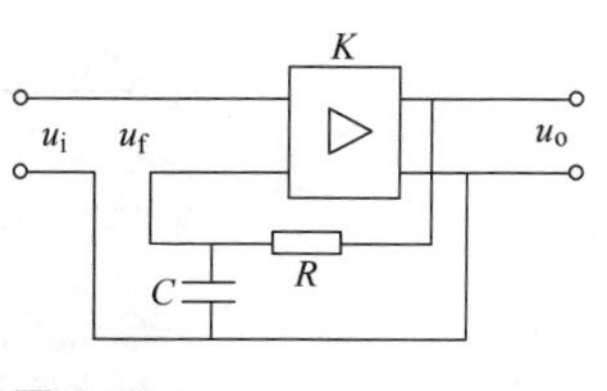

图 2-11

比例加微分控制器

$$\frac{U_f(s)}{U_o(s)}=\frac{1}{RCs+1}=\frac{1}{Ts+1}$$

$$U_o(s)=[U_i(s)-U_f(s)]K=\left[U_i(s)-\frac{U_o(s)}{Ts+1}\right]K$$

$$U_o(s)(1+\frac{K}{Ts+1})=KU_i(s)$$

$$\frac{U_o(s)}{U_i(s)}=\frac{K}{\frac{K}{Ts+1}+1}=\frac{Ts+1}{\frac{Ts+1}{K}+1}$$

若K很大，则$\frac{Ts+1}{K}\approx 0$。因而

$$\frac{U_o(s)}{U_i(s)}=Ts+1$$

式中，$T=RC$。

将传递函数写成一般形式，即

$$G(s)=\frac{X_o(s)}{X_i(s)}=Ts+1 \tag{2-16}$$

式（2-16）可以理解为增益为1的比例环节与微分环节Ts并联而得出的传递函数，也称为一阶复合微分环节。

图2-12a所示为对比例环节输入一斜坡函数，图2-12b所示为其输出的图形。

图2-13a所示为对$Ts+1$环节（在比例环节上并联一微分环节）输入一斜坡函数$x_i(t)=t$，其输出如图2-13b所示。

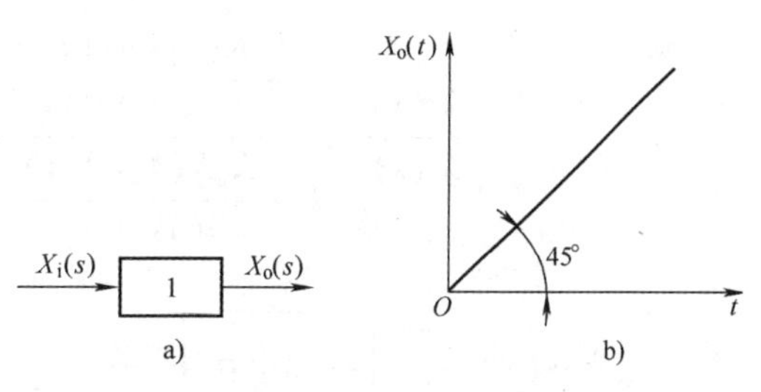

图 2-12

对比例环节输入一斜坡函数

现在分析在比例环节上并联微分环节的作用。从图2-13b中看出，仅比例环节的输出为直线1（与图2-12b相同），$Ts+1$环节的输出为直线2。直线2较直线1在相同时刻t_1所增加的输出就是由于微分环节所产生的输出，其计算如下：

$$x_{o1}(t)=L^{-1}[TsR(s)]=TL^{-1}[sR(s)]=TL^{-1}\left(s\frac{1}{s^2}\right)=TL^{-1}\left(\frac{1}{s}\right)=T$$

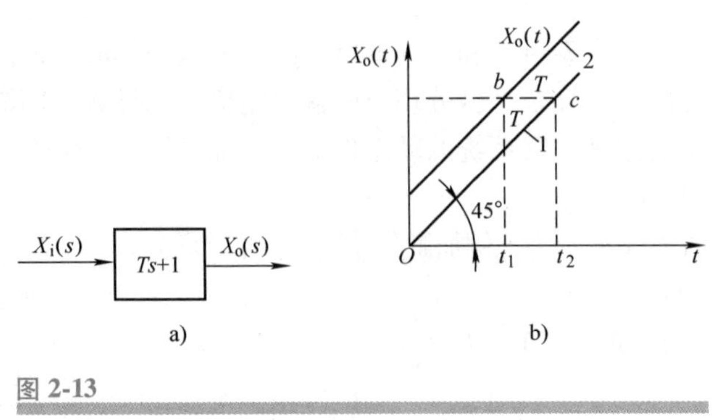

图 2-13
在比例环节上并联一微分环节

即直线 2 比 1 向上平移了 T。由于这两条直线与 t 轴的夹角均是 45°，因而又可以说直线 2 较 1 向左平移了 T，也就是直线 1 在 t_2 时刻的输出 c 点值提前到 t_1 时刻就可以预见了（反映在直线 2 上的 b 点值，等于 c 点值）。

以上说明了微分环节使输出提前了，这也就是微分环节所具有的“预见”作用。利用这一作用，就可能对系统提前施加校正作用，以提高系统的性能。

（2）增加系统的阻尼　图 2-14 所示为具有反馈的位移随动控制系统。其闭环传递函数为

$$G(s)=\frac{X_o(s)}{X_i(s)}=\frac{\dfrac{K_pK}{s(Ts+1)}}{1+\dfrac{K_pK}{s(Ts+1)}}=\frac{K_pK}{Ts^2+s+K_pK}$$

如果在比例控制作用中加入微分的作用，即对比例环节 K_p 并联微分环节 K_pT_as，这时系统的控制作用变为 $K_p(T_as+1)$ 一阶复合微分环节，如图 2-15 所示，则闭环控制系统的传递函数为

$$\frac{X_o(s)}{X_i(s)}=\frac{\dfrac{K_pK(T_as+1)}{s(Ts+1)}}{1+\dfrac{K_pK(T_as+1)}{s(Ts+1)}}=\frac{K_pK(T_as+1)}{Ts^2+(1+K_pKT_a)s+K_pK}$$

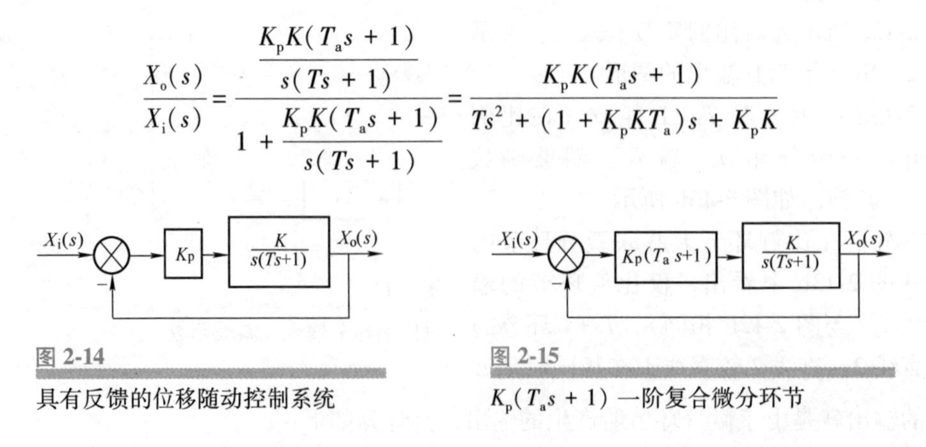

图 2-14
具有反馈的位移随动控制系统

图 2-15
$K_p(T_as+1)$ 一阶复合微分环节

比较以上两式，可知均为二阶系统。其中，分母中 s 项的系数与阻尼有关，并且可知 $(1+K_pKT_a)>1$，所以采用微分环节后，系统的阻尼将增加。

四、积分环节

输出量与输入量对时间的积分成正比，即

$$x_o(t)=\frac{1}{T}\int x_i(t)\,\mathrm{d}t$$

传递函数为

$$G(s)=\frac{X_o(s)}{X_i(s)}=\frac{1}{Ts} \tag{2-17}$$

式中，T 是积分环节的时间常数。

积分环节框图如图 2-16 所示。

$X_i(s)$ → $\frac{1}{Ts}$ → $X_o(s)$

图 2-16

积分环节框图

积分环节的一个显著特点是输出量取决于输入量对时间的积累过程，输出量作用一段时间后，即使输入量为零，输出量仍将保持在已达到的数值，故有记忆功能；另一个特点是有明显的滞后作用，从图 2-17 可以看出，输入量为常值 A 时，由于 $x_o(t)=\frac{1}{T}\int_0^t A\mathrm{d}t=\frac{1}{T}At$，$x_o(t)$ 是一条斜线，输出量需经过时间 T 的滞后，才能达到输入量 $x_i(t)$ 在 $t=0$ 时的数值，因此，积分环节常被用来改善控制系统的稳态性能。

例 2-8

齿轮、齿条传动机构如图 2-18 所示，齿轮的转速 n 为输入量，齿条的位移量 x 为输出量。试求该机构的传递函数。

解： 两者的转速关系

$$\frac{\mathrm{d}x}{\mathrm{d}t}=\pi Dn$$

式中，D 是齿轮节圆直径。

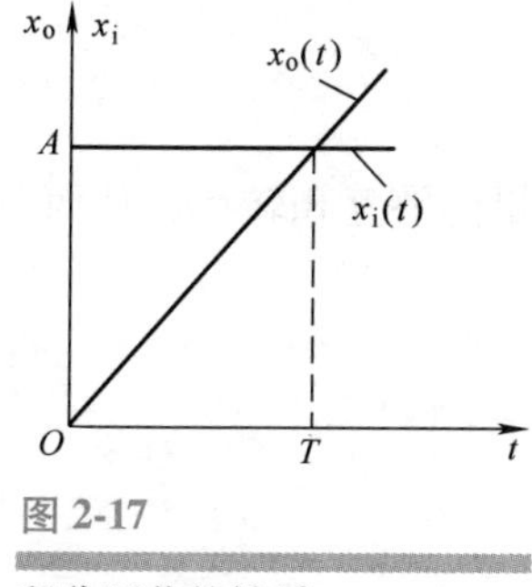

图 2-17

积分环节的性质

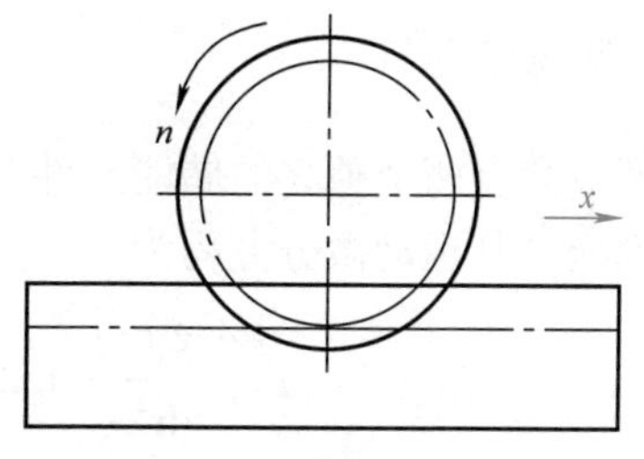

图 2-18

齿轮、齿条传动机构

对上式进行拉普拉斯变换，得传递函数为

$$G(s)=\frac{X(s)}{N(s)}=\frac{\pi D}{s}=\frac{1}{Ts}$$

式中，$T=\frac{1}{\pi D}$。

上式的含义是当输入为 n 时，输出 x 为输入 n 的积分的 πD 倍。如果输出量由位移变为速度 $\frac{\mathrm{d}x}{\mathrm{d}t}$，则该机构的传递函数为比例环节。

例 2-9

液压缸如图 2-19 所示，其输入为流量 q，输出为液压缸活塞的位移 x。求该缸的传递函数。

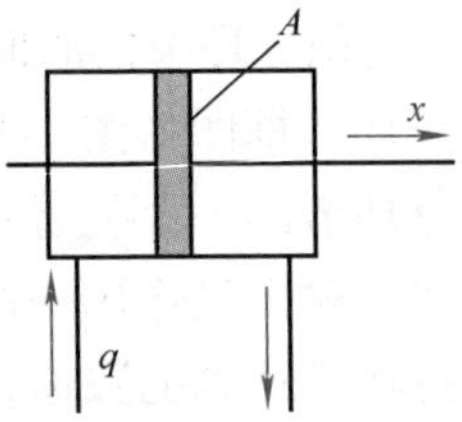

解： 设 A 为活塞面积，则有

$$\frac{\mathrm{d}x(t)}{\mathrm{d}t}=\frac{q(t)}{A}$$

故

$$x(t)=\int_0^t \frac{q(t)}{A}\mathrm{d}t$$

图 2-19

液压缸

传递函数为

$$G(s)=\frac{X(s)}{Q(s)}=\frac{\frac{1}{A}}{s}=\frac{1}{As}=\frac{1}{Ts}$$

式中，$T=A$。

同样，如果输入流量 q 不变，输出为液压缸活塞的速度 v，则系统的传递函数为

$$G(s)=\frac{V(s)}{Q(s)}=\frac{1}{A}=K$$

通过该例可以看出，同一个物理系统，其输入和输出的物理量不同，传递函数也将随之改变。

五、二阶振荡环节

振荡环节含有两个独立的储能元件，并且所储存的能量能够互相转换，从而导致输出带有振荡的性质。其运动微分方程为

$$T^2\frac{\mathrm{d}^2x_o(t)}{\mathrm{d}t^2}+2\zeta T\frac{\mathrm{d}x_o(t)}{\mathrm{d}t}+x_o(t)=x_i(t)$$

传递函数为

$$G(s)=\frac{X_o(s)}{X_i(s)}=\frac{1}{T^2s^2+2\zeta Ts+1} \tag{2-18}$$

也可以写成如下形式，即

$$G(s)=\frac{X_o(s)}{X_i(s)}=\frac{\omega_n^2}{s^2+2\zeta\omega_n s+\omega_n^2} \tag{2-19}$$

式中，T 是二阶振荡环节的时间常数；ζ 是阻尼比；ω_n 是无阻尼固有频率，$\omega_n=\frac{1}{T}$。

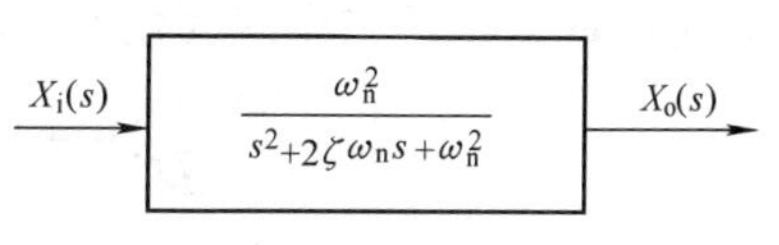

图 2-20

二阶振荡环节框图

式（2-18）与式（2-19）的形式是等效的。

二阶振荡环节框图如图 2-20 所示。

若 $0<\zeta<1$，输入为单位阶跃函数时，输出是衰减振荡过程。

例 2-10

求图 2-21 所示质量-阻尼-弹簧系统的传递函数。

解： 分析质量块 m 的受力情况，并列写动力学方程。

质量 m 受力平衡方程为

$$m\frac{\mathrm{d}^2x_o(t)}{\mathrm{d}t^2}+B\frac{\mathrm{d}x_o(t)}{\mathrm{d}t}=k[x_i(t)-x_o(t)]$$

图 2-21

质量-阻尼-弹簧系统

整理移项得

$$m\frac{\mathrm{d}^2x_o(t)}{\mathrm{d}t^2}+B\frac{\mathrm{d}x_o(t)}{\mathrm{d}t}+kx_o(t)=kx_i(t)$$

取初始条件为零，对上式进行拉普拉斯变换，可得

$$ms^2X_o(s)+BsX_o(s)+kX_o(s)=kX_i(s)$$

整理得系统的传递函数为

$$G(s)=\frac{X_o(s)}{X_i(s)}=\frac{k}{ms^2+Bs+k}=\frac{\omega_n^2}{s^2+2\zeta\omega_n s+\omega_n^2}=\frac{1}{T^2s^2+2\zeta Ts+1}$$

式中，$\omega_n=\sqrt{\frac{k}{m}}$，$\zeta=\frac{B}{2\sqrt{mk}}$，$T=\sqrt{\frac{m}{k}}$。

该质量-阻尼-弹簧系统可以看作是一个二阶振荡环节。

例 2-11

图 2-22 所示为无源电网络，u_i 为输入电压，u_o 为输出电压，i 为电流，R 为电阻，C 为电容，L 为电感。推导传递函数。

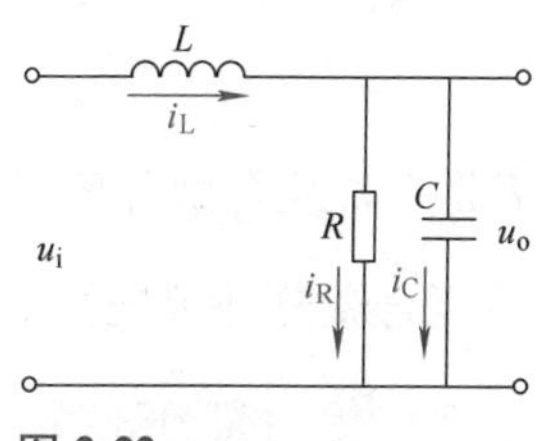

图 2-22

无源电网络

解： 根据基尔霍夫定律，可得

$$u_i(t)=Ri_R(t)+L\frac{\mathrm{d}i_L(t)}{\mathrm{d}t}$$

$$u_o(t)=\frac{1}{C}\int i_C(t)\mathrm{d}t=i_R(t)R$$

$$u_i(t) - u_o(t) = L\frac{di_L(t)}{dt}$$

$$i_L(t) = i_R(t) + i_C(t)$$

整理上面四式，消去中间变量 $i_C(t)$ 、$i_R(t)$ 、$i_L(t)$ ，整理可得

$$LC\frac{d^2u_o(t)}{dt^2} + \frac{L}{R}\frac{du_o(t)}{dt} + u_o(t) = u_i(t)$$

取初始条件为零，对上式进行拉普拉斯变换，可得

$$LCs^2U_o(s) + \frac{L}{R}sU_o(s) + U_o(s) = U_i(s)$$

整理得传递函数为

$$G(s) = \frac{U_o(s)}{U_i(s)} = \frac{1}{LCs^2 + \frac{L}{R}s + 1} = \frac{1}{T^2s^2 + 2\zeta Ts + 1}$$

$$= \frac{\omega_n^2}{s^2 + 2\zeta\omega_n s + \omega_n^2}$$

式中，$T=\sqrt{LC}$，$\zeta=\frac{1}{2R}\sqrt{\frac{L}{C}}$，$\omega_n=\frac{1}{\sqrt{LC}}$。

该无源电网络可以看作是一个二阶振荡环节。

通过例2-10和例2-11可以看出，质量-阻尼-弹簧系统和电容-电阻-电感系统具有相同类型的传递函数。

需要注意的是：当 $0 < \zeta < 1$ 时，二阶特征方程才有共轭复根，这时，二阶系统才能称为二阶振荡环节；当 $\zeta > 1$ 时，二阶特征方程有两个实数根，此时系统是两个惯性环节的串联。

六、一阶复合微分环节

凡动力学方程为一阶微分方程

$$T\dot{x}_i(t) + x_i(t) = x_o(t)$$

形式的环节称为一阶复合微分环节。显然，其传递函数为

$$G(s) = \frac{X_o(s)}{X_i(s)} = Ts + 1 \tag{2-20}$$

式中，T 是一阶复合微分环节的时间常数。

一阶复合微分环节框图如图2-23所示。

七、二阶复合微分环节

二阶复合微分环节的输出量不仅决定于输入量本身，而且还决定于输入量的一阶和二阶

导数，其运动微分方程为

$$T^2\frac{\mathrm{d}^2x_i(t)}{\mathrm{d}t^2}+2\zeta T\frac{\mathrm{d}x_i(t)}{\mathrm{d}t}+x_i(t)=x_o(t)$$

传递函数为

$$G(s)=\frac{X_o(s)}{X_i(s)}=T^2s^2+2\zeta Ts+1 \qquad (0<\zeta<1) \tag{2-21}$$

式中，T 是二阶复合微分环节的时间常数；ζ 是阻尼比。

二阶复合微分环节框图如图 2-24 所示。

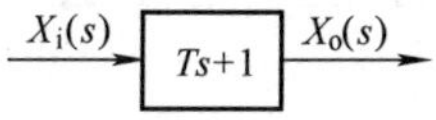

$X_i(s)$ → $Ts+1$ → $X_o(s)$

图 2-23

一阶复合微分环节框图

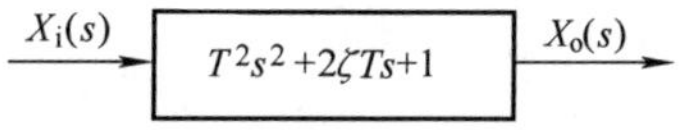

$X_i(s)$ → $T^2s^2+2\zeta Ts+1$ → $X_o(s)$

图 2-24

二阶复合微分环节框图

同样需要注意的是：只有当式（2-21）中具有一对共轭复根时，才能称为二阶复合微分环节，若式（2-21）有两个实根，则可以认为该环节是两个一阶微分环节的串联。

八、延时环节

该环节是一种纯时间延迟环节，其输出和输入相同，仅输出在时间上比输入延迟一时间 τ。延时环节框图如图 2-25 所示。

由图 2-26 可以看出，若输入为 $x(t)$，输出则与输入信号的形状完全相同，而仅时间延迟 τ，即输出为 $x(t-\tau)$。造成延时效应的主要原因是输入这些环节后，由于这些环节传递信号的速度有限，输出响应要延时一段时间 τ 才能产生，因此，延时环节又称为传输滞后环节。

延时环节输出 $x_o(t)$ 与输入 $x_i(t)$ 间存在

$$x_o(t)=x_i(t-\tau)$$

式中，τ 是纯延时时间。

$X_i(s)$ → $e^{-\tau s}$ → $X_o(s)$

图 2-25

延时环节框图

进行拉普拉斯变换后得

$$X_o(s)=e^{-\tau s}X_i(s)$$

故延时环节的传递函数为

$$G(s)=\frac{X_o(s)}{X_i(s)}=e^{-\tau s} \tag{2-22}$$

延时环节与一阶惯性环节的区别在于：一阶惯性环节从输入开始时就已有输出，仅由于惯性，输出要滞后一段时间才接近于所要求的输出值；延时环节从输入开始之初，在 0 到 τ 的区间内，并无输出，但在 $t=\tau$ 之后，输出就完全等于输入。

延时环节常见于液压、气动系统中，施加输入后，往往由于管道长度而延迟了信号传递的时间。图 2-27 所示为纯时间延时的带钢轧制的例子。图示为轧制钢板的厚度控制装置，

带钢在 A 点轧出时，厚度为 $h_i(t)$，但是这一厚度在到达 B 点时才为测厚仪所检测到。测厚仪检测到的厚度 $h_o(t)$ 即为输出量，A 点处的厚度 $h_i(t)$ 为输入量。若测厚仪距 A 点的距离为 L，带钢速度为 v，则延迟时间 $\tau=\dfrac{L}{v}$。

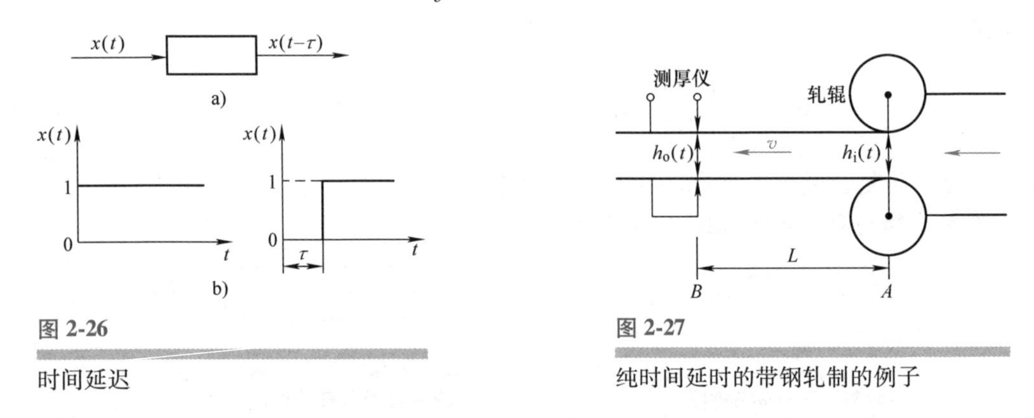

图 2-26

时间延迟

图 2-27

纯时间延时的带钢轧制的例子

输出量与输入量之间有如下关系：$h_o(t)=h_i(t-\tau)$。此式表示，当 $t<\tau$ 时，$h_o(t)=0$，即测厚仪不反映 $h_i(t)$ 的值；当 $t\geqslant\tau$ 时，测厚仪在延时 τ 后，立即反映 $h_i(t)$ 在 $t=0$ 时的值及其以后的值。所以轧辊处带钢厚度与检测点厚度之间的传递函数为 $G(s)=\dfrac{H_o(s)}{H_i(s)}=e^{-\tau s}$。

以上介绍的八种典型环节，这只是线性定常系统中，按数学模型区分的几个最基本典型环节，在实际系统中，极难见到二阶复合微分环节，它只是一种数学抽象。综上所述，环节是根据运动微分方程划分的，把一个系统划分成由若干典型环节所组成，对分析、研究系统带来很大方便。

值得注意的是：一个环节和一个元件往往并不是等价的。一个元件可能划分为几个环节，也可能几个元件才构成一个环节。由电感、电阻及电容三个元件构成一个二阶振荡环节的例子，如例 2-11 中的图 2-22 所示。此外，同一元件在不同系统中的作用不同，输入输出的物理量不同，可以起到不同环节的作用，如例 2-9 中的液压缸。

第四节 系统的框图及其连接

一个系统是由若干个环节组成的。为了说明各个环节在系统中的作用以及信息的流向，采用方框代表一个环节（甚至一个系统）、箭头代表信息的流向，这种框图的表示方法比较直观方便。如图 2-28 所示的框图，其传递函数为 $G(s)$，箭头表示信息的流向，并且在箭头上标明相应的信号。其实，关于框图的应用已见之于前面的多处，这里重点是介绍其连接与变换。

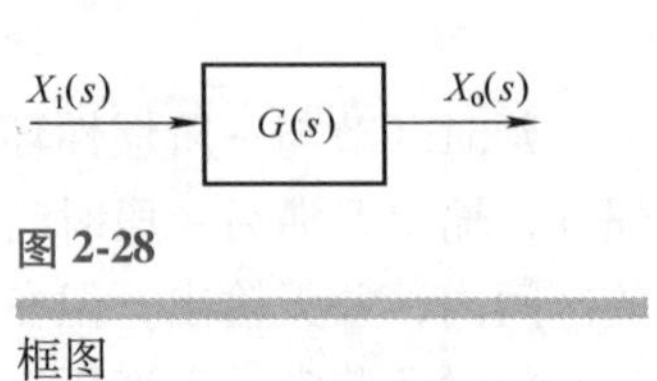

图 2-28

框图

用框图表示系统的优点是：

1）只要按照信号的流向，将各环节的方框连接起来，就能很容易地组成整个系统的框图。

2）通过系统框图，可以揭示和评价每一个环节对系统的影响。

3）由各环节的方框组成的系统框图，可以进一步将系统框图简化，以便写出整个系统的传递函数来。

一、框图单元、比较点和引出点

1. 框图单元

如图 2-28 所示，图中指向方框的箭头表示输入，从方框出来的箭头表示输出，箭头上标明了相应的信号，$G(s)$ 表示输入、输出间的传递函数。

2. 比较点（又称为加减点）

如图 2-29 所示，比较点代表两个或两个以上的输入信号进行相加或相减的元件，或称为比较器。箭头上的“+”或“-”表示信号相加或相减，相加减的量必须具有相同的量纲。

3. 引出点（又称为分支点）

如图 2-30 所示，引出点表示信号引出和测量的位置，同一个位置引出的几个信号，在大小和性质上完全一样。

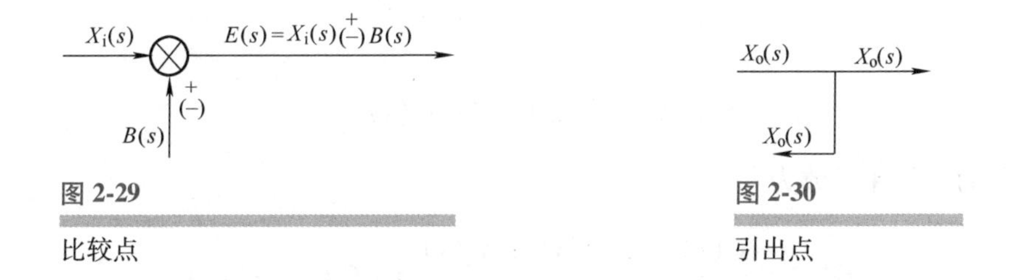

图 2-29 比较点

图 2-30 引出点

二、环节的基本联系方式

为了求得整个系统的传递函数，需要研究系统中各环节间的联系，下面介绍如何根据环节之间的连接计算系统的传递函数。

1. 串联

图 2-31 所示为三个环节的串联，其中 $G_1(s)$、$G_2(s)$、$G_3(s)$ 分别为三个环节的传递函数。这里前一个环节的输出就是后一个环节的输入。

图 2-31 三个环节的串联

由图 2-31 可知

$$G_1(s)=\frac{X_1(s)}{X_i(s)},\quad G_2(s)=\frac{X_2(s)}{X_1(s)},\quad G_3(s)=\frac{X_o(s)}{X_2(s)}$$

故串联环节的总传递函数为

$$G(s)=\frac{X_o(s)}{X_i(s)}=\frac{X_o(s)}{X_2(s)}\frac{X_2(s)}{X_1(s)}\frac{X_1(s)}{X_i(s)}=G_3(s)G_2(s)G_1(s) \tag{2-23}$$

同理，由 n 个环节串联所构成的系统，没有负载效应（若一元件的输出受到其后一元件存在的影响时，犹如负载对前一元件产生影响，这种影响称为负载效应）时，系统的传递函数等于 n 个环节传递函数的乘积，即

$$G(s)=G_1(s)G_2(s)\cdots G_n(s)=\prod_{i=1}^{n}G_i(s) \tag{2-24}$$

式中，n 是串联的环节数；$G_i(s)$ 是第 i 个串联环节的传递函数。

对式（2-24）可以理解为 n 个环节串联而成为一个环节，其传递函数为 $G(s)$，也可看成一个环节分解成 n 个串联环节。

2. 并联

图 2-32 所示为两个环节的并联。由图 2-32 可知

$$G_1(s)=\frac{X_1(s)}{X_i(s)},\quad G_2(s)=\frac{X_2(s)}{X_i(s)}$$

又因

$$X_o(s)=\pm X_1(s)\pm X_2(s)$$

故并联环节的总传递函数为

$$G(s)=\frac{X_o(s)}{X_i(s)}=\frac{\pm X_1(s)\ \pm X_2(s)}{X_i(s)}=\pm G_1(s)\pm G_2(s)$$

可以推出 n 个环节并联所构成的系统，其传递函数等于 n 个环节传递函数的代数和，即

$$G(s)=\pm G_1(s)\ \pm G_2(s)\cdots\ \pm G_n(s)=\sum_{i=1}^{n}\pm G_i(s) \tag{2-25}$$

式中，$G_i(s)$ 是第 i 个并联环节的传递函数。

3. 反馈连接

图 2-33 所示为两个环节之间的反馈连接。当对系统输入 $X_i(s)$ 后，产生输出 $X_o(s)$。$X_o(s)$ 同时由引出点输入反馈通道传递函数 $H(s)$，得到反馈信号 $B(s)$。反馈信号 $B(s)$ 与输入信号 $X_i(s)$ 经比较点进行比较（即两者相加或相减）后，得到偏差信号 $E(s)$，作为对 $G(s)$ 的输入，使系统继续改变输出。只有当偏差 $E(s)=0$ 时，$G(s)$ 的输入为零，系统的输出才会停止改变。这种输入信号受到输出信号影响的系统，主要是由于输出的反馈作用造成的，故这种系统为闭环控制系统，为了求取反馈连接系统的传递函数，下面引入开环传递函数和闭环传递函数的概念。

（1）开环传递函数　开环传递函数定义为闭环控制系统的前向通道传递函数与反馈通道传递函数的乘积，即

$$G_o(s)=\frac{B(s)}{E(s)}=G(s)H(s) \tag{2-26}$$

式中，$G_o(s)$ 是开环传递函数；$G(s)$ 是前向通道传递函数；$H(s)$ 是反馈通道传递函数。

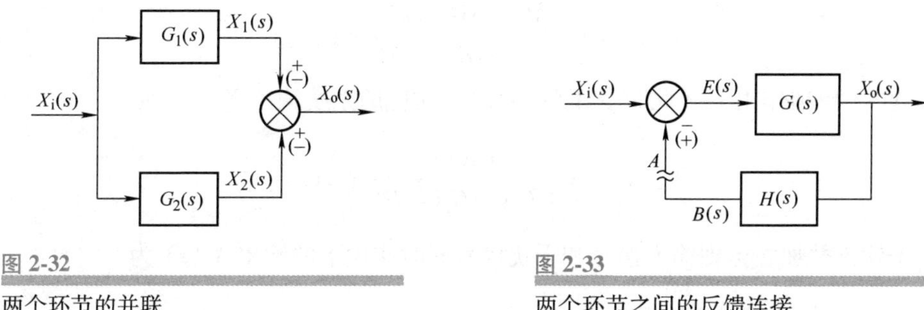

图 2-32

两个环节的并联

图 2-33

两个环节之间的反馈连接

注意：开环传递函数（不是开环控制系统传递函数）是闭环控制系统中相对闭环传递函数而言的。

可以认为把如图 2-33 所示的闭环控制系统从 A 点处断开，则 $B(s)$ 与 $E(s)$ 之比即称为开环传递函数。或说得全面一些，$G_o(s)G(s)H(s)$ 称为闭环控制系统的开环传递函数。显然，对于开环控制系统，系统的传递函数不能称为开环传递函数，而应称为系统传递函数。

开环传递函数是没有量纲的，因此，$H(s)$ 的量纲是 $G(s)$ 量纲的倒数。

（2）闭环传递函数　闭环传递函数定义为闭环控制系统的输出拉普拉斯变换与输入拉普拉斯变换之比，即

$$\phi(s)=\frac{X_o(s)}{X_i(s)}$$

式中，$\phi(s)$ 是闭环控制系统的闭环传递函数，一般称为闭环传递函数。

$$E(s)=X_i(s)\mp B(s)\Rightarrow X_i(s)=E(s)\pm B(s)$$

反馈连接系统的闭环传递函数为

$$\phi(s)=\frac{X_o(s)}{X_i(s)}=\frac{X_o(s)}{E(s)\pm B(s)}=\frac{G(s)}{1\pm G(s)H(s)} \tag{2-27}$$

式（2-27）即为闭环传递函数。式中，负号对应正反馈，正号对应负反馈，正反馈是反馈信号加强输入信号，使偏差信号增大；负反馈是反馈信号减弱输入信号，使偏差信号减小。在控制系统中，主要采用负反馈连接。

若反馈通道传递函数 $H(s)=1$，对于如图 2-34 所示的负反馈闭环控制系统，则称为单位负反馈控制系统。由式（2-27）得到，系统的闭环传递函数为

$$\phi(s)=\frac{G(s)}{1+G(s)} \tag{2-28}$$

以上引入了开环传递函数 $G_o(s)$ 及闭环传递函数 $\phi(s)$ 的概念，这都是对闭环控制系统而言的。今后，若不加特别说明，当研究整个系统时，不论是开环控制系统或者闭环控制系统，均可以用 $G(s)$ 来表示整个系统的传递函数。

（3）干扰作用下的闭环控制系统　图 2-35 所示为干扰作用下的闭环控制系统。干扰 $N(s)$ 也是一种输入。例如：系统参数的变化、系统中的电气噪声、输入量的误差等均以干扰的形式输入系统。当输入量和干扰量同时作用于线性控制系统时，可以对每个量单独进行处理，然后再将两个输出量叠加起来，得到总的输出量 $X_o(s)$ 。输入信号 $X_i(s)$ 单独作用时（此时令 $N(s)=0$），对应的系统输出 $X_{oi}(s)$ 为

$$X_{oi}(s)=\frac{G_1(s)G_2(s)}{1+G_1(s)G_2(s)H(s)}X_i(s)$$

干扰信号 $N(s)$ 单独作用下（此时令 $X_i(s)=0$），对应的系统输出 $X_{on}(s)$ 为

$$X_{on}(s)=\frac{G_2(s)}{1+G_1(s)G_2(s)H(s)}N(s)$$

将上述两个输出叠加，得到输入信号和干扰信号同时作用下的输出 $X_o(s)$ 为

$$\begin{aligned}X_o(s)&=X_{oi}(s)+X_{on}(s)\\&=\frac{G_1(s)G_2(s)}{1+G_1(s)G_2(s)H(s)}X_i(s)+\frac{G_2(s)}{1+G_1(s)G_2(s)H(s)}N(s)\\&=\frac{G_2(s)}{1+G_1(s)G_2(s)H(s)}[G_1(s)X_i(s)+N(s)]\end{aligned}\tag{2-29}$$

若设计成 $|G_1(s)H(s)|\gg 1$，且 $|G_1(s)G_2(s)H(s)|\gg 1$，则由以上干扰作用引起的输出为

$$\begin{aligned}X_{on}(s)&=\frac{G_2(s)}{1+G_1(s)G_2(s)H(s)}N(s)\approx\frac{G_2(s)N(s)}{G_1(s)G_2(s)H(s)}\\&=\frac{1}{G_1(s)H(s)}N(s)=\delta N(s)\end{aligned}$$

由于 $|G_1(s)H(s)|\gg 1$，因此，δ 值很小。$X_{on}(s)$ 也是很小的。可见，闭环控制系统的优点之一是能使干扰引起的输出很小，也就是使干扰引起的误差很小。

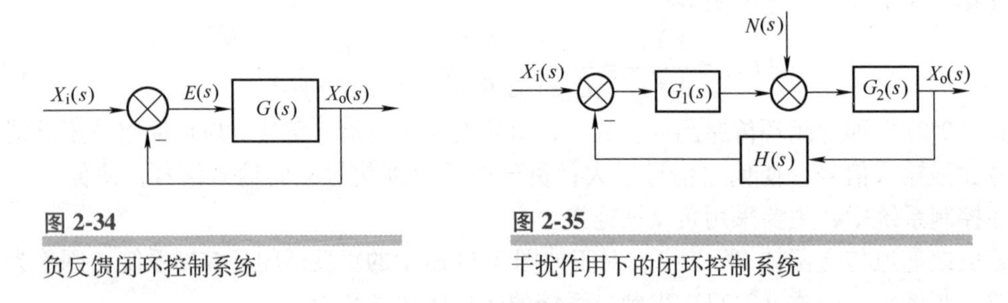

图 2-34
负反馈闭环控制系统

图 2-35
干扰作用下的闭环控制系统

若为开环控制系统，即 $H(s)=0$ 时，这时干扰信号 $N(s)$ 作用引起的输出为

$$X_{on}(s)=G_2(s)N(s)$$

可以看出，$X_{on}(s)$ 不是很小的，即干扰信号对开环控制系统比闭环控制系统带来大得多的输出误差。

以上说明了系统中环节的串联、并联及反馈连接（包括干扰作用下的闭环控制系统）的框图及传递函数的求取方法。采用方框代表环节所组成的系统框图，具有明显的优点，可以清楚地看出信号的流向、环节间的联系关系以及揭示和评价每一环节对系统的影响。对于复杂系统的框图求其传递函数，必须对复杂交织的状况通过框图等效变换为可运算状况，下面介绍框图的等效变换。

三、框图的变换与简化

1. 框图的等效变换法则

框图的变换是将比较点或引出点的位置，在等效原则上进行适当移动，消除回路间的交叉连接，且移动后输入和输出不发生变化，变换前后的框图是等效的。

（1）引出点（信号由某一点分开）移动　图 2-36a 所示为引出点前移。将 $G(s)$ 方框输出端的引出点移动到 $G(s)$ 的输入端，仍要保持总的信号不变，则在被移动的通路上应该串入 $G(s)$ 的方框。图 2-36b 所示为引出点后移。显然，引出点后移必须在被移动的通路上串联 $G(s)$ 倒数的方框。

（2）比较点移动　图 2-36c 所示为将 $G(s)$ 方框前的比较点后移到 $G(s)$ 的输出端，且仍要保持各信号不变，在被移动的通路上必须串联 $G(s)$ 的方框。图 2-36d 所示为比较点前移，显然，移动后，被移动通路中必须串联 $G(s)$ 倒数的方框。

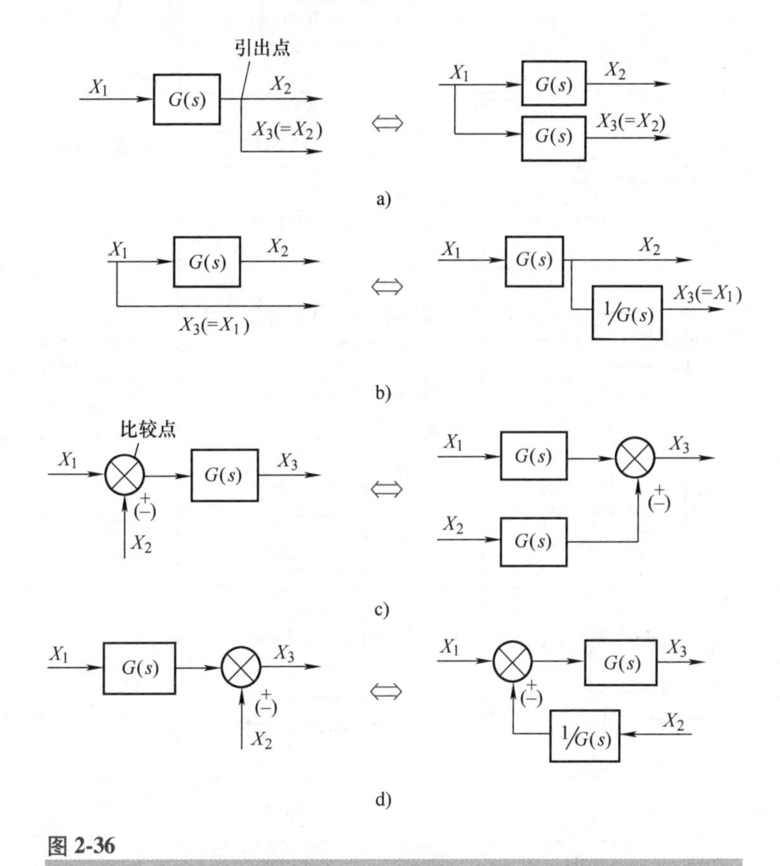

图 2-36

引出点、比较点移动的变换

a）引出点前移　b）引出点后移　c）比较点后移　d）比较点前移

需要提醒的是，由比较点进入和出去的信号，其量纲必须是相同的，否则就不能相加减。同样，由引出点分出的信号，其数值是相同的。

表 2-1 列出了框图等效变换的基本规则，可供读者查阅。

表 2-1　框图等效变换的基本规则

变换方式	原框图	等效框图	等效运算关系
串联	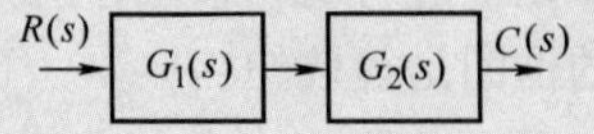 $R(s)$, $G_1(s)$, $G_2(s)$, $C(s)$	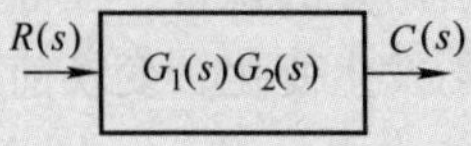 $R(s)$, $G_1(s)G_2(s)$, $C(s)$	$C(s)=G_1(s)G_2(s)R(s)$
并联	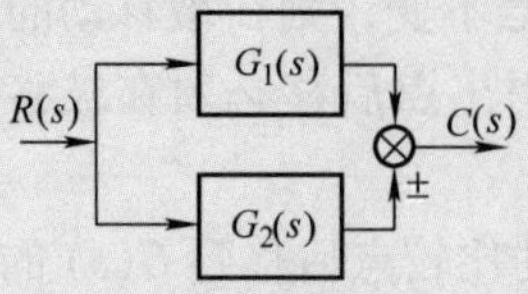 $R(s)$, $G_1(s)$, $G_2(s)$, $C(s)$, ±	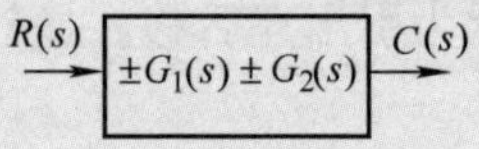 $R(s)$, $\pm G_1(s)\pm G_2(s)$, $C(s)$	$C(s)=[\pm G_1(s)\pm G_2(s)]R(s)$
反馈	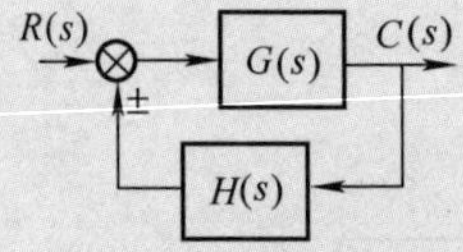 $R(s)$, $G(s)$, $C(s)$, $H(s)$, ±	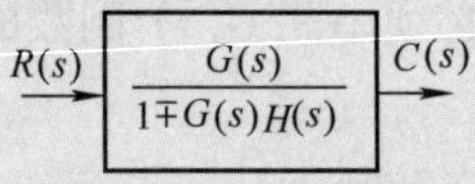 $R(s)$, $\dfrac{G(s)}{1\mp G(s)H(s)}$, $C(s)$	$C(s)=\dfrac{G(s)R(s)}{1\mp G(s)H(s)}$
比较点前移	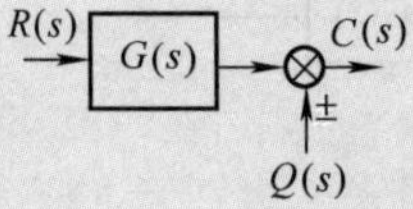 $R(s)$, $G(s)$, $C(s)$, ±, $Q(s)$	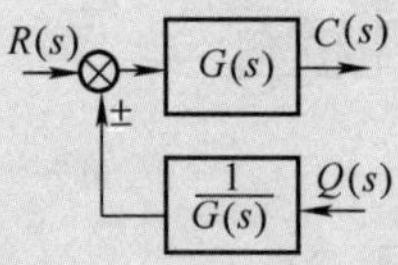 $R(s)$, $G(s)$, $C(s)$, ±, $\dfrac{1}{G(s)}$, $Q(s)$	$C(s)=R(s)G(s)\pm Q(s)$ $=\left[R(s)\pm\dfrac{Q(s)}{G(s)}\right]G(s)$
比较点后移	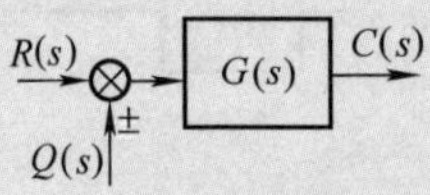 $R(s)$, ±, $Q(s)$, $G(s)$, $C(s)$	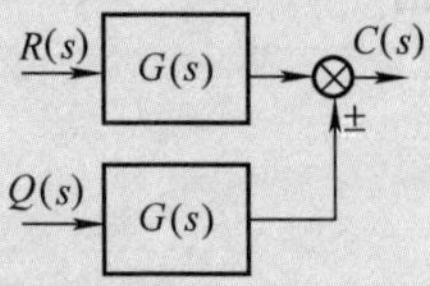 $R(s)$, $G(s)$, $C(s)$, ±, $Q(s)$, $G(s)$	$C(s)=[R(s)\pm Q(s)]G(s)$ $=R(s)G(s)\pm Q(s)G(s)$
引出点前移	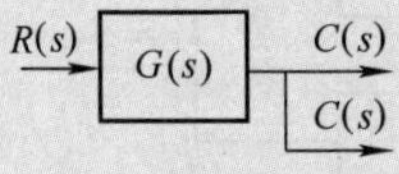 $R(s)$, $G(s)$, $C(s)$, $C(s)$	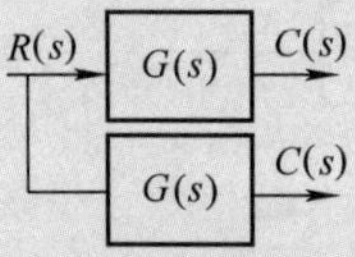 $R(s)$, $G(s)$, $C(s)$, $G(s)$, $C(s)$	$C(s)=G(s)R(s)$
引出点后移	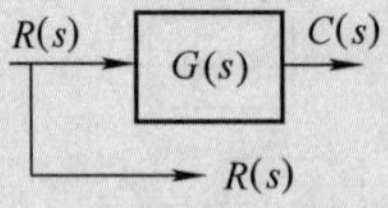 $R(s)$, $G(s)$, $C(s)$, $R(s)$	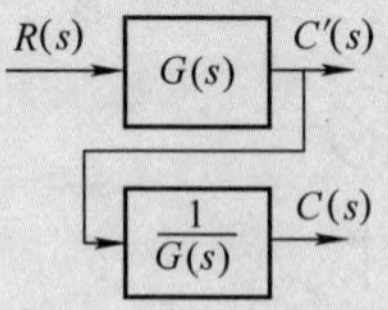 $R(s)$, $G(s)$, $C'(s)$, $\dfrac{1}{G(s)}$, $C(s)$	$C(s)=R(s)G(s)\dfrac{1}{G(s)}$ $C'(s)=G(s)R(s)$
比较点与引出点之间的移动	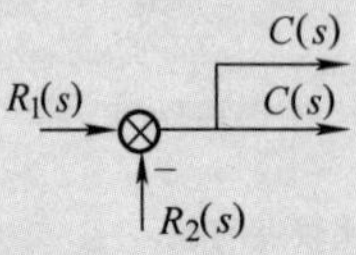 $R_1(s)$, $C(s)$, $C(s)$, −, $R_2(s)$	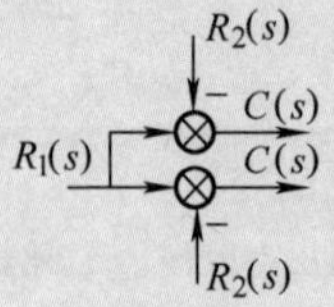 $R_2(s)$, −, $C(s)$, $R_1(s)$, $C(s)$, −, $R_2(s)$	$C(s)=R_1(s)-R_2(s)$

2. 框图的简化

框图的简化就是通过等效变换，将回路中的交叉连接消除，将复杂的框图化为较简单的框图，求出系统的传递函数。

例 2-12

图 2-37 所示为三环回路框图，试将其简化，并求出系统的传递函数。

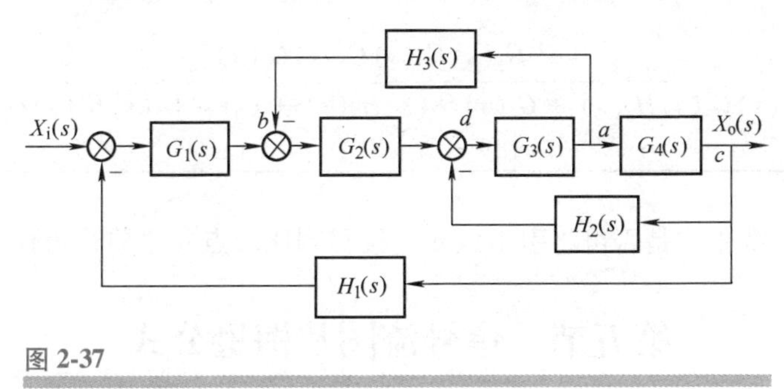

图 2-37

三环回路框图

解： 1）将引出点 a 和比较点 b 后移，图 2-37 等效变换成如图 2-38 所示的结构。

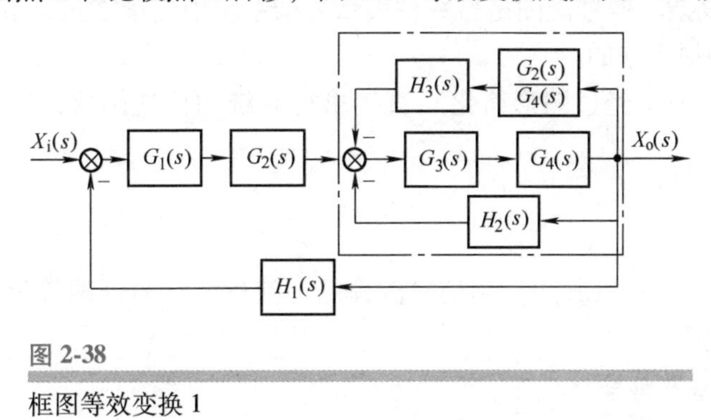

图 2-38

框图等效变换 1

2）对图 2-38 中的点画线框内部分进行计算，$H_3(s)$ 和 $\dfrac{G_2(s)}{G_4(s)}$ 串联与 $H_2(s)$ 并联，最后与串联的 $G_3(s)$、$G_4(s)$ 组成反馈回路，等效变换成如图 2-39 所示的结构。

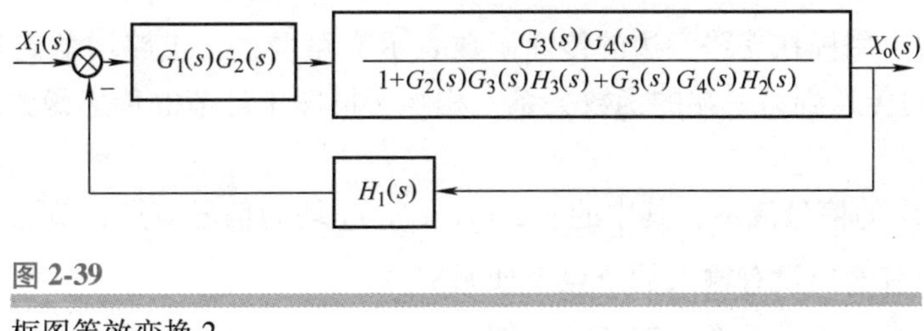

图 2-39

框图等效变换 2

3）对图 2-39 中的回路再进行串联及反馈变换，变为如图 2-40 所示的结构。

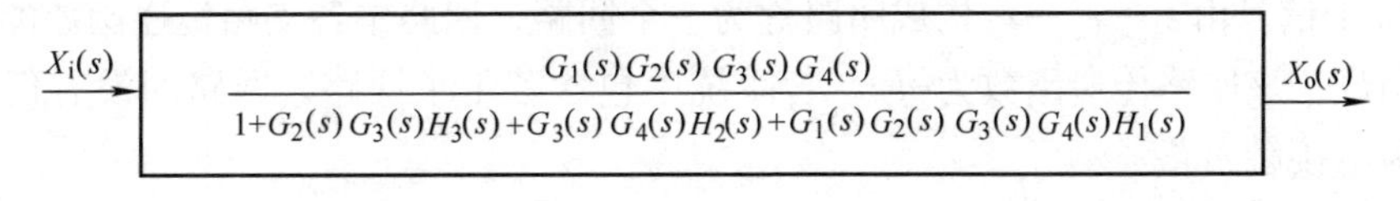

图 2-40

框图等效变换 3

4）最后得到系统的闭环传递函数为

$$\phi(s)=\frac{X_o(s)}{X_i(s)}$$

$$=\frac{G_1(s)G_2(s)G_3(s)G_4(s)}{1+G_2(s)G_3(s)H_3(s)+G_3(s)G_4(s)H_2(s)+G_1(s)G_2(s)G_3(s)G_4(s)H_1(s)}$$

思考：在图 2-37 中，是否可将引出点 a 直接移到比较点 d 之前，为什么？

第五节 信号流图及梅逊公式

框图对于图解表示控制系统是经常采用的一种有效工具，但是当系统很复杂时，框图的简化过程就显得很复杂。信号流图是另一种表示复杂系统中变量之间关系的方法，这种方法首先是由 S. J · 梅逊提出来的。

通过梅逊公式（不必经过图形简化）直接求得系统的传递函数，特别适合对于复杂结构系统的分析。

一、信号流图

信号流图（Signal Flow Graph）是信号流程图的简称，是与框图等价的、描述变量之间关系的图形表示方法。

1. 信号流图的基本符号

信号流图中的基本图形符号有三种：节点、支路和支路增益。

1）节点。用符号"○"表示。节点代表系统中的一个变量（信号）。

2）支路。用符号"→"表示。支路是连接两个节点的有向线段，其中的箭头表示信号的传递方向。

3）支路增益。用标在支路旁边的传递函数表示支路增益。支路增益定量描述信号从支路一端沿箭头方向传送到另一端的函数关系，相当于框图中环节的传递函数。

2. 节点类型

如图 2-41 所示的信号流图，其中的 e_1，e_2，e_3，e_4 均为信号节点，节点又可分为：

1）源点。只有输出没有输入的节点，如 e_1。

2）汇点。只有输入没有输出的节点，如 e_4。

3）混合节点。既有输入又有输出的节点，如 e_2、e_3。

图 2-41 中信号由 e_2—e_3—e_2 构成闭路称为一个回路，回路中各支路传递函数的乘积称为回路传递函数，该回路传递函数为 $-bc$。若系统中包含若干个回路，回路间没有任何公共节点者，称为不接触回路。

图 2-42 所示的框图与图 2-41 所示的信号流图等价，相应系统的方程式如下：

$$e_2=ae_1-ce_3,\quad e_3=be_2,\quad e_4=de_3$$

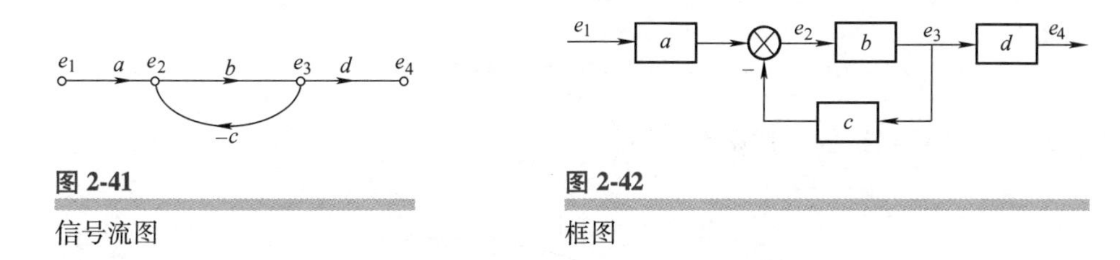

图 2-41
信号流图

图 2-42
框图

信号流图中节点表示的量，在电网络系统中可以代表电压或电流等，在机械系统中可以代表位移、力、速度等。

二、梅逊公式

对于一个确定的信号流图或框图，使用梅逊公式，不用做任何结构变换，就可直接写出系统的传递函数。

计算任意输入节点和输出节点之间的传递函数 $G(s)$ 的梅逊公式为

$$G(s)=\frac{1}{\Delta}\sum_{k=1}^{n}P_k\Delta_k \tag{2-30}$$

式中，Δ 是特征式，其计算公式为

$$\Delta=1-\sum L_{\mathrm{a}}+\sum L_{\mathrm{b}}L_{\mathrm{c}}-\sum L_{\mathrm{d}}L_{\mathrm{e}}L_{\mathrm{f}}+\cdots$$

式中，$\sum L_{\mathrm{a}}$ 是所有不同回路的回路增益之和；$\sum L_{\mathrm{b}}L_{\mathrm{c}}$ 是所有两两互不接触回路的回路增益乘积之和；$\sum L_{\mathrm{d}}L_{\mathrm{e}}L_{\mathrm{f}}$ 是所有互不接触回路中，每次取其中三个回路增益的乘积之和；n 是从输入节点到输出节点间前向通路的条数；P_k 是从输入节点到输出节点间第 k 条前向通路的总增益；Δ_k 是第 k 条前向通路的余子式，即把特征式 Δ 中与该前向通路相接触回路的回路增益置为零后，所余下的部分。

例 2-13

信号流图如图 2-43 所示，试利用梅逊公式求闭环传递函数。

解：本系统有一条前向通路，其增益为 $P_1=G_1G_2G_3$。回路有三个，其回路增益分别为 $L_1=-G_2G_3H_2$、$L_2=-G_1G_2H_1$ 和 $L_3=-G_1G_2G_3$。

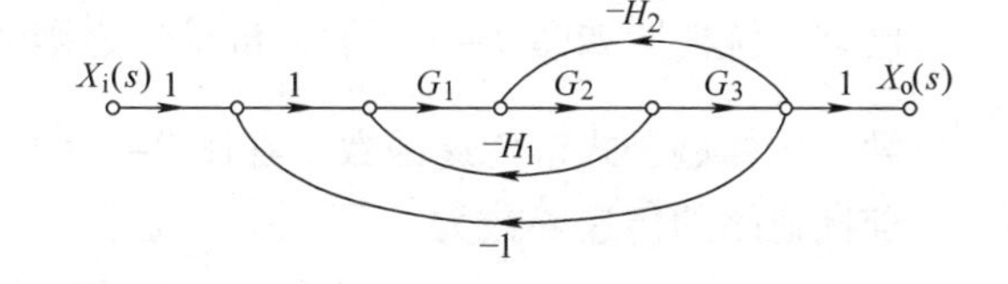

图 2-43
信号流图

L_1、L_2 和 L_3 回路为相互接触，故特征式为

$$\Delta=1-(L_1+L_2+L_3)=1+G_1G_2G_3+G_1G_2H_1+G_2G_3H_2$$

由于各回路均与前向通路接触，用梅逊公式得系统的传递函数为

$$G(s)=\frac{X_{\mathrm{o}}(s)}{X_{\mathrm{i}}(s)}=\frac{1}{\Delta}P_1=\frac{G_1G_2G_3}{1+G_1G_2G_3+G_1G_2H_1+G_2G_3H_2}$$

例 2-14

试求图 2-44 所示系统的传递函数 $\dfrac{X_o(s)}{X_i(s)}$。

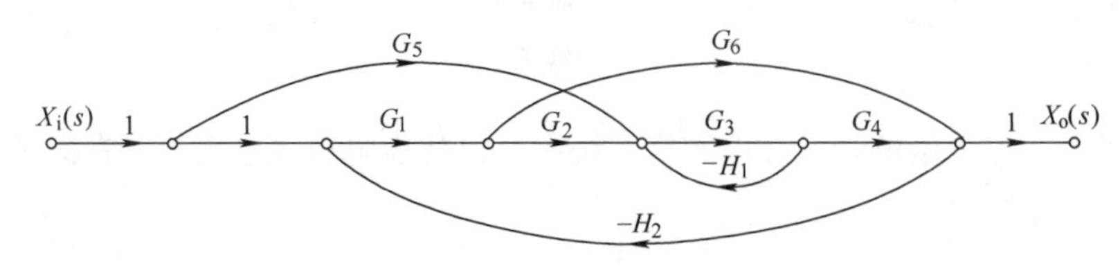

图 2-44

系统的信号流图

解：本系统有三条前向通路，其增益分别为 $P_1 = G_1G_2G_3G_4$、$P_2 = G_5G_3G_4$ 和 $P_3 = G_1G_6$。回路有三个，其回路增益分别为 $L_1 =- G_1G_2G_3G_4H_2$、$L_2 =- G_1G_6H_2$ 和 $L_3 =- G_3H_1$。其中，只有 L_2 和 L_3 两回路互不接触，故特征式为

$$\begin{aligned}\Delta &= 1 - (L_1 + L_2 + L_3) + (L_2L_3)\\ &= 1 + G_1G_2G_3G_4H_2 + G_1G_6H_2 + G_3H_1 + G_1G_3G_6H_1H_2\end{aligned}$$

由于各回路均与前向通路 P_1、P_2 接触，故余子式 $\Delta_1 = \Delta_2 = 1$。前向通路 P_3 与回路 L_3 不接触，所以余子式 $\Delta_3 = 1 - (L_3) = 1 + G_3H_1$。用梅逊公式得系统的传递函数为

$$\begin{aligned}\frac{X_o(s)}{X_i(s)} &= \frac{1}{\Delta}(P_1\Delta_1 + P_2\Delta_2 + P_3\Delta_3)\\ &= \frac{G_1G_2G_3G_4 + G_5G_3G_4 + G_1G_6(1 + G_3H_1)}{1 + G_1G_2G_3G_4H_2 + G_1G_6H_2 + G_3H_1 + G_1G_3G_6H_1H_2}\end{aligned}$$

例 2-15

已知系统框图如图 2-45 所示，试求传递函数 $\dfrac{X_o(s)}{X_i(s)}$。

解：用梅逊公式求传递函数。在图 2-45 中，有两条前向通路。

前向通路的传递函数为

$$P_1 = G_1G_2G_3,\ P_2 = H_4,\ \Delta_1 = 1,\ \Delta_2 = 1-G_2G_3H_2$$

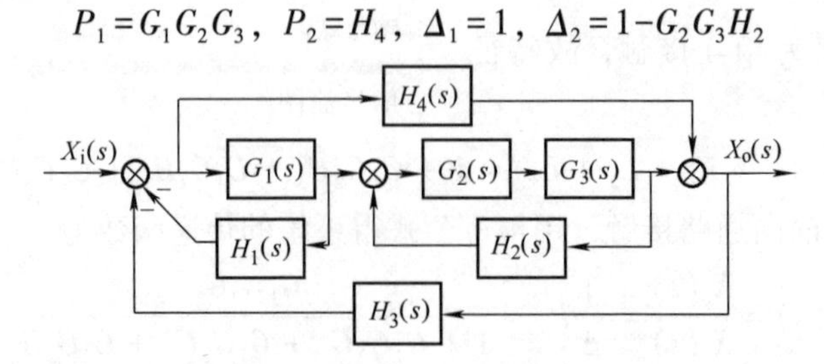

图 2-45

系统框图

有四个独立回路 $L_1=-H_3H_4$，$L_2=-G_1G_2G_3H_3$，$L_3=G_2G_3H_2$，$L_4=-G_1H_1$；有两组互不接触回路：L_1 和 L_3，L_3 和 L_4。所以，应用式（2-30）可写出系统的传递函数为

$$\frac{X_o(s)}{X_i(s)}=\frac{P_1\Delta_1+P_2\Delta_2}{\Delta}$$

$$=\frac{G_1G_2G_3+H_4(1-G_2G_3H_2)}{1+H_3H_4+G_1G_2G_3H_3-G_2G_3H_2+G_1H_1-G_2G_3H_2H_3H_4-G_1G_2G_3H_1H_2}$$

第六节　物理系统传递函数的推导

一个物理系统是由多种元件组成的。这些元件可以是电的、机械的、液压的、气动的、光学的、热力学的等。复杂的系统常常由这些元件混合组成。物理系统可能是控制系统或者是动力学系统。对于这些物理系统，根据物理原理，只要选定系统的输入和输出，就可以求出系统的微分方程，从而推导出系统的传递函数。传递函数代表了系统的动态特性，这种从理论上推导传递函数的方法，称为解析法。下面通过一些例子学习用解析法来求系统的传递函数。

一、电枢控制式直流电动机

如图 2-46 所示的电枢控制式直流电动机，试求该系统的传递函数。各符号的物理意义为：

R_a、L_a、i_a——电枢绕组的电阻、电感和电流；

u_a——作用于电枢的电压，取为系统的输入；

e_b——反电动势；

K_b——反电动势常数；

i_f——励磁电流，这里为常数；

M——电动机产生的转矩；

K——电动机的转矩系数；

θ——电动机的角位移，取为系统的输出；

J、B——电动机轴上的转动惯量和速度阻尼系数。

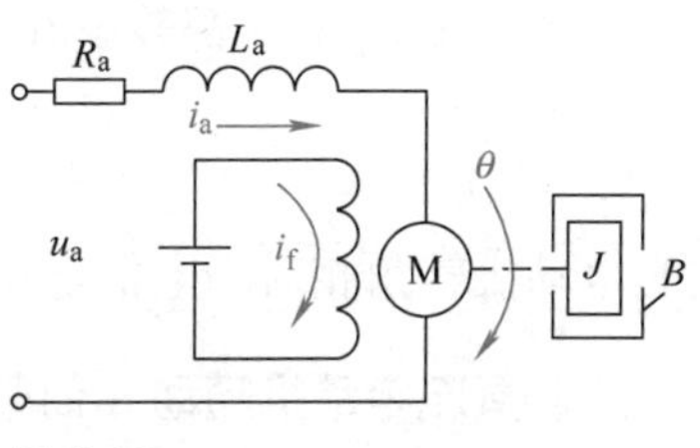

图 2-46

电枢控制式直流电动机

写出各方程：

转矩方程　$$M=Ki_a$$

反电动势方程　$$e_b=K_b\frac{\mathrm{d}\theta}{\mathrm{d}t}$$

电枢回路的微分方程　$$L_a\frac{\mathrm{d}i_a}{\mathrm{d}t}+R_ai_a+e_b=u_a$$

电动机轴上的动力方程　$$J\frac{\mathrm{d}^2\theta}{\mathrm{d}t^2}+B\frac{\mathrm{d}\theta}{\mathrm{d}t}=M=Ki_a$$

假设初始条件为零，对以上三式进行拉普拉斯变换，得

$$E_b(s)=K_bs\Theta(s)$$

$$(L_a s + R_a)I_a(s) + E_b(s) = U_a(s)$$
$$(Js^2 + Bs)\Theta(s) = KI_a(s)$$

经整理以上三式后，得系统的传递函数为

$$G(s) = \frac{\Theta(s)}{U_a(s)} = \frac{K}{s[L_a Js^2 + (L_a B + R_a J)s + R_a B + KK_b]} \tag{2-31}$$

这是一个三阶的传递函数，该系统是一个简单的控制系统，实质上，它是一个直流电动机动态系统。若把电枢反电动势 e_b 看成是与电动机转速成正比的负反馈信号，则系统框图如图 2-47 所示。

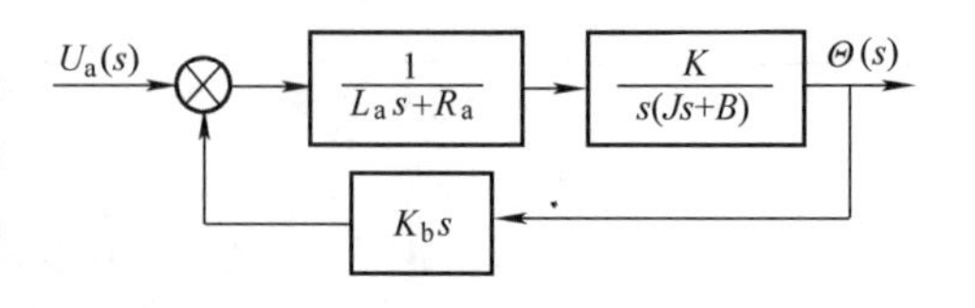

图 2-47 直流电动机动态系统框图

由于电枢电路中的电感 L_a 一般较小，若略去，则图 2-46 所示的电枢控制式直流电动机框图的传递函数为

$$G(s) = \frac{\Theta(s)}{U_a(s)} = \frac{K}{R_a Js^2 + (R_a B + KK_b)s} = \frac{K_m}{s(T_m s + 1)} \tag{2-32}$$

式中，K_m 是电动机的增益常数，$K_m = \frac{K}{R_a B + KK_b}$；$T_m$ 是电动机的时间常数，$T_m = \frac{R_a J}{R_a B + KK_b}$。

若系统中 R_a 和 J 都较小时，$T_m \approx 0$，式（2-32）近似为

$$G(s) = \frac{\Theta(s)}{U_a(s)} = \frac{K_m}{s} \tag{2-33}$$

这时电动机转角相对于电枢电压是一个积分器。

二、直流电动机随动（伺服）系统

图 2-48 所示为直流电动机拖动的随动系统。系统中采用一对电位器作为比较环节。一个电位器作为输入器，另一个电位器作为接收器。它们的工作原理是滑臂在圆形滑线电阻上转动，从而由滑臂输出不同的电压值。加于两电位器的电压 U_0 为定值，$x_i(t)$ 及 $x_o(t)$ 分别为两电位器的滑臂转角，两电位器输出之电压差值为 $u(t)$，经放大后为电压 $u_a(t)$，用以控制直流电动机的转角 $\theta(t)$，$\theta(t)$ 是跟随输入转角 $x_i(t)$ 的，故称为电气位置随动系统。

先求双电位器的传递函数。当输入电位器的滑臂转动 $x_i(t)$ 时，其滑臂端测量的电压为

$$u_1 = \frac{U_0}{\phi_{max}} x_i(t)$$

式中，ϕ_{max} 是电位器滑臂最大工作转角，常数；U_0 是输入电压，常数。

同样，得到接收电位器接收转角 $x_o(t)$ 时，其滑臂端测量的电压为

$$u_2 = \frac{U_0}{\phi_{max}} x_o(t)$$

两电位器滑臂端的电压为

$$u(t) = u_1 - u_2 = \frac{U_0}{\phi_{max}}(x_i - x_o)$$

因而，比较环节的传递函数为

$$\frac{U(s)}{X_i(s)-X_o(s)}=\frac{U_0}{\phi_{max}}=K_1$$

式中，K_1 是常数，$K_1=\dfrac{U_0}{\phi_{max}}$。

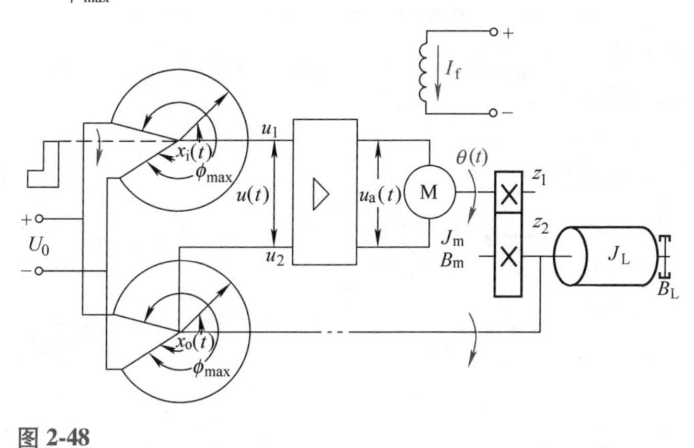

图 2-48

直流电动机拖动的随动系统

图 2-48 中，放大器的增益设为 K_2，直流电动机为电枢控制式。控制电动机的传递函数取式（2-32）的形式，则电动机的增益常数及时间常数计算如下：

总转动惯量为

$$J=J_m+\left(\frac{z_1}{z_2}\right)^2 J_L$$

式中，J 是折算在电动机轴上的总转动惯量；J_m 是电动机的转动惯量；$\left(\dfrac{z_1}{z_2}\right)^2 J_L$ 是负载转动惯量 J_L 折算在电动机轴上的转动惯量。

总阻尼系数为

$$B=B_m+\left(\frac{z_1}{z_2}\right)^2 B_L$$

式中，B 是折算到电动机轴上的总阻尼系数；B_m 是电动机的阻尼系数；$\left(\dfrac{z_1}{z_2}\right)^2 B_L$ 是负载的阻尼系数 B_L 折算到电动机轴上的阻尼系数。

因而，由式（2-32）得

$$K_m=\frac{K}{R_aB+KK_b}=\frac{K}{R_a\left[B_m+\left(\dfrac{z_1}{z_2}\right)^2 B_L\right]+KK_b}$$

$$T_m=\frac{R_aJ}{R_aB+KK_b}=\frac{R_a\left[J_m+\left(\dfrac{z_1}{z_2}\right)^2 J_L\right]}{R_a\left[B_m+\left(\dfrac{z_1}{z_2}\right)^2 B_L\right]+KK_b}$$

系统框图如图2-49所示。

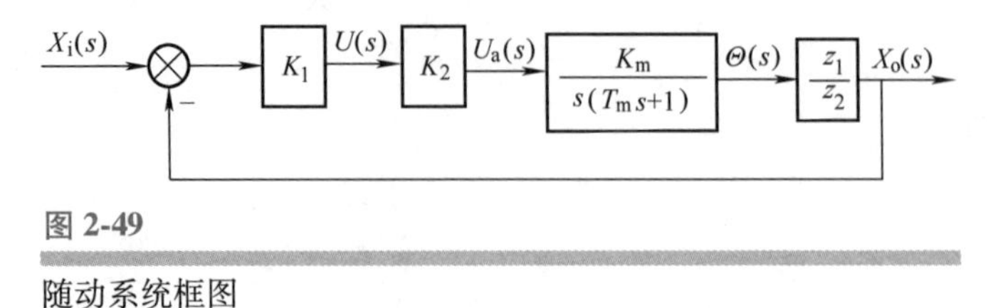

图 2-49

随动系统框图

由系统框图可得传递函数为

$$G(s)=\frac{X_o(s)}{X_i(s)}=\frac{K_1K_2\frac{K_m}{s(T_m s+1)}\frac{z_1}{z_2}}{1+K_1K_2\frac{K_m}{s(T_m s+1)}\frac{z_1}{z_2}}=\frac{K_1K_2K_m\frac{z_1}{z_2}}{T_m s^2+s+K_1K_2K_m\frac{z_1}{z_2}}$$

这是一个二阶系统。

三、切削加工过程

图2-50所示为车削加工过程，是一个切削加工动力学系统。

切削加工时，刀具横向进给名义切削深度 a_{p0}，切削深度产生切削力 F，切削力 F 又反作用刀架产生刀架等的变形 y，刀架的变形 y（退让 y）又反馈回来，使名义切削深度 a_{p0} 与 y 相减，得实际切削深度 a_p。这种反馈没有反馈通道，纯属系统内部的内在反馈，并构成工件、刀具至机床间信息流的一个闭环回路，是一闭环控制系统。若忽略其他因素，以名义切削深度 u_i 作为输入，以刀架变形位移（退让）y 作为输出，则车削过程的传递函数可推导如下：

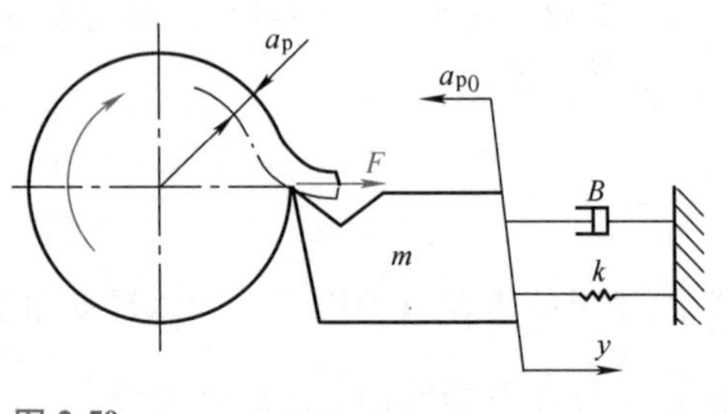

图 2-50

车削加工过程

实际切削深度为

$$u=a_p=u_i-y \tag{2-34}$$

需要注意的是，对于机械动力学内在反馈控制系统，输入与反馈之差 a，根本没有自动控制系统的输入与反馈之差为“偏差”含义。否则，将毫无意义。

切削力的公式为

$$F=K_c u+B_c\frac{\mathrm{d}u}{\mathrm{d}t} \tag{2-35}$$

式中，K_c 是切削过程系数，表示相应的切削力与切削深度之比；B_c 是切削阻尼系数，表示相应的切削力与切削深度变化率之比；$\frac{\mathrm{d}u}{\mathrm{d}t}$ 是切削深度变化率。

对式（2-35）做拉普拉斯变换，可得

$$F(s)=K_cU(s)+B_csU(s)$$

整理得切削过程的传递函数为

$$G_c(s)=\frac{F(s)}{U(s)}=K_c(Ts+1)$$

式中，T 是常数，$T=\dfrac{B_c}{K_c}$。

切削力 F 作为输入，刀架（机床）位移 y 作为输出，把机床近似地看成质量-阻尼-弹簧二阶环节，则机床传递函数为

$$G_m(s)=\frac{Y(s)}{F(s)}=\frac{1}{ms^2+Bs+k}$$

由以上可得系统框图，如图 2-51 所示。由框图可求得车削加工过程系统的传递函数为

$$G(s)=\frac{Y(s)}{U_i(s)}=\frac{G_c(s)G_m(s)}{1+G_c(s)G_m(s)}$$

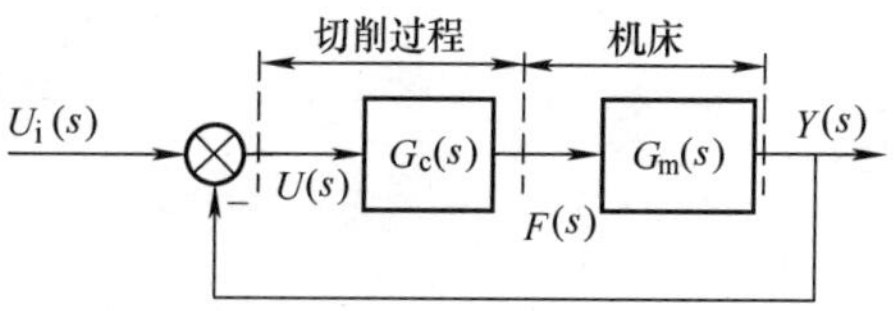

图 2-51

车削过程框图

此传递函数为深入研究切削过程动力学（机床动刚度及稳定性等）提供了基本概念。

四、机械机构

图 2-52 所示为一机械机构。输入为位移 x，输出为角位移 θ。假设运动是限制在很小的范围内，因此系统可以看成是线性控制系统。若忽略质量及摩擦力，则此系统的传递函数计算如下：

列写受力平衡方程

$$B\left(\frac{dx}{dt}-l\frac{d\theta}{dt}\right)=kl\theta$$

或

$$l\frac{d\theta}{dt}+\frac{k}{B}l\theta=\frac{dx}{dt}$$

假设初始条件为零，对上式进行拉普拉斯变换

$$Ls\Theta(s)+\frac{k}{B}l\Theta(s)=sX(s)$$

得系统传递函数为

$$G(s)=\frac{\Theta(s)}{X(s)}=\frac{K_1s}{Ts+1}$$

式中，$K_1=\dfrac{B}{lk}$；$T=\dfrac{B}{k}$。

可知此机械机构是一个具有惯性的微分系统。

五、齿轮系

在许多控制系统中常用高转速、小转矩电动机来组成执行机构，而负载通常要求低转速、大转矩进行调整，需要引入减速器进行匹配。减速器一般是一个齿轮组，它们在机械系统中的作用相当于电气系统中的变压器，如图 2-53 所示。主动齿轮与从动齿轮的转速和齿数分别用 ω_1、z_1 和 ω_2、z_2 表示。

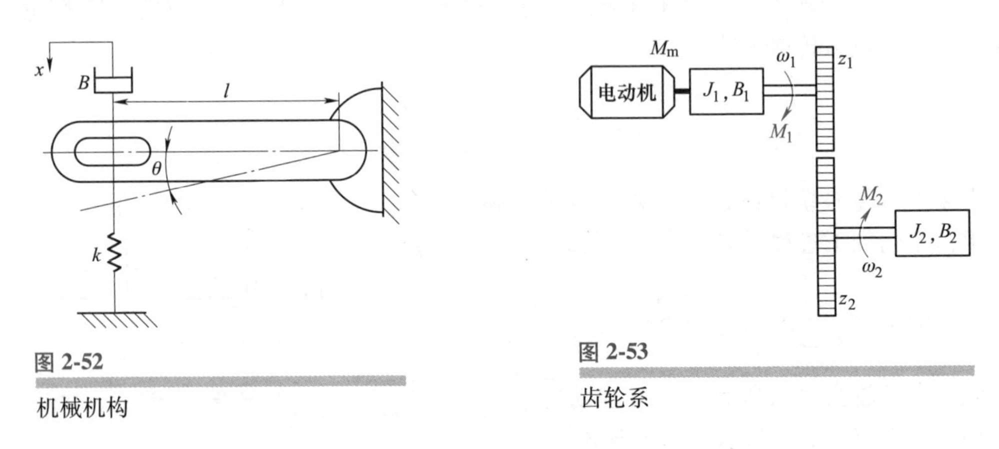

图 2-52
机械机构

图 2-53
齿轮系

一级齿轮的传动比定义为

$$i_1 = \frac{\omega_1}{\omega_2} = \frac{z_2}{z_1}$$

控制系统一般用减速齿轮系，故 $i_1 > 1$。明显地，一级齿轮减速器的传递函数可写为

$$G(s) = \frac{\Omega_2(s)}{\Omega_1(s)} = \frac{1}{i_1}$$

为了考虑负载和齿轮系对电动机特性的影响，一般要将负载和齿轮系的力矩、转动惯量以及黏滞摩擦折合到电动机轴上进行计算。依据牛顿定律列写电动机轴上的力矩平衡方程，可以导出折算到电动机轴上的转动惯量和黏滞摩擦系数分别为

$$J = J_1 + \frac{1}{i_1^2}J_2,\quad f = f_1 + \frac{1}{i_1^2}f_2$$

对于多级齿轮系，折算到电动机轴上的等效转动惯量和等效黏滞摩擦系数分别为

$$J = J_1 + \left(\frac{1}{i_1}\right)^2 J_2 + \left(\frac{1}{i_1 i_2}\right)^2 J_3 + \cdots \tag{2-36}$$

$$f = f_1 + \left(\frac{1}{i_1}\right)^2 f_2 + \left(\frac{1}{i_1 i_2}\right)^2 f_3 + \cdots \tag{2-37}$$

由式（2-36）和式（2-37）可见，随着传动级数和传动比的增大，负载轴上的转动惯量和黏滞摩擦的作用将迅速减小。因此，在实际系统中，越靠近输入轴的转动惯量及黏滞摩擦对电动机的负载影响越大。尽量减小前级齿轮的转动惯量及相应黏滞摩擦，有利于提高电动机的动态性能。

六、汽车悬挂系统

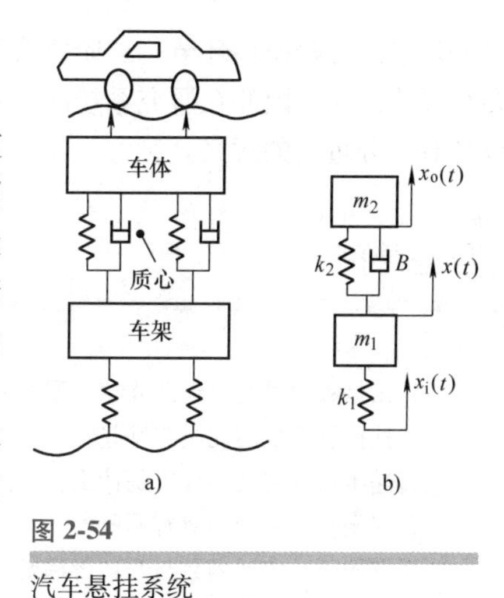

图 2-54

汽车悬挂系统

a）汽车悬挂系统原理图　b）简化的汽车悬挂系统

图 2-54a 所示为汽车悬挂系统原理图。当汽车在道路上行驶时，轮胎的垂直位移是一个运动激励，作用在汽车的悬挂系统上。该系统的运动由质心的平移运动和围绕质心的旋转运动组成。要建立整个系统的精确模型相当复杂。下面仅建立车体在垂直方向上运动的简化数学模型，如图 2-54b 所示。

设汽车轮胎的垂直运动为系统输入量 $x_i(t)$，车体的垂直运动为系统输出量 $x_o(t)$，则根据牛顿第二定律，得到系统的运动微分方程为

$$m_1\ddot{x}(t)=B[\dot{x}_o(t)-\dot{x}(t)]+K_2[x_o(t)-x(t)]+K_1[x_i(t)-x(t)]$$

$$m_2\ddot{x}_o(t)=-B[\dot{x}_o(t)-\dot{x}(t)]-K_2[x_o(t)-x(t)]$$

假设初始条件为零，对以上两式进行拉普拉斯变换，可得

$$m_1s^2X(s)=Bs[X_o(s)-X(s)]+K_2[X_o(s)-X(s)]+K_1[X_i(s)-X(s)]$$

$$m_2s^2X_o(s)=-B[sX_o(s)-sX(s)]-K_2[X_o(s)-X(s)]$$

整理化简，消去中间变量 $X(s)$，得到简化的汽车悬挂系统的传递函数为

$$G(s)=\frac{X_o(s)}{X_i(s)}=\frac{K_1(Bs+K_2)}{m_1m_2s^4-(m_1+m_2)Bs^3+[K_1m_2+(m_1+m_2)K_2]s^2+K_1Bs+K_1K_2}$$

该简化的汽车悬挂系统为四阶系统。

小结

本章主要介绍了三个方面的内容：控制系统的四种数学模型（微分方程、传递函数、框图及信号流图）；求传递函数的三种方法；反馈控制系统典型环节的传递函数。

1）数学模型是描述系统输入、输出以及内部各变量之间关系的数学表达式，是对系统进行理论分析研究的主要依据。

微分方程是系统的时域数学模型，正确地理解和掌握系统的工作过程、各元部件的工作原理是建立系统微分方程的前提。

传递函数是在零初始条件下系统输出的拉普拉斯变换和输入拉普拉斯变换之比，是经典控制理论中重要的数学模型，熟练掌握和运用传递函数的概念，有助于我们分析和研究复杂系统。

框图和信号流图是两种用图形表示的数学模型，具有直观形象的特点，其优点是可以方便地应用梅逊增益公式求复杂系统的传递函数。

2）求系统的传递函数常有三种方法：对微分方程进行拉普拉斯变换法，框图等效化简法以及梅逊增益公式法。

3）控制系统的典型环节有比例环节、积分环节、微分环节、一阶惯性环节、一阶复合

微分环节、二阶振荡环节、二阶复合微分环节和延迟环节，一个控制系统可以由其中一个或多个环节组成。因此在研究系统时，首先研究典型环节的性能，对于进行复杂系统的分析和设计有十分重要的意义。

思考题

1. 什么是数学模型？建立数学模型的方法有哪些？
2. 线性控制系统的性质有哪些？
3. 传递函数的定义和性质是什么？
4. 传递函数的典型环节有哪些？
5. 系统的闭环传递函数与开环传递函数是如何定义的？如何计算？
6. 框图简化的原则有哪些？
7. 信号流图的概念及梅逊公式的应用。

习题

1. 图2-55所示为机械摩擦盘无级变速器。I轴为主动旋转轴，以恒速转动，并通过B盘由摩擦力带动A盘旋转。B盘与I轴为滑动键连接，移动B盘在I轴上的位置，使偏心距离e改变，从而改变了A盘的转速。设A盘的转速ω正比于偏心距e，e为输入量，A盘转角θ为输出量，求其传递函数。

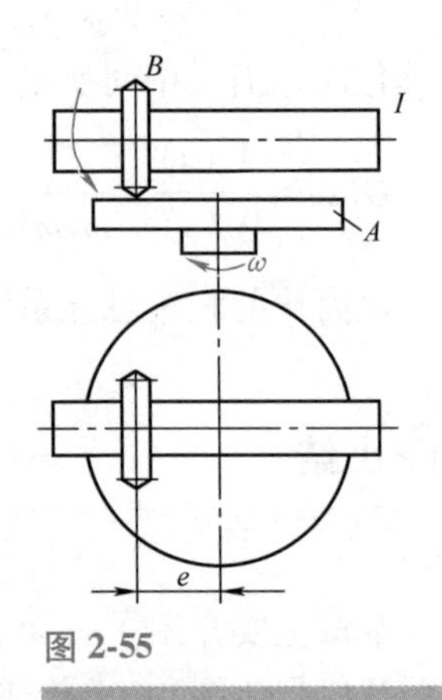

图2-55
机械摩擦盘无级变速器

2. 图2-56所示为液压缸负载系统。若负载的质量m较小，可以忽略不计时，取输入量为油压力p，缸右腔排油压力为零，输出量为位移x时，求传递函数。

3. 图2-57所示为惯量-阻尼-弹簧系统。若输入量为转角θ_i，输出量为转子转角θ_o，求传递函数，并写出无阻尼固有频率ω_n及阻尼比ζ。

4. 试分析当反馈环节$H(s)=1$时，前向通道传递函数$G(s)$分别为惯性环节、微分环节、积分环节时，输入、输出的闭环传递函数分别是什么？

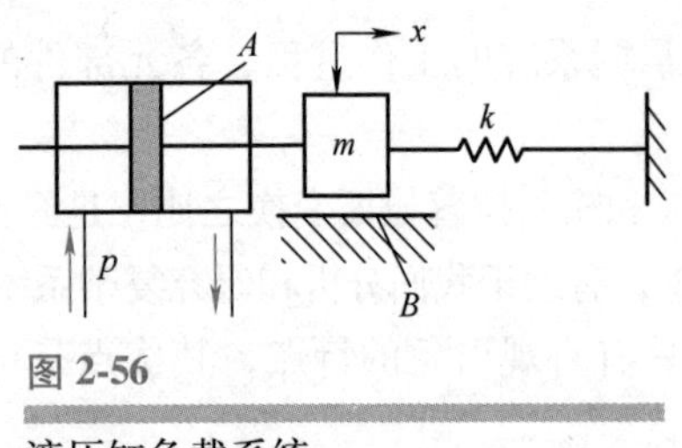

图2-56
液压缸负载系统

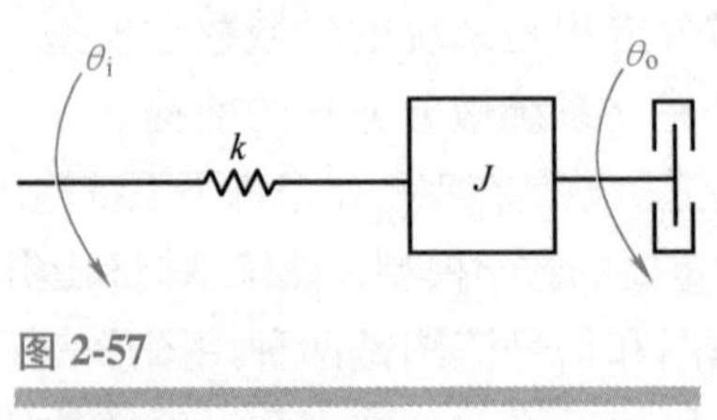

图2-57
惯量-阻尼-弹簧系统

5. 证明图2-58所示电气、机械系统是相似系统，即证明两者传递函数具有相同形式。
6. 试求图2-59所示各系统的传递函数。其中，外力$f(t)$、位移$x(t)$和电压$u_r(t)$为各系统中的输入

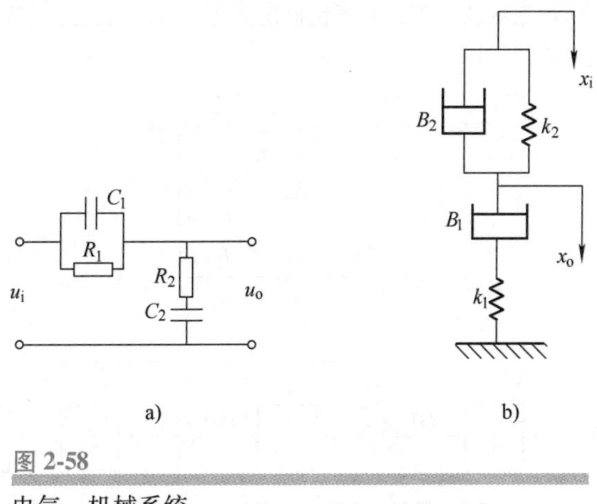

图 2-58

电气、机械系统

量；位移 $y(t)$ 和电压 $u_c(t)$ 为输出量；k（弹性系数）、B（阻尼系数）、R（电阻）、C（电容）和 m（质量）均为常数。

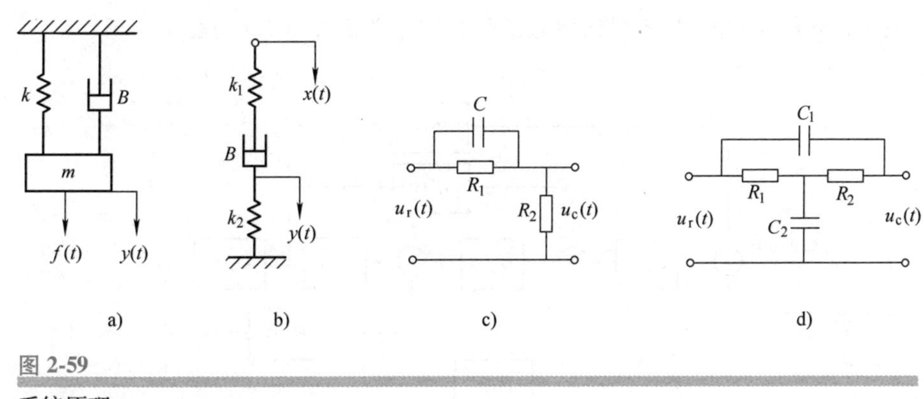

图 2-59

系统原理

7. 若系统框图如图 2-60 所示，求：

1）以 $X_i(s)$ 为输入，当 $N(s)=0$ 时，分别以 $X_o(s)$、$Y(s)$、$B(s)$、$E(s)$ 为输出的闭环传递函数。

2）以 $N(s)$ 为输入，当 $X_i(s)=0$ 时，分别以 $X_o(s)$、$Y(s)$、$B(s)$、$E(s)$ 为输出的闭环传递函数。

8. 将图 2-61 所示的系统框图简化，并求其传递函数。

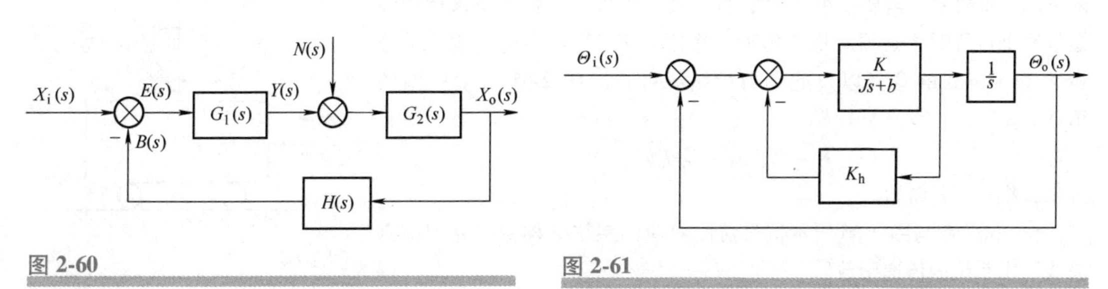

图 2-60

系统框图

图 2-61

具有速度反馈的位置系统框图

9. 图 2-62b 是图 2-62a 所示系统的框图，将系统框图简化，并求其传递函数。

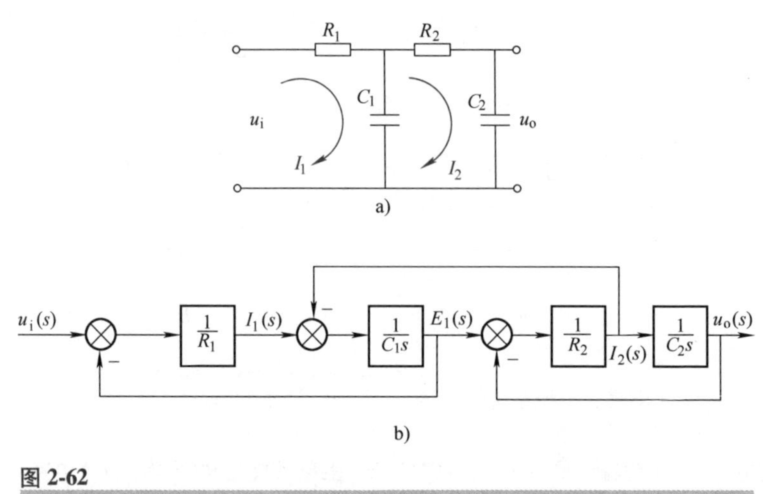

图 2-62

两个 RC 电路串联的滤波网络及框图

10. 简化图 2-63 所示框图，并求系统的传递函数 [$X_i(s)$ 为输入，$X_o(s)$ 为输出]。

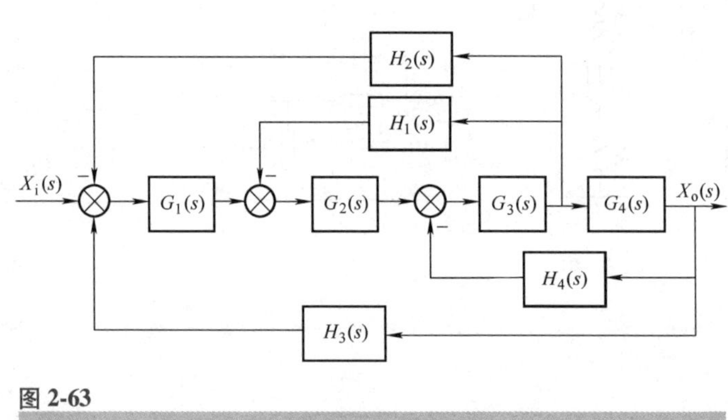

图 2-63

框图

11. 图 2-64 所示为倒装摆支撑在一辆机动拖车上。这个倒装摆是不稳定的，也就是说维持在静止的垂直位置时，稍有干扰，重球就倒落下来。请思考：若要减小 θ_0 角，直至其等于零，也就是说保持倒装摆呈铅垂位置时，必须对拖车施加一作用力 F。根据你的经验，试分析 F 等于下式的意义以及此动力学系统可画成图 2-65 所示框图的道理。

$$F = K_p(\theta_0 + K_d\theta_0)$$

式中，K_p、K_d是常数。

12. 试绘制与图 2-66 所示信号流图对应的系统结构图，并用梅逊公式写出系统的传递函数。

13. 试用梅逊公式求图 2-67 所示各系统的闭环传递函数。

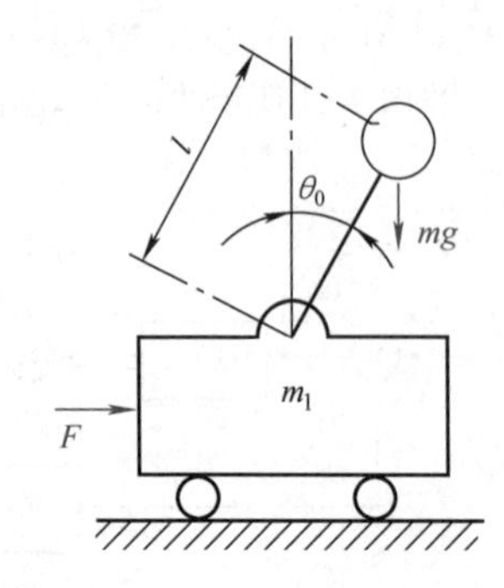

图 2-64

倒装摆支撑在一辆机动拖车上

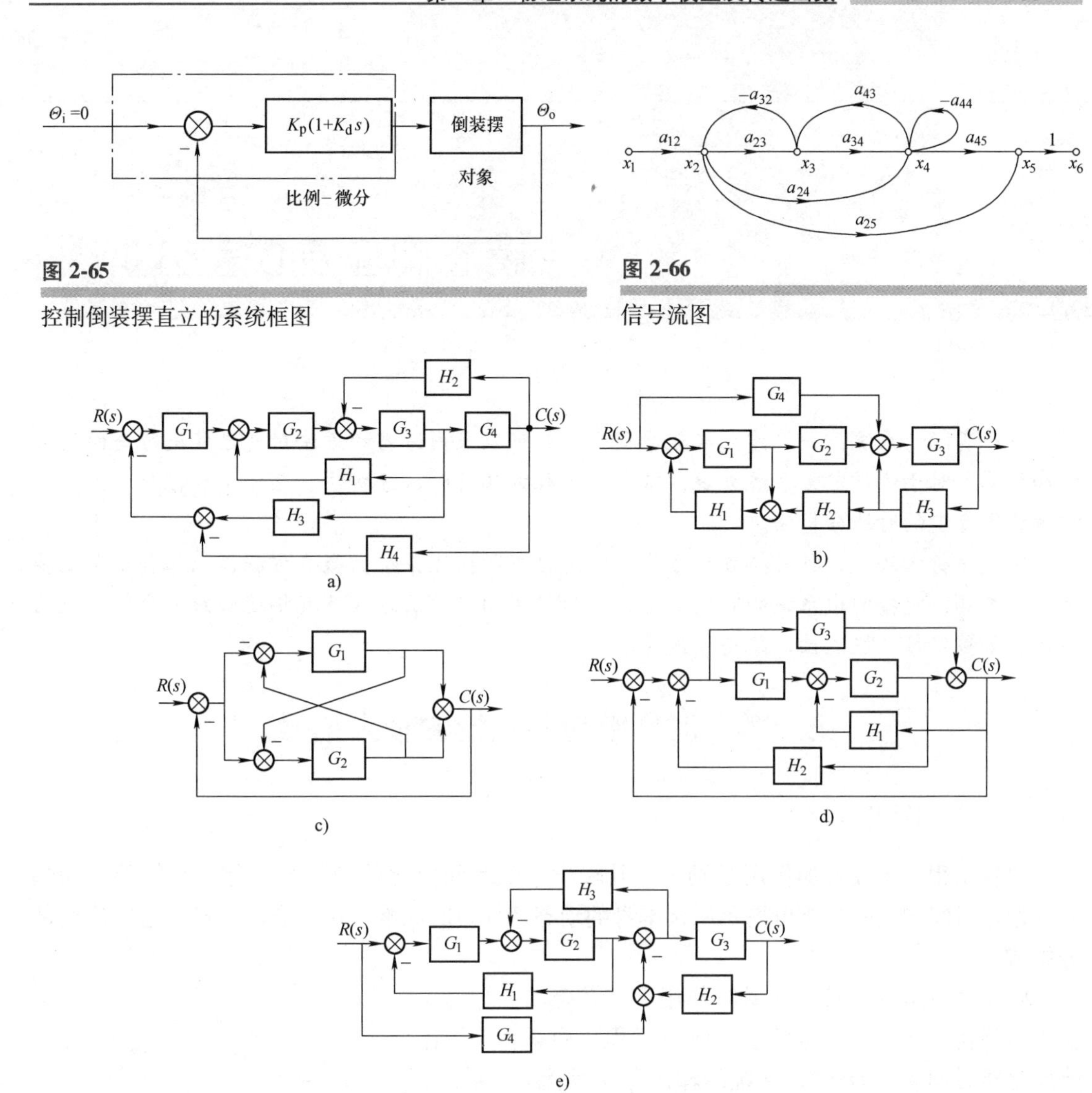

图 2-65

控制倒装摆直立的系统框图

图 2-66

信号流图

图 2-67

系统框图

第三章 瞬态响应及误差分析

一个实际的系统，一旦建立起数学模型，就可以采用适当的方法对其性能进行全面的分析和计算。对于线性定常系统来说，常用的工程方法有时域分析法、频率法和根轨迹法。本章讨论很直观的时域分析法。

时域分析方法是一种直接分析方法，它是根据所描述系统的微分方程，以拉普拉斯变换为数学工具，直接解出系统的时间响应，然后根据响应的表达式及其描述曲线来分析系统的性能，如稳定性、快速性、稳态精度等。

第一节 时间响应及系统的输入信号

一、时间响应的概念

机械工程系统在外加作用激励下，其输出量随时间变化的函数关系称为系统的时间响应，通过时间响应的分析可揭示系统本身的动态特性。时间响应由瞬态响应和稳态响应两部分组成。

瞬态响应是指在某外加激励作用下，系统的输出量从初始状态到稳定状态的响应过程；稳态响应是指时间 $t \to \infty$ 时，系统的输出稳定状态。如图 3-1 所示，当系统在单位阶跃信号激励下，时间 $0 \sim t_1$ 时间内的响应过程称为瞬态响应。当 $t > t_1$ 时，则系统趋于稳定，称为稳态响应。

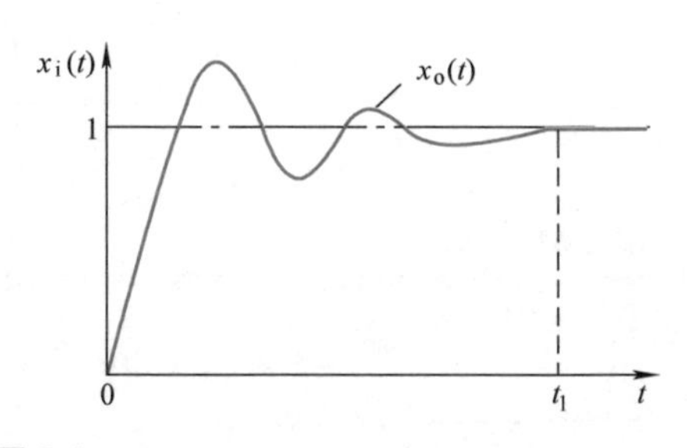

图 3-1
单位阶跃信号作用下的时间响应

因为实际的物理系统总是包含一些储能元件，如质量、弹簧、电感、电容等元件，所以当输入信号作用于系统时，系统的输出量不能立刻随输入量变化，而是在系统达到稳态之前，表现为瞬态响应过程。

下面通过线性系统微分方程的解进一步深入全面地理解时间响应的概念。由高等数学的知识，初始条件及输入信号产生的时间响应是微分方程的全解。此时微分方程为非齐次微分方程，其全解包含齐次通解和特解两部分。齐次通解由非齐次微分方程的齐次式求得（即等式右边的项取为零——输入为零），齐次通解完全由初始条件（储存的初始能量，如机械系统弹簧的初始拉伸与压缩、电系统中的电容上有初始电压等）引起的，它是一个瞬态过程，工程上称为自然响应（如机械振动中的自由振动）。特解只由输入决定，是系统由输入引起的输出（响应），工程上称为强迫响应（如机械振动中的强迫振动）。

二、系统的输入信号

研究系统的动态特性，就是研究系统在输入信号作用下，输出量是怎样按输入量的作用而变化的，即系统对输入如何产生响应。

是否有必要把任何一种输入作用下的响应都加以研究？显然这样做太复杂，也没有必要。实际上，系统的输入信号往往具有随机的性质，在某一瞬间具体的输入形式是什么，通常无法预先知道，并且输入量往往也不可能用解析的方法准确地表示出来。

在分析和设计系统时，需要有一个对各种系统性能进行比较的基础，就是预先规定一些具有特殊形式的试验信号作为系统的输入，然后比较各种系统对这些输入信号的响应。选取试验信号时必须考虑下列原则。

1）选取的输入信号应反映系统工作的大部分实际情况。

2）所选输入信号的形式应尽可能简单，便于用数学表达式分析处理。

3）应选取那些使系统工作在最不利情况下的输入信号作为典型试验信号。

经常采用的试验输入信号有阶跃信号、斜坡信号、抛物线信号、脉冲信号和正弦信号。

1. 阶跃信号

阶跃信号是指输入变量有一个突然的定量变化，数学表达式为

$$x_{\mathrm{i}}(t)=\begin{cases}0 & t<0\\ a(a\text{ 为常数}) & t\geqslant 0\end{cases} \tag{3-1}$$

定量变化幅值高度等于1个单位时，称为单位阶跃信号，用$1(t)$表示，如图3-2a所示。单位阶跃信号的拉普拉斯变换为

$$L[1(t)]=\frac{1}{s} \tag{3-2}$$

指令的突然转换、电源的突然接通、负荷的突变等均可视为阶跃信号作用，因此阶跃信号是评价系统动态性能时应用较多的一种典型输入信号。

2. 斜坡信号

斜坡信号是指输入变量是等速变化的。变化斜率等于1时称为单位斜坡信号（单位速度信号），如图3-2b所示，用$t\cdot 1(t)$表示。

$$t\cdot 1(t)=\begin{cases}0 & t<0\\ t & t\geqslant 0\end{cases} \tag{3-3}$$

单位斜坡信号的拉普拉斯变换为

$$L[t\cdot 1(t)]=\frac{1}{s^{2}} \tag{3-4}$$

3. 抛物线信号

输入信号是等加速变化的，如图3-2c所示。如果数学表达式为

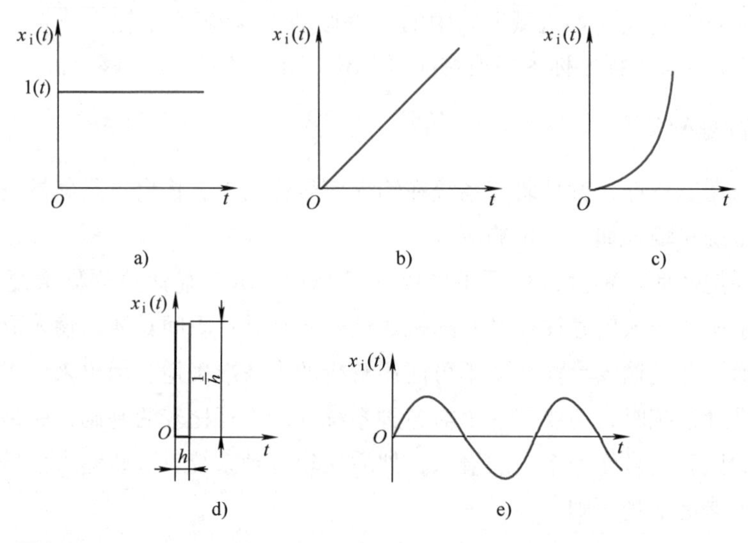

图 3-2

典型输入信号

$$x_i(t)=\begin{cases}0 & t<0\\ \dfrac{1}{2}t^2 & t\geqslant 0\end{cases} \tag{3-5}$$

则称式（3-5）表述的信号为单位抛物线信号（单位加速度信号），单位抛物线信号的拉普拉斯变换为

$$L\left(\frac{1}{2}t^2\right)=\frac{1}{s^3} \tag{3-6}$$

单位斜坡信号和单位抛物线信号在随动系统中是常见的。特别是在分析随动（伺服）系统的稳态精度时，经常利用这类信号进行研究。

4. 脉冲信号

脉冲信号用 $\delta(t)$ 表示，其数学意义是作用时间 $t\rightarrow 0$，而在 $t=0$ 时刻的幅值为无穷大，数学表达式为

$$x_i(t)=\delta(t)=\begin{cases}0 & t\neq 0\\ \infty & t=0\end{cases} \tag{3-7}$$

且定义
$$\int_{-\infty}^{+\infty}\delta(t)\,\mathrm{d}t=1$$

积分表示脉冲面积为1。符合这种数学定义的理想脉冲信号在工程实践中是很难获得的，因为它要求持续时间为零，而脉冲幅值为无穷大是很难办到的。为了尽量接近于单位脉冲信号，通常用图3-2d所示的波形，即宽度 h 很窄而高度为 $\frac{1}{h}$ 的信号作为单位脉冲信号。因此，在工程上可以把脉动的电压信号、作用很快的冲击力等，用脉冲信号来表示。

单位脉冲信号的拉普拉斯变换为

$$L[\delta(t)]=1 \tag{3-8}$$

由于 $L[\delta(t)]=1$，因此系统的传递函数即为单位脉冲响应的象函数。

5. 正弦信号

正弦信号如图 3-2e 所示，用 $A\sin\omega t$ 表示。在表达式中，A 为振幅，ω 为角频率。正弦信号的拉普拉斯变换为

$$L(A\sin\omega t) = A\frac{\omega}{s^2+\omega^2} \tag{3-9}$$

实际系统工作过程中，这种现象很多，如回转不平衡的作用力、随时间变化的往复运动及机械振动等，均是正弦信号作用。在系统或元件做动态性能试验时广泛地采用正弦信号。

以上所述输入信号是按时间变化规律来划分的，实际使用时它们可以是不同的物理量，可以是温度、电压、电流、转角、转速、压力等。

选择哪种函数作为输入信号，应视不同系统的具体工作状况而定。例如：如果控制系统的输入量是随时间逐渐变化的函数，像机床、雷达天线、火炮、控温装置等，则选择斜坡信号作为输入信号较为适合；如果控制系统的输入量是冲击量，像导弹发射，则选择脉冲信号较为适合；如果控制系统的输入量是随时间周期性变化的，像机床振动，则选择正弦信号较为适合；如果控制系统的输入量是突然变化的，像开合电源，则选择阶跃信号较为适合。

值得注意的是，控制系统的时域性能指标通常是以阶跃信号作为输入信号来定义的。

第二节　一阶系统的时间响应

一、一阶系统的数学模型

由一阶微分方程描述的系统称为一阶系统。图 3-3 所示为典型一阶系统，其传递函数为

$$\frac{X_o(s)}{X_i(s)} = \frac{\frac{K}{s}}{1+\frac{K}{s}} = \frac{1}{\frac{1}{K}s+1} \tag{3-10}$$

为了分析方便，化成如下典型环节的形式

$$\frac{X_o(s)}{X_i(s)} = \frac{1}{Ts+1} \tag{3-11}$$

式中，T 是时间常数，具有时间的量纲。

对于不同的系统，T 由不同的物理量组成，如图 3-3 所示的系统，$T=\frac{1}{K}$。把工程中各种不同功能的一阶系统，用式（3-11）的数学模型来概括，可以使组成系统的元件参数，集中表现在 T 这个参数里，以便于分析和比较。一阶系统的典型形式是惯性环节，T 是表征系统惯性的一个主要参数。

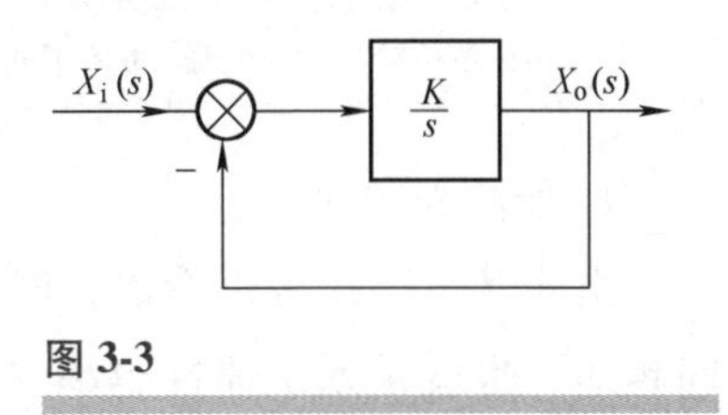

图 3-3
典型一阶系统

二、一阶系统的单位阶跃响应

按传递函数的定义，系统输出量的拉普拉斯变换等于系统传递函数与输入量拉普拉斯变

换的乘积。

$$X_o(s)=\frac{1}{Ts+1}X_i(s)=\frac{1}{Ts+1}\frac{1}{s}$$

取 $X_o(s)$ 的拉普拉斯反变换，可得一阶系统在单位阶跃输入信号下的时间响应（又称为单位阶跃响应）为

$$x_o(t)=L^{-1}\left(\frac{1}{Ts+1}\frac{1}{s}\right)=L^{-1}\left(\frac{1}{s}-\frac{1}{s+\frac{1}{T}}\right)$$

即

$$x_o(t)=1-e^{-\frac{1}{T}t}\quad t\geqslant 0 \tag{3-12}$$

式（3-12）右边第一项是单位阶跃响应的稳态分量，它等于单位阶跃信号的幅值。第二项是瞬态分量，当 $t\to\infty$ 时，瞬态分量趋于零。$x_o(t)$ 随时间 t 变化的曲线如图 3-4a 所示，是一条按指数规律单调上升的曲线。这一指数曲线在 $t=0$ 时的切线斜率等于 $\frac{1}{T}$，因为

$$\left.\frac{dx_o(t)}{dt}\right|_{t=0}=\left.\frac{1}{T}e^{-\frac{1}{T}t}\right|_{t=0}=\frac{1}{T}$$

这是一阶系统单位阶跃响应曲线的一个特点。根据这一点，我们可以在参数未知的情况下，由一阶系统的单位阶跃响应实验曲线来确定系统的时间常数 T。

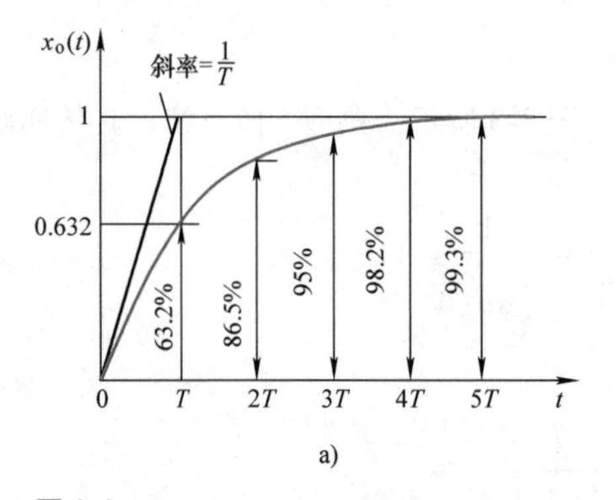

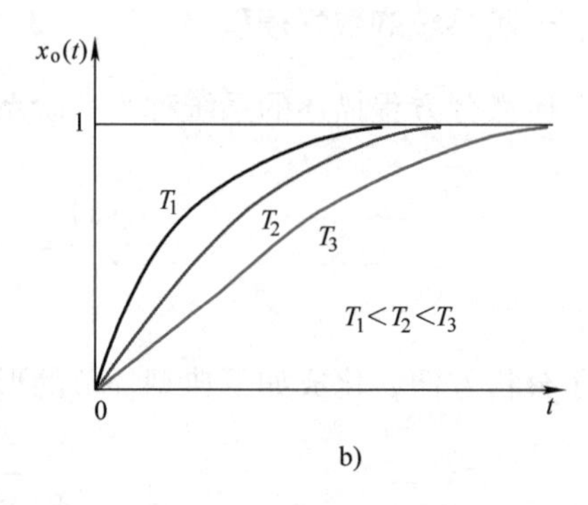

图 3-4

典型一阶系统的单位阶跃响应曲线

a）单位阶跃响应曲线 b）不同时间常数 T 的曲线

1. 时间常数 T

由式（3-12）可以看出，时间常数 T 越小，$x_o(t)$ 上升速度越快，达到稳态值用的时间越短，也就是系统惯性越小，反之，T 越大，系统对信号的响应越缓慢，惯性越大，如图 3-4b 所示。时间常数 T 的大小反映了一阶系统惯性的大小。

此外，由图 3-4 可以看出一阶系统总是稳定的，无振荡。在 $t=0$ 处，响应曲线的切线斜率为 $1/T$。

2. 调整时间 t_s

从响应开始到进入稳态所经过的时间称为调整时间（或过渡过程时间）。理论上讲，系

统结束瞬态过程进入稳态，要求 $t\to\infty$ ，工程上 $t\to\infty$ 要有一个量的概念。输出量达到什么值就算瞬态过程结束了呢？这与系统要求的精度有关。如果系统允许有 2%（或 5%）的误差，那么当输出值达到稳定值的 98%（或 95%）时，就认为系统瞬态过程结束，由式(3-12)可以求得当 $t=4T$ 时，响应值 $x_o(4T)=0.982$；当 $t=3T$ 时，$x_o(3T)=0.95$。因此调整时间 t_s 的值为

$$t_s=4T\text{（误差范围 2\% 时）}\tag{3-13}$$

$$t_s=3T\text{（误差范围 5\% 时）}\tag{3-14}$$

用 t_s 的大小作为评价系统响应快慢的指标。应当指出，调整时间只反映系统的特性，与输入输出无关。

通常希望系统响应速度越快越好，调整构成系统的元件参数，减小 T 值，可以提高系统响应的快速性。

 例 3-1

两个时间常数 T 值不同的惯性环节串联在一起，求其单位阶跃响应。已知两环节串联的传递函数为

$$\frac{X_o(s)}{X_i(s)}=\frac{1}{10s+1}\frac{1}{s+1}$$

解： 由串联以后的传递函数可以看出两个环节 T 值不同，$T_1=10$，$T_2=1$。将系统传递函数的两个极点标在［s］复平面上，得到该系统的极点分布图，如图 3-5a 所示。其中，$s_1=-\frac{1}{T_1}=-0.1$，$s_2=-\frac{1}{T_2}=-1$，可以看出，在复平面上，s_1 更靠近虚轴一些，而 s_1 正是时间常数较大的环节的极点。

对系统输入单位阶跃信号，即 $X_i(s)=\frac{1}{s}$，单位阶跃响应的拉普拉斯变换为

$$X_o(s)=\frac{1}{10s+1}\frac{1}{s+1}\frac{1}{s}$$

将其分解成简单因式之和的形式为

$$X_o(s)=\frac{A}{10s+1}+\frac{B}{s+1}+\frac{C}{s}$$

式中，A、B、C 是待定系数，用拉普拉斯反变换方法求出待定系数 $A=-\frac{1}{0.09}$、$B=\frac{1}{9}$、$C=1$，并代入上式得

$$X_o(s)=-\frac{1}{0.09}\left(\frac{1}{10s+1}\right)+\frac{1}{9}\frac{1}{s+1}+\frac{1}{s}$$

取拉普拉斯反变换得系统的时间响应

$$x_o(t)=-\frac{1}{0.9}e^{-\frac{1}{10}t}+\frac{1}{9}e^{-t}+1$$

即

$$x_o(t)=1-1.11e^{-\frac{1}{10}t}+0.11e^{-t} \tag{3-15}$$

① ② ③

系统的响应曲线 $x_o(t)$ 如图 3-5b 所示，图中曲线①、②、③分别对应于式（3-15）右边三项。

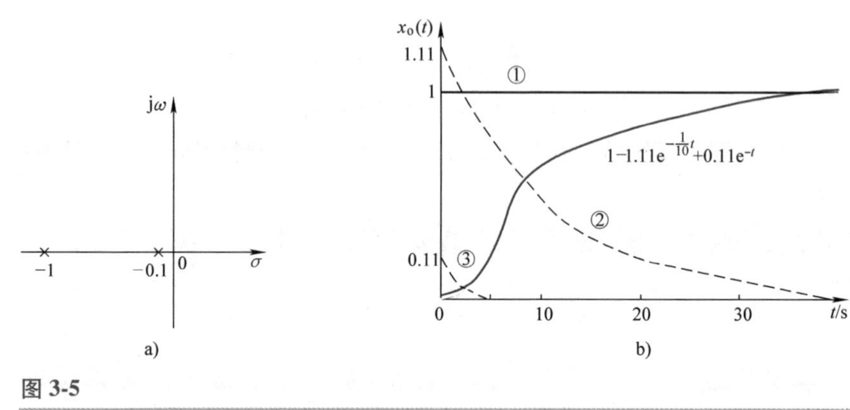

图 3-5

例 3-1 图

a）极点分布 b）单位阶跃响应

由响应曲线可以看出，整个系统的瞬态响应取决于时间常数 T 值大的环节，T 值小的环节对系统瞬态响应的影响很小。从极点分布来看，靠近虚轴的极点在系统瞬态响应中起主导作用，离虚轴较远的极点，其影响则很小。在本例中，可以忽略 $s_2=-1$ 的影响，近似地看成只有环节 $\frac{1}{(10s+1)}$ 的作用，近似后的单位阶跃响应为

$$x_o(t)=1-e^{-\frac{1}{10}t}$$

与式（3-15）所得的结果比较，相差很小。

三、一阶系统的单位斜坡响应

单位斜坡输入信号 $x_i(t)=t$ 的象函数为 $X_i(s)=\frac{1}{s^2}$，其响应的拉普拉斯变换为

$$X_o(s)=\frac{1}{Ts+1}\frac{1}{s^2}=\frac{1}{s^2}-\frac{T}{s}+\frac{T}{s+\frac{1}{T}}$$

将上式两边取拉普拉斯反变换，得到单位斜坡响应为

$$x_o(t)=t-T+Te^{-\frac{1}{T}t} \quad t\geqslant 0 \tag{3-16}$$

一阶系统的单位斜坡响应曲线如图 3-6 所示。当 $t\to\infty$ 时，$e(\infty)=T$。即当输入信号为单位斜坡信号时，一阶系统的稳态误差为 T。因此，时间常数越小，该系统的稳态误差越小，精度越高。

四、一阶系统的单位脉冲响应

输入单位脉冲信号时，输入量的拉普拉斯变换 $X_i(s)=1$，其响应的拉普拉斯变换为

$$X_o(s)=\frac{1}{Ts+1}\times 1=\frac{1}{Ts+1}$$

将上式两边取拉普拉斯反变换，得到脉冲时间响应为

$$x_o(t)=\frac{1}{T}\mathrm{e}^{-\frac{1}{T}t}\quad t\geqslant 0 \tag{3-17}$$

一阶系统的单位脉冲响应曲线如图 3-7 所示。

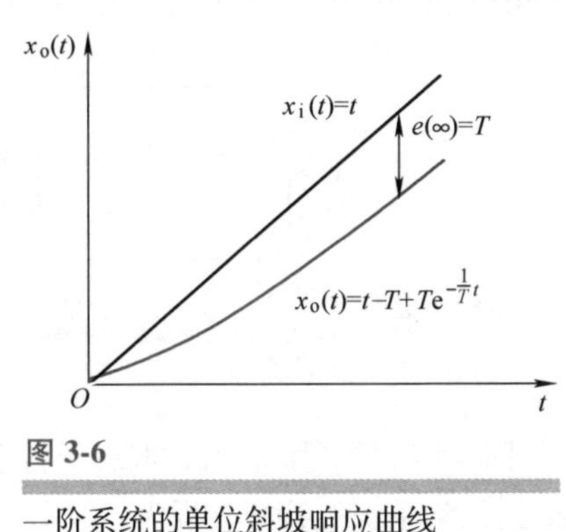

图 3-6

一阶系统的单位斜坡响应曲线

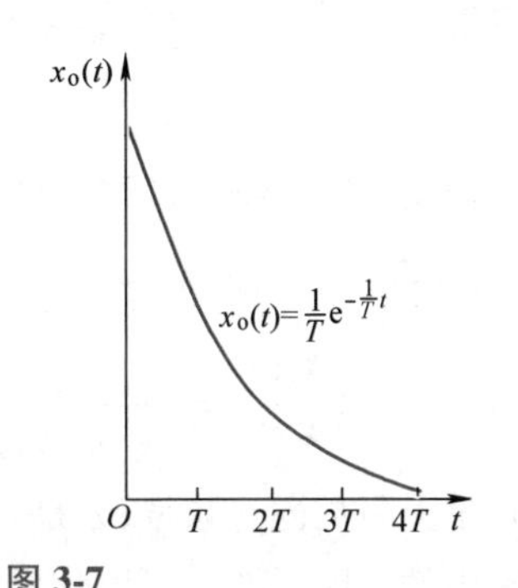

图 3-7

一阶系统的单位脉冲响应曲线

由上述时间响应的结果可以看出，瞬态响应的特性反映系统本身的特性，时间常数大的系统，其响应速度比时间常数小的系统慢，不管用哪种信号输入，都有这种规律，输入试验信号是为了识别系统的特性，而系统的特性只取决于组成系统的参数，不取决于外作用的形式。

五、响应之间的关系

根据一阶系统的时间响应分析，将几种典型输入信号的时间响应列入表 3-1，可以看出输入信号之间有依次微分（或积分）关系：$\delta(t)=\frac{\mathrm{d}}{\mathrm{d}t}[1(t)]=\frac{\mathrm{d}^2}{\mathrm{d}t^2}[t\cdot 1(t)]=\frac{\mathrm{d}^3}{\mathrm{d}t^3}\left(\frac{1}{2}t^2\right)$。它们所对应的时间响应之间，也依次有相应的微分（或积分）关系。这种对应的关系表明，系统对某输入信号的导数（或积分）的响应，就等于系统对该信号的响应的导数（或积分，积分常数由零阶输出初始条件确定）。这个特性不仅适用于一阶线性定常系统，而且适用于任意阶线性定常系统。利用这一特点，在测试系统时，可用一种信号输入推断出几种相应信号的响应结果，从而带来很大方便。而线性时变系统和非线性系统都不具备这种特性。

表 3-1　几种典型输入信号的时间响应

$x_i(t)$	$x_o(t)$
$\delta(t)$	$\frac{1}{T}\mathrm{e}^{-\frac{t}{T}}$
$1(t)$	$1-\mathrm{e}^{-\frac{t}{T}}$
t	$t-T+T\mathrm{e}^{-\frac{t}{T}}$
$\frac{1}{2}t^2$	$\frac{1}{2}t^2-Tt+T^2-T^2\mathrm{e}^{-\frac{t}{T}}$

第三节　二阶系统的时间响应

由二阶微分方程描述的系统，称为二阶系统。从物理意义上讲，二阶系统起码包含两个储能元件，能量在两个元件之间交换，可能引起系统往复的振荡。此外，许多高阶系统在一定条件下常常近似地作为二阶系统来研究，因此，详细讨论和分析二阶系统的特性，具有重要意义。

一、典型二阶系统的数学模型

图 3-8 所示为典型二阶系统，其传递函数可表示为

$$\frac{X_o(s)}{X_i(s)} = \frac{\omega_n^2}{s^2 + 2\zeta\omega_n s + \omega_n^2} \tag{3-18}$$

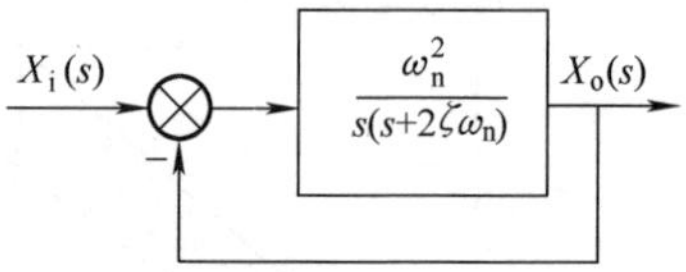

图 3-8

典型二阶系统

式中，ω_n 是无阻尼固有频率；ζ 是系统的阻尼比。

工程中的二阶系统都可以化成式（3-18）的形式，不同系统的 ζ 和 ω_n 值，取决于各系统的元件参数。令式（3-18）传递函数的分母等于零，即得到二阶系统的特征方程为

$$s^2 + 2\zeta\omega_n s + \omega_n^2 = 0 \tag{3-19}$$

方程的特征根就是系统的极点，即

$$s_{1,2} = -\zeta\omega_n \pm \omega_n\sqrt{\zeta^2 - 1} \tag{3-20}$$

当 $0 < \zeta < 1$ 时，称为欠阻尼状态，方程有一对实部为负的共轭复根，$s_{1,2} = -\zeta\omega_n \pm j\omega_n\sqrt{1-\zeta^2}$，令 $\omega_d = \omega_n\sqrt{1-\zeta^2}$，将极点标在［$s$］复平面上，如图 3-9a 所示。欠阻尼情况下系统的时间响应具有振荡特性。

当 $\zeta = 1$ 时，系统有一对相等的负实根，$s_{1,2} = -\zeta\omega_n$，如图 3-9b 所示，这种情况称为临界阻尼状态。

当 $\zeta > 1$ 时，称为过阻尼状态，系统有两个不等的负实根，$s_{1,2} = -\zeta\omega_n \pm \omega_n\sqrt{\zeta^2 - 1}$，如图 3-9c 所示。临界阻尼和过阻尼状态下，系统的响应均无振荡。

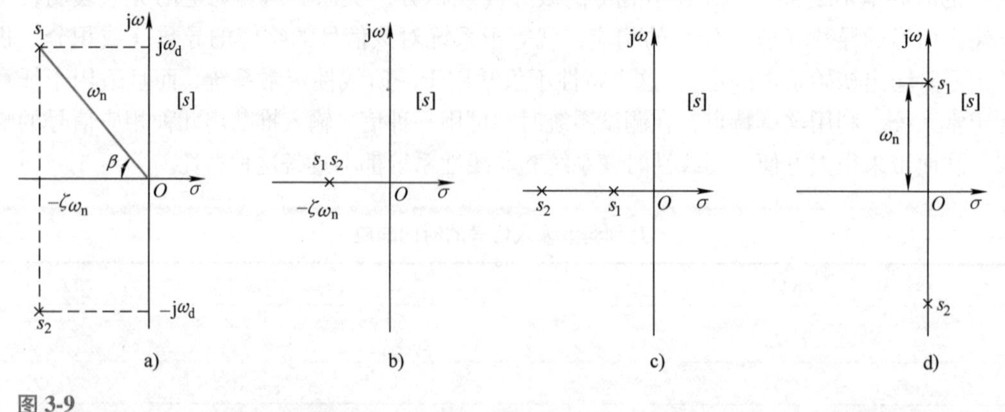

图 3-9

［s］平面上二阶系统的极点分布

a) $0 < \zeta < 1$　b) $\zeta = 1$　c) $\zeta > 1$　d) $\zeta = 0$

当$\zeta=0$时，称为零阻尼状态，系统有一对纯虚根，$s_{1,2}=\pm j\omega_n$，如图3-9d所示。此时系统的时间响应为持续的等幅振荡。

二阶系统的响应特性完全由ζ和ω_n这两个特征量描述，所以说ζ和ω_n是二阶系统的重要结构参数。

二、二阶系统的单位阶跃响应

下面分别讨论二阶系统不同阻尼比时的单位阶跃响应。单位阶跃输入信号的拉普拉斯变换为$X_i(s)=\dfrac{1}{s}$，其响应的拉普拉斯变换为

$$X_o(s)=\frac{\omega_n^2}{s(s^2+2\zeta\omega_n s+\omega_n^2)} \tag{3-21}$$

1. 欠阻尼（0<ζ<1）

此时系统的特征方程有一对实部为负的共轭复根

$$s_{1,2}=-\zeta\omega_n\pm j\omega_n\sqrt{1-\zeta^2}=-\zeta\omega_n\pm j\omega_d$$

典型二阶系统单位阶跃响应的拉普拉斯变换为

$$X_o(s)=\frac{\omega_n^2}{s^2+2\zeta\omega_n s+\omega_n^2}\frac{1}{s}=\frac{\omega_n^2}{(s-s_1)(s-s_2)}\frac{1}{s} \tag{3-22}$$

将式（3-22）展成部分分式

$$X_o(s)=\frac{a}{s}+\frac{b_1 s+b_2}{(s+\zeta\omega_n-j\omega_d)(s+\zeta\omega_n+j\omega_d)} \tag{3-23}$$

求得待定系数$a=1$、$b_1=-1$、$b_2=-2\zeta\omega_n$，并代入式（3-23），取$X_o(s)$的拉普拉斯反变换，得欠阻尼二阶系统的单位阶跃响应为

$$x_o(t)=1-e^{-\zeta\omega_n t}\left(\cos\omega_d t+\frac{\zeta}{\sqrt{1-\zeta^2}}\sin\omega_d t\right)\quad t\geqslant 0 \tag{3-24}$$

或写成

$$x_o(t)=1-\frac{e^{-\zeta\omega_n t}}{\sqrt{1-\zeta^2}}\sin(\omega_d t+\beta)\quad t\geqslant 0 \tag{3-25}$$

式中，$\beta=\arctan\left(\dfrac{\sqrt{1-\zeta^2}}{\zeta}\right)$。

β恰是系统的极点矢量与负实轴的夹角，$\tan\beta$是虚部与实部的长度之比，可参看极点分布图（图3-9a）。

式（3-25）表明，系统的响应由稳态分量和瞬态分量两部分组成。稳态分量值等于1，瞬态分量是一个随时间增长而衰减的振荡过程，其衰减的快慢取决于指数$\zeta\omega_n$，所以$\zeta\omega_n$又称为衰减系数，或将$\dfrac{1}{\zeta\omega_n}$称为衰减时间常数。振荡的角频率为ω_d。其响应曲线如图3-10所示。由

图 3-10 可见，随着 ζ 的减小，其振荡幅度加大。

2. 临界阻尼（ζ=1）

系统有两个相等的负实根，这时

$$X_o(s)=\frac{\omega_n^2}{(s^2+2\zeta\omega_n s+\omega_n^2)}\frac{1}{s}=\frac{\omega_n^2}{s(s+\omega_n)^2}$$

$$=\frac{1}{s}-\frac{1}{s+\omega_n}-\frac{\omega_n}{(s+\omega_n)^2}$$

进行拉普拉斯反变换得到系统的时间响应

$$x_o(t)=1-e^{-\omega_n t}(1+\omega_n t)\quad t\geqslant 0 \tag{3-26}$$

响应曲线如图 3-11 所示。由图 3-11 可知，二阶系统的单位阶跃响应在 $\zeta=1$ 时，系统无振荡，$x_o(t)$ 曲线单调增长，最后趋于 1。

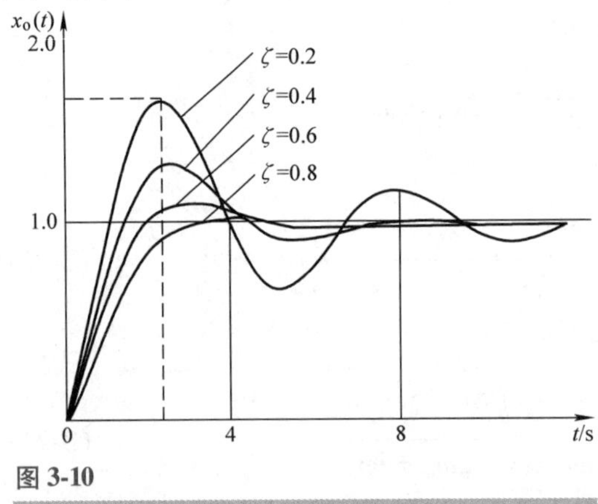

图 3-10

欠阻尼、不同阻尼比下二阶系统的单位阶跃响应

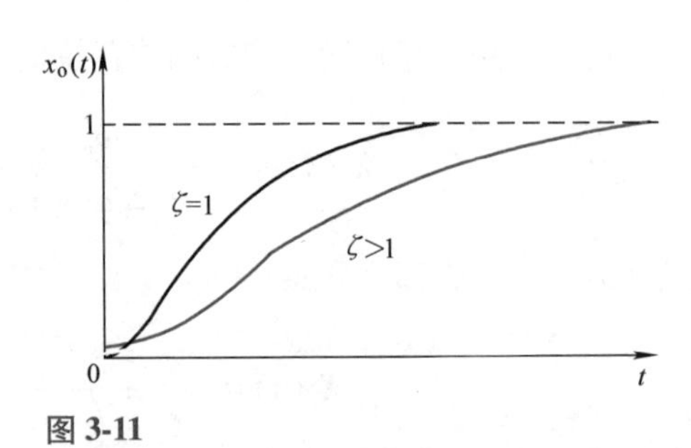

图 3-11

二阶系统 $\zeta=1$ 和 $\zeta>1$ 的单位阶跃响应

3. 过阻尼（ζ>1）

此时系统有两个不等的负实数根，$s_1=-\zeta\omega_n+\omega_n\sqrt{\zeta^2-1}$，$s_2=-\zeta\omega_n-\omega_n\sqrt{\zeta^2-1}$。令 $s_1=-\dfrac{1}{T_1}$，$s_2=-\dfrac{1}{T_2}$，且有 $s_1s_2=\dfrac{1}{T_1T_2}=\omega_n^2$，系统的传递函数可写成

$$\frac{X_o(s)}{X_i(s)}=\frac{\omega_n^2}{s^2+2\zeta\omega_n s+\omega_n^2}=\frac{\omega_n^2}{(s-s_1)(s-s_2)}=\frac{\frac{1}{T_1T_2}}{\left(s+\frac{1}{T_1}\right)\left(s+\frac{1}{T_2}\right)}$$

单位阶跃输入信号 $X_i(s)=\dfrac{1}{s}$，系统响应的拉普拉斯变换为

$$X_o(s)=\frac{\frac{1}{T_1T_2}}{\left(s+\frac{1}{T_1}\right)\left(s+\frac{1}{T_2}\right)}\frac{1}{s}=\frac{a}{s}+\frac{b_1}{s+\frac{1}{T_1}}+\frac{b_2}{s+\frac{1}{T_2}} \tag{3-27}$$

式中，a、b_1、b_2 是待定系数，解出 $a=1$，$b_1=-\dfrac{T_1}{(T_1-T_2)}$，$b_2=\dfrac{T_2}{(T_1-T_2)}$，代入式(3-27) 并

取拉普拉斯反变换得

$$x_o(t)=1+\frac{1}{T_1-T_2}\left(-T_1e^{-\frac{t}{T_1}}+T_2e^{-\frac{t}{T_2}}\right) \tag{3-28}$$

或写成

$$x_o(t)=1+\frac{\omega_n}{2\sqrt{\zeta^2-1}}\left(\frac{e^{s_1t}}{s_1}-\frac{e^{s_2t}}{s_2}\right) \tag{3-29}$$

由式（3-28）和式（3-29）可以看出，系统响应的稳态分量为1，瞬态分量为后两个指数项。当 $t\to\infty$ 时，$x_o(t)\to 1$，响应曲线没有振荡，没有超调，如图3-11所示。

式（3-29）中，两个指数正是系统的两个极点 s_1、s_2 与 t 的乘积，由图3-9c所示，当 $\zeta>1$ 时极点的分布看出，s_1 靠近虚轴，s_2 远离虚轴，e^{s_1t} 项衰减慢，e^{s_2t} 项衰减快，当 $\zeta\gg 1$ 时，$|s_2|\gg|s_1|$（或 $T_2\approx 0$），则 e^{s_2t} 项对瞬态响应的作用可忽略，于是式（3-28）可近似为

$$x_o(t)\approx 1-e^{-\frac{t_1}{T_1}}$$

或

$$x_o(t)\approx 1-e^{s_1t}$$

计算表明，当 $\zeta>1.5$ 时则可采用这两个近似式。此时典型二阶系统转化为一阶系统，与例3-1的情况相同。与一阶系统阶跃响应曲线的不同点是二阶过阻尼状态的响应曲线起始变化速度很小，在曲线的起始部分呈现拐点。

4. 零阻尼（$\zeta=0$）

如果 $\zeta=0$，系统的响应变成无阻尼的等幅振荡。将 $\zeta=0$ 代入式（3-20）中，便可得零阻尼情况下的响应为

$$x_o(t)=1-\cos\omega_n t \qquad t\geqslant 0 \tag{3-30}$$

零阻尼情况下系统的单位阶跃响应曲线如图3-12所示。由图3-12可见，系统为无阻尼等幅振荡。

综上所述，当 $0<\zeta<1$ 时，二阶系统的单位阶跃响应随着阻尼比 ζ 的减小，其振荡特性越来越剧烈，但仍为衰减振荡；当 $\zeta=0$ 时达到等幅振荡；当 $\zeta\geqslant 1$ 时，曲线单调上升，不再具有振荡的特点。从瞬态响应的持续时间上看，无振荡的曲线中，当 $\zeta=1$ 时比 $\zeta>1$ 时的持续时间短，而 $\zeta<1$ 比 $\zeta=1$ 时更早结束瞬态过程。每一个实际的系统允许工作在什么状态，是根据具体工作任务要求规定的。为系统选择一个最佳的工作状态，使其动态性能良好，实际上是选择合适的特征参数 ζ 与 ω_n 的值。

三、二阶系统的脉冲响应

当输入信号 $x_i(t)$ 为单位脉冲信号时，$X_i(s)=1$，二阶系统的单位脉冲响应

$$X_o(s)=\frac{\omega_n^2}{s^2+2\zeta\omega_n s+\omega_n^2} \tag{3-31}$$

对式（3-31）取拉普拉斯反变换，得其时间响应 $x_o(t)$。

当 $0<\zeta<1$ 时

$$x_o(t)=\frac{\omega_n}{\sqrt{1-\zeta^2}}e^{-\zeta\omega_n t}\sin\omega_d t \qquad t\geqslant 0 \tag{3-32}$$

当 $\zeta=1$ 时

$$x_o(t)=\omega_n^2 te^{-\omega_n t} \qquad t\geqslant 0 \tag{3-33}$$

当 $\zeta > 1$ 时

$$x_o(t) = \frac{\omega_n}{2\sqrt{\zeta^2 - 1}}(e^{s_1 t} - e^{s_2 t}) \quad t \geqslant 0 \tag{3-34}$$

式中，$s_1 = -\zeta\omega_n + \omega_n\sqrt{\zeta^2 - 1}$，$s_2 = -\zeta\omega_n - \omega_n\sqrt{\zeta^2 - 1}$，即 $\zeta > 1$ 时二阶系统的两个负实数极点。

另外，因为单位脉冲函数是单位阶跃函数对时间的导数，所以单位脉冲函数的时间响应也可以由单位阶跃响应进行微分获得，同样，单位斜坡响应可以由单位阶跃响应进行积分得到。按式（3-32）、式（3-33）绘得一族单位脉冲响应曲线，如图 3-13 所示。对于欠阻尼情况，$x_o(t)$ 是围绕零值做正负之间的衰减振荡，对于 $\zeta = 1$ 的情况，响应无振荡。

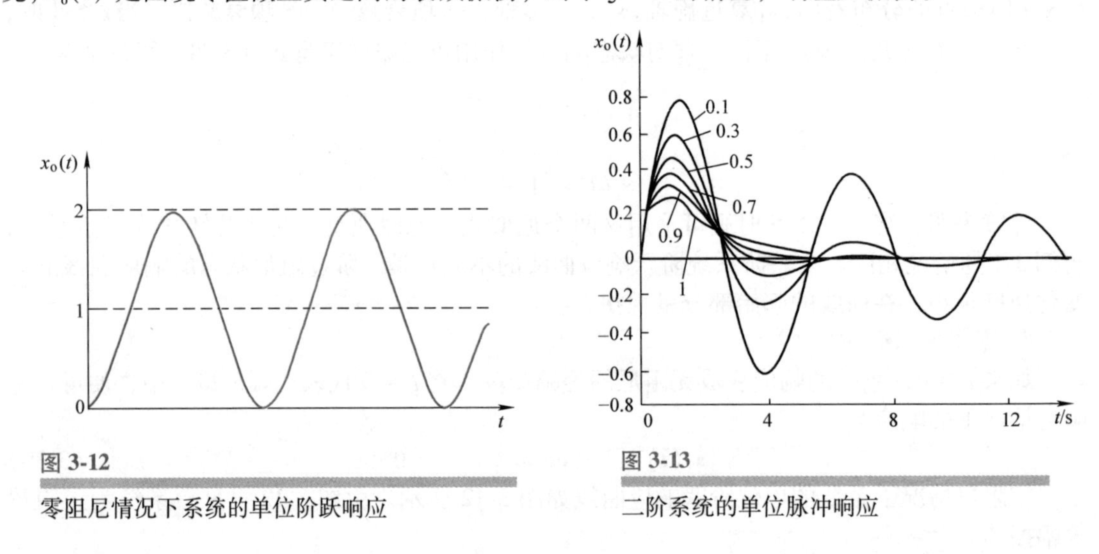

图 3-12
零阻尼情况下系统的单位阶跃响应

图 3-13
二阶系统的单位脉冲响应

当 $\zeta < 0$，即负阻尼的情况，系统不稳定。机械导轨中的负阻尼爬行即此情况。负阻尼表示系统对能量的补充，而不是消耗能量。二阶系统对上述两种典型信号的响应，所显示的规律是一致的，这是二阶系统本身的特点。系统的特性完全取决于系统的结构参数。如果已知二阶系统的参数 ζ 和 ω_n，则完全可以由系统极点的分布来预见系统的响应情况。选择参数 ζ 和 ω_n 时，应考虑哪些性能指标的要求，将在下一节建立一些关系式。

第四节　瞬态响应的性能指标

在许多实际情况中，评价系统动态性能的好坏，常以时域的几个特征量表示。二阶系统是最普遍的形式，瞬态响应过程往往以衰减振荡的形式出现。因此，下面有关性能指标的定义及计算公式，是在欠阻尼二阶系统对单位阶跃输入的瞬态响应情况下导出的。单位阶跃响应曲线与性能指标如图 3-14 所示。

一、上升时间 t_r

1. 定义

响应曲线从原始工作状态出发，第一次达到输出稳态值所需要的时间定义为上升时间，

用 t_r 表示；对于过阻尼情况，一般定义响应曲线从稳态值的10%上升到90%所需的时间为上升时间。它可以反映响应曲线的上升趋势，是表示系统响应速度的指标。下面给出的是欠阻尼情况下的计算公式。

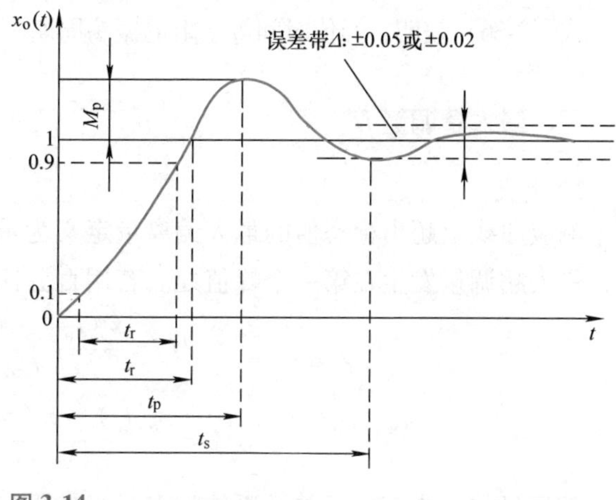

图 3-14
单位阶跃响应曲线与性能指标

2. 上升时间的计算

根据定义，当 $t = t_r$ 时，$x_o(t_r) = 1$，由式（3-25）得

$$x_o(t_r) = 1 - \frac{e^{-\zeta\omega_n t_r}}{\sqrt{1-\zeta^2}}\sin(\omega_d t_r + \beta) = 1$$

若使上式成立，只有 $\sin(\omega_d t_r + \beta) = 0$，所以

$$\omega_d t_r + \beta = k\pi \quad k = 1,\ 2,\ \cdots$$

取 $k = 1$，因为上升时间 t_r 是 $x_o(t)$ 第一次到达输出稳态值的时间，所以

$$t_r = \frac{\pi - \beta}{\omega_d} = \frac{\pi - \beta}{\omega_n\sqrt{1-\zeta^2}} \tag{3-35}$$

由式（3-35）知，当 ζ 一定时，增大 ω_n，t_r 减小；当 ω_n 一定时，增大 ζ，t_r 增大。

二、峰值时间 t_p

1. 定义

响应曲线从零时刻到达超调量第一个峰值所需要的时间定义为峰值时间，用 t_p 表示。

2. 峰值时间的计算

由式（3-25），将 $x_o(t)$ 对时间求导数并令其为零，可得峰值时间，即

$$\left.\frac{dx_o(t)}{dt}\right|_{t=t_p} = 0$$

整理后可得

$$\zeta\sin(\omega_d t_p + \beta) - \sqrt{1-\zeta^2}\cos(\omega_d t_p + \beta) = 0$$

即

$$\tan(\omega_d t_p + \beta) = \sqrt{1-\zeta^2}/\zeta$$

由 β 角定义 $\beta = \arctan(\sqrt{1-\zeta^2}/\zeta)$ 及正切函数的多值解，有

$$\omega_d t_p = 0,\ \pi,\ 2\pi,\ 3\pi,\ \cdots,\ k\pi$$

因为 $\omega_d t_p \neq 0$，且峰值时间对应于振荡第一个周期内的极大值，所以取 $\omega_d t_p = \pi$，即

$$t_p = \frac{\pi}{\omega_d} = \frac{\pi}{\omega_n\sqrt{1-\zeta^2}} \tag{3-36}$$

式(3-36)表明，峰值时间等于阻尼振荡周期 $\frac{2\pi}{\omega_d}$ 的一半。t_p 随 ω_n 及 ζ 的变化情况与 t_r 相同。

三、最大超调量 M_p

1. 定义

响应曲线上超出稳态值的最大偏离量定义为最大超调量，用 M_p 表示。对于衰减振荡曲线，最大超调量发生在第一个峰值处。若用百分比表示最大超调量，采用符号 $\sigma\%$ 表示，即

$$M_p = \frac{x_o(t_p) - x_o(\infty)}{x_o(\infty)} \tag{3-37}$$

$$\sigma\% = \frac{x_o(t_p) - x_o(\infty)}{x_o(\infty)} \times 100\% \tag{3-38}$$

超调量的大小直接反映了系统瞬态过程的平稳性。

2. 最大超调量的计算

根据式(3-25)和式(3-37)，将 $t = t_p = \frac{\pi}{\omega_d}$ 代入，可得

$$\begin{aligned} M_p &= \frac{x_o(t_p) - x_o(\infty)}{x_o(\infty)} = x_o(t_p) - 1 \\ &= -\frac{e^{-\frac{\zeta\omega_n\pi}{\omega_d}}}{\sqrt{1-\zeta^2}}\sin\left[\left(\frac{\omega_d\pi}{\omega_d}\right) + \beta\right] = \frac{e^{-\frac{\zeta\pi}{\sqrt{1-\zeta^2}}}}{\sqrt{1-\zeta^2}}\sin\beta \end{aligned} \tag{3-39}$$

式中，$\beta = \arctan\left(\frac{\sqrt{1-\zeta^2}}{\zeta}\right)$，$\sin\beta = \sqrt{1-\zeta^2}$。

代入式(3-39)，得

$$M_p = e^{-\frac{\zeta\pi}{\sqrt{1-\zeta^2}}} \tag{3-40}$$

或

$$\sigma\% = e^{-\frac{\zeta\pi}{\sqrt{1-\zeta^2}}} \times 100\% \tag{3-41}$$

可见，超调量 M_p 只与阻尼比 ζ 有关，与 ω_n 无关，所以 M_p 的大小直接说明系统的阻尼特性。也就是说，当二阶系统阻尼比 ζ 确定后，即可求得与之相对应的最大超调量 M_p。反之，如果给出了系统所需要的 M_p，也可由此确定相对应的阻尼比。当 ζ 在0.4～0.8之间时，相应的超调量 $\sigma\%$ 从25%减至1.5%，$\sigma\%$ 与 ζ 的关系曲线如图3-15所示。

四、调整时间 t_s

1. 定义

在响应曲线的稳态值附近取稳态值的 ±5% 或 ±2% 作为误差带（即允许误差 $\Delta = \pm 0.05$ 或 $\Delta = \pm 0.02$），响应曲线达到并不再超出误差带的范围，所需要的最小时间称为调整时间，又称为调节时间，用 t_s 表示。调整时间表示系统瞬态响应持续的时间，从总体上反映系统的快速性。

2. 调整时间的计算

由式(3-25)可以看出，指数曲线 $1 \pm \left(\frac{e^{-\zeta\omega_n t}}{\sqrt{1-\zeta^2}}\right)$ 是阶跃响应衰减振荡的一对包络线，

响应曲线 $x_o(t)$ 的幅值总包含在这对包络线之内，如图 3-16 所示。包络线的衰减时间常数为 $1/(\zeta\omega_n)$ 。由调整时间的定义，当 $t \geqslant t_s$ 时应满足下面不等式：

$$|x_o(t) - x_o(\infty)| \leqslant \Delta x_o(\infty) \tag{3-42}$$

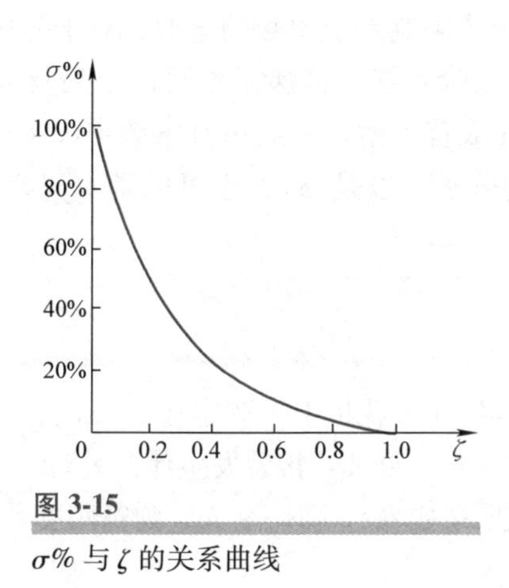

图 3-15

$\sigma\%$ 与 ζ 的关系曲线

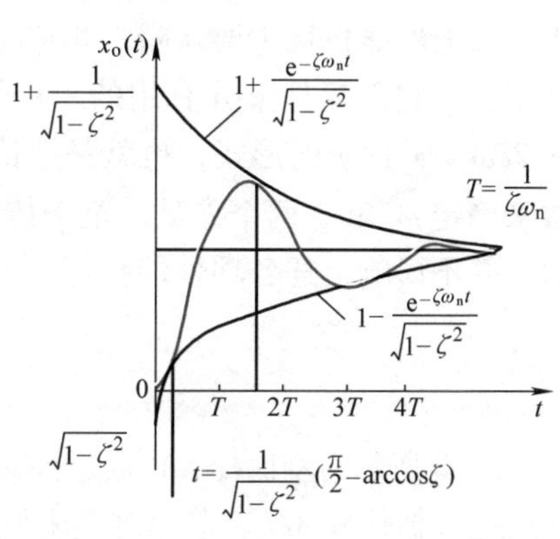

图 3-16

二阶系统单位阶跃响应的包络线

式中，$x_o(\infty)=1$；Δ 为允许的误差，一般取 Δ 为 0.02 ~ 0.05 之间。由式（3-42）可以导出计算 t_s 的近似关系，当 $0<\zeta<0.8$ 时常采用下式进行计算：

$$t_s = \frac{4}{\zeta\omega_n}\ (\text{当}\ \Delta = 0.02\ \text{时}) \tag{3-43}$$

$$t_s = \frac{3}{\zeta\omega_n}\ (\text{当}\ \Delta = 0.05\ \text{时}) \tag{3-44}$$

不同误差带的调整时间与阻尼比关系曲线如图 3-17 所示。图 3-17 中纵坐标采用无因次时间 $\omega_n t_s$ ，可以看出，当 ω_n 一定时，t_s 随 ζ 的增大开始减小，当 $\Delta=0.02$ 时 ，在 $\zeta=0.76$ 附近 t_s 达到最小值。当 $\Delta=0.05$ 时 ，在 $\zeta=0.68$ 附近达到最小值。当 $\zeta>0.8$ 以后，调整时间不但不减小，反而趋于增大，这是因为系统阻尼过大，会造成响应迟缓，虽然从瞬态响应的平稳性方面看 ζ 越大越好，但快速性变差。所以当系统允许有微小的超调量时，应着重考虑快速性的要求。另外，由图 3-15 中 ζ 与 $\sigma\%$ 的关系曲线可以看出，在 $\zeta=0.7$ 附近，$\sigma\% \approx 5\%$ ，平稳性也是令人满意的，所以在设计二阶系统时，一般取 $\zeta=0.707$ 为最佳阻尼比。

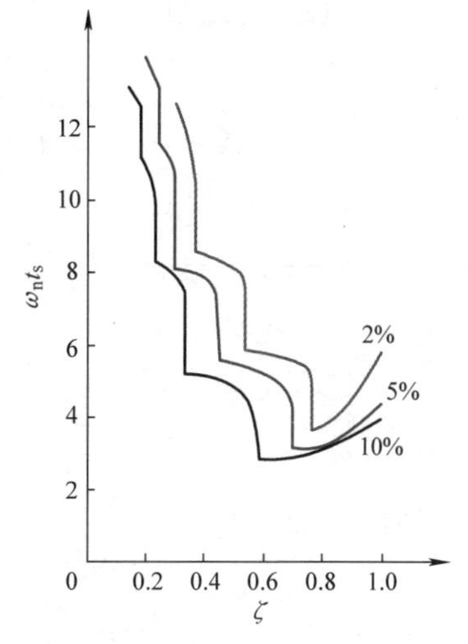

图 3-17

不同误差带的调整时间与阻尼比关系曲线

图 3-17 中的曲线具有不连续性，是由于 ζ 值的微小变化会使 t_s 发生显著变化造成的。另外应当指出，由式（3-43）和式（3-44）表示的调整时间是和 ζ 及 ω_n 的乘积成反比的，ζ 值通常先由最大超调量 M_p 来确定，所以 t_s 主要依据 ω_n 来确定，调整 ω_n 可以在不改变 M_p 的情况下来改变瞬态响应时间。

综上所述，要使二阶系统具有满意的性能指标，必须选择合适的阻尼比ζ和无阻尼固有频率ω_n。提高ω_n，可以提高二阶系统的响应速度，从性能指标公式上显示出t_r、t_p、t_s是随ω_n的增大而减小的。增大ζ可以减弱系统的振荡性能，动态平稳性好，M_p随ζ的增大而减小。以上性能指标主要从瞬态响应性能的要求来限制系统参数的选取，对于分析、研究及设计系统，它们都是十分有用的。具体到一个二阶系统，传递函数写出以后首先化成$\omega_n^2/(s^2+2\zeta\omega_n s+\omega_n^2)$的形式，也就是把传递函数化成首1型，然后由其常数项和s一次方项的系数来确定ω_n和ζ两个参数。至于传递函数的分子可以是ω_n^2，也可以是ω_n^2与其他常数的乘积，并不影响上述各项性能指标。

 例 3-2

图3-18a、b所示为刚性杆AA'通过弹簧和阻尼器挂在天花板上，假定在$t=0$时，一人重87kg向上跳起并抓住杆AA'。忽略弹簧阻尼器及杆的质量，杆AA'接着发生什么运动？用多少时间可以稳定下来？最大超调量是多少米？设黏性阻尼系数$B=350\text{N}\cdot\text{s/m}$，弹簧刚度系数$k=3500\text{N/m}$。

解：输入到系统中的是一个常力mg，m是人的质量，它实际上是对系统进行阶跃输入。初始条件$x(0)=0$，$\dfrac{\mathrm{d}x(0)}{\mathrm{d}t}=0$。这个问题和图3-18c所示的天车吊重物的问题是一样的。

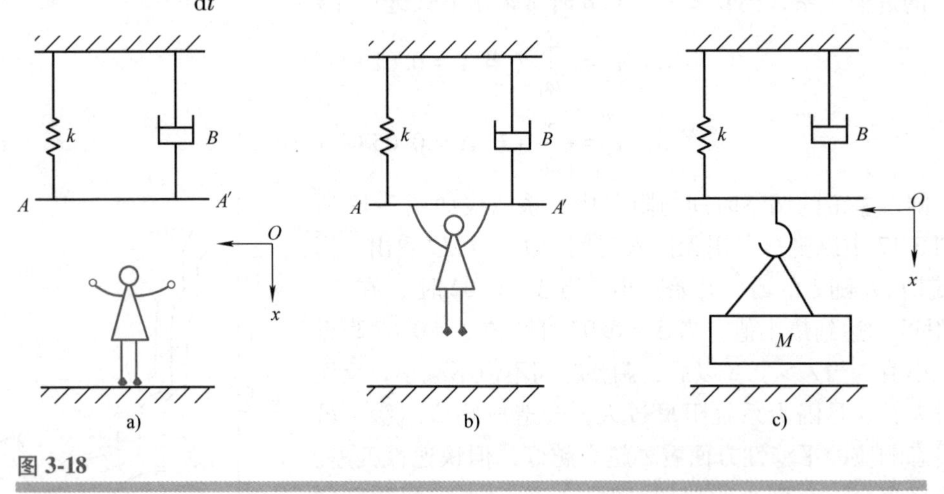

图 3-18

例 3-2 图

列写运动方程为

$$m\frac{\mathrm{d}^2x}{\mathrm{d}t^2}+B\frac{\mathrm{d}x}{\mathrm{d}t}+kx=F(t)$$

式中，$F(t)=mg\cdot 1(t)$。

系统的传递函数为

$$\frac{X(s)}{F(s)}=\frac{1}{ms^2+Bs+k}=\frac{\dfrac{1}{m}}{s^2+\dfrac{B}{m}s+\dfrac{k}{m}}$$

由此可得出

$$\omega_n = \sqrt{\frac{k}{m}} = \sqrt{\frac{3500}{87}} s^{-1} = 6.34 s^{-1}$$

$$\zeta = \frac{B}{2\omega_n m} = \frac{B}{2\sqrt{mk}} = \frac{350}{2 \times \sqrt{87 \times 3500}} = 0.317$$

由阶跃力 $F(t)$ 产生的位移

$$X(s) = \frac{\frac{1}{m}}{s^2 + \frac{B}{m}s + \frac{k}{m}} \frac{mg}{s} = \frac{1}{k} \frac{\frac{k}{m}}{s^2 + \frac{B}{m}s + \frac{k}{m}} \frac{mg}{s}$$

即

$$x(t) = \frac{mg}{k}\left[1 - \frac{e^{-\zeta\omega_n t}}{\sqrt{1-\zeta^2}}\sin(\omega_n\sqrt{1-\zeta^2}\,t + \beta)\right]$$

其稳态值为

$$\lim_{t\to\infty} x(t) = \frac{mg}{k} = \frac{87 \times 9.81}{3500} \text{m} = 0.244 \text{m}$$

由单位阶跃产生的最大超调量为

$$M_p = e^{-\frac{\zeta\pi}{\sqrt{1-\zeta^2}}} = 0.387$$

表示超出稳态值的 38.7%，所以当稳态值为 0.244m 时超调的最大值为

$$0.244\text{m} \times 0.387 = 0.094\text{m}$$

稳定下来的时间即调整时间，取 $t_s = \frac{4}{\zeta\omega_n} = \frac{4 \times 2m}{B} = \left(\frac{8 \times 87}{350}\right) \text{s} = 2\text{s}$

上述结果表示人抓住杆 AA' 的瞬间，杆发生衰减振荡的运动，经过 2s 稳定下来，振荡中的最大超调量为 9.4cm。

例 3-3

图 3-19a 所示为机械振动系统。当有 3N 的力（阶跃输入）作用于系统时，系统中质量 m 做图 3-19b 所示的运动，根据这个响应曲线，确定质量 m、黏性阻尼系数 B 和弹簧刚度系数 k 的值。

解： 1）写出系统的传递函数。根据牛顿定律 $\sum F = ma$，有

$$m\frac{d^2x(t)}{dt^2} + B\frac{dx(t)}{dt} + kx(t) = f \cdot 1(t)$$

系统的传递函数为

$$\frac{X(s)}{F(s)} = \frac{1}{ms^2 + Bs + k}$$

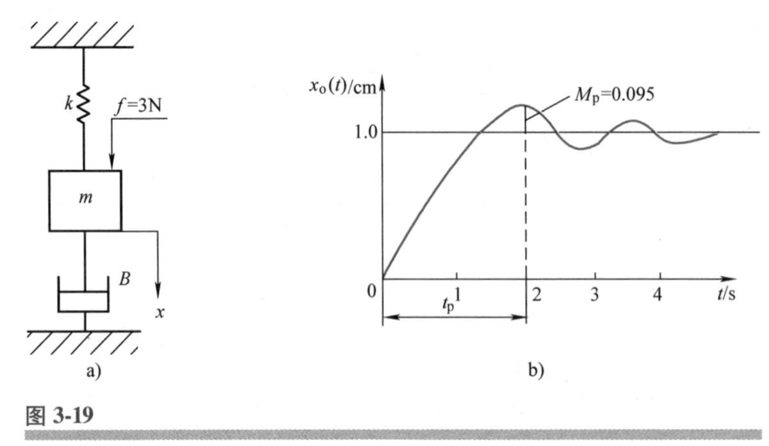

图 3-19

例 3-3 图

a）机械振动系统　b）机械振动系统响应曲线

2）由响应曲线的稳态值 1cm 求出 k。由于阶跃力作用 $f=3\text{N}$，它的拉普拉斯变换为 $F(s)=\dfrac{3}{s}$，所以

$$X(s)=\frac{1}{ms^2+Bs+k}\frac{3}{s}$$

由拉普拉斯变换的终值定理可求得 $x(t)$ 的稳态值

$$x(t)\Big|_{t\to\infty}=\lim_{s\to 0}sX(s)=\frac{3}{k}=1$$

因此

$$k=3\text{N/cm}=300\text{N/m}$$

3）由响应曲线知 $M_p=0.095$，$t_p=2\text{s}$，求取系统的 ζ 和 ω_n 值。由

$$M_p=0.095=\mathrm{e}^{-\zeta\pi/\sqrt{1-\zeta^2}}$$

两边取自然对数解出 $\zeta=0.6$。代入 $t_p=\pi/\omega_n\sqrt{1-\zeta^2}=2\text{s}$ 中，得

$$\omega_n=1.96\text{s}^{-1}$$

4）将传递函数与二阶系统传递函数的标准形式比较，得到 ζ、ω_n 与 m 及 B 的关系，求出 m 和 B。

$$\omega_n^2=k/m$$

$$m=k/\omega_n^2=\frac{300}{1.96^2}\text{N}\cdot\text{s}^2/\text{m}=78.09\text{kg}$$

又

$$2\zeta\omega_n=B/m$$

所以

$$B=2\zeta\omega_n m=(2\times0.6\times1.96\times78.09)\text{N}\cdot\text{s/m}=183.67\text{N}\cdot\text{s/m}$$

本例提示了由已知的输入输出来分析确定系统参数的方法。

第五节　控制系统的误差分析与计算

评价一个系统的性能包括瞬态性能和稳态性能两大部分。瞬态响应的性能指标可以评价系统的快速性和平稳性，系统的准确性能指标要用误差来衡量。系统的误差又可分为稳态误差和动态误差两部分。控制系统的稳态误差是控制系统的稳态性能指标。由于控制系统自身的结构参数、外作用的类型（控制量或扰动量）以及外作用的形式（阶跃、斜坡或加速度等）不同，控制系统的稳态输出不可能在任意情况下都与输入量（希望的输出）一致，因而会产生稳态误差。此外，系统中存在的不灵敏区、间隙、零漂等非线性因素也会造成附加的稳态误差。本节主要讨论控制系统的稳态误差及其计算方法。

一、稳态误差的定义

控制系统框图如图 3-20 所示。其中，实线部分与实际系统具有对应关系，而虚线部分则是为了说明概念额外画出来的。

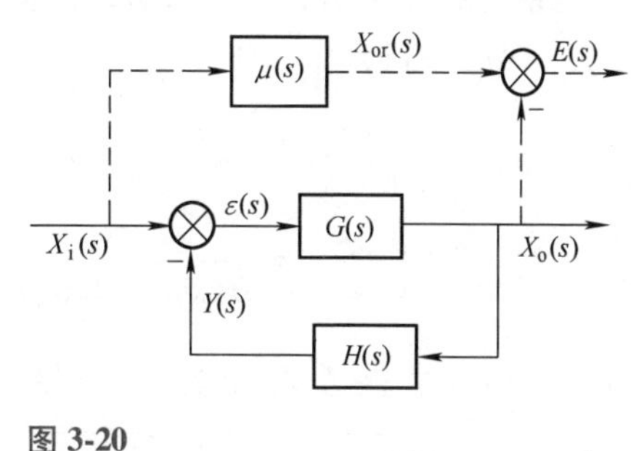

图 3-20

控制系统框图

1. 误差的定义

系统的误差 $e(t)$ 定义为希望输出与实际输出之差，即

$$e(t)=\text{希望输出}-\text{实际输出} \tag{3-45}$$

如图 3-20 所示，$X_{or}(s)$ 表示系统的希望输出，若系统需要完成的任务已确定，$X_{or}(s)$ 与输入 $X_i(s)$ 之间的传输形式 $\mu(s)$ 便为已知。可以证明，$\mu(s)$ 与系统反馈通道的传递函数 $H(s)$ 的倒数相等，即 $\mu(s)=1/H(s)$。$H(s)$ 是将系统的实际输出 $X_o(s)$ 经过比例、微分或积分作用，变成与输入同物理量的值，在输入端进行比较，得到偏差信号 $\varepsilon(s)$。$\mu(s)$ 是将输入量变成一个与实际输出同物理量的希望输出，与实际输出进行比较，这个差值定义为误差。希望输出在理论上是存在的，但实际中无法直接测量。

按上述定义，式（3-45）写成

$$e(t)=x_{or}(t)-x_o(t) \tag{3-46}$$

其拉普拉斯变换为

$$E(s)=X_{or}(s)-X_o(s) \tag{3-47}$$

从图 3-20 可知：$X_{or}(s)=\mu(s)X_i(s)$，又 $\mu(s)=1/H(s)$，并且偏差信号 $\varepsilon(s)=X_i(s)-H(s)X_o(s)$，因此可得一般情况下误差与偏差信号之间的关系为

$$E(s)=\varepsilon(s)/H(s) \tag{3-48}$$

对于实际使用的控制系统来说，$H(s)$ 往往是一个常数，因此通常误差信号与偏差信号之间存在简单的比例关系。特别是当反馈通道传递函数 $H(s)=1$，即单位反馈时，误差与偏差相等，物理量纲也相同。

2. 稳态误差

在时域中，误差 $e(t)$ 是时间的函数，求解误差 $e(t)$ 与求解系统的输出 $x_o(t)$ 一样，对于高阶系统是困难的，然而，如果只关心系统的控制过程平稳下来以后的误差，即系统误差

$e(t)$ 的瞬态分量消失后的稳态误差，问题就变得简单。稳态误差是衡量系统最终控制精度的性能指标。

稳定系统误差的终值称为稳态误差。当 t 趋于无穷大时，$e(t)$ 的极限存在，则稳态误差 e_{ss} 为

$$e_{ss} = \lim_{t\to\infty} e(t) \tag{3-49}$$

显然，对于不稳定的系统讨论稳态误差是没有意义的。

下面利用拉普拉斯变换的终值定理求系统的稳态误差，即

$$e_{ss} = \lim_{t\to\infty} e(t) = \lim_{s\to 0} sE(s) \tag{3-50}$$

式中，$E(s)$ 是误差响应 $e(t)$ 的拉普拉斯变换。使用式（3-50）的条件是：$sE(s)$ 在 $[s]$ 平面的右半部和虚轴上必须解析，即 $sE(s)$ 的全部极点都必须分布在 $[s]$ 平面的左半部。坐标原点的极点一般归入 $[s]$ 平面的左半部来考虑。

当系统的传递函数确定以后，由输入信号引起的误差与输入信号之间的关系可以确定，由式（3-47）可得

$$E(s) = X_{or}(s) - X_o(s) = \frac{1}{H(s)}X_i(s) - \frac{G(s)}{1+G(s)H(s)}X_i(s)$$

$$= \frac{1}{H(s)[1+G(s)H(s)]}X_i(s) = \phi_e(s)X_i(s) \tag{3-51}$$

式中，$\phi_e(s)$ 是误差对于输入信号（控制信号）的闭环传递函数，$\phi_e(s) = \dfrac{E(s)}{X_i(s)} = \dfrac{1}{H(s)[1+G(s)H(s)]}$，将式（3-51）代入式（3-50）中，得稳态误差计算公式

$$e_{ss} = \lim_{s\to 0} sE(s) = \lim_{s\to 0} s\frac{1}{H(s)[1+G(s)H(s)]}X_i(s) \tag{3-52}$$

式中，$H(s)$、$G(s)$ 分别是系统的反馈通道传递函数和前向通道传递函数；$G(s)H(s)$ 是系统的开环传递函数。用式（3-52）可以计算不同输入信号 $X_i(s)$ 产生的稳态误差。

当系统为单位反馈时，有 $H(s)=1$，式（3-52）可简化为

$$e_{ss} = \lim_{s\to 0} sE(s) = \lim_{s\to 0} s\frac{1}{[1+G(s)]}X_i(s) \tag{3-53}$$

例 3-4

系统框图如图 3-21 所示，当输入信号 $x_i(t)=t$ 时，求系统的稳态误差。

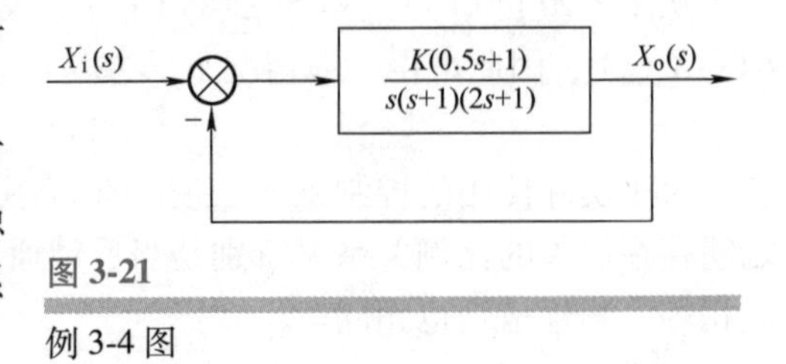

图 3-21

例 3-4 图

解： 由于必须是稳定系统计算稳态误差才有意义，所以应先判别系统是否稳定，判别系统稳定性的方法将在第五章中叙述，本书所涉及的系统都是稳定的。

由题意可知，输入信号 $x_i(t)=t$，其拉普拉斯变换 $X_i(s)=1/s^2$，将传递函数和输入信号代入式（3-53）中，得稳态误差为

$$e_{ss} = \lim_{s \to 0} s \frac{s(s+1)(2s+1)}{s(s+1)(2s+1) + K(0.5s+1)} \frac{1}{s^2} = \frac{1}{K}$$

计算结果表明，稳态误差的大小与系统的开环增益 K 有关，K 越大，e_{ss} 越小。

二、系统的类型与稳态误差

1. 系统的类型

当系统只有输入信号作用时，一般控制系统的框图如图 3-20 中的实线所示，其开环传递函数为

$$B(s)/E(s) = G(s)H(s)$$

将 $G(s)H(s)$ 写成典型环节串联相乘的形式，即尾 1 型。

$$G(s)H(s) = \frac{K(\tau_1 s + 1)(\tau_2 s + 1)\cdots}{s^{\gamma}(T_1 s + 1)(T_2 s + 1)\cdots} \tag{3-54}$$

式中，K 是开环增益；γ 是开环传递函数中包含积分环节的数目。根据系统拥有积分环节的个数 γ 将系统进行分类：

当 $\gamma = 0$ 时，无积分环节，称为 0 型系统。

当 $\gamma = 1$ 时，有一个积分环节，称为 Ⅰ 型系统。

当 $\gamma = 2$ 时，有两个积分环节，称为 Ⅱ 型系统。

依次类推，一般 $\gamma > 2$ 的系统难以稳定，实际上很少见。

需要注意的是，系统的类型与系统的阶次是完全不同的两个概念。例如：

$$G(s)H(s) = \frac{K(2s+1)}{s(s+1)(10s+1)}$$

由于 $\gamma = 1$，有一个积分环节，故为 Ⅰ 型系统。但就系统的最高阶次而言，由分母部分可知系统是三阶系统。

将式（3-54）代入式（3-53），可得

$$\begin{aligned} e_{ss} &= \lim_{s \to 0} sE(s) = \lim_{s \to 0} s \frac{1}{[1 + G(s)]} X_i(s) \\ &= \lim_{s \to 0} s \frac{1}{1 + \dfrac{K(\tau_1 s + 1)(\tau_2 s + 1)\cdots}{s^{\gamma}(T_1 s + 1)(T_2 s + 1)\cdots}} X_i(s) \\ &= \lim_{s \to 0} s \frac{1}{1 + \dfrac{K}{s^{\gamma}}} X_i(s) \end{aligned} \tag{3-55}$$

由式（3-55）可以看出：系统的稳态误差和系统的开环增益 K、系统的型别 γ、输入信号 $X_i(s)$ 有关。下面将进一步讨论不同类型的系统，在不同输入信号作用下的静态误差系数与稳态误差。

2. 静态误差系数与稳态误差

稳态误差与系统的型别有关，下面分析位置、速度和加速度三种信号输入时系统的稳态误差。为了便于说明，下面以 $H(s) = 1$ 的情况进行讨论。

（1）静态位置误差系数 K_p　当单位阶跃信号 $x_i(t)=1$ 作为输入信号时，系统引起的稳态误差称为位置误差，输入信号的拉普拉斯变换 $X_i(s)=\dfrac{1}{s}$，利用式（3-52）得系统的稳态误差为

$$e_{ss}=\lim_{s\to 0}s\frac{1}{H(s)[1+G(s)H(s)]}\frac{1}{s}=\lim_{s\to 0}\frac{1}{1+G(s)H(s)}$$

$$=\frac{1}{1+\lim\limits_{s\to 0}G(s)H(s)}=\frac{1}{1+G(0)H(0)} \tag{3-56}$$

静态位置误差系数 K_p 定义为

$$K_p=\lim_{s\to 0}G(s)H(s)=G(0)H(0) \tag{3-57}$$

位置误差为

$$e_{ss}=\frac{1}{1+K_p} \tag{3-58}$$

对于0型系统（$\gamma=0$）

$$K_p=\lim_{s\to 0}\frac{K(\tau_1 s+1)(\tau_2 s+1)\cdots}{(T_1 s+1)(T_2 s+1)\cdots}=K$$

0型系统的位置误差为

$$e_{ss}=\frac{1}{1+K}$$

对于Ⅰ型系统或高于Ⅰ型的系统

$$K_p=\lim_{s\to 0}\frac{K(\tau_1 s+1)(\tau_2 s+1)\cdots}{s^{\gamma}(T_1 s+1)(T_2 s+1)\cdots}=\infty$$

Ⅰ型系统或高于Ⅰ型的系统的位置误差

$$e_{ss}=\frac{1}{1+K_p}=0$$

以上表明，在阶跃信号作用下，系统消除误差的条件是 $\gamma\geqslant 1$，即在开环传递函数中至少要有一个积分环节。

（2）静态速度误差系数 K_v　当单位斜坡信号 $x_i(t)=t$ 作为输入信号时，系统引起的稳态误差称为速度误差，输入信号的拉普拉斯变换 $X_i(s)=\dfrac{1}{s^2}$，利用式（3-52）得系统的稳态误差为

$$e_{ss}=\lim_{s\to 0}s\frac{1}{H(s)[1+G(s)H(s)]}\frac{1}{s^2}=\frac{1}{\lim\limits_{s\to 0}sG(s)H(s)} \tag{3-59}$$

静态速度误差系数 K_v 定义为

$$K_v=\lim_{s\to 0}sG(s)H(s) \tag{3-60}$$

速度误差为

$$e_{ss}=\frac{1}{K_v} \tag{3-61}$$

对于0型系统（$\gamma=0$）

$$K_{\mathrm{v}}=\lim_{s\to 0}s\left[\frac{K(\tau_1 s+1)(\tau_2 s+1)\cdots}{s^{\gamma}(T_1 s+1)(T_2 s+1)\cdots}\right]=0$$

0 型系统的速度误差为

$$e_{\mathrm{ss}}=\frac{1}{K_{\mathrm{v}}}=\infty$$

对于Ⅰ型系统（$\gamma=1$）

$$K_{\mathrm{v}}=\lim_{s\to 0}s\left[\frac{K(\tau_1 s+1)(\tau_2 s+1)\cdots}{s^{\gamma}(T_1 s+1)(T_2 s+1)\cdots}\right]=K$$

Ⅰ型系统的速度误差为

$$e_{\mathrm{ss}}=\frac{1}{K_{\mathrm{v}}}=\frac{1}{K}$$

对于Ⅱ型系统及高于Ⅱ型的系统（$\gamma\geqslant 2$）

$$K_{\mathrm{v}}=\lim_{s\to 0}\frac{sK(\tau_1 s+1)(\tau_2 s+1)\cdots}{s^{\gamma}(T_1 s+1)(T_2 s+1)\cdots}=\infty$$

Ⅱ型及以上系统的速度误差为

$$e_{\mathrm{ss}}=\frac{1}{K_{\mathrm{v}}}=0$$

以上表明，斜坡信号作用下系统消除误差的条件是 $\gamma\geqslant 2$。

（3）静态加速度误差系数 K_{a}　当单位加速度信号 $x_{\mathrm{i}}(t)=\frac{1}{2}t^2$ 作为输入信号时，系统引起的稳态误差称为加速度误差，输入信号的拉普拉斯变换 $X_{\mathrm{i}}(s)=\frac{1}{s^3}$，利用式（3-52）得系统的稳态误差为

$$e_{\mathrm{ss}}=\lim_{s\to 0}s\frac{1}{H(s)[1+G(s)H(s)]}\frac{1}{s^3}=\lim_{s\to 0}\frac{1}{s^2G(s)H(s)}\tag{3-62}$$

静态加速度误差系数 K_{a} 定义为

$$K_{\mathrm{a}}=\lim_{s\to 0}s^2G(s)H(s)\tag{3-63}$$

加速度误差为

$$e_{\mathrm{ss}}=\frac{1}{K_{\mathrm{a}}}\tag{3-64}$$

对于 0 型系统（$\gamma=0$）和Ⅰ型系统（$\gamma=1$）

$$K_{\mathrm{a}}=\lim_{s\to 0}s^2\left[\frac{K(\tau_1 s+1)(\tau_2 s+1)\cdots}{s^{\gamma}(T_1 s+1)(T_2 s+1)\cdots}\right]=0$$

0 型系统（$\gamma=0$）和Ⅰ型系统的加速度误差

$$e_{\mathrm{ss}}=\frac{1}{K_{\mathrm{a}}}=\infty$$

对于Ⅱ型系统

$$K_{\mathrm{a}}=\lim_{s\to 0}s^2\left[\frac{K(\tau_1 s+1)(\tau_2 s+1)\cdots}{s^{\gamma}(T_1 s+1)(T_2 s+1)\cdots}\right]=K$$

Ⅱ型系统的加速度误差为

$$e_{ss} = \frac{1}{K_a} = \frac{1}{K}$$

对于Ⅱ型以上系统（$\gamma \geqslant 3$）

$$K_a = \lim_{s \to 0} s^2 \left[\frac{K(\tau_1 s + 1)(\tau_2 s + 1)\cdots}{s^{\gamma}(T_1 s + 1)(T_2 s + 1)\cdots} \right] = \infty$$

Ⅱ型以上系统的加速度误差为

$$e_{ss} = \frac{1}{K_a} = 0$$

以上可以看出，加速度信号作用下系统消除误差的条件是$\gamma \geqslant 3$，即开环传递函数中至少有三个积分环节。

通过上面的分析看出，同样一种输入信号，对于结构不相同的系统产生的稳态误差不同，系统型别越高，误差越小，即跟踪输入信号的无差能力越强。所以系统的型别反映了系统无差的度量，故又称为无差度。0型、Ⅰ型和Ⅱ型系统又分别称为0阶无差、一阶无差和二阶无差系统。因此型别是从系统本身结构的特征上，反映了系统跟踪输入信号的稳态精度。另一方面，型别相同的系统输入不同信号引起的误差不同，即同一个系统对不同信号的跟踪能力不同，从另一个角度反映了系统消除误差的能力。

将三种典型输入信号下的稳态误差与系统型别之间的规律关系，综合在表3-2中，可由此根据具体控制信号的形式，从精度要求方面正确选择系统型别。

表3-2 各类系统对三种输入信号的稳态误差

系统型别	静态误差系数			阶跃输入 $x_i(t) = A \cdot 1(t)$	斜坡输入 $x_i(t) = At$	加速度输入 $x_i(t) = \frac{At^2}{2}$
	K_p	K_v	K_a	位置误差 $e_{ss} = \frac{A}{1+K_p}$	速度误差 $e_{ss} = \frac{A}{K_v}$	加速度误差 $e_{ss} = \frac{A}{K_a}$
0	K	0	0	$\frac{A}{1+K}$	∞	∞
Ⅰ	∞	K	0	0	$\frac{A}{K}$	∞
Ⅱ	∞	∞	K	0	0	$\frac{A}{K}$

增加系统开环传递函数中的积分环节γ和增大开环增益K，是消除和减小系统稳态误差的途径。但γ和K值的增大，都会造成系统的稳定性变坏，设计者的任务在于合理地解决这些相互制约的矛盾，选取合理的参数。

应当指出，上述信号中的位置、速度和加速度是广义的，比如在温度控制系统中的“位置”表示温度信号，“速度”则表示温度的变化率。

例3-5

控制系统框图如图3-22所示，若输入信号$x_i(t) = 1(t) + t + \frac{t^2}{2}$，试求系统的稳态误差。

解：该系统的开环传递函数中含有两个积分环节，是Ⅱ型系统。开环增益为K_1K_m，

因此

当输入 $x_i(t) = 1(t)$ 时，$e_{ss1} = 0$；

当输入 $x_i(t) = t$ 时，$e_{ss2} = 0$；

当输入 $x_i(t) = t^2/2$ 时，$e_{ss3} = 1/K = 1/K_1K_m$。

所以系统的稳态误差为

$$e_{ss} = e_{ss1} + e_{ss2} + e_{ss3} = 1/K_1K_m$$

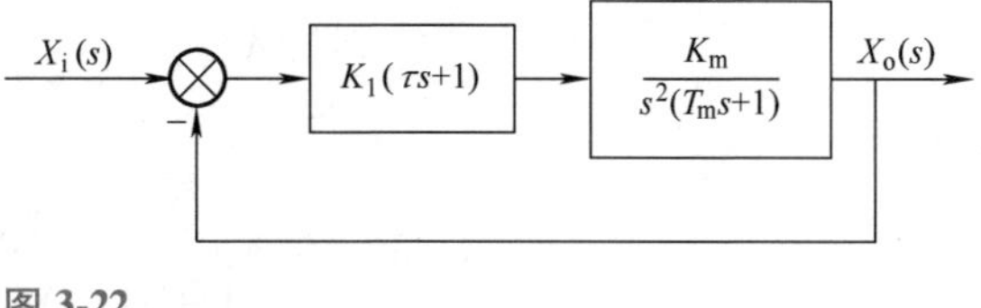

图 3-22

例 3-5 图

最后说明几点：

第一，系统必须是稳定的，否则计算稳态误差没有意义。

第二，上述公式及表 3-2 中的 K 值是系统开环增益，即在开环传递函数中，各环节必须化成典型环节的形式，即尾 1 型。

第三，表 3-2 显示的规律是在单位反馈情况下建立的，在非单位反馈情况下，如果 $H(s)$ 的分子和分母均不含有 $s = 0$ 的因子，其稳态误差与表 3-2 的结果相差一个常数倍。如果 $H(s)$ 中含有 $s = 0$ 的因子，其稳态误差应当用式（3-52）计算。

第四，上述结论只适用于输入信号作用下系统的稳态误差，不适用于干扰作用下的稳态误差。

三、干扰作用下系统的稳态误差

控制系统除了承受输入信号作用外，还经常会受到各种干扰的作用，如负载的突变、温度的变化、电源的波动等，系统在扰动作用下的稳态误差反映了系统抗干扰的能力。显然，我们希望干扰引起的稳态误差越小越好，理想情况下误差为零。

如果干扰不是随机的，而是能测量出来的简单信号，并且知道其作用点，这时可以计算由干扰引起的稳态误差。对于线性系统，系统同时受到输入信号和干扰信号的作用，系统的总误差为输入信号及干扰信号单独作用时产生的稳态误差的代数和。

输入信号 $X_i(s)$ 产生的稳态误差可按式（3-52）计算，此时视干扰为零。

在计算干扰引起的误差时，如图 3-23 所示，视输入 $X_i(s)$ 为零。此时希望干扰引起的输出 $X_{or}(s)$ 也为零，因此干扰引起的误差为

$$\begin{aligned} E_N(s) &= X_{or}(s) - X_{oN}(s) \\ &= 0 - X_{oN}(s) \\ &= -\phi_N(s)N(s) \end{aligned} \tag{3-65}$$

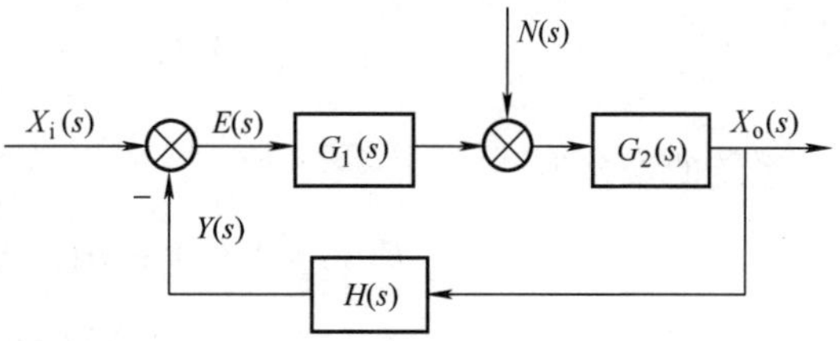

图 3-23

干扰作用系统框图

式中，$N(s)$ 是干扰信号；$X_{oN}(s)$ 是干扰信号单独作用时的实际输出；$E_N(s)$ 是干扰引起的误差；$\phi_N(s) = X_{oN}(s)/N(s)$，而 $X_{oN}(s)/N(s)$ 是由于干扰单独作用时实际输出与干扰间的闭环传递函数。

此时

$$X_{oN}(s)/N(s)=\frac{G_2(s)}{1+G_2(s)G_1(s)H(s)}$$

所以有

$$E_N(s)=\frac{-G_2(s)}{1+G_2(s)G_1(s)H(s)}N(s)$$

由干扰引起的稳态误差为

$$e_{ssn}=\lim_{s\to 0}sE_N(s)=\lim_{s\to 0}\frac{-sG_2(s)}{1+G_2(s)G_1(s)H(s)}N(s) \tag{3-66}$$

系统的总误差为

$$E_i(s)+E_N(s)=\frac{X_i(s)-G_2(s)N(s)}{1+G_2(s)G_1(s)H(s)}$$

系统总的稳态误差为

$$e_{ss}=e_{ssi}+e_{ssn}$$

 例 3-6

系统的负载变化往往是系统的主要干扰，已知系统结构图如图 3-24 所示，试分析 $N(s)$ 对系统稳态误差的影响。

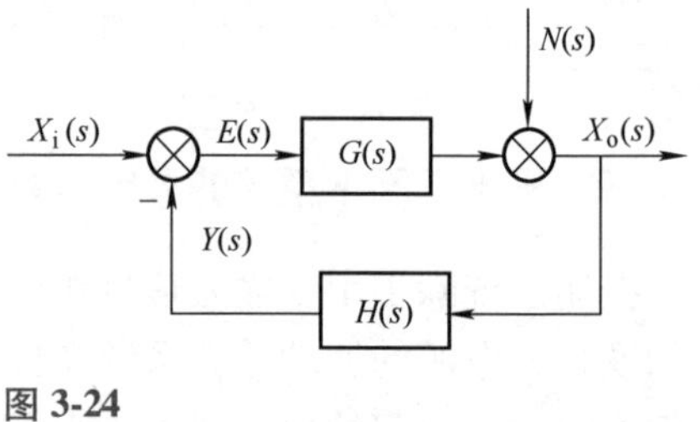

图 3-24

例 3-6 图

解： 由系统框图得到系统输出为

$$X_o(s)=N(s)+E(s)G(s)$$
$$=N(s)+[X_i(s)-H(s)X_o(s)]G(s)$$

整理后得

$$X_o(s)=\frac{N(s)}{1+G(s)H(s)}+\frac{G(s)}{1+G(s)H(s)}X_i(s)$$

式中，第一项是干扰信号对输出的影响，第二项是输入信号对输出的影响。由于研究干扰信号 $N(s)$ 对系统的影响，故设 $X_i(s)=0$，则

$$X_o(s)=\frac{N(s)}{1+G(s)H(s)}$$

系统的误差为

$$E(s)=X_i(s)-H(s)X_o(s)=-H(s)X_o(s)$$
$$=-\frac{H(s)N(s)}{1+G(s)H(s)}$$

系统的稳态误差为

$$e_{ss}=\lim_{s\to 0}sE(s)=\lim_{s\to 0}s\frac{-H(s)}{1+G(s)H(s)}N(s)$$

如果干扰信号为单位阶跃函数，即 $N(s)=\frac{1}{s}$，上式可表示为

$$e_{ss}=\lim_{s\to 0}s\frac{-H(s)}{1+G(s)H(s)}\frac{1}{s}=\frac{-H(0)}{1+G(0)H(0)}$$

如果系统的 $G(0)H(0)\gg 1$，则

$$e_{ss}\approx\frac{-1}{\lim\limits_{s\to 0}G(s)}=\frac{-1}{G(0)}$$

显然，干扰作用点前的前向通道传递函数 $G(0)$ 的值越大，由干扰引起的稳态误差就越小。所以为了减低由干扰引起的稳态误差，可以增大干扰作用点前的前向通道传递函数的值，或者在干扰作用点前引入积分环节，但是这样对系统的稳定性是不利的。

小结

时域分析法是分析控制系统性能最直观的方法，在典型输入信号作用下研究控制系统的时间响应对分析控制系统有很大帮助。

本章主要介绍时间响应的概念，在瞬态响应过程中，一阶系统、二阶系统在不同输入信号作用下的响应及影响控制系统性能的参数；稳态误差的概念及计算方法。

一阶系统时间常数 T 反映了控制系统惯性的大小，T 越大，响应越慢；反之，T 越小，响应越快。二阶系统的参数 ζ 和 ω_n 影响控制系统的性能，二阶系统的时域性能指标 t_r、t_p、t_s 反映系统响应的快速性，ζ 和 M_p 反映了二阶系统的动态平稳性。

稳态误差标志着控制系统最终可能达到的控制精度。稳态误差不但和控制系统的结构参数有关，如系统的开环增益、系统的类型等，而且还和外作用的形式及大小有关，同时还受干扰作用点的位置影响。

系统的型别和静态误差系数也是稳态精度的一种标志，型别越高，静态误差系数 K_p、K_v、K_a 越大，系统的稳态误差越小，即控制系统的精度越好。在实际系统中，Ⅰ型系统最常见，0、Ⅱ型次之。

思考题

1. 什么是时间响应？什么是瞬态响应？什么是稳态响应？
2. 在一阶控制系统中，影响控制系统性能的参数是什么？如何影响控制系统的性能？
3. 在二阶控制系统中，影响控制系统性能的参数是什么？如何影响控制系统的性能？
4. 时域性能指标是在什么条件下定义的？
5. 时间响应的稳态响应过程，主要是分析控制系统的哪种性能？
6. 控制系统的稳态误差与哪些因素有关？采取何种措施能够减小系统的稳态误差，从而提高控制系统的精度？
7. 控制系统的静态位置误差系数 K_p、静态速度误差系数 K_v、静态加速度误差系数 K_a 是如何定义的？

习题

1. 在图 2-52 所示的系统中，$x(t)$ 是输入位移，$\theta(t)$ 是输出角位移，忽略各元件质量，初始条件为零，求 $x(t)$ 是单位阶跃输入时的响应 $\theta(t)$ 。

2. 单位阶跃作用下其惯性环节各时刻的输出值见表 3-3，试求该环节的传递函数。

表 3-3 单位阶跃作用下其惯性环节各时刻的输出值

t	0	1	2	3	4	5	6	7	∞
$x_o(t)$	0	1.61	2.79	3.72	4.38	4.81	5.10	5.36	6.00

3. 如图 3-25 所示，质量为 m 的小球下落到质量为 M 的中心，下落高度是 d，并在第一次跳回就抓住它。这与锻锤打钻子的情况类似。假设碰撞是完全弹性的，质量 M 被敲击后的运动 $x(t)$ 是怎样的？给定 $M=1\text{kg}$，$m=0.1\text{kg}$，$k=125\text{N/m}$，$B=4\text{s}\cdot\text{N/m}$，$d=1\text{m}$，初始条件 $x(0_-)=0, \dot{x}(0_-)=0$（提示：小球作用力为冲量的两倍，即 $2mv\delta(t)$，v 为小球下落到 M 处的速度 $\sqrt{2gd}$）。

图 3-25

题 3 图

4. 设单位负反馈系统的开环传递函数 $G(s)=4/[s(s+2)]$，试写出该系统的单位阶跃响应和单位斜坡响应 $x_o(t)$ 的表达式。

5. 设有一闭环系统的传递函数为

$$\frac{X_o(s)}{X_i(s)}=\frac{\omega^2}{s^2+2\zeta\omega_n s+\omega^2}$$

为了使系统的单位阶跃响应有 5%的超调量和 $t_s=2\text{s}$ 的调整时间，试求 ζ 和 ω_n 值。

6. 设二阶控制系统的单位阶跃响应曲线如图 3-26 所示。如果该系统是单位反馈形式，试确定其开环传递函数。

7. 宇宙飞船的姿态控制系统的框图如图 3-27 所示。假设控制器的时间常数 $T=3\text{s}$，力矩与惯量比 $K/J=2/9\text{rad}^2/\text{s}^2$，试求系统的阻尼比。

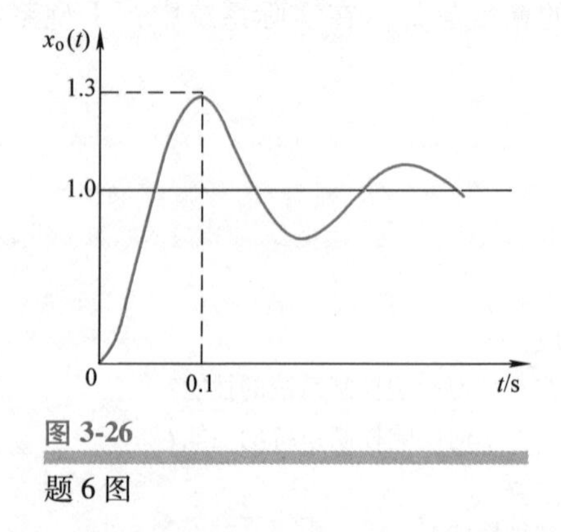

图 3-26

题 6 图

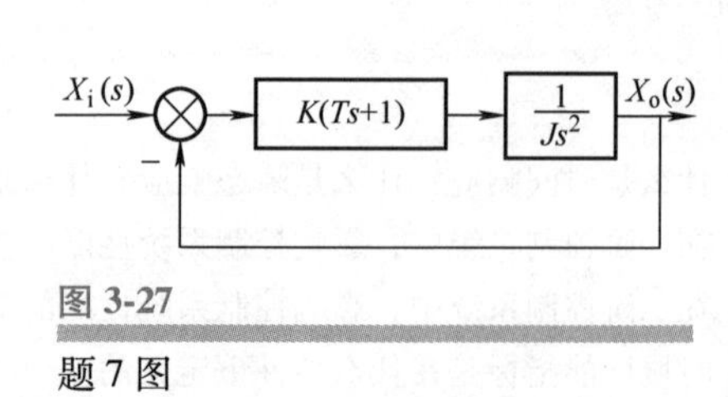

图 3-27

题 7 图

8. 汽车在路面上行驶（图 3-28a）可简化为图 3-28b 所示的力学模型，设汽车重 1t，欲使其阻尼比$\zeta=0.707$，瞬态过程的调整时间为 2s $\left(t_s=\dfrac{4}{\zeta\omega_n}\right)$，求其弹簧刚度系数 k 及阻尼系数 B。当 $x_i=0.1$ 时，x_o 为多少?

9. 设某系统的传递函数为

$$\frac{X_o(s)}{X_i(s)} = \frac{\omega_n^2}{s^2 + 2\zeta\omega_n s + \omega_n^2}$$

1）试求 $\zeta=0.1$，$\omega_n=5s^{-1}$；$\zeta=0.1$，$\omega_n=10s^{-1}$；$\zeta=0.1$，$\omega_n=1s^{-1}$时和 $\zeta=0.5$，$\omega_n=5s^{-1}$时单位阶跃响应的超调量 M_p 及调整时间 t_s 值。

2）讨论系统参数 ζ、ω_n 与瞬态响应过程的关系。

10. 某系统采用测速发电机反馈，可以改善系统的相对稳定性。系统如图 3-29 所示。

1）当 $K=10$，且使系统阻尼比 $\zeta=0.5$，试确定 K_h。

2）若要使最大超调量 $M_p=0.02$，峰值时间 $t_p=1s$，试确定增益 K 和速度反馈系统 K_h 的数值，并确定在这个 K 和 K_h 值的情况下，系统的上升时间和调整时间。

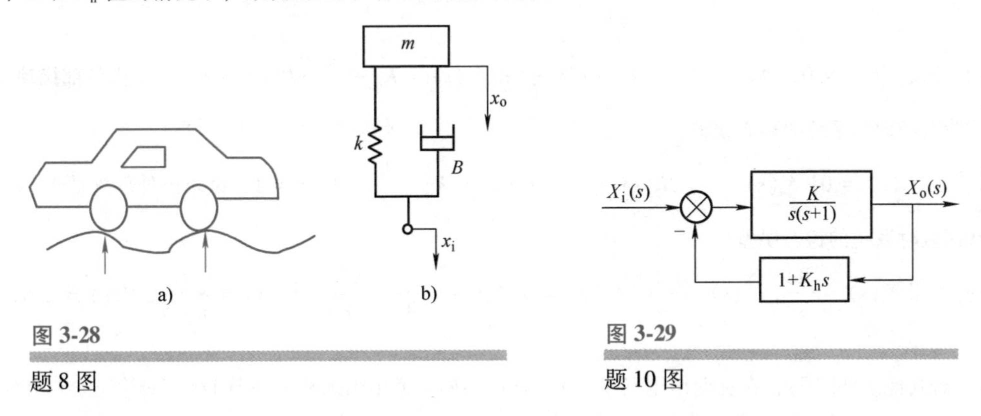

图 3-28
题 8 图

图 3-29
题 10 图

11. 单位反馈系统的开环传递函数为 $G(s) = \frac{K}{s(Ts+1)}$，其中，$K>0$，$T>0$。问放大器增益减少多少才能使系统单位阶跃响应的最大超调量由 75%降到 25%?

12. 试求单位反馈系统的静态位置、速度、加速度误差系数及其稳态误差。设输入信号为单位阶跃、单位斜坡和单位加速度信号，其系统开环传递函数分别如下：

1) $G(s) = \frac{50}{(0.1s+1)(2s+1)}$　2) $G(s) = \frac{K}{s(0.1s+1)(0.5s+1)}$

3) $G(s) = \frac{K}{s(s^2+4s+200)}$　4) $G(s) = \frac{K}{s^2(s^2+2s+10)}$

13. 已知单位负反馈控制系统的开环传递函数如下：

1) $G(s) = \frac{7(s+1)}{s(s+4)(s^2+2s+2)}$

2) $G(s) = \frac{8(0.5s+1)}{s^2(0.1s+1)}$

试分别求出当输入信号为 $1(t)$、t 和 t^2 时系统的稳态误差。

14. 已知某单位负反馈系统的开环传递函数为

$$G(s) = \frac{100}{s(0.1s+1)}$$

当输入信号 $x_i(t) = 1 + t + at^2$（$a \geq 0$）时，试求系统的稳态误差。

15. 假定温度计可用传递函数$\left(\frac{1}{Ts+1}\right)$描述其特性，现在用温度计测量盛在容器内的水温，发现需要

1min 才能指示实际水温的98%的数值。如果给容器加热，使水温依10℃/min 的速度线性变化，问温度计的稳态指示误差有多大？

16. 控制系统如图3-30所示。

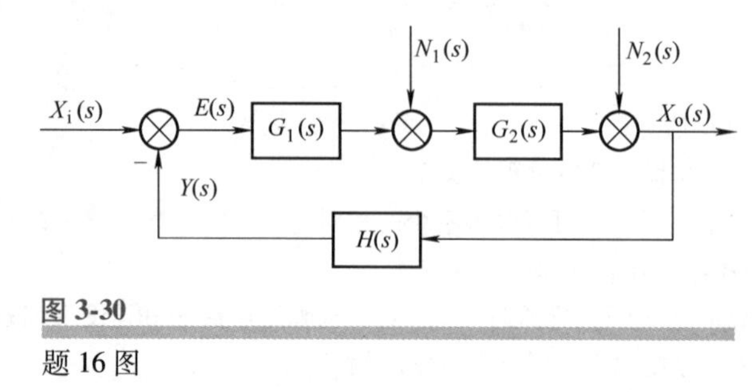

图 3-30

题16图

1）假设 $X_i(s)=0$，$N_2(s)=0$，$G_2(s)=\dfrac{1}{Js}$ 和 $G_1(s)=K_p+\dfrac{K}{s}$，$H(s)=1$，试求出外部扰动 $N_1(s)$ 为单位阶跃函数时系统的稳态误差。

2）若 $N_1(s)=0$，$X_i(s)=0$，$G_2(s)=\dfrac{1}{Js}$，$G_1(s)=K_p+\dfrac{K}{s}$，$H(s)=1$，试求出外部扰动 $N_2(s)$ 为单位阶跃函数时系统的稳态误差。

3）如果 $X_i(s)=\dfrac{1}{s}$，$N_1(s)=\dfrac{2}{s}$，$N_2(s)=0$，$G_1(s)=\dfrac{40}{0.05s+1}$，$G_2(s)=\dfrac{1}{s+5}$，$H(s)=2.5$，试求系统的稳态误差。

4）若其他条件同3)，在扰动作用点 $N_1(s)$ 之前的前向通道中引入积分环节 $1/s$，对稳态误差有什么影响？在扰动作用点 $N_1(s)$ 之后的前向通道中引入积分环节 $1/s$，结果又如何？

4 第四章 频率特性分析

对于控制系统，除了可以在时域内进行分析外，还可从频域内进行研究。频域分析法是借助系统的频率特性来分析系统的性能，因而也称为频率特性或频率法。频率法是经典控制理论的核心，是广泛应用的一种方法，它可以不必直接求解控制系统的微分方程，而间接地运用控制系统的开环频率特性分析闭环控制系统的响应，同时它也是一种图解的方法。本章主要讲述频率特性的图解法。

第一节　频率特性的基本概念

一、概念

1. 频率响应

控制系统对正弦信号（或谐波信号）的稳态响应称为频率响应。

线性定常系统对于正弦信号的响应也和其他典型信号的响应一样包含瞬态响应和稳态响应，其瞬态部分不是正弦波形，稳态部分是和输入的正弦信号频率相同的正弦波形，但振幅及相位与输入量不同。下边举例说明。

例 4-1

机械系统如图 4-1 所示。k 为弹簧刚度系数，单位是 N/m，B 为阻尼系数，单位是 N · s/m，当输入正弦力 $f(t)=F\sin\omega t$ 时，求其位移 $x(t)$ 的稳态输出。式中，F 是力的振幅，单位是 N。

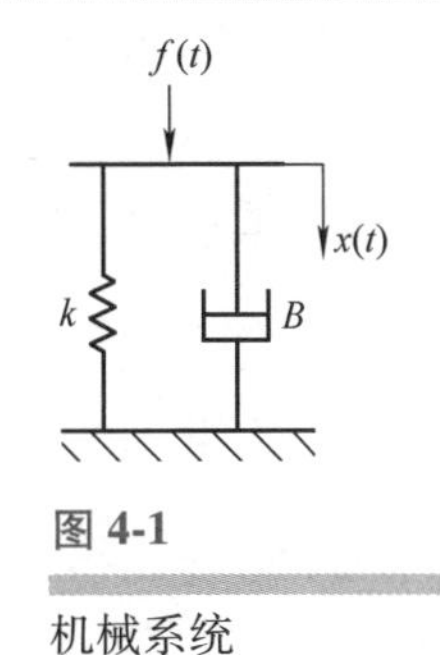

图 4-1

机械系统

解： 该机械系统的传递函数为

$$\frac{X(s)}{F(s)}=\frac{1}{Bs+k}=\frac{1/k}{\frac{B}{k}s+1}=\frac{1/k}{Ts+1}$$

式中，T 是系统的时间常数，$T=B/k$（单位为 s）。力输入信号的拉普拉斯变换为 $F(s)=F\omega/(s^2+\omega^2)$，所以位移输出 $x(t)$ 的拉普拉斯变换为

$$X(s)=\frac{1/k}{Ts+1}\frac{F\omega}{s^2+\omega^2}=\frac{a}{Ts+1}+\frac{bs+c}{s^2+\omega^2}$$

式中，a、b、c 是待定系数，用拉普拉斯反变换方法可以求出其值并代入上式，取拉普拉斯

反变换加以整理可得到位移输出 $x(t)$ 为

$$x(t)=\frac{F/k}{\sqrt{1+\omega^2T^2}}\sin(\omega t-\arctan\omega T)+\frac{\omega TF/k}{1+\omega^2T^2}\mathrm{e}^{-\frac{t}{T}}$$

式中，右边第一项为稳态分量，第二项为瞬态分量，随着时间 $t\to\infty$，瞬态分量衰减为零，所以稳态位移输出为

$$x(t)=\frac{1/k}{\sqrt{1+\omega^2T^2}}F\sin(\omega t-\arctan\omega T)=A(\omega)F\sin[\omega t+\varphi(\omega)]$$

$$=X\sin[\omega t+\varphi(\omega)]$$

式中，X 是位移振幅，$X=A(\omega)F$；$A(\omega)=\dfrac{1/k}{\sqrt{1+\omega^2T^2}}=\dfrac{X}{F}$；$\varphi(\omega)=-\arctan\omega T$；$T=\dfrac{B}{k}$。

由例 4-1 的结果可以看出，过渡过程结束后，输出的稳态响应仍是一个与输入信号同频率的正弦信号，只是幅值变为输入正弦信号幅值的 $\dfrac{1/k}{\sqrt{1+\omega^2T^2}}$ 倍，相位则滞后了 $\arctan\omega T$。正弦输入及其稳态输出是频率相同的正弦信号。位移输出的幅值 X 与输入力的幅值 F 成比例，比例系数 $A(\omega)$ 以及输入输出间的相位移角 $\varphi(\omega)$，两个量都是频率的函数，并与系统参数 k、B 有关。为了研究系统频率变化的情况，引入频率特性的概念。

2. 频率特性

对频率特性可做如下定义：频率特性就是指线性系统或环节在正弦函数作用下，稳态输出与输入之比对频率的关系特性。因此又称为正弦传递函数，用 $G(\mathrm{j}\omega)$ 表示。频率特性是个复数，可以分别用幅值和相角来表示。

按这个定义可以写出例 4-1 中机械系统的频率特性。把输入力表示成复数形式

$$f(t)=F\sin\omega t=F\mathrm{Im}\,\mathrm{e}^{\mathrm{j}\omega t} \tag{4-1}$$

式中，$\mathrm{Im}\,\mathrm{e}^{\mathrm{j}\omega t}=\sin\omega t$，表示取 $\mathrm{e}^{\mathrm{j}\omega t}=\cos\omega t+\mathrm{j}\sin\omega t$ 的虚部［又根据约定，式（4-1）中的 Im 也可省去］。

同样把稳态位移输出也表示成复数形式

$$x(t)=X\sin[\omega t+\varphi(\omega)]=X\mathrm{Im}\,\mathrm{e}^{\mathrm{j}[\omega t+\varphi(\omega)]} \tag{4-2}$$

由定义得

$$G(\mathrm{j}\omega)=\frac{x(t)}{f(t)}=\frac{X\mathrm{Im}\,\mathrm{e}^{\mathrm{j}\omega t}\mathrm{e}^{\mathrm{j}\varphi(\omega)}}{F\mathrm{Im}\,\mathrm{e}^{\mathrm{j}\omega t}}=A(\omega)\mathrm{e}^{\mathrm{j}\varphi(\omega)} \tag{4-3}$$

式中

$$A(\omega)=|G(\mathrm{j}\omega)|=\frac{X}{F}=\frac{1/k}{\sqrt{1+\omega^2T^2}} \tag{4-4}$$

$$\varphi(\omega)=\angle G(\mathrm{j}\omega)=-\arctan\omega T \tag{4-5}$$

$G(\mathrm{j}\omega)$ 的幅值 $A(\omega)$ 称为系统的幅频特性，$G(\mathrm{j}\omega)$ 的相角 $\varphi(\omega)$ 为系统的相频特性，$G(\mathrm{j}\omega)$ 包含着输出和输入的幅值比和相位差，故又称为幅相频率特性。

二、频率特性的求取及表示方法

1. 频率特性的求取方法

频率特性一般可通过如下三种方法得到：

1）根据已知系统的微分方程或传递函数，把输入信号以正弦函数代入，求其稳态解，取输出稳态分量和输入正弦函数的复数之比即得（例 4-1 中所用的方法）。

2）根据传递函数来求取，将传递函数中的复变量 s 用纯虚数 $\mathrm{j}\omega$ 来代替。

3）通过实验测得。

一般经常采用的是后两种方法。这里主要讨论如何根据传递函数求取系统的频率特性。仍以图 4-1 所示的机械系统为例，其传递函数为 $G(s)=\dfrac{1/k}{Ts+1}$，将传递函数中的复变量 s 用纯虚数 $\mathrm{j}\omega$ 来代替，便可得频率特性的表达式 $G(\mathrm{j}\omega)=\dfrac{1/k}{\mathrm{j}\omega T+1}$，取它的幅值 $|G(\mathrm{j}\omega)|$ 和相角 $\angle G(\mathrm{j}\omega)$，正是前边的式（4-4）和式（4-5）。这并不是巧合，实际上频率特性就是传递函数的一种特殊情况，即 $s=\sigma+\mathrm{j}\omega$ 中的 $\sigma=0$ 的情况。

这种以 $\mathrm{j}\omega$ 代替 s 由传递函数得到频率特性的方法，对于线性定常系统是普遍适用的，关于这一点的详细证明可参阅有关书籍。因此可以方便地由传递函数直接得到系统的频率特性。频率特性写成输出与输入之比的一般形式，即

$$G(\mathrm{j}\omega)=\frac{X_{\mathrm{o}}(\mathrm{j}\omega)}{X_{\mathrm{i}}(\mathrm{j}\omega)} \tag{4-6}$$

频率特性像传递函数一样能表示系统的性能，有关传递函数的公式对频率特性也适用。频率特性的量纲与输入信号之比的量纲相同。

2. 频率特性的表示方法

（1）复数表示法　由于频率特性是一个复变函数，故可在复平面上用复数表示，如图 4-2 所示。

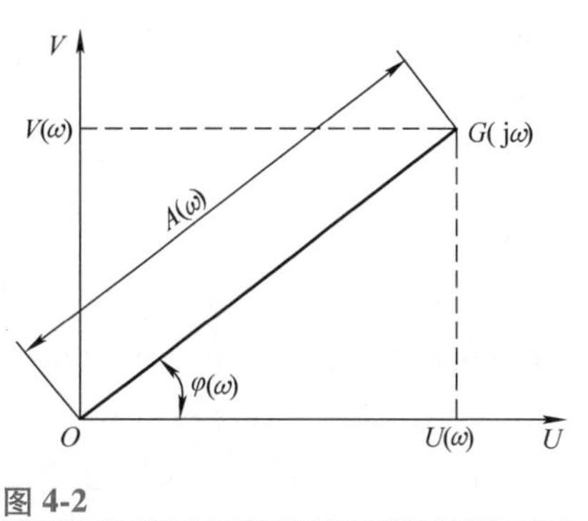

图 4-2
$G(\mathrm{j}\omega)$ 的矢量图

将 $G(\mathrm{j}\omega)$ 分解为实部和虚部，即

$$G(\mathrm{j}\omega)=U(\omega)+\mathrm{j}V(\omega) \tag{4-7}$$

式中，$U(\omega)$ 是 $G(\mathrm{j}\omega)$ 的实部，称为实频特性，是 ω 的偶函数；$V(\omega)$ 是 $G(\mathrm{j}\omega)$ 虚部，称为虚频特性，是 ω 的奇函数。

（2）指数表示法

$$G(\mathrm{j}\omega)=A(\omega)\mathrm{e}^{\mathrm{j}\varphi(\omega)} \tag{4-8}$$

式中，$A(\omega)$ 是 $G(\mathrm{j}\omega)$ 的幅值，即幅频特性；$\varphi(\omega)$ 是 $G(\mathrm{j}\omega)$ 的相角，即相频特性。

由图 4-2 可以知道，$G(\mathrm{j}\omega)$ 的幅值、相角、实部、虚部之间有以下换算关系：

$$A(\omega)=|G(\mathrm{j}\omega)|=\sqrt{[U(\omega)]^2+[V(\omega)]^2} \tag{4-9}$$

$$\varphi(\omega)=\angle G(\mathrm{j}\omega)=\arctan\left[\frac{V(\omega)}{U(\omega)}\right] \tag{4-10}$$

$$U(\omega)=\mathrm{Re}G(\mathrm{j}\omega)=A(\omega)\cos\varphi(\omega) \tag{4-11}$$

$$V(\omega)=\mathrm{Im}G(\mathrm{j}\omega)=A(\omega)\sin\varphi(\omega) \tag{4-12}$$

所以有

$$G(\mathrm{j}\omega)=A(\omega)\mathrm{e}^{\mathrm{j}\varphi(\omega)}=A(\omega)[\cos\varphi(\omega)+\mathrm{j}\sin\varphi(\omega)]$$

它们都是 ω 的函数，可以用曲线表示它们随频率变化的关系。用曲线图形表示系统的频率特性，具有直观、方便的优点，常用的几何表示方法有奈奎斯特（Nyquist）图和伯德（Bode）图等。奈奎斯特图和伯德图在系统分析和研究中很有用处。

三、频率特性的物理意义和数学本质

例 4-2

在图 4-1 所示机械系统中，设 $k=10\mathrm{N/m}$，$B=10\mathrm{N\cdot s/m}$，输入幅值为 1N 的正弦力，两种频率下即 $f(t)=\sin t$ 和 $f(t)=\sin 100t$ 时，求系统的稳态位移输出。

解： 由频率特性的幅值和相角来求稳态位移输出，系统的频率特性可直接由其传递函数获得，即

$$G(\mathrm{j}\omega)=\frac{1/k}{1+\mathrm{j}\omega T}$$

式中，$T=B/k=1\mathrm{s}$。

当 $\omega=1\mathrm{s}^{-1}$时，$G(\mathrm{j}\omega)$ 的幅值和相角为

$$A(\omega)=\left|\frac{1/k}{1+\mathrm{j}\omega T}\right|=\frac{0.1}{\sqrt{1+\omega^2T^2}}=\frac{0.1}{\sqrt{2}}\mathrm{m/N}$$

$$\varphi(\omega)=\angle\frac{1/k}{1+\mathrm{j}\omega T}$$

按复数的运算关系，$\varphi(\omega)$ 等于分子的相角减去分母的相角。分子是正实数，相角为0°，分母为复数 $1+\mathrm{j}\omega T$，相角为 $\arctan(\omega T/1)$，因此

$$\varphi(\omega)=0°-\arctan(\omega T/1)=-\arctan 1=-45°$$

所以当 $f(t)=\sin t$ 时的稳态位移输出为

$$x(t)=\frac{0.1}{\sqrt{2}}\sin(t-45°)$$

当 $\omega=100\mathrm{s}^{-1}$时

$$A(\omega)=\frac{0.1}{\sqrt{1+100^2}}\approx\frac{0.1}{100}\ \mathrm{m/N}$$

$$\varphi(\omega)=-\arctan 100\approx-89.4°$$

所以当 $f(t)=\sin 100t$ 时的稳态位移输出为

$$x(t)=\frac{0.1}{100}\sin(100t-89.4°)$$

系统的位移幅值随着输入力的频率增大而减小，同时位移的相位滞后量也随频率的增高而加大。

---

1. $G(j\omega)$ 的物理意义

1）由例 4-2 机械系统的频率特性可以看出，该系统频率特性的幅值 $A(\omega)$ 随着频率的升高而衰减，换句话说，频率特性表示了系统对不同频率的正弦信号的“复观能力”或“跟踪能力”。在频率较低时，$\omega T \ll 1$，输入信号基本上可以按原比例在输出端复现出来，而在频率较高时，输入信号就被抑制而不能传递出去。对于实际中的系统，虽然形式不同，但一般都有这样的“低通”滤波及相位滞后作用。

2）频率特性随频率而变化，是因为系统含有储能元件。实际系统中往往存在弹簧、惯量或电容、电感这些储能元件，它们在能量交换时，对不同频率的信号会使系统显示出不同的特性。

3）频率特性反映系统本身的特点，系统元件的参数（如机械系统的 k、B、m）给定以后，频率特性就完全确定，系统随 ω 变化的规律也就完全确定。就是说，系统具有什么样的频率特性，取决于系统结构本身，与外界因素无关。

2. $G(j\omega)$ 的数学本质

$G(j\omega)$ 是表达系统运动关系的数学模型。系统可以用微分方程来描述，写成以 t 为变量的函数形式；若将微分算子用复变量 s 来代换，则可得到传递函数的表达形式；将 $j\omega$ 代换 s 则得到频率特性的形式。它们以不同的数学形式表达出的系统运动关系本质上是一致的，它们从不同的角度揭示出系统的内在运动规律也是统一的，如图 4-3 所示。

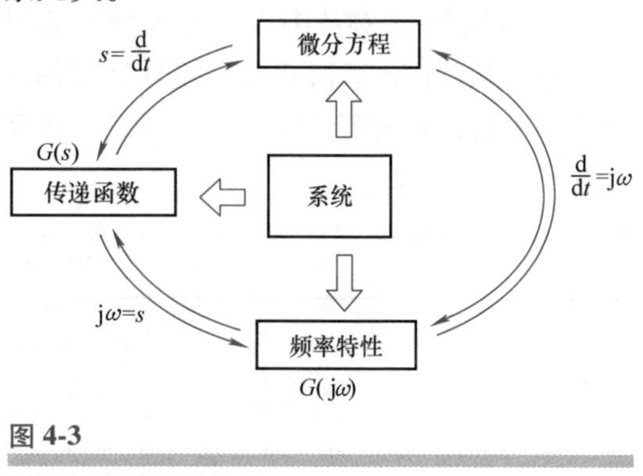

图 4-3
系统数学模型的关系

第二节 频率特性的图示法

一般控制系统都可以看成是由典型环节组成的，所以控制系统的频率特性也都是由典型环节的频率特性组成的。因此，熟悉典型环节的频率特性对了解控制系统的频率特性和分析系统，会带来很大的方便。下面介绍两种频率特性曲线。

一、幅相频率特性曲线（Nyquist 图）

在复平面上表示 $G(j\omega)$ 的幅值 $|G(j\omega)|$ 和 $G(j\omega)$ 的相角 $\angle G(j\omega)$ 随频率 ω 的改变而变化的关系图，称为幅相频率特性曲线，也称为极坐标图或奈奎斯特（Nyquist）图，简称为奈奎斯特图。它是当频率 ω 变化时，矢量 $G(j\omega)$ 在复平面上移动所描绘出的矢端轨迹就是系统的频率特性图。

1. 典型环节的幅相频率特性曲线

（1）比例环节　比例环节的频率特性：$G(\mathrm{j}\omega)=K=K\mathrm{e}^{\mathrm{j}0}$。实频特性 $U(\omega)=K$，虚频特性 $V(\omega)=0$；或表示为幅频特性 $A(\omega)=K$，相频特性 $\varphi(\omega)=0°$。

幅频特性 $A(\omega)$ 为常数，相频特性为0°，频率特性不随频率 ω 变化，故其幅相频率特性曲线为实轴上的一个点，如图4-4所示。

（2）一阶惯性环节　一阶惯性环节的频率特性 $G(\mathrm{j}\omega)=\dfrac{1}{1+(\omega T)^2}-\mathrm{j}\dfrac{\omega T}{1+(\omega T)^2}$。实频特性 $U(\omega)=\dfrac{1}{1+(\omega T)^2}$，虚频特性 $V(\omega)=-\dfrac{\omega T}{1+(\omega T)^2}$；或表示为幅频特性 $A(\omega)=\dfrac{1}{\sqrt{1+(\omega T)^2}}$，相频特性 $\varphi(\omega)=-\arctan\omega T$。

ω 在 $0\to\infty$ 范围内取值，分别计算出 $U(\omega)$ 和 $V(\omega)$ 的值［或计算 $A(\omega)$ 和 $\varphi(\omega)$ 的值］，计算结果列于表4-1。

按表4-1中的数值绘出的幅相频率特性曲线如图4-5所示。当 $\omega=0$ 时，$A(\omega)=1$，$\varphi(\omega)=0°$；而当 $\omega\to\infty$ 时，$A(\omega)\to0$，$\varphi(\omega)\to-90°$。这说明在低频范围内，输入信号通过惯性环节后幅值衰减得少，在高频范围内衰减得多，惯性环节的这种“低通”特性在奈奎斯特图上看得很清楚。同时，一阶惯性环节是一种相位滞后环节，最大滞后相角为90°。

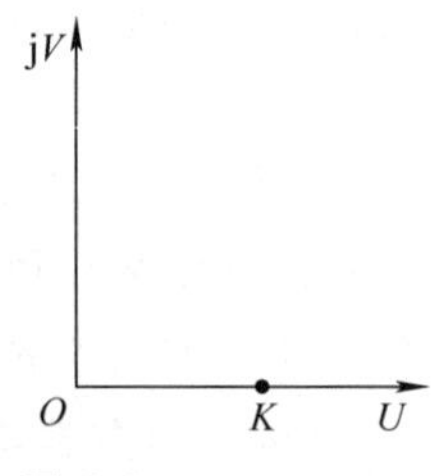

图4-4
比例环节的幅相频率特性曲线

表4-1　一阶惯性环节的实频特性和虚频特性

ω	0	$0.5/T$	$1/T$	$2/T$	$3/T$	∞
$U(\omega)$	1	0.8	0.5	0.2	0.1	0
$V(\omega)$	0	-0.4	-0.5	-0.4	-0.3	0

可以证明，图4-5所示频率特性曲线是个半圆，圆心在实轴上的0.5处，半径等于0.5。

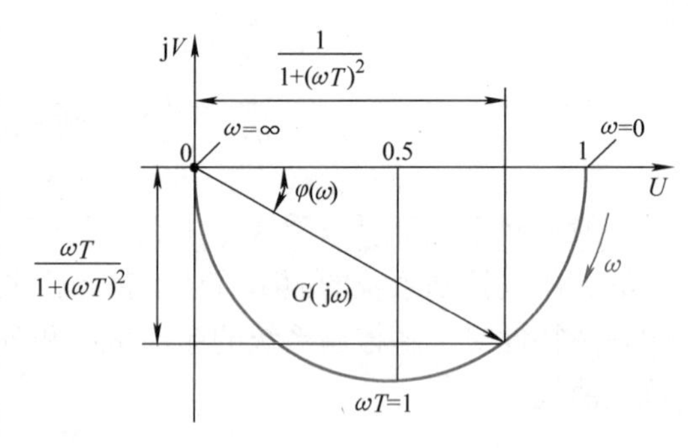

图4-5
惯性环节的幅相频率特性曲线

（3）微分环节　微分环节的频率特性为 $G(\mathrm{j}\omega)=\mathrm{j}\omega$。实频特性 $U(\omega)=0$，虚频特性 $V(\omega)=\omega$；或表示为幅频特性 $A(\omega)=|\mathrm{j}\omega|=\omega$，相频特性 $\varphi(\omega)=90°$。

当 ω 从 $0\to\infty$ 变化时，幅值 $A(\omega)$ 由 $0\to\infty$ 变化，相角总是90°，故其幅相频率特性曲线是一根沿虚轴正段变化的直线，如图4-6所示。

（4）积分环节　积分环节的频率特性为 $G(\mathrm{j}\omega)=\dfrac{1}{\mathrm{j}\omega}$。实频特性 $U(\omega)=0$，虚频特性 $V(\omega)=-\dfrac{1}{\omega}$；或表示为幅频特性 $A(\omega)=\left|\dfrac{1}{\mathrm{j}\omega}\right|=$

$\frac{1}{\omega}$，相频特性 $\varphi(\omega)=-90°$。

当 ω 从 $0\to\infty$ 变化时，幅值 $A(\omega)$ 由 $\infty\to 0$ 变化，相角总是 $-90°$，故其幅相频率特性曲线是一根沿虚轴负段变化的直线，如图 4-7 所示，积分环节也是相位滞后环节，滞后角总是 $90°$。

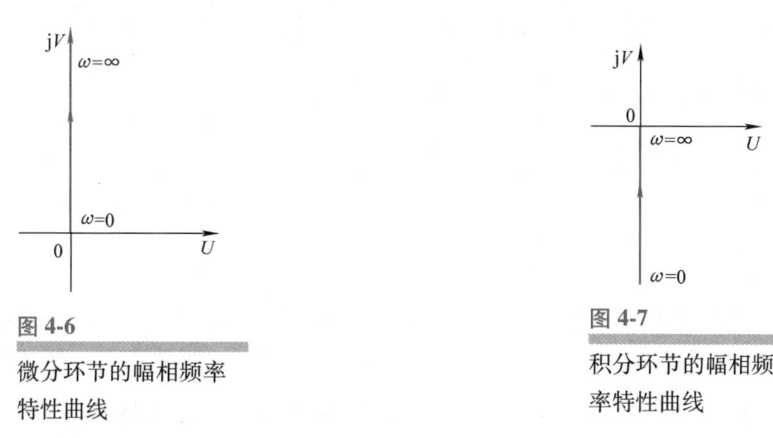

图 4-6
微分环节的幅相频率特性曲线

图 4-7
积分环节的幅相频率特性曲线

（5）二阶振荡环节　二阶振荡环节的频率特性为

$$G(\mathrm{j}\omega)=\frac{1}{T^2(\mathrm{j}\omega)^2+2\zeta T(\mathrm{j}\omega)+1}=\frac{1-\omega^2T^2}{(1-\omega^2T^2)^2+(2\zeta T\omega)^2}+\mathrm{j}\frac{-2\zeta T\omega}{(1-\omega^2T^2)^2+(2\zeta T\omega)^2}$$

其实频特性、虚频特性、幅频特性、相频特性分别为

$$U(\omega)=\frac{1-\omega^2T^2}{(1-\omega^2T^2)^2+(2\zeta T\omega)^2},\ V(\omega)=\frac{-2\zeta T\omega}{(1-\omega^2T^2)^2+(2\zeta T\omega)^2}$$

$$A(\omega)=\frac{1}{\sqrt{(1-\omega^2T^2)^2+(2\zeta T\omega)^2}}$$

$$\varphi(\omega)=\begin{cases}\arctan\left(-\dfrac{2\zeta T\omega}{1-\omega^2T^2}\right) & \omega<\dfrac{1}{T}\\ -\pi+\arctan\left(-\dfrac{2\zeta T\omega}{1-\omega^2T^2}\right) & \omega>\dfrac{1}{T}\end{cases}$$

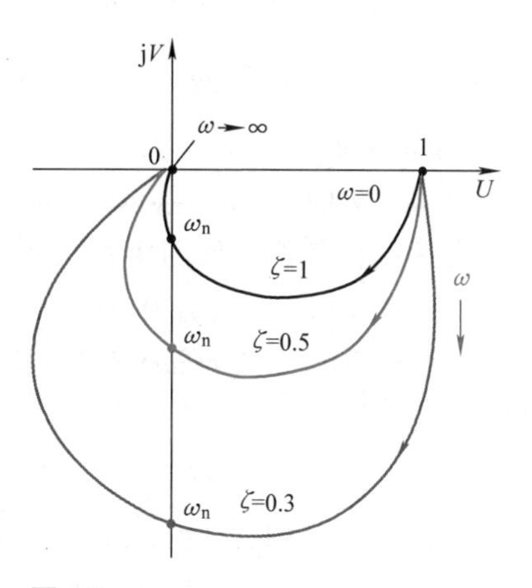

图 4-8
二阶振荡环节的幅相频率特性曲线

当 $\omega=0$ 时，$A(\omega)=1$，$\varphi(\omega)=0$，幅相频率特性曲线和正实轴相交。

当 $\omega\to\infty$ 时，$A(\omega)\to 0$，$\varphi(\omega)\to-180°$，幅相频率特性曲线和负实轴相切。

幅相频率特性曲线从第Ⅳ象限开始，随 ω 增大，沿顺时针方向旋转，穿过虚轴，在第Ⅲ象限内终止于坐标原点，如图 4-8 所示。

在 $0<\zeta<1$ 的欠阻尼情况下，当 $\omega=1/T$ 时，$A(\omega)=1/2\zeta$，$\varphi(\omega)=-90°$，幅相频率特性曲线与负虚轴相交，相交处的频率 $\omega=(1/T)=\omega_n$，ω_n 就是无阻尼固有频率。这个交点很有

用，如能用实验方法绘出二阶振荡环节的奈奎斯特图，则可由曲线与负虚轴交点处的坐标长度确定 ζ 的值，由相交点的频率确定 ω_n，并由 ζ 和 ω_n 确定传递函数。

二阶振荡环节幅相频率特性曲线的准确形状与阻尼比 ζ 有关。

由图4-8可以看出，当 ζ 较大时，曲线的幅值随 ω 的增大单调减小，当 ζ 足够大时，曲线类似于惯性环节奈奎斯特图的半圆形状；当 ζ 较小时，$A(\omega)$ 的值随 ω 的增加而增大，出现一个最大值 A_{max}，然后逐渐减小，这个最大的幅值称为谐振峰值，用 M_r 表示。出现峰值时对应的频率称为谐振频率 ω_r，将二阶振荡环节的幅频特性 $A(\omega)=\dfrac{1}{\sqrt{(1-\omega^2T^2)^2+(2\zeta T\omega)^2}}$ 求一次微分，并令它等于零，可得 ω_r 与阻尼比 ζ 的关系式如下：

$$\omega_r=\frac{1}{T}\sqrt{1-2\zeta^2}=\omega_n\sqrt{1-2\zeta^2} \tag{4-13}$$

由式（4-13）可以看出，当 $\zeta=1/\sqrt{2}=0.707$ 时，谐振频率 $\omega_r=0$，这说明 $A(\omega)$ 在 $\omega=0$ 处的值最大。当 $\zeta>0.707$ 时，ω_r 为虚数，说明 ω_r 不存在，不出现谐振峰。只有当 $\zeta<0.707$ 时，式（4-13）才有意义。把 $\omega_r=\omega_n\sqrt{1-2\zeta^2}$ 代入二阶振荡环节的幅频特性 $A(\omega)$ 中，可以求得谐振峰值

$$M_r=A(\omega)_{max}=\frac{1}{2\zeta\sqrt{1-2\zeta^2}} \tag{4-14}$$

当 $\zeta\to0$ 时，$\omega_r\to\omega_n$，$M_r\to\infty$，此时系统是以无阻尼固有频率进行振荡的，相角为$-90°$。二阶振荡环节为相位滞后环节，最大滞后相角为$-180°$。

（6）一阶复合微分环节　一阶复合微分环节的频率特性为 $G(j\omega)=1+j\tau\omega$，其实频特性、虚频特性、幅频特性、相频特性分别为

$$U(\omega)=1,\quad V(\omega)=\tau\omega,\quad A(\omega)=|1+j\tau\omega|=\sqrt{1+(\tau\omega)^2},\quad \varphi(\omega)=\arctan\tau\omega$$

当 $\omega=0$ 时，$A(\omega)=1$，$\varphi(\omega)=0$，幅相频率特性曲线和正实轴相交。

当 $\omega\to\infty$ 时，$A(\omega)\to\infty$，$\varphi(\omega)\to90°$，幅相频率特性曲线是和虚轴平行的直线，如图4-9所示。

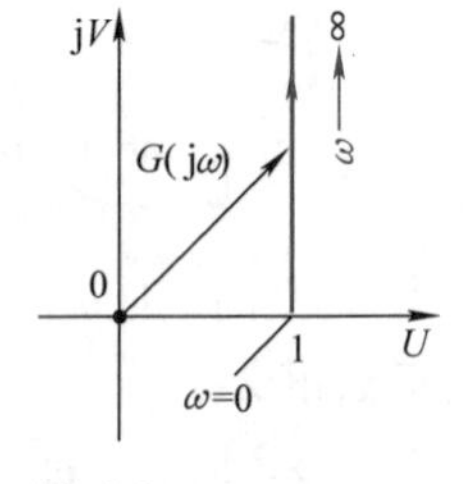

图4-9

一阶复合微分环节的幅相频率特性曲线

（7）二阶复合微分环节　二阶复合微分环节的频率特性为 $G(j\omega)=\tau^2(j\omega)^2+2\zeta\tau(j\omega)+1$，其实频特性、虚频特性、幅频特性、相频特性分别为

$$U(\omega)=1-\omega^2\tau^2,\quad V(\omega)=2\zeta\tau\omega$$

$$A(\omega)=\sqrt{(1-\omega^2\tau^2)^2+(2\zeta\tau\omega)^2}$$

$$\varphi(\omega)=\begin{cases}\arctan\dfrac{2\zeta\tau\omega}{1-\omega^2\tau^2} & \omega<\dfrac{1}{\tau}\\ \pi+\arctan\dfrac{2\zeta\tau\omega}{1-\omega^2\tau^2} & \omega>\dfrac{1}{\tau}\end{cases}$$

当 $\omega=0$ 时，$A(\omega)=1$，$\varphi(\omega)=0$，幅相频率特性曲线和正实轴相交。

当 $\omega\to\infty$ 时，$A(\omega)\to\infty$，$\varphi(\omega)\to180°$，幅相频率特性曲线如图4-10所示。

二阶复合微分环节的幅相频率特性曲线的准确形状与阻尼比 ζ 有关。

（8）延时环节　延时环节的频率特性为 $G(\mathrm{j}\omega)=\mathrm{e}^{-\mathrm{j}\omega\tau}=\cos\omega\tau-\mathrm{j}\sin\omega\tau$。其幅频特性为 $A(\omega)=1$，与 ω 无关，相频特性为 $\varphi(\mathrm{j}\omega)=-\omega\tau(\mathrm{rad})=-57.3\omega\tau\,(^\circ)$，幅相频率特性曲线如图 4-11 所示，是一个单位圆。

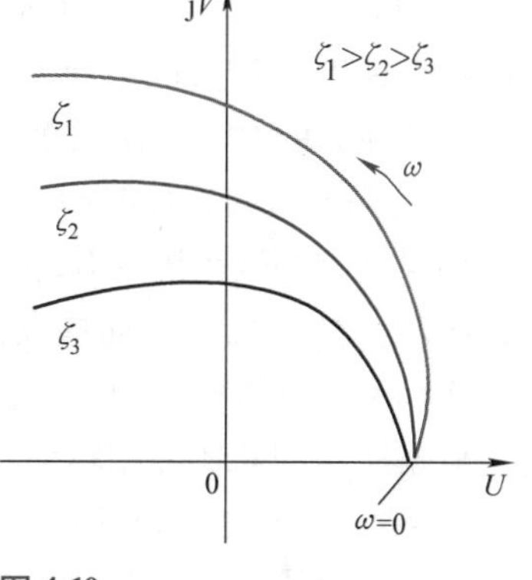

图 4-10

二阶复合微分环节的幅相频率特性曲线

延时环节对系统的幅值无影响，而对相位滞后的影响却不能忽视，在高频时如不加以补偿，会产生很大的相角滞后。

例如：一个有时间延迟的惯性环节，频率特性为

$$G(\mathrm{j}\omega)=\frac{\mathrm{e}^{-\mathrm{j}\omega\tau}}{1+\mathrm{j}\omega T}$$

其幅频特性、相频特性分别为

$$A(\omega)=\frac{1}{\sqrt{1+\omega^2T^2}}$$

$$\varphi(\omega)=-\omega\tau-\arctan\omega T$$

ω 从 $0\to\infty$ 变化时，幅值逐渐减小，相角从 0°向负方向无穷增大，其幅相频率特性曲线如一条平面螺旋线，如图 4-12 所示。延时环节的相位滞后影响，有可能使系统的稳定性变坏。

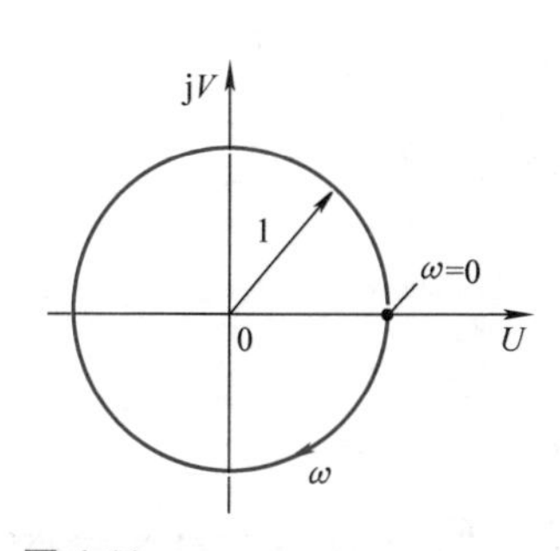

图 4-11

延时环节的幅相频率特性曲线

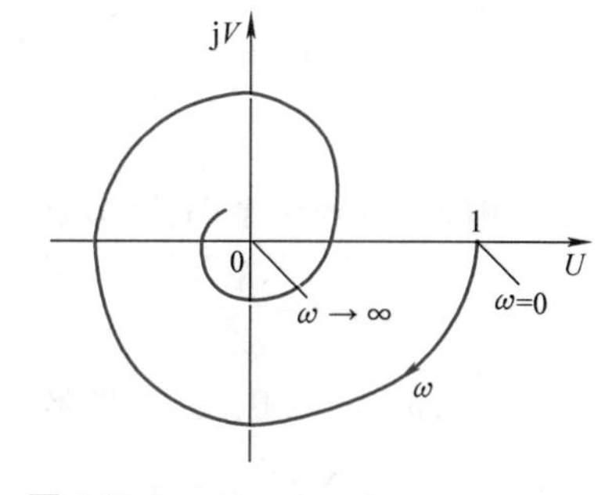

图 4-12

$\mathrm{e}^{-\mathrm{j}\omega\tau}/(1+\mathrm{j}\omega T)$ 的幅相频率特性曲线

2. 幅相频率特性曲线的绘制步骤

1）令 $s=\mathrm{j}\omega$，将传递函数写成频率特性的形式。

2）写出系统的幅频特性 $A(\omega)$、相频特性 $\varphi(\omega)$，或实频特性 $U(\omega)$、虚频特性 $V(\omega)$。

3）令 $\omega=0$，求出当 $\omega=0$ 时的 $A(\omega)$、$\varphi(\omega)$；或 $U(\omega)$、$V(\omega)$。

4）若幅相频率特性曲线与实轴、虚轴存在交点，求出这些交点。

5）在 $0<\omega<\infty$ 范围内，取点分别求出 $A(\omega)$、$\varphi(\omega)$；或 $U(\omega)$、$V(\omega)$。

6）令 $\omega=\infty$，求出当 $\omega=\infty$ 时的 $A(\omega)$、$\varphi(\omega)$；或 $U(\omega)$、$V(\omega)$。

7）标出3)、5)、6）中求出的各点，并按 ω 增大的方向将上述各点连成一条曲线，在该曲线旁标出 ω 增大的方向。

需要注意的是，二阶振荡环节和二阶复合微分环节的幅相频率特性曲线与 ζ 有关。

3. 控制系统的开环幅相频率特性曲线的绘制

如果已知控制系统的开环频率特性 $G(\mathrm{j}\omega)$，可令 ω 由小到大取值，算出 $A(\omega)$ 和 $\varphi(\omega)$ 的相应值，在 $G(\mathrm{j}\omega)$ 平面描点绘图可以得到准确的开环系统幅相频率特性曲线。

实际系统分析过程中，往往只需要知道幅相特性的大致图形即可，并不需要绘出准确曲线。概略绘制的开环幅相频率特性曲线应反映开环频率特性的三个因素：起点 $\omega=0$（低频段）、终点 $\omega=\infty$（高频段）、奈奎斯特图和实轴的交点。

对于一般线性定常系统，其频率特性为

$$G(\mathrm{j}\omega)=\frac{b_0(\mathrm{j}\omega)^m+b_1(\mathrm{j}\omega)^{m-1}+\cdots+b_{m-1}\mathrm{j}\omega+b_m}{a_0(\mathrm{j}\omega)^n+a_1(\mathrm{j}\omega)^{n-1}+\cdots+a_{n-1}\mathrm{j}\omega+a_n}\quad(m<n)$$

$$=\frac{K(\mathrm{j}\omega\tau_1+1)(\mathrm{j}\omega\tau_2+1)\cdots}{(\mathrm{j}\omega)^{\lambda}(\mathrm{j}\omega T_1+1)(\mathrm{j}\omega T_2+1)\cdots}$$

开环幅频特性为

$$|G(\mathrm{j}\omega)|=\frac{K\sqrt{1+(\omega\tau_1)^2}\sqrt{1+(\omega\tau_2)^2}\cdots}{\omega^{\lambda}\sqrt{1+(\omega T_1)^2}\sqrt{1+(\omega T_2)^2}\cdots}$$

开环相频特性为

$$\angle G(\mathrm{j}\omega)=\lambda\left(-\frac{\pi}{2}\right)+(\arctan\omega\tau_1+\arctan\omega\tau_2+\cdots)-(\arctan\omega T_1+\arctan\omega T_2+\cdots)$$

（1）低频段　开环奈奎斯特图的起点如图4-13所示。

当 $\omega\to0$ 时，$G(\mathrm{j}\omega)=\dfrac{K}{\omega^{\lambda}}\angle\lambda\left(-\dfrac{\pi}{2}\right)$。

$\lambda=0$，$G(\mathrm{j}\omega)=K\angle0$，奈奎斯特图起始于实轴上。

$\lambda=1$，$G(\mathrm{j}\omega)=\dfrac{K}{\omega}\angle\left(-\dfrac{\pi}{2}\right)$，$\omega=0$，$G(\mathrm{j}\omega)=\infty\angle\left(-\dfrac{\pi}{2}\right)$，奈奎斯特图起始段平行于虚轴负半轴。

$\lambda=2$，$G(\mathrm{j}\omega)=\dfrac{K}{\omega^2}\angle(-\pi)$，$\omega=0$，$G(\mathrm{j}\omega)=\infty\angle(-\pi)$，奈奎斯特图起始段平行于实轴负半轴。

$\lambda=3$，$G(\mathrm{j}\omega)=\dfrac{K}{\omega^3}\angle\left(-\dfrac{3}{2}\pi\right)$，$\omega=0$，$G(\mathrm{j}\omega)=\infty\angle\left(-\dfrac{3}{2}\pi\right)$，奈奎斯特图起始段平行于虚轴正半轴。

（2）高频段　开环奈奎斯特图的终点如图4-14所示。

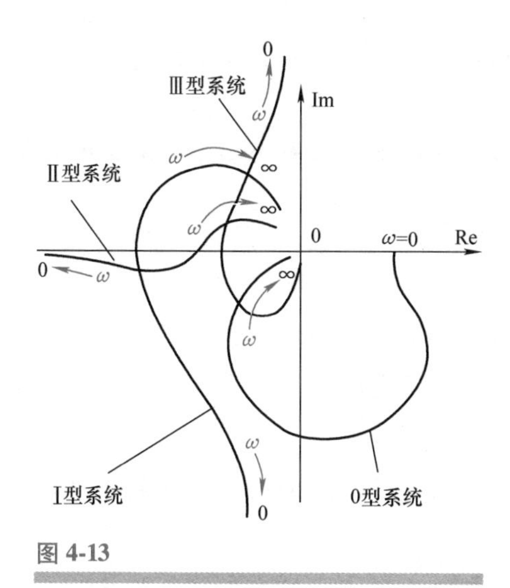

图 4-13

开环奈奎斯特图的起点

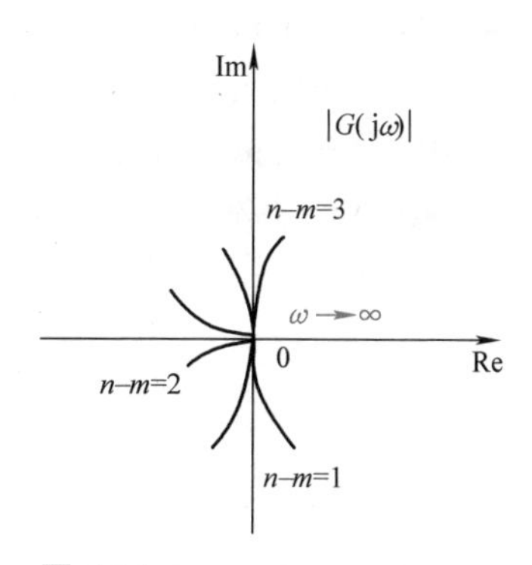

图 4-14

开环奈奎斯特图的终点

$$\omega \to \infty \quad G(\mathrm{j}\omega) \approx \frac{K\tau_1\tau_2\cdots\tau_m}{T_1T_2\cdots T_{n-\lambda}}\angle(n-m)\left(-\frac{\pi}{2}\right)$$

$$n > m \quad |G(\mathrm{j}\omega)| = 0$$

$$n = m \quad |G(\mathrm{j}\omega)| = \frac{K\tau_1\tau_2\cdots\tau_m}{T_1T_2\cdots T_{n-\lambda}}$$

$n > m \quad G(\mathrm{j}\omega) = 0\angle(n-m)\left(-\frac{\pi}{2}\right)$，奈奎斯特图在相角为 $(n-m)\left(-\frac{\pi}{2}\right)$ 处终止于原点。

$n = m \quad G(\mathrm{j}\omega) = \frac{K\tau_1\tau_2\cdots\tau_m}{T_1T_2\cdots T_{n-\lambda}}\angle 0$，奈奎斯特图相角为 0°，终止于实轴上一点。

（3）奈奎斯特图和实轴的交点　由于奈奎斯特图和实轴交点处的相频特性为-180°，通过相频特性求得 ω，然后将 ω 代入幅频特性中，求得幅频特性的值，即得交点坐标；也可以通过实频特性和虚频特性求得，利用交点处的虚频特性为 0 求得 ω，然后将 ω 代入实频特性中，求得实频特性的值，即得交点坐标。

二、对数幅频、相频特性曲线（Bode 图）

对数幅频、相频特性曲线又称为伯德（Bode）图，它由对数幅频特性图和对数相频特性图组成，分别表示控制系统的幅频特性和相频特性。

对数幅频特性图的纵坐标表示幅频特性 $A(\omega)$ 的常用对数的 20 倍，即 $L(\omega) = 20\lg A(\omega)$，单位为 dB（分贝）；横坐标表示频率 ω，采用对数分度，在对数坐标纸上标注 ω 的自然数值。该坐标的特点是：若在横轴上任意取两点，使两点的频率满足 $\frac{\omega_2}{\omega_1} = 10$，则 ω_1 和 ω_2 两点间距离为 $\lg\left(\frac{\omega_2}{\omega_1}\right) = \lg 10 = 1$，因此，不论起点如何，只要角频率 ω 变化 10 倍，在横轴上线段长均等于 1 个单位，称为一个十倍频程，以“dec”表示，其单位为 rad/s。对数相频特性图的纵坐标表示相频特性 $\varphi(\omega)$，即 $\varphi(\omega)=\angle G(\mathrm{j}\omega)$，单位为度（°）；横坐标与对数幅频特性图的横坐标相同。对数幅频特性图和对数相频特性图的横坐标与纵坐标如图4-15所示。

由于横坐标采用了对数分度，因此，$\omega=0$ 不可能在横坐标上表示出来。横坐标上表示的最低频率可由系统感兴趣的频率范围来确定。

三、典型环节的对数幅频、相频特性曲线（Bode图）

（1）比例环节　比例环节的频率特性为

$$G(\mathrm{j}\omega)=K=K\mathrm{e}^{\mathrm{j}0}$$
$$L(\omega)=20\lg A(\omega)=20\lg K$$
$$\varphi(\omega)=0°$$

对数幅频特性 $L(\omega)$ 不随频率 ω 变化，是一条幅值等于 $20\lg K(\mathrm{dB})$ 的水平线；对数相频特性 $\varphi(\omega)$ 为0°线，如图4-16所示。

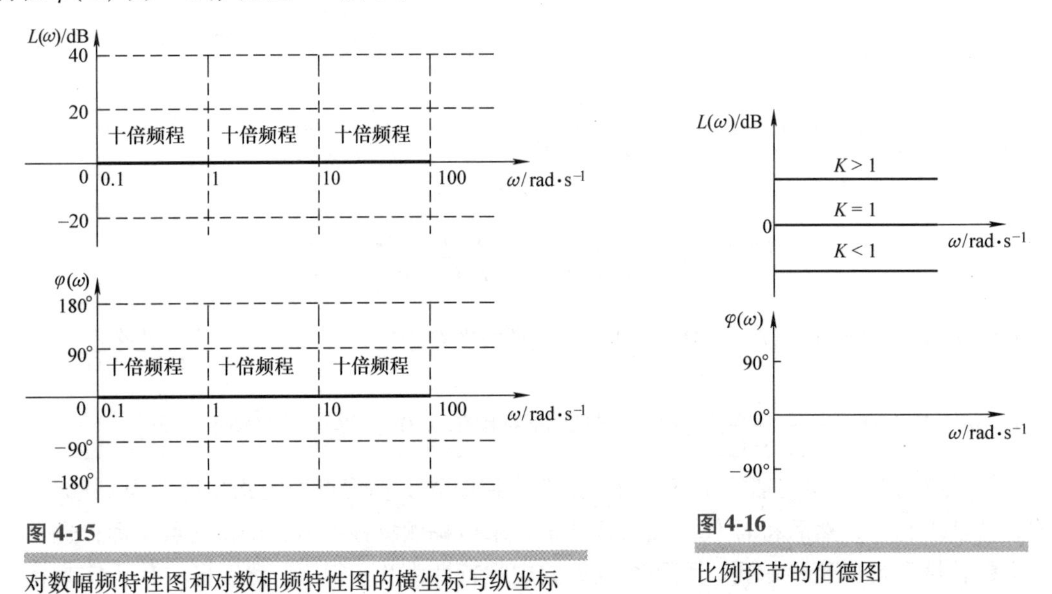

图 4-15 对数幅频特性图和对数相频特性图的横坐标与纵坐标

图 4-16 比例环节的伯德图

（2）一阶惯性环节　一阶惯性环节的频率特性为

$$G(\mathrm{j}\omega)=\frac{1}{1+\mathrm{j}\omega T}=\frac{1}{1+(\omega T)^2}-\mathrm{j}\frac{\omega T}{1+(\omega T)^2}$$

$$L(\omega)=20\lg\frac{1}{\sqrt{1+(\omega T)^2}}=-20\lg\sqrt{1+(\omega T)^2} \tag{4-15}$$

$$\varphi(\omega)=-\arctan(T\omega) \tag{4-16}$$

绘制一阶惯性环节的对数幅频特性曲线时，不要急于代入数字进行逐点的计算，先研究一下式（4-15），分析曲线的大致趋向。

在低频段 $\omega\ll\frac{1}{T}$，即当 $\omega T\ll1$ 时，ω^2T^2 远远小于1，可以忽略不计，此时有

$$L(\omega)\approx-20\lg1=0\mathrm{dB} \tag{4-17}$$

这是一条幅值等于 0dB 的水平线，即低频渐近线。

在高频段 $\omega \gg \frac{1}{T}$，即当 $\omega T \gg 1$ 时，则有

$$L(\omega) \approx -20\lg\omega T \tag{4-18}$$

由式（4-18）可计算不同 ω 下的 $L(\omega)$ 值。当 $\omega=\frac{1}{T}$时，$L(\omega)=0\text{dB}$；当 $\omega=\frac{10}{T}$时，$L(\omega)=-20\text{dB}$；当 $\omega=\frac{100}{T}$时，$L(\omega)=-40\text{dB}$。其规律如下：频率每增加 10 倍，$L(\omega)$ 值下降 20dB，所以高频段渐近线是一条斜率为-20dB/dec（表示每十倍频程衰减 20dB）的直线。

低频段和高频段的对数幅频特性曲线分别趋近于这两条渐近线。两条渐近线在 $\omega=\frac{1}{T}$处的值都是 $L(\omega)=0\text{dB}$，即在这里相交，相交点的频率 $\omega=\frac{1}{T}$，称为转折频率（或称为转角频率）。转折频率在绘制伯德图时非常重要，如果能确定转折频率，很容易画出对数幅频特性的两条渐近线。

用式（4-17）和式（4-18）表示的两条渐近线代替式（4-15）的实际对数幅频特性曲线将产生误差，最大误差发生在转折频率$\frac{1}{T}$处。在$\frac{1}{T}$处的渐近线值为 0dB，而实际曲线的值由式（4-15）计算得到 $-20\lg\sqrt{2}\,\text{dB}$，两者的误差为

$$\Delta L(\omega)=(-20\lg\sqrt{2}-0)\text{dB}=-3.01\text{dB}$$

同样，可由式（4-15）计算出 $\omega=\frac{1}{T}$附近的值，从而画出精确的曲线。渐近线和精确曲线都表示于图 4-17 中。由图 4-17 可以看出，两者在转折频率附近产生误差，最大不超过 3dB。由于渐近线容易绘制，所以在初步设计和分析问题时，常常采用渐近线来代替精确曲线。

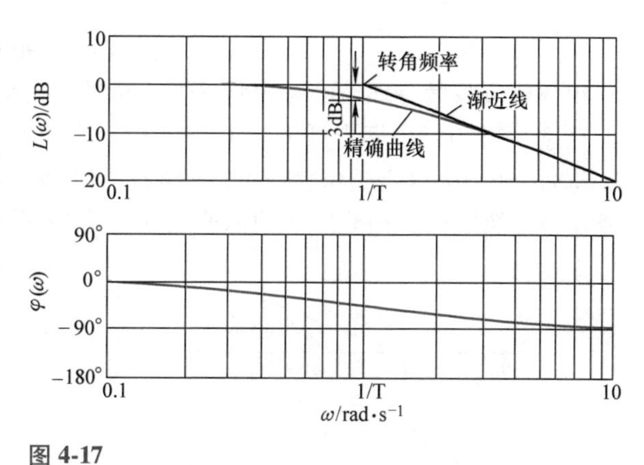

图 4-17

一阶惯性环节的伯德图

相频特性曲线由式（4-16）确定。当$\omega \ll \frac{1}{T}$时，$\varphi(\omega)=0°$，即当 $\omega \gg \frac{1}{T}$时，$\varphi(\omega)=-90°$，而在 $\omega=\frac{1}{T}$时，$\varphi(\omega)=-45°$。由于一阶惯性环节的相频特性是以反正切函数表示的，所以 $\varphi(\omega)$ 曲线关于 $\varphi(\omega)=-45°$ 的点对称。确定了 $\varphi(\omega)$ 曲线的大致形状，再求出曲线上几个点，便可画出精确的对数相频曲线，可参考表 4-2 中列出的 $\varphi(\omega)$ 值。一阶惯性环节的对数相频特性曲线也绘在图 4-17 中。

表 4-2　惯性环节的相频特性

ωT	0	0.1	0.2	0.5	1	2	5	10	∞
$\varphi(\omega)$	0°	-5.7°	-11.3°	-26.6°	-45°	-63.4°	-78.7°	-84.3°	-90°

一阶惯性环节的“低通”特性和相位滞后作用，在伯德图上表现得更加明显。

对于时间常数 T 不同的惯性环节，对数幅频特性的形状完全一样，都是由一条 0dB 的低频渐近线和一条-20dB/dec 斜率的高频渐近线组成，只是转折频率$\frac{1}{T}$出现在横坐标的不同位置，相当于频率特性曲线左右平移。因此，如能确定转折频率$\frac{1}{T}$，则很容易按上述方法确定对数幅频渐近曲线的交点及对数相频特性曲线的拐点，迅速地画出伯德图。

（3）微分环节　微分环节的频率特性为

$$G(\mathrm{j}\omega)=\mathrm{j}\omega \tag{4-19}$$

$$L(\omega)=20\lg A(\omega)=20\lg\omega \tag{4-20}$$

$$\varphi(\omega)=90^\circ \tag{4-21}$$

不论是在低频段还是在高频段，微分环节的对数幅频特性总是一条斜率为 20dB/dec 的直线，没有转折频率，这条直线必然经过（1，0）坐标点［$\omega=1$，$L(\omega)=0$dB］；其对数相频特性是一条相角为 90°的直线，平行于对数坐标的横轴。微分环节的伯德图如图 4-18 所示。微分环节是相位超前环节，它的“高通”特性好。

（4）积分环节　积分环节的频率特性为

$$G(\mathrm{j}\omega)=\frac{1}{\mathrm{j}\omega} \tag{4-22}$$

$$L(\omega)=20\lg A(\omega)=-20\lg\omega \tag{4-23}$$

$$\varphi(\omega)=-90^\circ \tag{4-24}$$

积分环节与微分环节的频率特性互为倒数。对数幅频特性是一条斜率为-20dB/dec 的直线，且过（1，0）坐标点［$\omega=1$，$L(\omega)=0$dB］。对数相频特性是一条相角为-90°的直线。与微分环节的对数幅频特性曲线形状，以 0dB 线互为镜像对称；对数相频特性曲线以 0°线互为镜像对称。积分环节的伯德图如图 4-19 所示。

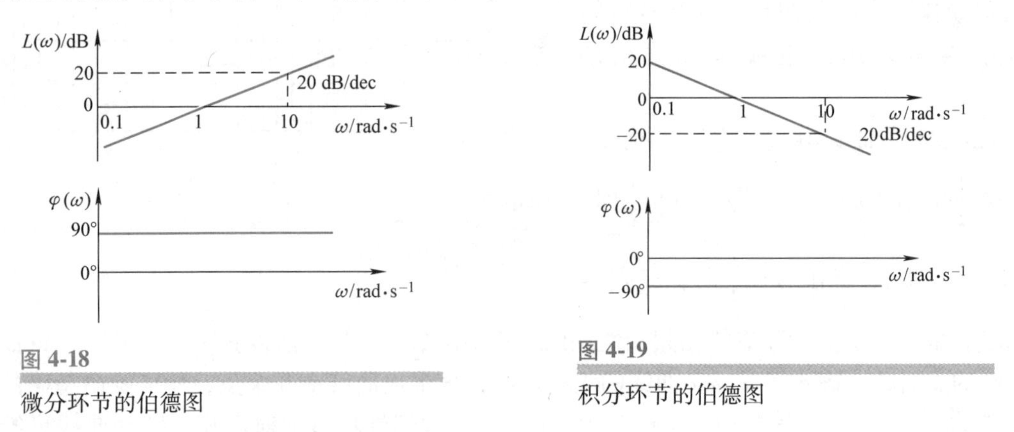

图 4-18　微分环节的伯德图

图 4-19　积分环节的伯德图

（5）二阶振荡环节　二阶振荡环节的频率特性为

$$G(\mathrm{j}\omega)=\frac{1}{T^2(\mathrm{j}\omega)^2+2\zeta T(\mathrm{j}\omega)+1}$$

$$L(\omega)=20\lg A(\omega)=-20\lg\sqrt{(1-\omega^2T^2)^2+(2\zeta T\omega)^2}\tag{4-25}$$

$$\varphi(\omega)=\begin{cases}\arctan\left(-\dfrac{2\zeta T\omega}{1-\omega^2T^2}\right) & \omega<\dfrac{1}{T}\\ -\pi+\arctan\left(-\dfrac{2\zeta T\omega}{1-\omega^2T^2}\right) & \omega>\dfrac{1}{T}\end{cases}\tag{4-26}$$

仿照惯性环节的做法，先求二阶振荡环节对数幅频特性渐近线。

当 $\omega T\ll1$，即 $\omega\ll\dfrac{1}{T}$时，$L(\omega)\approx-20\lg1=0\mathrm{dB}$，这说明低频渐近线是一条 0dB 的直线。

当 $\omega T\gg1$，即 $\omega\gg\dfrac{1}{T}$时，忽略 1 和 $(2\zeta\omega T)^2$，$L(\omega)\approx-20\lg(\omega T)^2=-40\lg\omega T$，这说明高频渐近线是一条斜率为-40dB/dec 的直线。

以上两条渐近线相交于 $\omega=\dfrac{1}{T}=\omega_n$，所以无阻尼固有频率即为二阶振荡环节的转折频率。如果知道转折频率，则能很快画出两条渐近线。

上面两条渐近线都是与阻尼比 ζ 无关的，实际上二阶振荡环节的对数幅频特性以及对数相频特性不仅与转折频率有关，而且也与阻尼比 ζ 有关，因此，渐近线的误差随 ζ 值的不同而不同。当 $0.4\leqslant\zeta\leqslant0.7$ 时，渐近线产生的误差尚不大；当 $\zeta<0.4$ 时，误差增大，且 ζ 越小，误差越大；当 $\zeta=0$ 时，$L(\omega)$ 在 $\omega=\omega_n$ 处的数值达到∞ 。在 ω 远离 ω_n 的范围内误差小，渐近线与精确曲线非常接近，当 ω 接近 ω_n 时，幅值将出现谐振峰值。

不同 ζ 值下的 $L(\omega)$ 的精确曲线绘于图 4-20 中，渐近线产生的误差曲线绘于图 4-21 中，可用于对渐近线的修正。

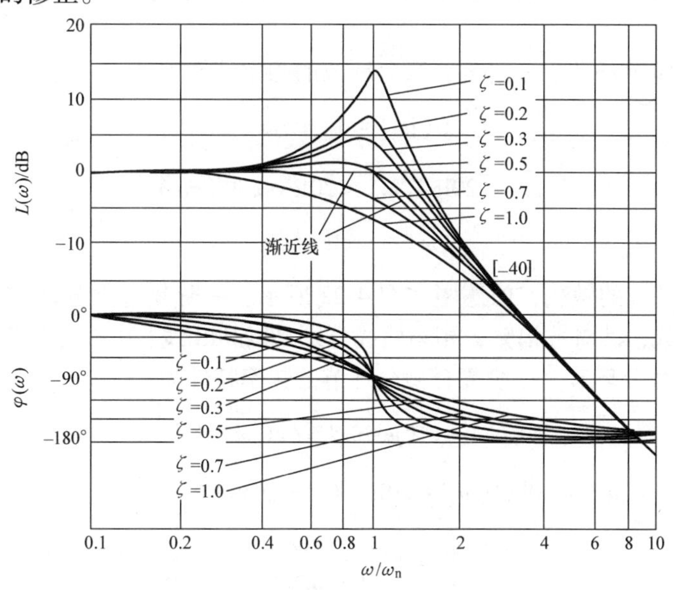

图 4-20

二阶振荡环节的伯德图

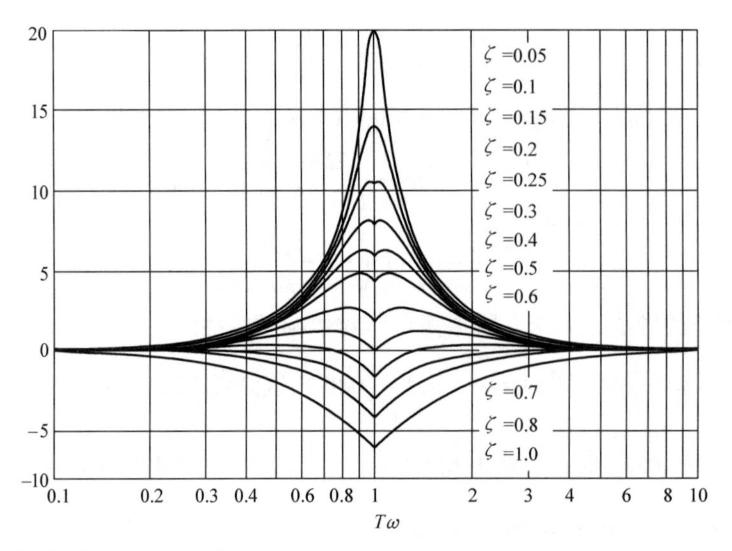

图 4-21

振荡环节近似对数幅频曲线的误差曲线

对数相频特性可由式（4-26）求得。$\varphi(\omega)$ 是 ω 和 ζ 的函数。当 $\omega=0$ 时，$\varphi(\omega)=0°$，而当转折频率 $\omega=\omega_n$ 时，有阻尼情况下的 ζ 不论多大，相角 $\varphi(\omega)$ 都等于$-90°$，因为

$$\varphi(\omega)=-\arctan(2\zeta/0)=-\arctan\infty=-90°$$

当 $\omega=\infty$ 时，对数相频特性曲线关于 $\varphi(\omega)=-90°$ 的弯曲点对称。不同 ζ 值时的 $\varphi(\omega)$ 曲线也画在图 4-20 中。

二阶振荡环节在 $\zeta<0.707$ 时的谐振峰，从伯德图上看得更明显。

二阶振荡环节在参数 T 变化时，其对数幅频特性曲线也将左右平移，而渐近线的形状不变。

（6）一阶复合微分环节　一阶复合微分环节的频率特性为

$$G(\mathrm{j}\omega)=1+\mathrm{j}\tau\omega$$

$$L(\omega)=20\lg A(\omega)=20\lg\sqrt{1+(\tau\omega)^2} \tag{4-27}$$

$$\varphi(\omega)=\arctan(\tau\omega) \tag{4-28}$$

仿照一阶惯性环节的做法，伯德图如图 4-22 所示。一阶复合微分环节与一阶惯性环节的传递函数互为倒数，其对数幅频、相频曲线分别是以 0dB 线、0°线为镜像对称的形式。

（7）二阶复合微分环节　二阶复合微分环节的频率特性为

$$G(\mathrm{j}\omega)=\tau^2(\mathrm{j}\omega)^2+2\zeta\tau(\mathrm{j}\omega)+1$$

$$L(\omega)=20\lg A(\omega)=20\lg\sqrt{(1-\omega^2\tau^2)^2+(2\zeta\tau\omega)^2} \tag{4-29}$$

$$\varphi(\omega)=\begin{cases}\arctan\dfrac{2\zeta\tau\omega}{1-\omega^2\tau^2} & \omega<\dfrac{1}{\tau}\\[2ex] \pi+\dfrac{2\zeta\tau\omega}{1-\omega^2\tau^2} & \omega>\dfrac{1}{\tau}\end{cases} \tag{4-30}$$

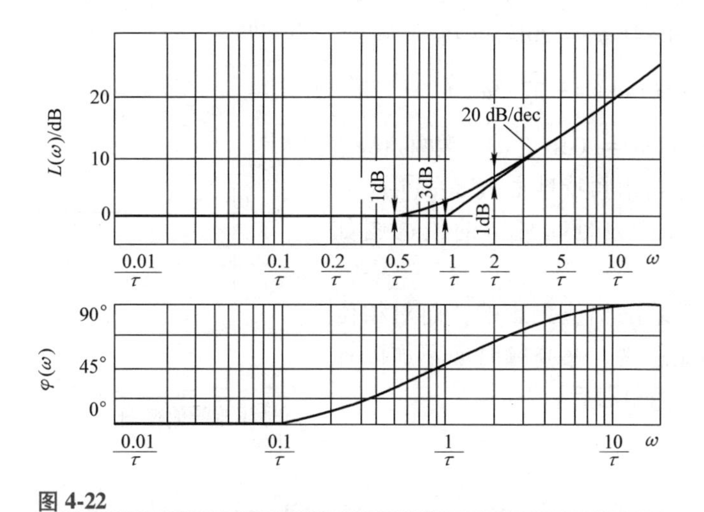

图 4-22

一阶复合微分环节的伯德图

仿照二阶振荡环节的做法，伯德图如图 4-23 所示。二阶复合微分环节与二阶振荡环节的传递函数互为倒数，其对数幅频特性曲线、相频特性曲线分别是以 0dB 线、0°线为镜像对称的形式。

二阶复合微分环节的幅相频率特性曲线的准确形状与阻尼比 ζ 有关。

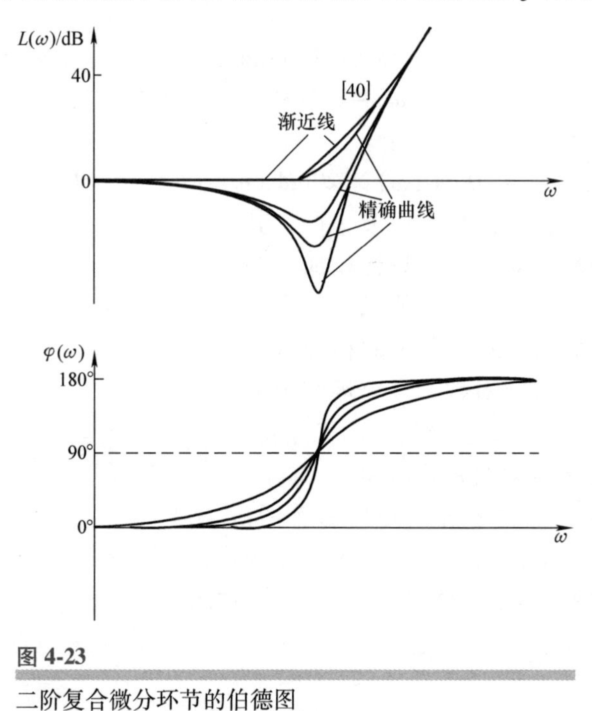

图 4-23

二阶复合微分环节的伯德图

（8）延时环节　延时环节的频率特性为

$$G(j\omega) = e^{-j\omega\tau} = \cos\omega\tau - j\sin\omega\tau \tag{4-31}$$

$$L(\omega)=20\lg A(\omega)=20\lg 1=0$$

$$\varphi(\mathrm{j}\omega)=-\omega\tau(\mathrm{rad})=-57.3\omega\tau\ (°)$$

对数幅频特性$L(\omega)=0\mathrm{dB}$，即对数幅频特性曲线是0dB线；对数相频特性曲线是$\varphi(\mathrm{j}\omega)=-\omega\tau(\mathrm{rad})=-57.3\omega\tau$。延时环节的伯德图如图4-24所示。

延时环节对系统的幅值无影响，而对相位滞后的影响却不能忽视，在高频时如不加以补偿，会产生很大的相角滞后。

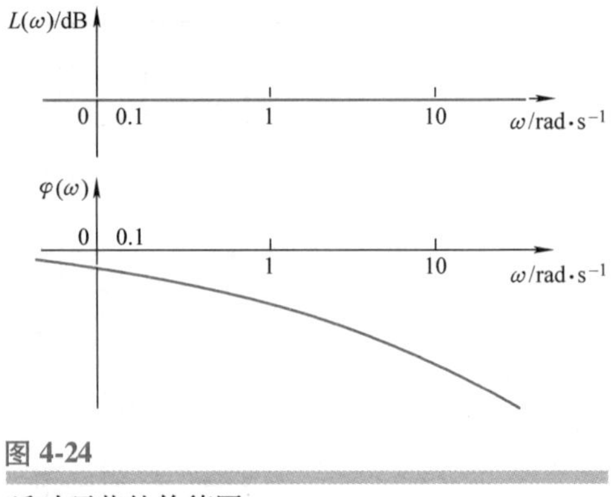

图 4-24
延时环节的伯德图

第三节 系统的对数频率特性

图4-25所示系统的开环传递函数可写成

$$G(s)=G_1(s)G_2(s)$$

其频率特性为

$$G(\mathrm{j}\omega)=G_1(\mathrm{j}\omega)G_2(\mathrm{j}\omega)=A_1(\omega)A_2(\omega)\mathrm{e}^{\mathrm{j}[\varphi_1(\omega)+\varphi_2(\omega)]}=A(\omega)\mathrm{e}^{\mathrm{j}\varphi(\omega)} \tag{4-32}$$

式中

$$A(\omega)=A_1(\omega)A_2(\omega) \tag{4-33}$$

$$\varphi(\omega)=\varphi_1(\omega)+\varphi_2(\omega) \tag{4-34}$$

对数幅频特性为

$$L(\omega)=20\lg A_1(\omega)+20\lg A_2(\omega)=L_1(\omega)+L_2(\omega) \tag{4-35}$$

由式（4-35）可以看出，两个环节串联，其对数幅频特性是两个环节对数幅频特性相加的关系，这给作图带来方便，这也正是伯德图比奈奎斯特图优越的地方。式（4-34）所示的相频特性已经是相加关系，不必再取对数。多个环节串联相乘时，$L(\omega)$为各个环节对数幅频特性的代数和；$\varphi(\omega)$为各个环节对数相频特性的代数和。

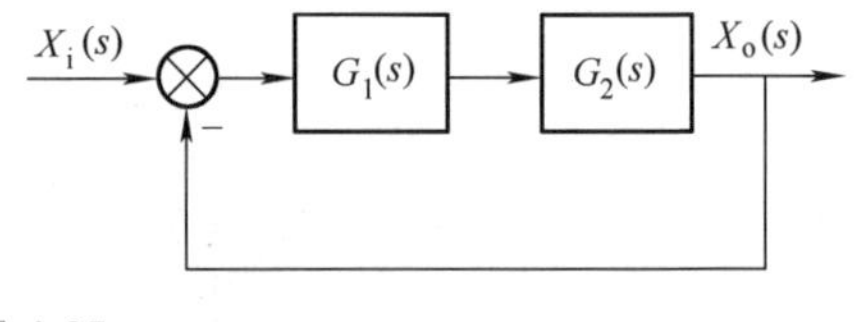

图 4-25
单位反馈系统

使用上述方法容易得到系统的开环伯德图，但对于闭环传递函数，当环节较多时不易写出各因式相乘的形式，因此用上述方法作高阶系统的闭环伯德图是困难的。下面介绍系统的开环伯德图。

一、绘制开环伯德图的一般步骤

 例 4-3

绘制图4-26所示系统的开环伯德图。

解： 1）为了利用典型环节的伯德图，首先应把传递函数中各环节化成典型环节的标准

形式，即“尾1”标准形，其开环传递函数为

$$G(s)=\frac{3s+12}{s(50s^2+10s+2)}=\frac{6\left(\frac{1}{4}s+1\right)}{s[(5s)^2+5s+1]}$$

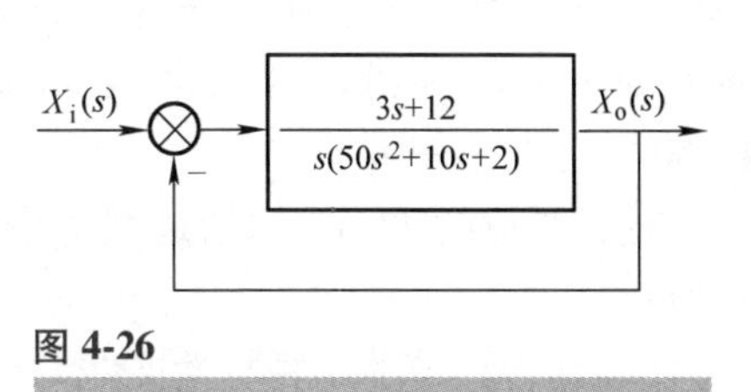

图 4-26
例 4-3 框图

按上式把系统的开环传递函数看作是由比例环节、积分环节、二阶振荡环节和一阶复合微分环节四个环节组成。

2）确定系统的开环频率特性，并保留各环节相乘的形式。

$$G(j\omega)=\frac{6(0.25j\omega+1)}{j\omega[(5j\omega)^2+5j\omega+1]}$$

3）找出各环节的转折频率，以便确定它们的渐近线。

比例环节：$G_1(j\omega)=6$， $L_1(\omega)=20\lg 6\text{dB}=15.5\text{dB}$ ，是一条水平线，无转折频率。相角为 0°。

积分环节：$G_2(j\omega)=\frac{1}{j\omega}$， $L_2(\omega)=-20\lg\omega$ ，是一条过（1，0）点的直线，斜率为 -20dB/dec，简写为［-20］。无转折频率。相角恒为-90°。

二阶振荡环节：$G_3(j\omega)=\frac{1}{(5j\omega)^2+5j\omega+1}$， $L_3(\omega)$ 的两条渐近线为 0dB 线和斜率为［-40］的直线，转折频率 $\omega_1=1/5\text{rad/s}=0.2\text{rad/s}$，$\zeta=0.5$。相频特性 $\varphi_3(\omega)$ 由 0°至-180°，对应于转折频率 $\omega_1=0.2$ 处的相角为-90°。

一阶复合微分环节：$G_4(j\omega)=0.25j\omega+1$，$L_4(\omega)$ 的两条渐近线为 0dB 线和斜率为［20］的直线，转折频率 $\omega_2=1/0.25\text{rad/s}=4\text{rad/s}$。相频特性 $\varphi_4(\omega)$ 由 0°至 90°，转折频率 $\omega_2=4\text{rad/s}$ 处的相角为 45°。

4）选定坐标轴的比例尺，作各环节的对数幅频渐近线，如图 4-27 中的虚线所示。

5）将各环节的对数幅频特性叠加。可分以下两步进行。首先将无转折频率的环节（比例、积分或微分）叠加。$L_1(\omega)+L_2(\omega)$ 就是将 $L_2(\omega)$ 向上平移 15.5dB 高度。以这条合成曲线（直线）作为基线，再依次叠加有转折频率的各个环节。

然后沿 ω 轴从左至右，逐段将各环节的同频渐近线的幅值叠加，就是逐段改变斜率。具体做法如下：

在 $\omega<\omega_1$ 的频率范围内，$L_3(\omega)=L_4(\omega)=0\text{dB}$ ，只有 $L_1(\omega)$ 和 $L_2(\omega)$ 幅值相加，合成一条过（1，15.5）点、斜率为［-20］的直线，即上面所说的基线。

在 $\omega_1<\omega<\omega_2$ 范围内，$L_4(\omega)$ 仍为 0dB，而 $L_3(\omega)\neq 0\text{dB}$ ，斜率是［-40］，当把 $L_3(\omega)$ 叠加到 $L_1(\omega)+L_2(\omega)$ 的合成直线上以后，$L(\omega)$ 变成一条斜率为［-60］的直线。因为原来直线每增加 10 倍，频率幅值下降 20dB，$L_3(\omega)$ 每增加 10 倍，频率下降 40dB，两者幅值相加，则合成幅值按每增加 10 倍，频率下降 60dB 的速度变化。这样，幅值的叠加就变成了斜率的代数相加。$L_3(\omega)$ 是从转折频率点 ω_1 开始加入的，所以合成曲线在转折频率处斜率发生变化，即在 ω_1 点以左斜率为［-20］，在 ω_1 点以右斜率变成［-60］，斜率改变［-40］正是被加入环节高频渐近线的斜率。

在 $\omega>\omega_2$ 的范围内，$L_4(\omega)\neq 0$，它的斜率是［20］，加在前边三个环节的合成曲线上，在转折频率 $\omega_2=4\text{rad/s}$ 处，合成曲线 $L(\omega)$ 的斜率由［-60］变成［-40］。

这样画成的 $L(\omega)$ 的渐近线如图4-27中的实线所示。

6）作各环节的相频特性曲线并合成。作各环节的相频特性时应注意每个环节相角的范围及转折频率对应的对称中心点。合成时仍然先将积分（或微分）与比例环节的相角叠加作为基线。因为比例环节相角为0°，可不考虑，所以就以积分（或微分）环节的相频曲线作为基线开始，从左向右逐个相角叠加。可用分规量出同一频率下各环节相角值的大小，按正负取代数和。对数相频特性曲线如图4-27中的 $\varphi(\omega)$ 所示。

上面是作开环伯德图的一般步骤。如需作精确曲线，可再对渐近线进行修正。如果系统中有延时环节，对数幅频特性曲线不变，对数相频特性曲线上应加上 $-\omega\tau$。

最小相位系统的幅频和相频之间有一定的对应关系。用伯德图对这种系统进行分析和设计时，只画对数幅频特性曲线就可以了。

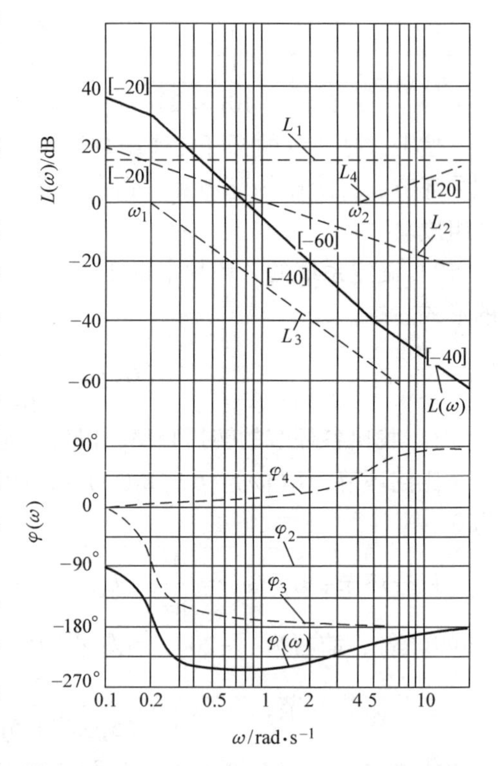

图 4-27
例4-3的伯德图

由各环节渐近线合成 $L(\omega)$ 的过程，按例中步骤5）的方法，熟练以后，步骤还可以再简化。$L(\omega)$ 曲线由低频向高频延伸时，每经过一个转折频率斜率改变一次，经过一阶复合微分环节的转折频率，斜率改变［20］，经过一个一阶惯性环节的转折频率则斜率改变［-20］，经过一个二阶振荡环节的转折频率斜率改变［-40］，只要确定了 $L(\omega)$ 起始段的斜率和高度，并记清每个转折频率及转折频率对应的环节，按上述规律可一次画出合成 $L(\omega)$ 的渐近曲线。

与上述作图过程相反，在已知开环伯德图时，应当能写出开环传递函数。

可由对数幅频特性曲线上每个转折频率处曲线斜率的变化来确定一阶惯性环节、二阶振荡环节、一阶复合微分环节和二阶复合微分环节。由低频段的斜率确定积分环节、微分环节的个数。由起始段（或其延长线）在 $\omega_1=1\text{rad}\cdot\text{s}^{-1}$ 处的纵坐标高度确定 K。

开环增益 K 的大小还可由图4-28所示的方法来确定。图4-28a所示对于Ⅰ型系统，起始段斜率为［-20］，起始段（或其延长线与0dB线相交处）的频率等于 K 值，因为 $20\lg(K/\omega)=0$，故有 K 等于交点处的频率值。

对于Ⅱ型系统，如图4-28b所示，起始段斜率为［-40］，其与0dB线交点处的频率等于 $\sqrt{K}$ 值，因为 $20\lg(K/\omega^2)=0\text{dB}$ 。

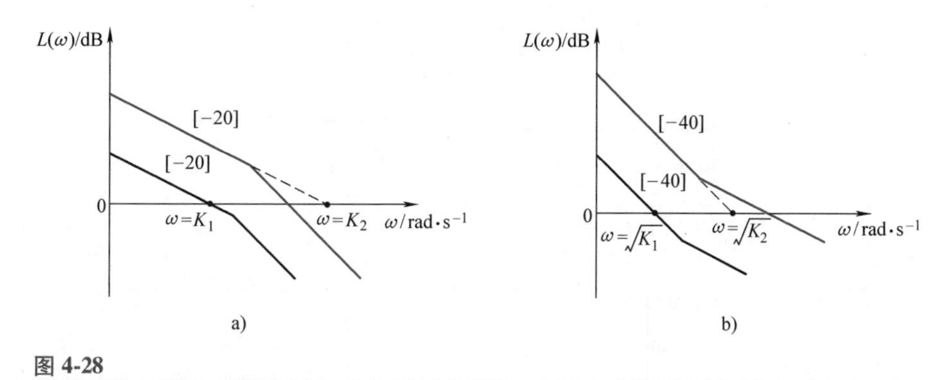

图 4-28

由开环伯德图确定开环增益 K

有了系统的开环频率特性，便可进而对闭环系统的稳定性及性能指标 M_γ、ω_b（频带宽）、M_p、t_s 等进行分析计算。

二、最小相位系统

这里引出最小相位系统的概念，主要想说明幅频特性和相频特性之间的关系。

在复平面［s］右半面上没有零点（使传递函数的分子为零的 s 值）和极点的传递函数，称为最小相位传递函数；反之即为非最小相位传递函数。具有最小相位传递函数的系统称为最小相位系统。系统中含有延时环节或存在有不稳定的小回环时，就是非最小相位系统。

具有相同幅频特性的系统，最小相位系统的相角变化范围是最小的。例如：两个系统的传递函数分别为

$$G_1(s) = \frac{1 + Ts}{1 + T_1 s} \qquad (0 < T < T_1)$$

$$G_2(s) = \frac{1 - Ts}{1 + T_1 s} \qquad (0 < T < T_1)$$

图 4-29a 所示为两个系统的零、极点分布图，显然，$G_1(s)$ 属于最小相位传递函数。这两个系统幅值相同，具有相同的幅频特性，但它们却有着不同的相频特性，如图 4-29b 所示。

图 4-29b 所示的曲线表明，最小相位系统的对数幅值曲线斜率值增加时（由［−20］变为［0］），相角也随之增加（由某一负角度增加到 0°），两者变化趋势一致，在整个频率范围内的幅频特性和相频特性之间具有确定的单值对应关系。而非最小相位系统却不成立。

为了确定是不是最小相位系统，既需要检查对数幅频特性曲线高频渐近线的斜率，也要检查在 $\omega=\infty$ 时的相角。当 $\omega=\infty$ 时，对数幅频特性曲线的斜率为 $-20(n-m)$dB/dec，这里 n 和 m 分别为传递函数中分母和分子多项式的阶次，对于最小相位系统，在 $\omega=\infty$ 时的相角等于 $-90°(n-m)$。而非最小相位在 $\omega=\infty$ 时的相角就不等于 $-90°(n-m)$。

非最小相位系统在高频时的相角滞后大，起动性能不佳，响应缓慢。因此在要求响应比较快的系统中，就不能选用非最小相位元件。

三、闭环频率特性

利用闭环频率特性的一些特征量（如峰值和频带等），可以进一步对系统动态过程的平

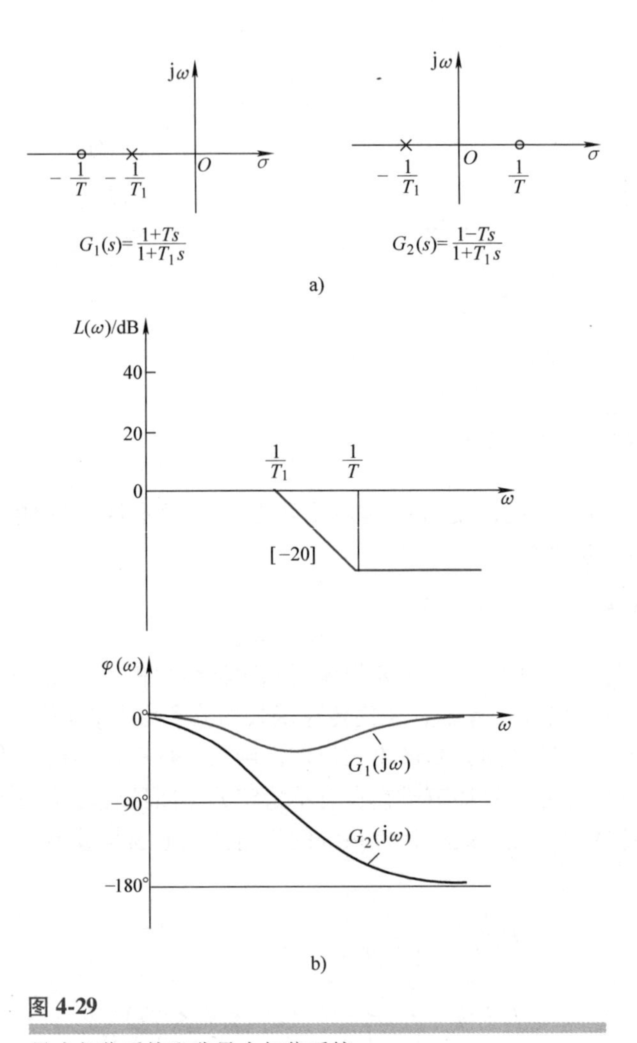

图 4-29

最小相位系统和非最小相位系统

a）系统的零、极点分布 b）系统伯德图

稳性和快速性进行分析和估算。所谓闭环，是指有反馈的系统包括机械系统的内在反馈。这种方法虽然不够精确和严格，但是避免了直接求解高阶微分方程的困难。

对于一阶、二阶系统，可以用前面的方法直接作其对数频率特性曲线，而对于组成环节较多的高阶系统，难于直接作闭环的对数频率特性曲线，这可以通过系统的开环伯德图以及一些标准图线来获得。另一方面，在计算机日趋普及的今天，应用计算机来获得闭环频率特性更有现实意义。

第四节 频域性能指标及其与时域性能指标间的关系

图 4-30 所示为反馈控制系统的典型闭环幅频特性 $M(\omega)$ 曲线。这种典型幅频特性曲线随着 ω 的变化特性可用下述一些特征量加以概括，这些特征量构成了频率特性分析、设计系统的频域性能指标。这些指标同样适用于反馈环节不明显的机械系统。

一、零频幅值 $M(0)$

它表示频率接近于零时，系统输出的幅值与输入幅值之比。在频率 $\omega \to 0$ 时，若 $M(0)=1$，则输出幅值能完全准确地反映输入幅值。零频幅值 $M(0)$ 越接近于1，系统稳态误差 e_{ss} 将越小。

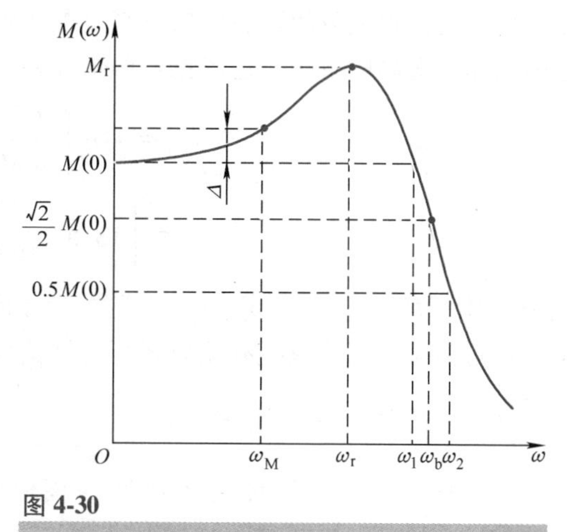

图 4-30

反馈控制系统的典型闭环幅频特性 $M(\omega)$ 曲线

二、复现带宽频率 ω_M

若事先规定一个 Δ 作为反映低频输入信号的允许误差，那么 ω_M 就是幅频特性与 $M(0)$ 之差第一次达到 Δ 时的频率值，当 $\omega > \omega_M$ 时，输出就不能准确"复现"输入。所以 $0 \sim \omega_M$ 频率范围称为复现带宽。根据 Δ 所确定的 ω_M 越大，则表明系统能以规定精度复现输入信号的频带越宽。反之，若 ω_M 确定的允许误差 Δ 越小，说明系统反映低频输入信号的精度越高。

由上述可知，特征量 $M(0)$、ω_M 及 Δ 作为频域性能指标的一部分，都和时域性能指标中稳态性能的优劣有关。系统的稳态性能主要取决于闭环幅频特性在低频段 $0 \leqslant \omega \leqslant \omega_M$ 的形状。

三、谐振频率 ω_r 及谐振峰值 M_r

由这两个频域指标可以反映瞬态响应的速度和相对稳定性。

对于二阶系统，最大超调量 $M_p = e^{-\zeta\pi/\sqrt{1-\zeta^2}}$，谐振峰值 $M_r = \dfrac{1}{2\zeta\sqrt{1-\zeta^2}}$，可以看出，它们都随着阻尼比 ζ 的增大而减小，关系曲线示于图 4-31 中。可见 M_r 大的系统，相应的 M_p 也大，瞬态响应的相对稳定性不好。频域指标 M_r 可以反映系统的动态平稳性。为了减弱系统的振荡性，又不失一定的快速性，应适当选取 M_r 值。

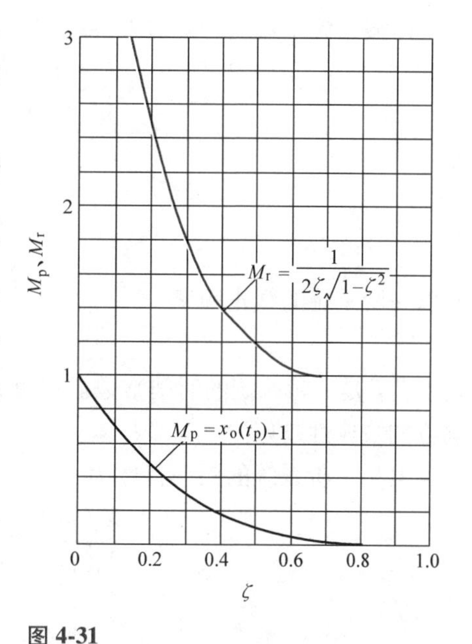

图 4-31

二阶系统 M_r 与 ζ 和 M_p 与 ζ 的关系曲线

二阶系统的谐振频率 $\omega_r = \omega_n\sqrt{1-2\zeta^2}$，调整时间 $t_s \approx (3 \sim 4)/\zeta\omega_n$，由此两式可得到

$$t_s \approx (3 \sim 4)\sqrt{1-2\zeta^2}/(\omega_r\zeta)$$

可见，对于给定的阻尼比 ζ，t_s 与 ω_r 成反比，ω_r 高的系统，瞬态响应速度快；ω_r 低的系统，瞬态响应速度慢。频域指标 ω_r 可以反映瞬态响应的速度。

高阶系统的阶跃瞬态响应与频率响应之间的关系是很复杂的。如果高阶系统的控制性能主要由一对共轭复数闭环主导极点来支配，则上述二阶系统频域指标与时域指标的关系均可近似采用。对高阶系统，这里推荐两个经验公式供参考。

$$M_p = 41\ln\left[\frac{M_r M(\omega_1/4)}{[M(0)]^2}\frac{\omega_b}{\omega_2}\right] + 17 \tag{4-36}$$

$$t_s = \left[13.57\frac{M_r\omega_b}{M(0)\omega_2} - 2.51\right]\frac{1}{\omega_2} \tag{4-37}$$

式中，M_r、$M(0)$、ω_1、ω_b、ω_2 的定义均如图 4-30 所示。一般说来，从经验公式所得的结论，比近似采用二阶系统有关公式所得结论要精确些。

四、截止频率 ω_b 和带宽

截止频率是系统闭环频率特性的幅值由 $M(0)$ 下降到 $0.707M(0)$，也就是下降到 $M(0)/\sqrt{2}$ 时的频率 ω_b。这时闭环对数幅频特性中的幅值为

$$20\lg M(\omega_b) = 20\lg\frac{M(0)}{\sqrt{2}} = 20\lg M(0) - 3$$

所以截止频率也就是由 $20\lg M(\omega_b)$ 下降 3dB 所对应的频率。由 $0\sim\omega_b$ 这一段频率范围称为系统的带宽。若 $\omega>\omega_b$，输出幅值就急剧衰减，形成系统响应的截止状态。

对于一阶、二阶系统，截止频率可以分别求出。典型一阶系统的频率特性为

$$\frac{X_o(j\omega)}{X_i(j\omega)} = \frac{1}{1 + j\omega T}$$

由截止频率对应的幅值 $M(\omega_b)$ 与 $\omega = 0$ 时幅值 $M(0)$ 的关系，有

$$\left|\frac{1}{1 + j\omega T}\right|_{\omega=\omega_b} = \frac{1}{\sqrt{2}}\left|\frac{1}{1 + j\omega T}\right|_{\omega=0}$$

即

$$\frac{1}{\sqrt{1 + \omega_b^2 T^2}} = \frac{1}{\sqrt{2}}$$

所以一阶系统的截止频率

$$\omega_b = 1/T \tag{4-38}$$

式中，T 是一阶系统的时间常数。可见，一阶系统 ω_b 与 T 成反比，即频带越宽，惯性越小，响应的快速性越好。

典型二阶系统的频率特性为

$$\frac{X_o(j\omega)}{X_i(j\omega)} = \frac{\omega_n^2}{(j\omega)^2 + 2\zeta\omega_n(j\omega) + \omega_n^2}$$

其幅值

$$M(\omega) = \frac{\omega_n^2}{\sqrt{(\omega_n^2 - \omega^2)^2 + (2\zeta\omega\omega_n)^2}}$$

由于 $M(\omega_b) = \frac{1}{\sqrt{2}}M(0)$，并且 $M(0) = 1$，可以得出二阶系统的截止频率为

$$\omega_b = \omega_n \sqrt{1 - 2\zeta^2 + \sqrt{2 - 4\zeta^2 + 4\zeta^4}} \tag{4-39}$$

二阶系统瞬态响应的调整时间 $t_s \approx 3/(\zeta\omega_n)$，由此式可得 $\omega_n \approx 3/(\zeta t_s)$ 并代入式（4-39）中有

$$\omega_b t_s \approx \frac{3}{\zeta}\sqrt{1 - 2\zeta^2 + \sqrt{2 - 4\zeta^2 + 4\zeta^4}} \tag{4-40}$$

式（4-40）表明，当阻尼比 ζ 确定后，系统的截止频率与 t_s 呈反比关系，或者说，控制系统的频带宽度越大，则该系统反映输入信号的快速性越好，这说明带宽表征控制系统的响应速度。

频带宽度还表征系统对高频噪声所具有的滤波特性。频带越宽，高频噪声信号的抑制能力越不好。为了使系统准确地跟踪任意输入信号，需要系统具有很大带宽，而从抑制高频噪声的角度来看，带宽又不宜过大。一个好的设计，应恰当地处理好这些矛盾。

常用的频域性能指标还有相位裕量和增益裕量等，将在第五章介绍。

第五节　频率试验法估计系统的数学模型

如果一个系统的结构参数已知，则可以通过理论解析的方法推演出系统的数学模型。然而对于一些结构、参数和支配运动的机理不很了解或根本不了解的系统，有时甚至数学模型并不复杂的系统，却难于用分析方法建立数学模型。这时可采用实验的方法来获得，这都属于系统辨识，方法也很多，在第九章里要介绍一些系统辨识建立数学模型的方法，本节只简单介绍由频率特性估计传递函数。

为采集频率响应的数据，原则上只需要一个正弦激励源，合适的测量传感器和两通道记录仪。这些仪器以及专用的传递函数分析仪或动态分析仪都可以买到，但有些物理量的激励源（如温度、流量、化学成分等）还需要自行设计。

这里仅介绍根据实测的频率响应数据拟合出传递函数。

1）如果系统的结构允许测量出反馈及偏差信号（如电液伺服系统），则可直接由测量数据画出系统的开环伯德图，按第三节的方法估计出开环传递函数。

例如：某系统的实验所得的对数频率特性曲线，如图 4-32 所示。

由伯德图写出传递函数是作伯德图的逆过程。但实验所得曲线转折频率不明显，首先要用斜率为［±20］整倍数的斜线逐段拟合，得出每段曲线的斜率，根据斜率的变化及转折点，以及根据起始段的斜率分辨出传递函数中包含的环节。由对数幅频特性曲线得出一个初步的传递函数，如图 4-32 所示曲线的传递函数为

$$G(s) = \frac{10(0.5s + 1)}{s(s + 1)[(0.125s)^2 + 0.125s + 1]} \tag{4-41}$$

然后检验相频特性，由刚才确定的传递函数画出相频特性，与实验测出数据画出的相频特性比较，尤其注意高频段是否有延时环节的影响，因为延时环节的影响在幅频特性中显不出来。如果两条曲线一致，则刚才确定的传递函数即为所求传递函数。

2）如果系统结构上难以分清开环、闭环（许多机械系统是这样的），那么输出与输入之比直接可得系统的频率特性。得出的对数频率特性可以用一阶、二阶系统的频率特性来逼

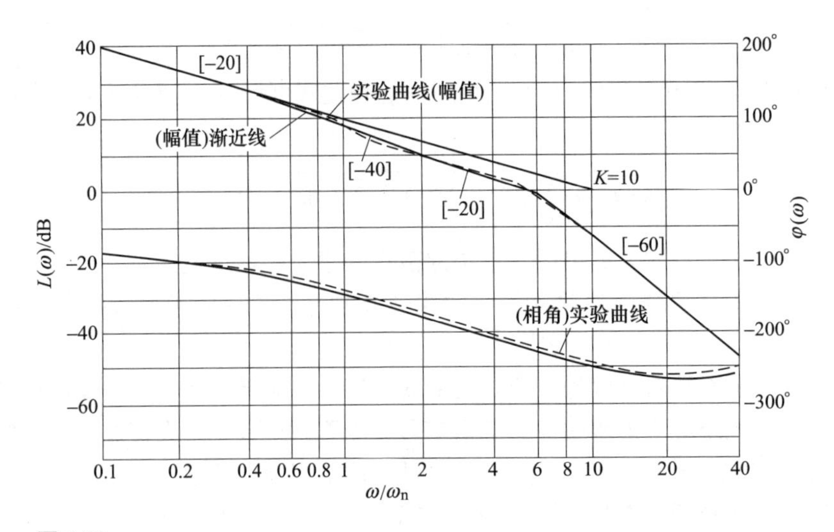

图4-32

实验曲线的拟合

近，进行近似，作法与上边步骤方法相同。一般情况下，系统高频段幅值是衰减的，低频段的幅值与0dB线重合的情况较多，同时二阶以上的系统多数出现谐振峰。而最常见的是二阶系统和一阶系统。

小结

频域分析法借助于系统的频率特性分析系统的性能。频域分析法不直接求解系统的微分方程，是运用系统的开环频率特性间接分析闭环响应。频率特性反映了系统固有的动态性能，它也是系统的数学模型之一，与输入函数没有关系。

本章主要介绍了频率特性的概念、频率特性的求法、频率特性的物理意义和数学本质、典型环节的频率特性、奈奎斯特图及伯德图的绘制以及闭环频域性能指标等。

控制系统都由若干典型环节组成，因此频率特性也由典型环节的频率特性组成。频率特性曲线可以用幅相频率特性曲线和对数频率特性曲线表达。

幅相频率特性曲线也称为奈奎斯特（Nyquist）图。它是当频率 ω 变化时，幅相频率特性 $G(j\omega)$ 的矢量端点在复数平面上的轨迹。

对数频率特性曲线也称为伯德（Bode）图，当频率 ω 变化时，对数幅频、相频特性曲线是以 ω 的常用对数值为横坐标，以 $20\lg A(\omega)$ 和 $\varphi(\omega)$ 为纵坐标画出的曲线轨迹；通过典型环节的伯德图绘制系统的开环伯德图；并且根据开环伯德图写出系统的传递函数。

最小相位系统的幅频和相频之间存在唯一的对应关系，通过对数幅频特性，可以唯一地确定相应的相频特性和传递函数。

闭环频域性能指标与时域性能指标之间有特定的关系。零频幅值反映了系统的稳态精度，频带宽度表征控制系统的响应速度，同时还表征系统对高频噪声所具有的滤波特性。

思考题

1. 什么是频率响应？
2. 什么是频率特性？如何求取系统的频率特性？
3. 表示系统频率特性的图示法有哪些？
4. 一阶惯性环节和一阶复合微分环节的对数频率特性之间的关系是什么？
5. 什么是最小相位传递函数？什么是最小相位系统？
6. 闭环频率性能指标有哪些？各个指标如何影响系统的性能？

习题

1. 某放大器的传递函数 $G(s)=\dfrac{K}{Ts+1}$，今测得其频率响应，当 $\omega=1\mathrm{s}^{-1}$ 时，幅频特性 $A=\dfrac{12}{\sqrt{2}}$，相频特性 $\varphi=-45°$。问放大器系数和时间常数 T 各为多少？

2. 如图 4-33a 所示，机器支承在隔振器上。如果基础是按 $y=Y\sin\omega t$ 振动，Y 是振幅，试写出机器的稳态振幅（系统结构图可用图 4-33b 表示）。

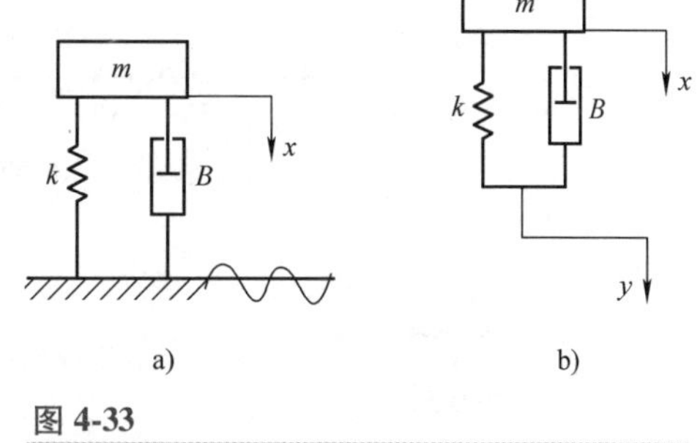

图 4-33

题 2 图

3. 试画出具有下列传递函数的奈奎斯特图。

(1) $G(s)=\dfrac{1}{1+0.01s}$

(2) $G(s)=\dfrac{1}{s(0.1s+1)}$

(3) $G(s)=\dfrac{50(0.6s+1)}{s^2(4s+1)}$

(4) $G(s)=10\mathrm{e}^{-0.1s}$

4. 试画出传递函数 $G(s)=\dfrac{\alpha Ts+1}{Ts+1}$ 的奈奎斯特图。其中 $\alpha=0.1$，$T=1$。

5. 试画出具有下列传递函数的伯德图。

(1) $G(s)=\dfrac{2}{(2s+1)(8s+1)}$

(2) $G(s)=\dfrac{50}{s^2(s^2+s+1)(6s+1)}$

(3) $G(s)=\dfrac{10(s+0.2)}{s^2(s+0.1)}$

(4) $G(s)=\dfrac{8(s+0.1)}{s(s^2+s+1)(s^2+4s+25)}$

6. 已知一些元件的对数幅频特性曲线如图 4-34 所示，试写出它们的传递函数 $G(s)$，并计算各参数的值。

7. 测得最小相位系统对数幅频渐近线如图 4-35 所示，试求 $G(s)$。

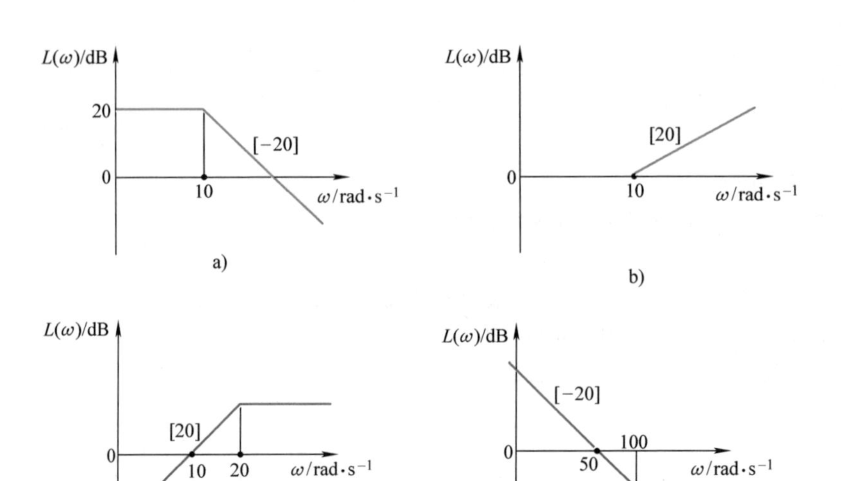

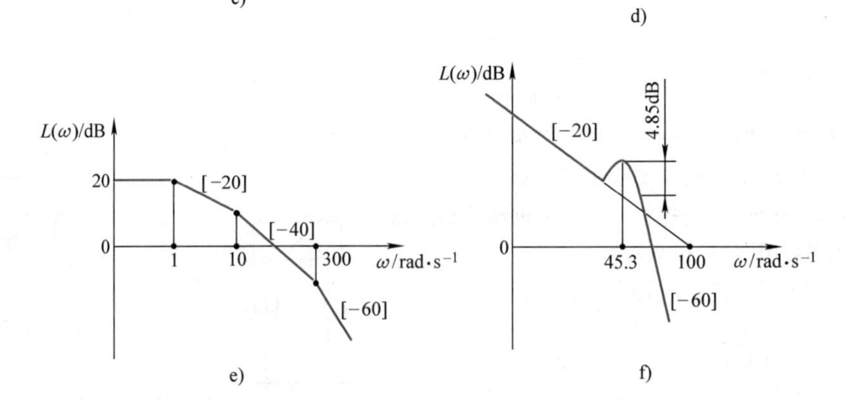

图 4-34

题6图

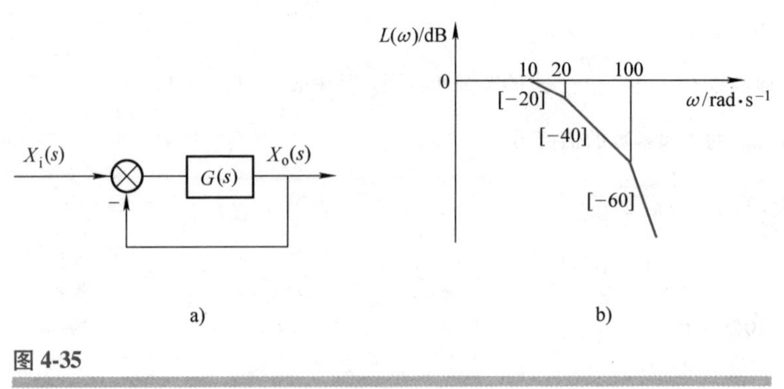

图 4-35

题7图

5 第五章 控制系统的稳定性

稳定性是控制系统及动力学系统的一项重要指标，本章仅研究线性定常系统的稳定性问题，介绍控制系统稳定的条件及常用的几个判别控制系统稳定性的方法，讨论控制系统的稳定性与控制系统的结构和参数的关系。

第一节　控制系统稳定性的条件

一、稳定性的概念

一个控制系统能在实际中应用，其首要条件是保证控制系统稳定。不稳定的系统，当其受到外界或内部一些因素的扰动，如负载或能源的波动、系统参数的变化等，即使这些扰动很微弱，持续时间也很短，照样会使控制系统中的各物理量偏离其原平衡工作点，并随时间的推移而发散，致使控制系统在扰动消失后，也不可能恢复到原来的平衡工作状态。实际工作过程中，上述类型的扰动是不可避免的，因此，不稳定的控制系统显然无法正常工作。至于动力学系统稳定性的问题，就更复杂，但是最基本机理也用得到，如第二章中切削加工动力学系统的例子，当控制系统不稳定时，就产生切削自激振荡，这时会不断地向控制系统输入能量，以维持振荡。下面以自动控制系统作为对象来研究控制系统稳定性问题。

所谓控制系统的稳定性，是指控制系统在使它偏离稳定平衡状态的扰动消除之后，系统能够以足够的精度逐渐恢复到原来的状态，则称该控制系统是稳定的，或具有稳定性的。否则，控制系统是不稳定的，或不具有稳定性的。

稳定性是控制系统去掉扰动之后，自身的一种恢复能力，是控制系统的一种固有特性。这种固有的稳定性只取决于控制系统的结构参数，而与初始条件及外作用无关。

关于运动稳定性的严密数学定义，是由俄国学者李雅普诺夫首先建立的，这里不做介绍，如有兴趣可参看有关论著。

二、控制系统稳定的条件

反馈控制系统如图 5-1 所示，系统的传递函数为

$$\varphi(s)=\frac{X_o(s)}{X_i(s)}=\frac{G(s)}{1+G(s)H(s)} \tag{5-1}$$

设控制系统传递函数的分母等于零，即可得出控制系统的闭环特征方程为

$$1+G(s)H(s)=0 \tag{5-2}$$

控制系统的稳定性决定于控制系统的闭环特征方程。本章分析稳定性的方法均在某种意义上研究此方程。只要能指出式（5-2）的根落在［s］复平面的左半部分，控制系统即是稳定的。下面将导出线性系统稳定的条件。

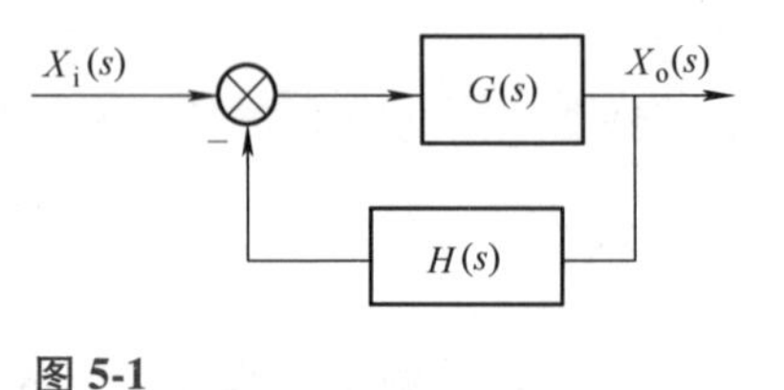

图 5-1

反馈控制系统

设线性系统在初始条件为零时，输入一个理想单位脉冲信号 $\delta(t)$ ，这时系统的输出是单位脉冲响应，相当于系统在扰动信号作用下，输出信号偏离原平衡工作点的情形。若线性系统的单位脉冲响应函数 $x_o(t)$ 随时间的推移趋于零，即 $\lim\limits_{t\to\infty}x_o(t)=0$，则系统稳定。若 $\lim\limits_{t\to\infty}x_o(t)=\infty$ ，则系统不稳定。

如果线性系统的单位脉冲响应，随时间的推移趋于常数或趋于等幅振荡，这时线性系统趋于临界稳定状态。临界稳定状态按李雅普诺夫的定义属于稳定状态，但由于系统参数变化等原因，实际上等幅振荡不能维持，系统总会由于某些因素导致不稳定。因此从工程实践角度来看，临界稳定系统属于不稳定系统，或称为工程意义上的不稳定。

系统输入理想单位脉冲信号 $\delta(t)$ ，它的拉普拉斯变换函数等于 1，所以系统输出的拉普拉斯变换为

$$X_o(s)=\frac{G(s)}{1+G(s)H(s)}=\frac{G(s)}{(s-s_1)(s-s_2)\cdots(s-s_n)}$$

式中，$s_i(i=1,\ 2,\ \cdots,\ n)$ 为系统特征方程的根，也就是系统的闭环极点。设 n 个特征根彼此不等，并将上式分解成部分分式之和的形式，即

$$X_o(s)=\frac{c_1}{(s-s_1)}+\frac{c_2}{(s-s_2)}+\cdots+\frac{c_n}{(s-s_n)}=\sum_{i=1}^{n}\frac{c_i}{(s-s_i)}$$

式中，$c_i(i=1,\ 2,\ \cdots,\ n)$ 为待定系数，其值可由拉普拉斯反变换方法确定。

对上式进行拉普拉斯反变换，得到系统的脉冲响应函数为

$$x_o(t)=\sum_{i=1}^{n}c_i e^{s_i t} \tag{5-3}$$

从式（5-3）可以看出，要满足条件 $\lim\limits_{t\to\infty}x_o(t)=0$，只有当系统的特征根 $s_i(i=1,\ 2,\ \cdots,\ n)$ 全部具有负实部方能实现。

因此，得到控制系统稳定的必要和充分条件为：稳定系统的特征方程根必须全部具有负实部；反之，若特征根中有一个以上具有正实部时，则系统必为不稳定。或者说系统稳定的必要兼充分条件为：系统传递函数 $\frac{X_o(s)}{X_i(s)}$ 的极点全部位于［s］复平面的左半部。

若有部分闭环极点位于虚轴上，而其余极点全部在［s］平面左半部时，便会出现前边所述的临界稳定状态。

由上述稳定条件可知，稳定系统在幅值为有界输入信号作用下，其输出也必定为幅值有界；而对不稳定系统来说，不能断言其输出幅值为有界。

应当指出，动力学系统中常常不能明显地找出外部反馈回路，但在其运行过程中却始终存在着“内在反馈”，如图 2-50 和图 2-51 所示的切削过程与机床之间组成一个具有内在反馈的动力过程。由于这种反馈，一定条件下会引起切削过程的自激振动，是一种不稳定现象。有关反馈的一些基本理论，同样适用于具有内在反馈的动力系统与过程。

一般情况下，确定系统稳定性的方法有两种类型：

1）直接计算或间接得到式（5-2），即系统特征方程的根。

2）确定保证式（5-2）的根具有负实部的系统参数的区域。

应用第一种类型时有两种方法：①直接对系统特征方程求解；②根轨迹法。

应用第二种类型判断系统稳定性时，可应用劳斯—胡尔维茨稳定判据、奈奎斯特判据等方法。

很明显，采用对特征方程求解的方法，虽然非常直观，但对于高阶系统是困难的。为此，不必解出根来就能决定系统稳定性的准则就具有工程实际意义了。

第二节　劳斯-胡尔维茨稳定性判据

劳斯（Routh）-胡尔维茨（Hurwitz）稳定性判据的根据是：使系统稳定时，必须满足系统特征方程式的根全部具有负实部。但该判据并不直接对特征方程式求解，而是利用特征方程式（即高次代数方程）的根与系数的代数关系，由特征方程中已知的系数，间接判别出方程的根是否具有负实部，从而判定控制系统是否稳定。因此又称为代数稳定性判据。

下面介绍应用代数判据分析控制系统的稳定性问题，关于代数判据的数学推导过程从略。

一、胡尔维茨稳定性判据

系统的特征方程，即式（5-2）可写成

$$1 + G(s)H(s) = a_n s^n + a_{n-1} s^{n-1} + \cdots + a_1 s^1 + a_0 = 0 \tag{5-4}$$

式中，首项系数 $a_n>0$。

控制系统稳定的充要条件是：

1）式（5-4）的各项系数全部为正值，即 $a_i > 0(i = 0, 1, 2, \cdots, n)$。

2）由各项系数组成的胡尔维茨 n 阶行列式中各阶子行列式 Δ_1，Δ_2，…，Δ_n 都大于零。

同时满足这两个条件的控制系统是稳定的，否则控制系统是不稳定的。这就是胡尔维茨稳定性判据。其中胡尔维茨行列式如下：

$$\Delta_n = \begin{vmatrix} \Delta_1 & \Delta_2 & \Delta_3 & & & \\ a_{n-1} & a_{n-3} & a_{n-5} & a_{n-7} & \cdots & 0 \\ a_n & a_{n-2} & a_{n-4} & a_{n-6} & \cdots & 0 \\ 0 & a_{n-1} & a_{n-3} & a_{n-5} & \cdots & 0 \\ 0 & a_n & a_{n-2} & a_{n-4} & \cdots & 0 \\ \vdots & 0 & a_{n-1} & a_{n-3} & \cdots & 0 \\ 0 & \vdots & \vdots & \vdots & & 0 \\ 0 & & & \cdots & a_1 & 0 \\ 0 & & & \cdots & a_2 & a_0 \end{vmatrix}$$

Δ_n 是按下列规则建立的，首先在主对角线上从 a_{n-1}开始依次写进特征方程的系数，直写到 a_0 为止。然后由主对角线上的系数出发，写出 Δ_n 中每一列的各元素，每列由上到下系数 a 的脚标递增，由下到上 a 的脚标递减。当写到特征方程中不存在的系数时以零代替。

下面通过实例，应用胡尔维茨稳定性判据来判断控制系统的稳定性。

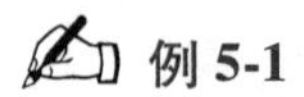 例 5-1

控制系统的特征方程为

$$2s^4+s^3+3s^2+5s+10=0$$

试用胡尔维茨稳定性判据判别控制系统的稳定性。

解：由控制系统的特征方程知各项系数为

$$a_4 = 2,\quad a_3 = 1,\quad a_2 = 3,\quad a_1 = 5,\quad a_0 = 10$$

均为正值。

根据胡尔维茨稳定性判据的条件：

1）$a_i>0$。

2）再检查第二个条件 $\Delta_i>0$，写出胡尔维茨行列式

$$\Delta_4 = \begin{vmatrix} \Delta_1 & \Delta_2 & \Delta_3 & \Delta_4 \\ 1 & 5 & 0 & 0 \\ 2 & 3 & 10 & 0 \\ 0 & 1 & 5 & 0 \\ 0 & 2 & 3 & 10 \end{vmatrix}$$

$$\Delta_1 = a_3 = 1 > 0$$

$$\Delta_2 = \begin{vmatrix} a_3 & a_1 \\ a_4 & a_2 \end{vmatrix} = a_3a_2 - a_4a_1 = 1 \times 3 - 2 \times 5 = -7 < 0$$

由于 $\Delta_2<0$，因此不满足胡尔维茨行列式全部为正的条件，所以控制系统不稳定，Δ_3、

Δ_4 可不必再进行计算。

为了减少行列式的计算工作量，经证明，如果满足 $a_i>0$ 的条件，再计算半数的行列式，即 $\Delta_{n-1}>0$，$\Delta_{n-3}>0$，…，进行检验就可以了。

 **例 5-2**

单位反馈系统的开环传递函数为

$$G(s)=\frac{K}{s(0.1s+1)(0.25s+1)}$$

试求使控制系统稳定的 K 值范围。

解： 控制系统的闭环特征方程为

$$s(0.1s+1)(0.25s+1)+K=0$$
$$0.025s^3+0.35s^2+s+K=0$$

系统特征方程各项系数为

$$a_3=0.025,\ a_2=0.35,\ a_1=1,\ a_0=K$$

根据胡尔维茨稳定性判据的条件：

1）$a_i>0$，则要求 $K>0$。

2）列写胡尔维茨行列式，只需检查 $\Delta_2>0$，即

$$\Delta_2=\begin{vmatrix} a_2 & a_0 \\ a_3 & a_1 \end{vmatrix}=a_2a_1-a_3a_0=0.35\times 1-0.025\times K>0$$

故有

$$K<14$$

所以保证控制系统稳定的 K 值范围是 $0<K<14$。

由此例可以看出，K 值越大，系统的稳定性越差，K 值超出一定范围，系统会变得不稳定。胡尔维茨稳定性判据不仅可以判断系统是否稳定，而且还可以根据稳定性的要求确定系统参数的允许范围。

对于特征方程阶次较低（如 $n<4$）的系统来说，稳定条件可以写成下列简单的形式：

$n=2$：$a_2>0$，$a_1>0$，$a_0>0$。

$n=3$：$a_3>0$，$a_2>0$，$a_1>0$，$a_0>0$；$a_2a_1-a_3a_0>0$。

$n=4$：$a_4>0$，$a_3>0$，$a_2>0$，$a_1>0$，$a_0>0$；$a_3a_2a_1-a_4a_1^2-a_3^2a_0>0$。

二、劳斯稳定性判据

控制系统特征方程阶次越高，利用胡尔维茨稳定性判据时，计算行列式的工作量越大。对于高阶控制系统，可采用劳斯稳定性判据判断控制系统的稳定性。

1. 列出系统特征方程

$$a_ns^n+a_{n-1}s^{n-1}+\cdots+a_1s+a_0=0$$

其中，$a_n>0$，各项系数均为实数。检查各项系数是否都大于零，若都大于零，则进行第二步。

2. 列写劳斯表

$$
\begin{array}{c|ccccc}
s^n & a_n & a_{n-2} & a_{n-4} & a_{n-6} & \cdots \\
s^{n-1} & a_{n-1} & a_{n-3} & a_{n-5} & a_{n-7} & \cdots \\
s^{n-2} & b_1 & b_2 & b_3 & b_4 & \cdots \\
s^{n-3} & c_1 & c_2 & c_3 & c_4 & \cdots \\
s^{n-4} & d_1 & d_2 & d_3 & d_4 & \cdots \\
\vdots & \vdots & \vdots & \vdots & \vdots & \\
s^0 & \cdots & & & &
\end{array}
$$

表中

$$
b_1=-\frac{1}{a_{n-1}}\begin{vmatrix} a_n & a_{n-2} \\ a_{n-1} & a_{n-3} \end{vmatrix},\quad b_2=-\frac{1}{a_{n-1}}\begin{vmatrix} a_n & a_{n-4} \\ a_{n-1} & a_{n-5} \end{vmatrix},
$$

$$
b_3=-\frac{1}{a_{n-1}}\begin{vmatrix} a_n & a_{n-6} \\ a_{n-1} & a_{n-7} \end{vmatrix},\quad \cdots
$$

直至其余 b 均为零。

$$
c_1=-\frac{1}{b_1}\begin{vmatrix} a_{n-1} & a_{n-3} \\ b_1 & b_2 \end{vmatrix},\quad c_2=-\frac{1}{b_1}\begin{vmatrix} a_{n-1} & a_{n-5} \\ b_1 & b_3 \end{vmatrix},
$$

$$
c_3=-\frac{1}{b_1}\begin{vmatrix} a_{n-1} & a_{n-7} \\ b_1 & b_4 \end{vmatrix},\quad \cdots
$$

$$
d_1=-\frac{1}{c_1}\begin{vmatrix} b_1 & b_2 \\ c_1 & c_2 \end{vmatrix},\quad d_2=-\frac{1}{c_1}\begin{vmatrix} b_1 & b_3 \\ c_1 & c_3 \end{vmatrix},\quad \cdots
$$

计算上述各数的公式是有规律的，自 s^{n-2}行以下，每行的数都是由该行上边两行的数算得，等号右边的二阶行列式中，第一列都是上两行中第一列的两个数，第二列是被算数右上肩的两个数，等号右边的分母是上一行中左起第一个数。

由劳斯表可以看出，劳斯稳定性判据和胡尔维茨稳定性判据实质上是相同的。劳斯表中第一列各数的值和胡尔维茨行列式之间有如下关系：

$$
a_n=a_n,\quad a_{n-1}=\Delta_1,\quad b_1=\Delta_2/\Delta_1,\quad c_1=\Delta_3/\Delta_2,\quad d_1=\Delta_4/\Delta_3,\quad \cdots
$$

3. 考察表中第一列各数的符号

若第一列各数均为正数，则闭环系统特征方程所有根具有负实部，控制系统稳定。如果第一列中有负数，则控制系统是不稳定的，第一列中数值符号的改变次数即等于系统特征方程含有正实部根的数目。

在具体计算中为了方便，常常把表中某一行的数都乘（或除）以一个正数，而不会影响第一列数值的符号，即不影响稳定性的判别。表中空缺的项，运算时以零代入。

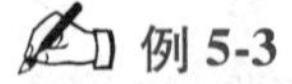

例 5-3

系统的特征方程为

$$
s^5+6s^4+14s^3+17s^2+10s+2=0
$$

试用劳斯稳定性判据判断系统是否稳定。

解：1）由特征方程知：$a_5=1$，$a_4=6$，$a_3=14$，$a_2=17$，$a_1=10$，$a_0=2$，各项系数均大

于 0。

2）列出劳斯表（下边列出两个表，左边一个表为了和原劳斯表的形式对照，右边一个表是为了数值计算方便，两者对判断系统稳定性的作用是一样的）。

$$
\begin{array}{c|ccc}
s^5 & 1 & 14 & 10 \\
s^4 & 6 & 17 & 2 \\
s^3 & \dfrac{67}{6} & \dfrac{58}{6} & \\
s^2 & \dfrac{791}{67} & 2 & \\
s^1 & \dfrac{6150}{791} & & \\
s^0 & 2 & &
\end{array}
\quad \text{或} \quad
\begin{array}{c|ccc}
s^5 & 1 & 14 & 10 \\
s^4 & 6 & 17 & 2 \\
s^3 & 67 & 58 & \\
s^2 & 791 & 134 & \\
s^1 & 6150 & & \\
s^0 & 2 & &
\end{array}
\quad
\begin{array}{l}
\\ \\ \text{（同乘以 6）} \\ \text{（同乘以 67）} \\ \text{（同乘以 791）} \\ \\
\end{array}
$$

3）因为上边计算出劳斯表中第一列数值全部为正实数，所以控制系统是稳定的。

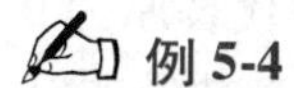 例 5-4

已知控制系统的特征方程为

$$s^5 + 3s^4 + 2s^3 + s^2 + 5s + 6 = 0$$

试判断控制系统的稳定性。

解： 1）由特征方程知：$a_5 = 1$，$a_4 = 3$，$a_3 = 2$，$a_2 = 1$，$a_1 = 5$，$a_0 = 6$，各项系数均大于 0。

2）列出劳斯表

$$
\begin{array}{c|ccc}
s^5 & 1 & 2 & 5 \\
s^4 & 3 & 1 & 6 \\
s^3 & 5 & 9 & \\
s^2 & -11 & 15 & \\
s^1 & \dfrac{174}{11} & & \\
s^0 & 15 & &
\end{array}
\quad
\begin{array}{l}
\\ \\ \text{（同乘以 3）} \\ \text{（同乘以 5/2）} \\ \\ \\
\end{array}
$$

观察第一列数值符号的变化，数值在 $5 \to -11 \to \dfrac{174}{11}$ 处符号发生了两次改变，所以控制系统不稳定，特征方程有两个正根。

如果劳斯表中某一行第一个数为零，其余不全为零，这时可用一个很小的正数 ε 来代替这个零，从而可以使劳斯表继续算下去，否则下一行将出现 ∞。

例 5-5

控制系统的特征方程为：$s^4+3s^3+s^2+3s+1=0$，试判断控制系统的稳定性。

解：1）由特征方程知：$a_4=1$，$a_3=3$，$a_2=1$，$a_1=3$，$a_0=1$，各项系数均大于0。

2）列出劳斯表

$$
\begin{array}{c|ccc}
s^4 & 1 & 1 & 1 \\
s^3 & 3 & 3 & \\
s^2 & \varepsilon & 1 & \\
s^1 & 3-\dfrac{3}{\varepsilon} & & \\
s^0 & 1 & &
\end{array}
$$

因为ε很小而$0<\varepsilon<1$，则$3-(3/\varepsilon)<0$，所以表中第一列变号两次，故控制系统有两个正根，该系统是不稳定的。

在应用劳斯稳定性判据时，可能会出现劳斯表中某一行全部为0的情况。这种情况意味着在［s］平面上存在一些“对称”的根：这些根可能是一对（或几对）大小相等符号相反的实根；或一对（或几对）共轭虚根；或呈对称位置的共轭复根。这些情况下，劳斯表中的某行全为零。为了继续向下计算，可以将不为0的最后一行各元素组成一个方程式，此方程称为“辅助方程”，然后将该“辅助方程”对s求导，用求导得到的各项系数代替原为0的各项，然后继续按劳斯表的列写方法，写出下面的各行，再判断劳斯中第一列各数值的符号，以判断该系统的稳定性。可以借助于“辅助方程”求出这些“对称”的根。

 **例 5-6**

控制系统的特征方程为：$s^6+2s^5+8s^4+12s^3+20s^2+16s+16=0$，试判断控制系统的稳定性。

解：1）由特征方程知：$a_i>0$，即特征方程的各项系数均大于0。

2）列出劳斯表

$$
\begin{array}{c|cccc}
s^6 & 1 & 8 & 20 & 16 \\
s^5 & 2 & 12 & 16 & \\
s^4 & 2 & 12 & 16 & \\
s^3 & 0 & 0 & &
\end{array}
$$

由上面劳斯表中可以看出s^3行中各元素全为0，因此将全为0行上面一行的各元素构成一个辅助方程式，即s^4行的各元素写成方程式：$2s^4+12s^2+16=0$，然后对s求导得到$8s^3+24s=0$；将求导后方程的系数8和24代替劳斯表中全为0的行，得到劳斯表

$$
\begin{array}{c|cccc}
s^6 & 1 & 8 & 20 & 16 \\
s^5 & 2 & 12 & 16 & \\
s^4 & 2 & 12 & 16 & \\
s^3 & 8 & 24 & & \\
s^2 & 6 & 16 & & \\
s^1 & \dfrac{8}{3} & & & \\
s^0 & 16 & & &
\end{array}
$$

从劳斯表中可以看出，第一列中各元素并没有符号的改变，因此在［s］平面上的右半平面没有特征根存在，该控制系统是稳定的。

第三节　奈奎斯特稳定判据及其应用

奈奎斯特稳定判据是用频率特性来判断控制系统稳定性的方法。在系统初步设计和校正中经常采用频率特性的图解方法，这时如用奈奎斯特图或伯德图判断控制系统的稳定性就会带来方便。因为此时控制系统的参数尚未最后确定，一些元件的数学表达式常常是未知的，仅有在试验中得到的频率特性曲线可供采用。应用奈奎斯特稳定判据，无论是由解析法还是由试验方法获得的开环频率特性曲线，都可用来分析控制系统的稳定性。

奈奎斯特稳定判据仍是根据系统稳定的充分必要条件推导出的一种方法。对于图 5-1 所示的控制系统，闭环传递函数 $\phi(s)$ 与开环传递函数 $G(s)H(s)$ 之间有着确定的关系，即式 (5-1)。欲使控制系统稳定，必须满足控制系统特征方程的根（即闭环极点）全部位于［s］复平面的左半部，奈奎斯特稳定判据正是将开环频率特性 $G(\mathrm{j}\omega)H(\mathrm{j}\omega)$ 与控制系统的闭环极点联系起来的判据。应用奈奎斯特稳定判据则不必求解闭环特征方程的根，只要根据开环频率特性就可以确定控制系统的稳定性，同时还可以得知控制系统的相对稳定性以及改善控制系统稳定性的途径等。因此，奈奎斯特稳定判据在控制工程中得到了广泛的应用。

一、奈奎斯特稳定判据

从控制系统稳定的充分条件出发，寻找控制系统闭环特征方程的极点与开环特征方程的极点之间的规律。正是闭环传递函数的分母 $1 + G(s)H(s)$ 联系着开环、闭环之间的零点和极点。开环传递函数 $G(s)H(s)$ 一般为分式，分子为 m 阶多项式，分母为 n 阶多项式，并且 $1 + G(s)H(s)$ 与 $G(s)H(s)$ 是分母相同的分式，用下式表示：

$$
\begin{aligned}
1 + G(s)H(s) &= 1 + \frac{b_m s^m + b_{m-1}s^{m-1} + \cdots + b_0}{(s-p_1)(s-p_2)\cdots(s-p_n)} \\
&= \frac{(s-\lambda_1)(s-\lambda_2)\cdots(s-\lambda_n)}{(s-p_1)(s-p_2)\cdots(s-p_n)}
\end{aligned}
\tag{5-5}
$$

可以看出，$1 + G(s)H(s)$ 的极点 $p_i(i = 1，2，\cdots，n)$ 即开环传递函数 $G(s)H(s)$ 的极点；而 $1 + G(s)H(s)$ 的零点 $\lambda_i(i = 1，2，\cdots，n)$ 正是闭环传递函数的极点，因为 $s=\lambda_i$ 时，$1 + G(s)H(s) = 0$。建立这个关系是证明奈奎斯特稳定判据的第一步。

根据复变函数中的保角映射关系，对于复平面［s］上的一条连续封闭曲线，在［$1 + G(s)H(s)$］复平面上必有一条封闭曲线与之对应。在证明奈奎斯特稳定判据时，取［s］平面上的封闭曲线 Γ_s 包围整个［s］平面的右半部，即沿着虚轴由 $-\mathrm{j}\infty \to \mathrm{j}\infty$ 再沿着半径为 ∞ 的半圆构成封闭曲线，如图 5-2 所示。若将 $1 + G(s)H(s)$ 的零点 $\lambda_i(i = 1，2，\cdots，n)$ 和极点 $p_i(i = 1，2，\cdots，n)$ 画在［s］平面上，那么，封闭曲线 Γ_s 把实部为正的极点和零点都包围进去，即包围了所有实部为正的开环极点和闭环极点（下面简称为开环右极点和闭环右极点）。

［s］平面上 Γ_s 曲线沿虚轴的部分，即当变量 s 沿［s］平面的虚轴从 $-\infty$ 到 ∞ 变化时，

映射到 $[1+G(s)H(s)]$ 平面上是 $1+G(\mathrm{j}\omega)H(\mathrm{j}\omega)$ 曲线，而 $G(\mathrm{j}\omega)H(\mathrm{j}\omega)$ 曲线正是系统的开环奈奎斯特图。

在复平面 $[1+G(s)H(s)]$ 和 $[G(s)H(s)]$ 之间的实轴坐标相差1，$[1+G(s)H(s)]$ 复平面（简写为 [1+*GH*] 平面）的坐标原点正是 $[G(s)H(s)]$ 复平面（简写为 [*GH*] 平面）上的（−1，j0）点。如果由 Γ_s 映射的曲线在 $[1+GH]$ 平面上包围其坐标原点，在 [*GH*] 平面上则包围（−1，j0）点，即当 $1+G(\mathrm{j}\omega)H(\mathrm{j}\omega)=0$ 时，有 $G(\mathrm{j}\omega)H(\mathrm{j}\omega)=-1$。

Γ_s 曲线的另一部分即无穷大半圆部分，映射到 [*GH*] 平面上的原点（当 $n>m$ 时），或映射到 [*GH*] 平面的实轴上某定点（当 $n=m$ 时）。

由相角定理可以证明（证明从略）有如下关系：

$$Z=P-N \tag{5-6}$$

式中，Z 是闭环右极点个数，正整数或零；P 是开环右极点个数，正整数或零；N 为 ω 从 $-\infty\to0\to\infty$ 变化时，$G(\mathrm{j}\omega)H(\mathrm{j}\omega)$ 封闭曲线在 [*GH*] 平面内包围（−1，j0）点的次数。

当 $N>0$ 时，表示曲线按逆时针方向包围；当 $N<0$ 时，表示曲线按顺时针方向包围；当 $N=0$ 时，表示曲线不包围（−1，j0）点。

由式（5-6）可根据开环右极点个数 P 和开环奈奎斯特图对（−1，j0）点的包围次数 N，来判断闭环右极点 Z 是否等于零。若要控制系统稳定，则闭环特征方程不能有右极点，即必须使 $Z=0$，也就是要求 $N=P$。开环传递函数 $G(s)H(s)$ 通常是一些简单环节串联相乘的形式，因此开环右极点数 P 容易求出。N 的确定需画出开环奈奎斯特图，ω 从 $-\infty\to0\to\infty$ 的开环奈奎斯特图是一条与实轴对称的封闭曲线，只要画出 ω 从 $0\to\infty$ 那一半曲线，按镜像对称原则便可得到 ω 从 $-\infty\to0$ 的另一半曲线，如图5-3所示。奈奎斯特图对（−1，j0）点的包围情况由 N 可得出，然后便可确定 Z。

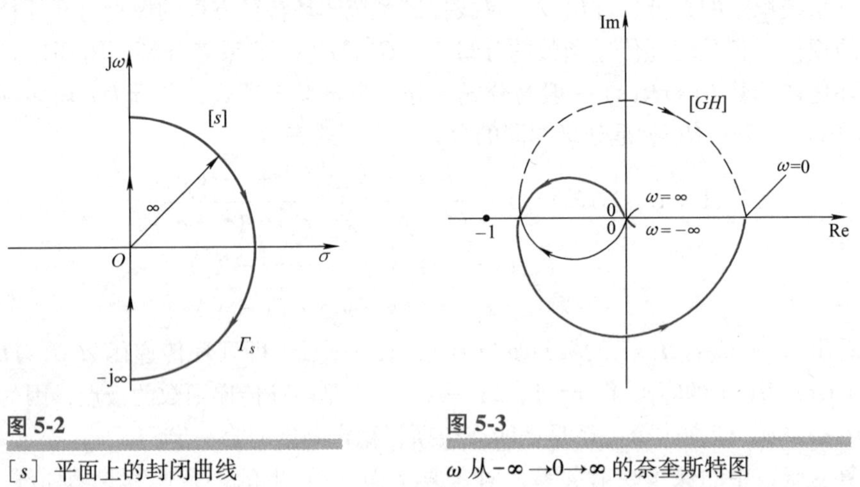

图 5-2
[*s*] 平面上的封闭曲线

图 5-3
ω 从 $-\infty\to0\to\infty$ 的奈奎斯特图

为简单起见，通常只画出 ω 从 $0\to\infty$ 的 $G(\mathrm{j}\omega)H(\mathrm{j}\omega)$ 曲线，当仅用正半部分奈奎斯特图判别控制系统的稳定性时，包围次数应当增加一倍才符合式（5-6）的关系，即把式（5-6）改写为

$$Z=P-2N \tag{5-7}$$

式中，N 是 ω 从 $0\to\infty$ 的 $G(\mathrm{j}\omega)H(\mathrm{j}\omega)$ 曲线对（−1，j0）点包围的次数，N 的正负及 P、Z 的意义同式（5-6）。

按式（5-7），控制系统稳定时，即当 $Z=0$ 时应满足

$$P = 2N \tag{5-8}$$

或

$$N = \frac{P}{2} \tag{5-9}$$

归纳上述，按式（5-9）的关系给出奈奎斯特稳定判据的结论：

当 ω 从 $0 \to \infty$ 变化时，开环频率特性曲线 $G(\mathrm{j}\omega)H(\mathrm{j}\omega)$ 按逆时针包围点（-1，j0）的次数 N 如果等于开环右极点数的一半$\left(即\frac{P}{2}\right)$，则闭环控制系统是稳定的，否则控制系统是不稳定的。

应用奈奎斯特稳定判据判断控制系统稳定性的一般步骤如下：

首先，绘制 ω 从 $0 \to \infty$ 变化时的开环频率特性曲线，即开环奈奎斯特图，并在曲线上标出 ω 从 $0 \to \infty$ 增加的方向。根据曲线包围（-1，j0）点的次数和方向，求出 N 的大小及正负。从（-1，j0）点向 $G(\mathrm{j}\omega)H(\mathrm{j}\omega)$ 曲线上作一矢量，并计算这个矢量当 ω 从 $0 \to \infty$ 变化时相应转过的“净”角度，规定逆时针旋转方向为正角度方向，并按转过 360°折算 $N=1$，转过$-360°$折算 $N=-1$。要注意 N 的正负及 $N=0$ 的情况，如图 5-4 所示。

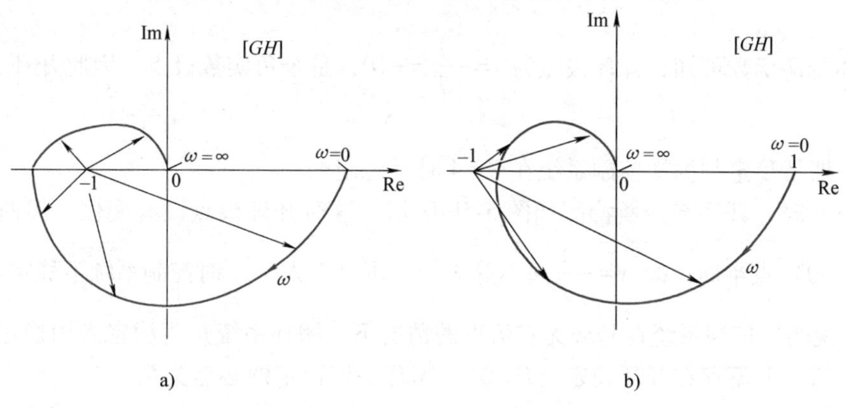

图 5-4

N 的计算

a）$N=-1$　b）$N=0$

然后，由给定的开环传递函数确定开环右极点数 P，并按奈奎斯特稳定判据判断系统的稳定性。若 $N = P/2$，则闭环控制系统稳定，否则闭环控制系统是不稳定的。如果 $G(\mathrm{j}\omega)H(\mathrm{j}\omega)$ 曲线刚好通过（-1，j0）点，表明闭环控制系统有极点位于虚轴上，控制系统处于临界稳定状态，工程上属于不稳定情况。

二、奈奎斯特稳定判据的应用举例

1. 开环传递函数没有 $s=0$ 的极点

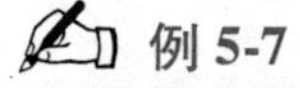 **例 5-7**

单位负反馈系统的开环传递函数为

$$G(s) = \frac{K}{Ts + 1}$$

式中，$T=0.1\mathrm{s}$。试用奈奎斯特稳定判据判断 $K=4$ 和 $K=-4$ 情况下控制系统的稳定性。

解： 作当 $K=4$ 和 $K=-4$ 时的开环奈奎斯特图，如图 5-5 所示。

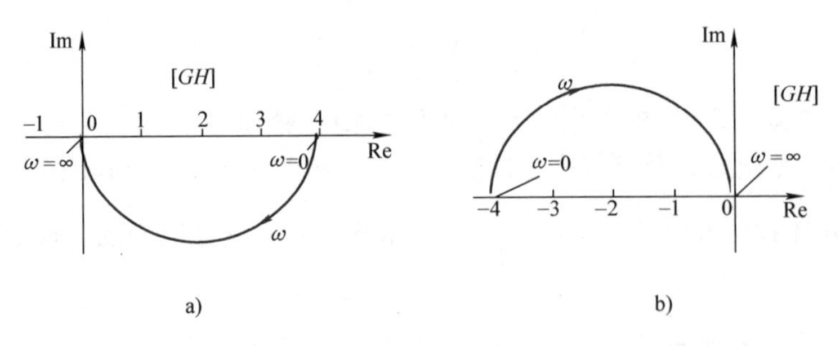

图 5-5

$\dfrac{K}{Ts+1}$的奈奎斯特图

a）$K=4$　b）$K=-4$

当 $K=4$ 时，开环奈奎斯特图如图 5-5a 所示，可以明显看出曲线不包围（-1，j0）点，所以 $N=0$。

由开环传递函数可知，开环极点为 $s=-\dfrac{1}{T}=-10$，是个负实数极点，因此开环无右极点，$P=0$。

由奈奎斯特稳定判据知控制系统在 $K=4$ 时是稳定的。

当 $K=-4$ 时，开环奈奎斯特图如图 5-5b 所示，这时开环极点没有变化，但曲线顺时针包围（-1，j0）点半周，即 $N=-\dfrac{1}{2}$而不等于$\dfrac{P}{2}$，可见在 $K=-4$ 时控制系统不稳定。

例 5-7 说明，控制系统在开环无右极点的情况下，闭环系统是否稳定需用稳定判据判断以后才能知道，并不存在开环稳定（$P=0$），闭环一定稳定的必然关系。

例 5-8

判断由一个振荡环节

$$G(s)=\frac{K}{T^2s^2+2\zeta Ts+1}$$

构成的单位负反馈系统的稳定性。

解： 开环奈奎斯特图如图 5-6 所示。曲线不包围（-1，j0）点，当 K、ζ、T 为任何正值时，开环都无右极点，闭环系统都是稳定的。因为无论这些参数如何改变，$G(j\omega)$ 曲线的相角总是由 0°→180°变化，只经过第四象限、第三象限，到不了第二象限，因此不可能包围（-1，j0）点。

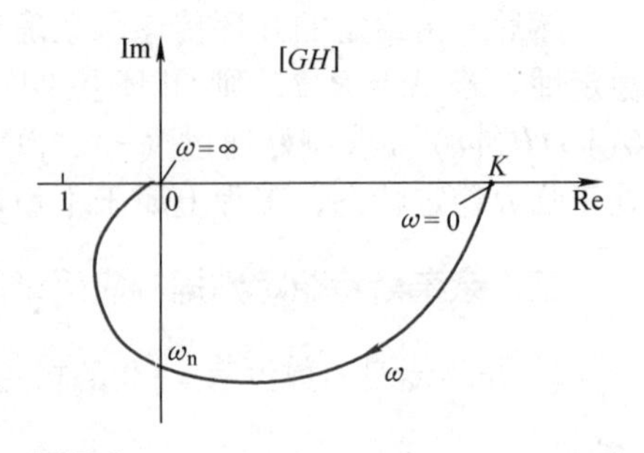

图 5-6

例 5-8 的开环奈奎斯特图

例 5-9

绘制有三个极点的 0 型系统的奈奎斯特图，并判断闭环系统的稳定性，它的开环频率特性为

$$G(\mathrm{j}\omega)H(\mathrm{j}\omega)=\frac{K}{(1+\mathrm{j}\omega T_1)(1+\mathrm{j}\omega T_2)(1+\mathrm{j}\omega T_3)}$$

解： 当 $\omega=0$ 时

$$|G(\mathrm{j}\omega)H(\mathrm{j}\omega)|=K$$

$$\angle G(\mathrm{j}\omega)H(\mathrm{j}\omega)=0^{\circ}$$

当 $\omega=\infty$ 时

$$|G(\mathrm{j}\omega)H(\mathrm{j}\omega)|=0$$

$$\angle G(\mathrm{j}\omega)H(\mathrm{j}\omega)=-270^{\circ}$$

开环奈奎斯特图的大致形状如图 5-7 所示。曲线从正实轴上的 K 点开始，顺时针旋转穿过三个象限，沿−270°线终止于原点。当 K 值较小时如曲线①所示，不包围（−1，j0）点，$N=0$。当 K 值增大到 K'，曲线的相位不变，仅幅值增大，如曲线②所示，顺时针包围（−1，j0）点一周，即 $N=-1$。因为开环无右极点，$P=0$。所以在曲线①所示情况下，闭环控制系统稳定。曲线②的情况控制系统不稳定。可见开环增益 K 的增大，不利于控制系统的稳定性。从控制系统稳态误差的角度来说，K 的增大有利于稳态误差的减小。为了兼顾精度和稳定性，需要在系统中加补偿环节。

由上面两例可见，对于最小相位的开环传递函数，并且在开环增益 $K>0$ 时，只有三阶或三阶以上的闭环控制系统才可能不稳定。

2. 开环传递函数中有 $s=0$ 的极点

开环传递函数中含有积分环节时就属于这种情况，含有积分环节的系统是普遍存在的，因此奈奎斯特稳定判据必须有相应的处理方法。

在［s］平面上的封闭曲线 Γ_s 向［$1+GH$］平面上映射时，Γ_s 是沿虚轴前进的，现在原点处有极点，Γ_s 曲线向原点右方沿无穷小半径的半圆 $\widehat{abc}$ 绕行，如图 5-8 所示，把原点处的极

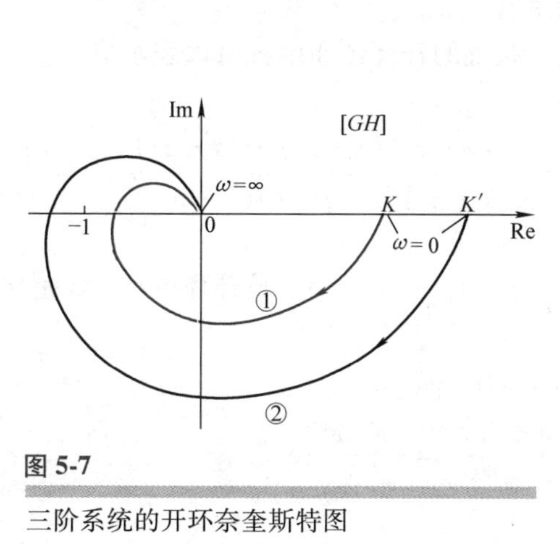

图 5-7

三阶系统的开环奈奎斯特图

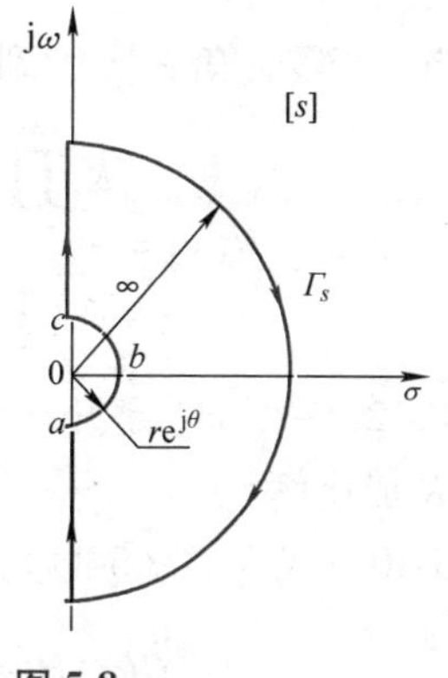

图 5-8

［s］平面上避开原点上极点的封闭曲线

点绕过去。但绕行半径为无限小，所有不在原点上的右极点和右零点仍能被包括在 Γ_s 封闭曲线之内。这样处理之后，奈奎斯特稳定判据中的开环右极点 P 就不包括 $s=0$ 的极点。

由于积分环节在 $\omega=0$ 时的相角为-90°，幅值为∞，其影响将使含有积分环节的开环奈奎斯特图在 $\omega=0$ 时的起点不是实轴上的一个定值点，而是沿某一个坐标轴趋于∞，如图 5-9 所示。因此 ω 从 $-\infty\to0\to\infty$ 的开环奈奎斯特图不封闭，无法识别曲线对（-1，j0）点的包围情况。遇到这种情况，可以作辅助曲线，如图 5-9 中的虚线。辅助曲线的作法如下：以无穷大为半径，从奈奎斯特图的起始端沿逆时针方向绕过 $\gamma\times90°$ 作圆和实轴相交，这个圆就是辅助曲线。γ 是开环传递函数中含有积分环节的个数。

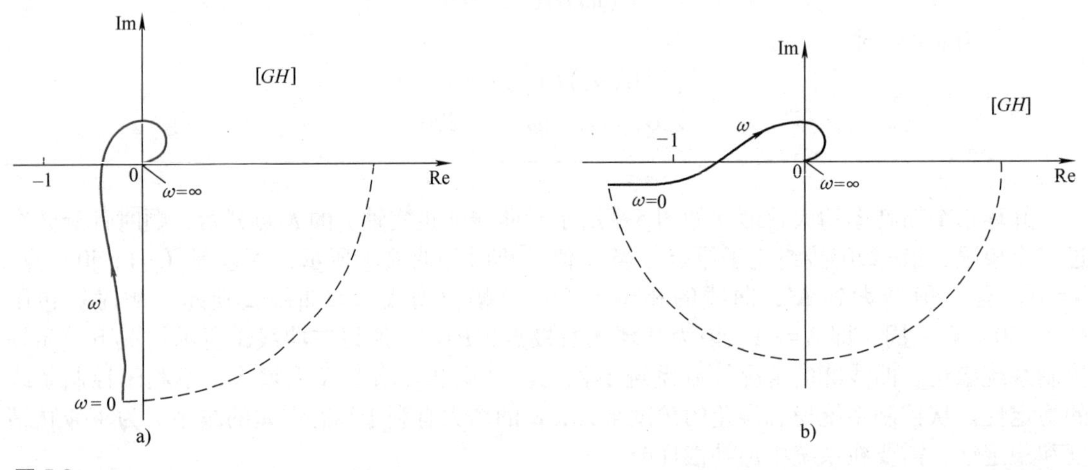

图 5-9

辅助曲线

a) $\dfrac{K}{(\mathrm{j}\omega)(1+\mathrm{j}\omega T_1)(1+\mathrm{j}\omega T_2)(1+\mathrm{j}\omega T_3)}$ 的奈奎斯特图 b) $\dfrac{K(1+\mathrm{j}\omega T_4)}{(\mathrm{j}\omega)^2(1+\mathrm{j}\omega T_1)(1+\mathrm{j}\omega T_2)(1+\mathrm{j}\omega T_3)}$ 的奈奎斯特图

这个辅助曲线是由 [s] 平面上 Γ_s 封闭路径中找 $\widehat{bc}$ 段映射在 [GH] 平面上的图形。当变量 s 沿 Γ_s 路径前进经过 $\widehat{bc}$ 时，可以表示为

$$s=r\mathrm{e}^{\mathrm{j}\theta} \tag{5-10}$$

而小半径 r 趋近于零，角 θ 从 0°到 90°变化，系统的开环传递函数可以表示成

$$G(s)H(s)=\frac{K_1\prod_{i=1}^{m}(s-z_i)}{s^{\gamma}\prod_{i=1}^{n-\gamma}(s-p_i)}=\frac{K_1(s-z_1)(s-z_2)\cdots(s-z_m)}{s^{\gamma}(s-p_1)(s-p_2)\cdots(s-p_{n-\gamma})} \tag{5-11}$$

式中，$z_i(i=1,\ 2,\ \cdots,\ m)$ 是开环零点；$p_i(i=1,\ 2,\ \cdots,\ n-\gamma)$ 是开环极点；K_1 是比例系数，与开环增益 K 成比例。

将式（5-10）代入式（5-11）中，并令 $r\to0$，得

$$G(s)H(s)\big|_{s=r\mathrm{e}^{\mathrm{j}\theta}}=\frac{|K'|\mathrm{e}^{\mathrm{j}\varphi_0}}{r\mathrm{e}^{\mathrm{j}\theta\gamma}}=\frac{|K'|\mathrm{e}^{\mathrm{j}\varphi_0}}{r}\mathrm{e}^{-\mathrm{j}\theta\gamma} \tag{5-12}$$

式中，$K'=K_1\dfrac{(-z_1)(-z_2)\cdots(-z_m)}{(-p_1)(-p_2)\cdots(-p_{n-\gamma})}$，由于复数根的共轭性，故 K' 是实数；φ_0 是其他环节

（除去积分环节）在 $\omega=0$ 时的相角和，对于最小相位系统，$\varphi_0=0°$；对于非最小相位系统，$\varphi_0=\pm k\pi(k=0, 1, 2, 3\cdots)$。

根据式（5-12）可以确定［s］平面上半径为无穷小的 $\widehat{bc}$ 变换到［GH］平面上的轨迹曲线。$\widehat{bc}$ 的 $r\to0$，θ 由 $0°\to90°$ 变化，映射在［GH］平面上为 $G(\mathrm{j}\omega)H(\mathrm{j}\omega)$ 的幅值为无穷大，相角由 φ_0 变化 $\gamma\times(-90°)$，复数 $G(\mathrm{j}\omega)H(\mathrm{j}\omega)$ 矢量端点轨迹，这就是图 5-9 中的虚线辅助线，即开环奈奎斯特图的增补段。

经过以上的处理，原奈奎斯特稳定判据仍可使用。

例如：图 5-9 中的两个系统，开环均无右极点，即 $P=0$，增补（加辅助线）后的开环奈奎斯特图又都不包围（-1，j0）点，$N=0$，所以由奈奎斯特稳定判据可以判断两个系统都是稳定的。

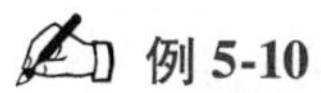

例 5-10

设某非最小相位系统的开环传递函数为

$$G(s)H(s)=\frac{K}{s(Ts-1)}$$

试判断该控制系统的稳定性。

解：作开环奈奎斯特图如图 5-10 所示，图中虚线为增补段，是根据作辅助线的方法，由实线部分的起始端（$\omega=0$），以无穷大为半径，沿逆时针方向旋转 90°，交于负实轴，形成图 5-10 中的虚线部分。需要注意的是，此处没有交于正实轴，是因为开环传递函数中只有一个积分环节，$\gamma=1$，辅助线只有 90°范围的相角，而除去积分环节的其他环节 $\dfrac{K}{Ts-1}$ 在 $\omega=0$ 时的相角和 $\varphi_0=-180°$。在确定奈奎斯特图包围（-1，j0）点的次数和方向时，应将虚线和实线连续起来看，整个曲线的旋转方向仍按 ω 增大的方向。这样，由图 5-10 可以看出，曲线顺时针包围（-1，j0）点半圈，即 $N=-\dfrac{1}{2}$。

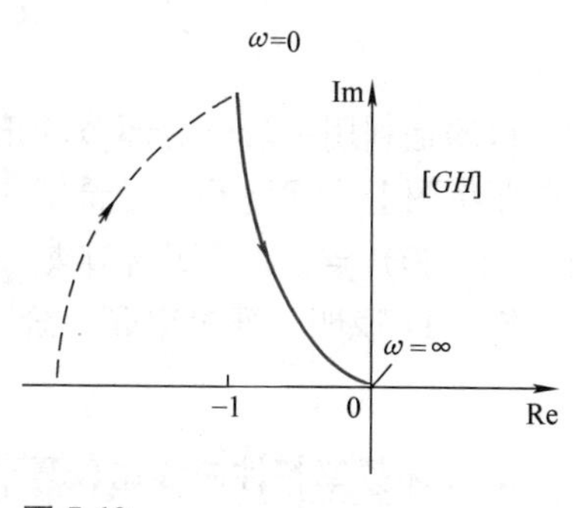

图 5-10　$\dfrac{K}{\mathrm{j}\omega(\mathrm{j}\omega T-1)}$ 的奈奎斯特图

检查开环极点：$s_1=0$，$s_2=\dfrac{1}{T}$，其中 s_2 是正实数，是一个右极点，而 $s_1=0$，不算右极点。所以开环右极点数 $P=1$。由奈奎斯特稳定判据得知控制系统不稳定。

例 5-11

Ⅱ型系统开环传递函数如下，试判断闭环系统的稳定性。

$$G_1(s)H(s)=\frac{10}{s^2(0.15s+1)}$$

解： 作开环奈奎斯特图如图 5-11a 所示，由图可知 $N=-1$，即顺时针包围（-1，j0）点一周。开环传递函数无右极点，$P=0$。控制系统不稳定。

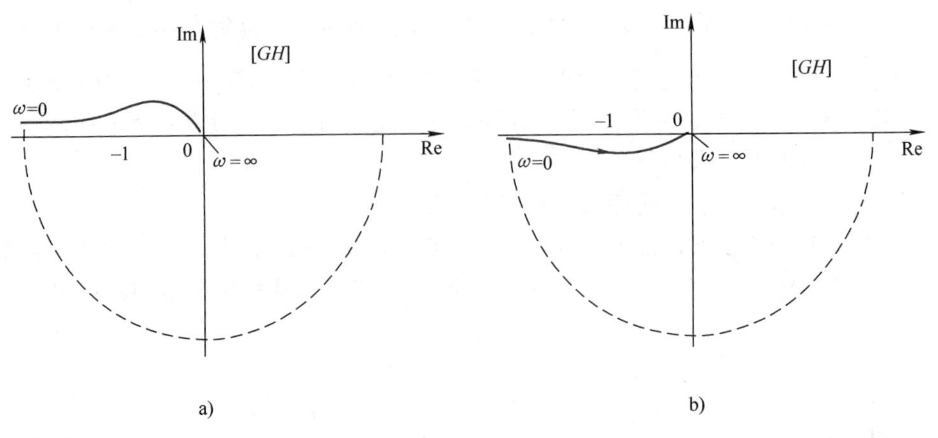

图 5-11

例 5-11 图

a) $G_1(j\omega)H(j\omega)$ b) $G_2(j\omega)H(j\omega)$

如果在原系统中串入一个一阶微分环节（2. 5s+1），使开环传递函数变成

$$G_2(s)H(s)=\frac{10(2.5s+1)}{s^2(0.15s+1)}$$

目的是利用一阶微分环节的正相位角度，使原开环频率特性的相位滞后量减小，在开环奈奎斯特图上直观地看，是希望曲线不要到达第二象限，只在第四象限、第三象限就不会包围（-1，j0）点。其开环奈奎斯特图如图 5-11b 所示。

例 5-11 说明，通过串联一阶微分环节的“校正”作用，有可能使Ⅱ型系统变得稳定。

3. 开环频率特性曲线比较复杂时奈奎斯特稳定判据的应用

如图 5-12 所示的开环奈奎斯特图，若用对（-1，j0）点的包围圈数来确定 N，就很不方便，为此引出“穿越”的概念。

所谓“穿越”，指开环奈奎斯特图穿过（-1，j0）点左边的实轴部分。若曲线由上而下穿过-1→-∞ 实轴段时称为“正穿越”，曲线由下而上穿过时称为“负穿越”。穿过（-1，j0）点以左的实轴一次，则穿越次数为 1。若曲线始于或止于（-1，j0）点以左的实轴上，则穿越次数为 1/2。

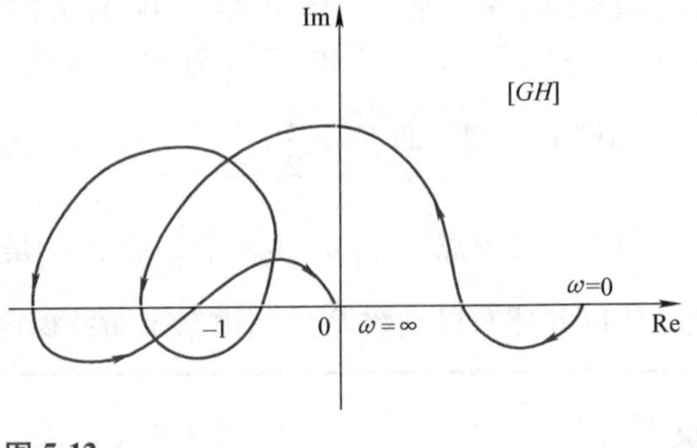

图 5-12

复杂的开环奈奎斯特图

正穿越相当于奈奎斯特图逆时针包围（-1，j0）点，对应相角增大，负穿越相当于奈奎斯特图顺时针包围（-1，j0）点，对应相角减小。需要注意的是，奈奎斯特图穿过(-1，j0）点以右的实轴不为穿越。

这样，奈奎斯特稳定判据可以写成：当 ω 从 0 变到 ∞ 时，若开环频率特性曲线在（-1，j0）点以左实轴上的正穿越次数减去负穿越次数等于 $P/2$，则控制系统是稳定的，否则控制系统不稳定。其中 P 为开环右极点数。

应用这个判据可判断图 5-12 所示系统的稳定性，由图 5-12 看出，正穿越次数为 2，负穿越次数为 1，开环右极点数 $P=2$。正穿越次数减去负穿越次数等于 $P/2$，所以控制系统稳定。

4. 对数频率特性的奈奎斯特稳定判据

开环频率特性函数 $G(\mathrm{j}\omega)H(\mathrm{j}\omega)$ 可以用奈奎斯特图表示，也可以用伯德图表示，这两种图形有如下对应关系：

1）奈奎斯特图上的单位圆（圆心为坐标原点，半径为 1），在伯德图的对数幅频特性曲线上是 0dB 线，因为单位圆上 $|G(\mathrm{j}\omega)H(\mathrm{j}\omega)|=1$，故

$$20\lg|G(\mathrm{j}\omega)H(\mathrm{j}\omega)|=20\lg 1=0\mathrm{dB}$$

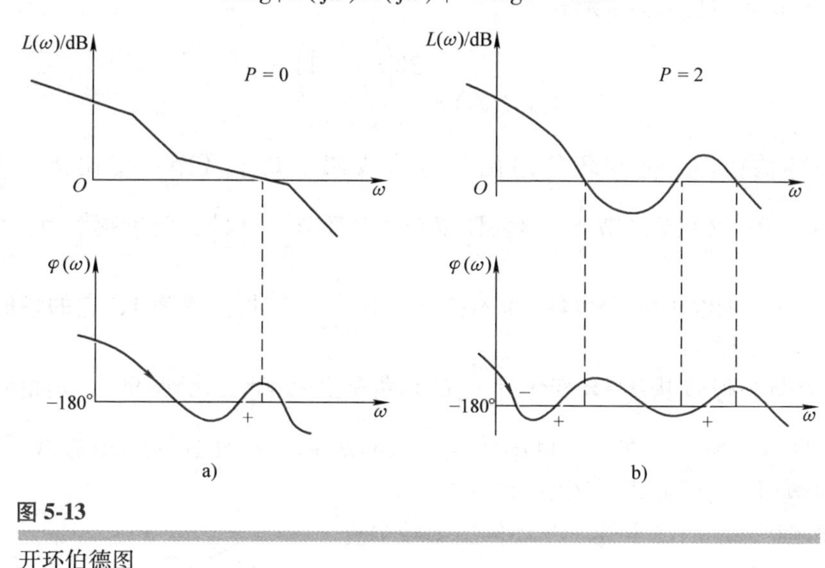

图 5-13

开环伯德图

2）奈奎斯特图上的负实轴在伯德图的相频特性上是-180°水平线，因为负实轴上的点，相角是-180°。

根据前面“穿越”的概念，开环奈奎斯特图对（-1，j0）以左的实轴穿越时，$G(\mathrm{j}\omega)H(\mathrm{j}\omega)$ 矢量应具备两个条件：幅值大于 1，相角等于-180°。穿越一次，相角等于-180°一次。幅值小于 1 时没有“穿越”。把这两个条件转换在开环伯德图上，就是 $L(\omega)>0\mathrm{dB}$ 时，相频特性曲线穿过-180°线一次，称为一次穿越，$L(\omega)<0\mathrm{dB}$ 时没有穿越。

正穿越为角度增大，在奈奎斯特图上，自上而下穿过时相角增大为正穿越。在伯德图上，$L(\omega)>0\mathrm{dB}$ 下的相频特性曲线自下而上穿过-180°线时，相角增大，为正穿越；反之，相频特性曲线自上而下穿过-180°线时，相角减小，为负穿越。

根据上述对应关系，对数频率特性的奈奎斯特稳定判据表述如下：

系统稳定的充要条件是：在开环伯德图上 $L(\omega)>0\mathrm{dB}$ 的所有频段内，相频特性曲线 $\varphi(\omega)$ 在-180°线上正、负穿越次数代数和等于 $P/2$（P 为开环右极点数）。如果 $P=0$，则上述正、负穿越次数应相等。

如果恰在 $L(\omega)=0\mathrm{dB}$ 处相频特性曲线穿过-180°线，控制系统是临界稳定状态。

用上述判据可知图 5-13 所示两个开环伯德图对应的系统，闭环状态下都是稳定的。

请读者注意：遇到开环传递函数中含有积分环节时，应当按开环有 $s=0$ 的极点的情况处理，将伯德图中对数相频特性曲线的起始端（$\omega\to0$）与其他环节（除去积分环节）在 $\omega\to0$ 时的相角和 φ_0 连接起来，再检查是否穿越 $-180°$ 线。此时如果 φ_0 起始于 $-180°$，算半次穿越，其正、负仍按相角增加为正，相角减小为负。下面举例说明。

例 5-12

试用伯德图判断具有下列开环传递函数的非最小相位系统的稳定性。

$$G(s)H(s)=\frac{10(s+3)}{s(s-1)}$$

解：1）传递函数化成标准形式。

$$G(s)H(s)=\frac{30\left(\dfrac{s}{3}+1\right)}{s(s-1)}$$

2）作开环伯德图。把开环传递函数分解成四个基本环节：①比例环节 $K=30$，$20\lg30\text{dB}=29.5\text{dB}$；②积分环节 $\dfrac{1}{s}$；③一阶复合微分环节 $\left(\dfrac{s}{3}+1\right)$，转折频率为 3，其相频特性曲线如图 5-14 中曲线 1 所示；④一阶不稳定环节 $\dfrac{1}{s-1}$，转折频率为 1，它的幅值与惯性环节 $\dfrac{1}{s+1}$ 的幅值相同，但 ω 从 $0\to\infty$ 变化时 $\dfrac{1}{s-1}$ 的相角是由 $-180°$ 变化到 $-90°$，其相频特性曲线如图 5-14 中曲线 2 所示。在图 5-14 中画出 $G(j\omega)H(j\omega)$ 的对数幅频渐近线［图中标以 $L(\omega)$］和对数相频特性曲线［图中标以 $\varphi(\omega)$］。

3）判断闭环系统的稳定性。开环传递函数中有一个右极点，$P=1$。

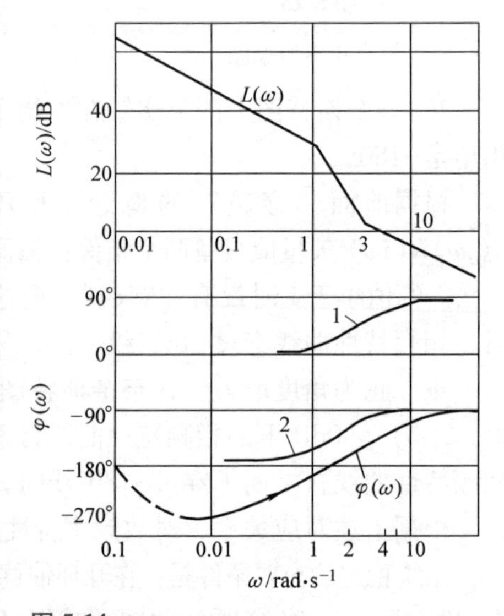

图 5-14 $\dfrac{10(s+3)}{s(s-1)}$ 的伯德图

根据上述奈奎斯特稳定判据检查 $L(\omega)>0\text{dB}$ 的频率范围内相频特性曲线在 $-180°$ 线上的穿越情况。相频特性曲线起于 $-270°$ 线，终于 $-90°$ 线，有一次正穿越。但此时应考虑开环传递函数中有 $s=0$ 的极点的情况，需做相应的处理。该系统开环传递函数中含有一个积分环节，而其他三个环节在 $\omega\to0$ 时的相角和为 $\varphi_0=-180°$。所以应当由 $-180°$ 与相频特性起始端连起来再进行判断。连接部分如图 5-14 中虚线所示，它相当于开环奈奎斯特图中的辅助线（增补段）。经过增补以后的相频特性曲线起于 $-180°$ 线向下行，所以计入半次负穿越。最后按稳定判据：正穿越次数减去负穿越次数为 $1-\dfrac{1}{2}=\dfrac{1}{2}$，即 $\dfrac{P}{2}$，所以这个非最小相位系统是稳定的。但是，若不按开环有 $s=0$

极点的情况处理，必然得到错误的结果。

三、延时系统稳定性的判别

设带有延时环节的反馈控制系统的开环传递函数为

$$G(s)H(s)=G_1(s)H_1(s)\mathrm{e}^{-\tau s} \tag{5-13}$$

式中，$G_1(s)H_1(s)$ 是除去延时环节的开环传递函数；τ 是延迟时间，单位为 s。式（5-13）表明延时环节在前向通道或在反馈通道中串接，对系统的稳定性影响是一样的。

延时环节 $\mathrm{e}^{-\tau s}$ 的频率特性 $\mathrm{e}^{-\mathrm{j}\omega\tau}$ 的幅值为 1，相角为 $-\omega\tau$。有延时环节的开环频率特性及幅频、相频特性分别为

$$G(\mathrm{j}\omega)H(\mathrm{j}\omega)=G_1(\mathrm{j}\omega)H_1(\mathrm{j}\omega)\mathrm{e}^{-\mathrm{j}\omega\tau} \tag{5-14}$$

$$|G(\mathrm{j}\omega)H(\mathrm{j}\omega)|=|G_1(\mathrm{j}\omega)H_1(\mathrm{j}\omega)| \tag{5-15}$$

$$\angle G(\mathrm{j}\omega)H(\mathrm{j}\omega)=\angle G_1(\mathrm{j}\omega)H_1(\mathrm{j}\omega)-\omega\tau \tag{5-16}$$

由上可见，有延时环节对 $G_1(\mathrm{j}\omega)H_1(\mathrm{j}\omega)$ 的幅值无影响，只是相位比较没有延时环节的系统滞后，也就是使 $G(\mathrm{j}\omega)H_1(\mathrm{j}\omega)$ 矢量在每一个 ω 上都按顺时针方向多移动 $\omega\tau$ 弧度。

应用有延时环节的开环奈奎斯特图判断闭环系统稳定性的方法，和奈奎斯特稳定判据的用法是一样的。

例如：有延时环节的系统，其开环传递函数为

$$G(s)H(s)=G_1(s)H_1(s)\mathrm{e}^{-s\tau}=\frac{\mathrm{e}^{-s\tau}}{s(1+s)(2+s)}$$

在图 5-15 中画出 τ 取不同值时的三条曲线进行对比。可以看出当 $\tau=0$ 时，也就是没有延时环节存在时，闭环系统是稳定的。随着 τ 的增大，系统的稳定性变坏，当 $\tau=2\mathrm{s}$ 时，$G(\mathrm{j}\omega)H(\mathrm{j}\omega)$ 曲线通过 $(-1,\ \mathrm{j}0)$ 点，系统处于临界稳定状态。当 $\tau=4\mathrm{s}$ 时，系统变得不稳定。延时环节常使系统的稳定性变坏，而实际系统中又经常不可避免地存在延时环节，延迟时间 τ 小则几毫秒，长则数分钟，为了提高系统的稳定性，应当尽量减小延迟时间。

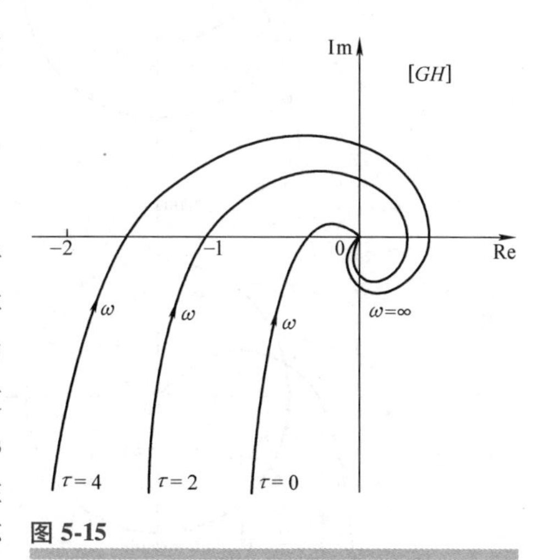

图 5-15 $\dfrac{\mathrm{e}^{-\mathrm{j}\omega\tau}}{\mathrm{j}\omega(1+\mathrm{j}\omega)(2+\mathrm{j}\omega)}$ 的奈奎斯特图

第四节 稳定性裕量

用奈奎斯特稳定判据可以判断控制系统是否稳定，但不能知道稳定程度如何。定性分析往往不能满足工程上的要求，为了赋予稳定性以定量的意义，本节要介绍稳定性裕量的概念。

一、相位裕量和幅值裕量

由奈奎斯特稳定判据知，对于最小相位系统的开环奈奎斯特图若通过（-1，j0）点，则系

统处于稳定的临界状态。在这种情况下，如果系统的某些参数稍有波动，就可能使系统的开环奈奎斯特图包围（-1，j0）点，造成系统的不稳定。因此，系统的开环奈奎斯特图对（-1，j0）点靠近程度，就直接表征了系统的稳定程度。也就是说，$G(\mathrm{j}\omega)H(\mathrm{j}\omega)$ 曲线离（-1，j0）点越远，系统的稳定程度越高，反之，曲线越靠近（-1，j0）点，系统稳定程度越低。这便是通常所说的相对稳定性。这种稳定程度用相位裕量和幅值裕量的概念来进行定量计算。

在图 5-16 中，$G(\mathrm{j}\omega)H(\mathrm{j}\omega)$ 曲线与单位圆相交时的频率 ω_c 称为幅值交界频率，当 $\omega=\omega_c$ 时，$|G(\mathrm{j}\omega)H(\mathrm{j}\omega)|=1$。在伯德图上 ω_c 是对数幅频特性曲线与 0dB 线相交时的频率。ω_c 也称为幅值穿越频率、开环截止频率及开环剪切频率。

ω_g 称为相位交界频率。当 $\omega=\omega_g$ 时，$\angle G(\mathrm{j}\omega)H(\mathrm{j}\omega)=-180°$。此时开环奈奎斯特图与实轴相交。对数相频特性曲线在 ω_g 处穿过-180°线，ω_g 也称为相位穿越频率。

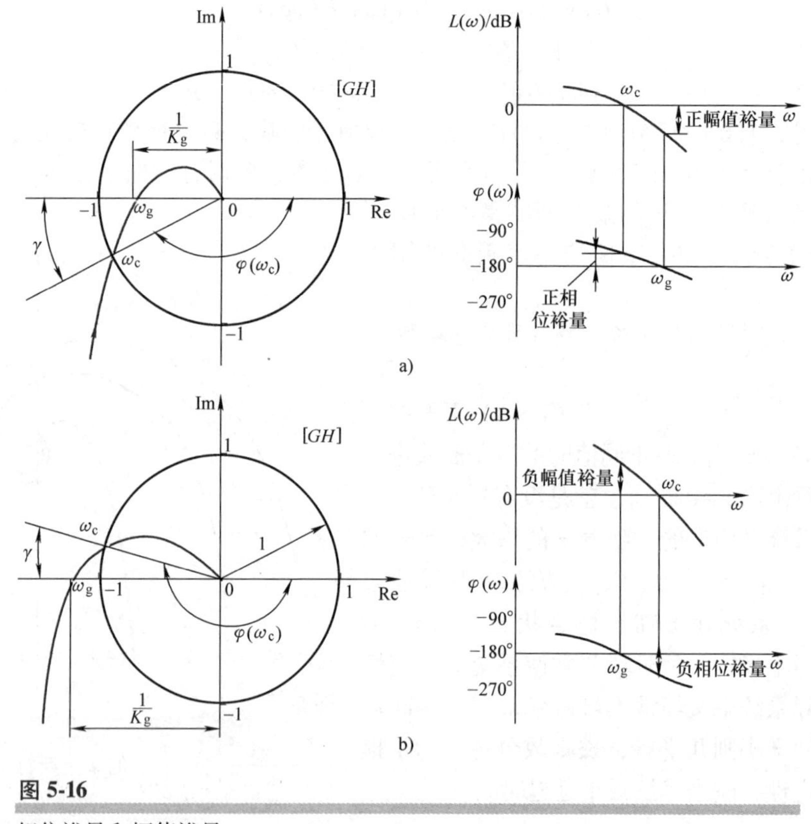

图 5-16

相位裕量和幅值裕量

a）正相位裕量和正幅值裕量　b）负相位裕量和负幅值裕量

1. 相位裕量 γ

在幅值交界频率上，使系统达到不稳定边缘所需要附加的相角滞后量（或超前量），称为相位裕量，记为 γ。

$$\gamma=\varphi(\omega_c)-(-180°)=180°+\varphi(\omega_c) \tag{5-17}$$

式中，$\varphi(\omega_c)$ 是开环频率特性在幅值交界频率 ω_c 上的相角。

最小相位系统稳定时开环奈奎斯特图不包围（-1，j0）点，即 $\varphi(\omega_c)$ 不应小于-180°。

根据式（5-17），最小相位系统稳定时应当有正的相位裕量，即 $\gamma>0$，如图 5-16a 所示。

2. 幅值裕量 K_g

在相位交界频率处开环频率特性幅值的倒数，称为幅值裕量，记为 K_g。

$$K_g = \frac{1}{|G(j\omega_g)H(j\omega_g)|} \tag{5-18}$$

在伯德图上，幅值裕量以分贝值表示，可记为 $K_g(\text{dB})$ 。

$$K_g(\text{dB}) = 20\lg K_g = 20\lg \frac{1}{|G(j\omega_g)H(j\omega_g)|}$$
$$= -20\lg|G(j\omega_g)H(j\omega_g)|$$

最小相位系统闭环状态下稳定时，其开环奈奎斯特图不能包围（-1，j0）点，因此 $|G(j\omega_g)H(j\omega_g)|<1$，即 $K_g>1$，$K_g(\text{dB})>0\text{dB}$，这种情况称为系统具有正幅值裕量。和这种情况相反，则为负幅值裕量。

需要注意的是，在伯德图上 $K_g>0$ 是用 $-20\lg|G(j\omega_g)H(j\omega_g)|$ 来表示的，也就是正幅值裕量必须在 0dB 线的下边，如图 5-16a 所示。图 5-16b 所示为负相位裕量和负幅值裕量的情况。

一阶、二阶系统的幅值裕量为无穷大，因为它们的开环奈奎斯特图与负实轴不相交，理论上不能不稳定。但是如果有延时环节的作用时，一阶、二阶系统也会变得不稳定。若把建立数学模型中被略去的一些小的时间延迟环节考虑进去，则所谓的一阶、二阶系统也可能变成不稳定的。

还应当指出一点，对于开环传递函数中存在右极点的系统，只有开环奈奎斯特图包围（-1，j0）点时系统才能稳定，否则不能满足稳定条件。因此，非最小相位系统（$P\neq0$ 的系统）稳定的时候，将具有负相位裕量和负幅值裕量。

二、关于相位裕量和幅值裕量的一些说明

1）控制系统的相位裕量和幅值裕量，是开环奈奎斯特图对（-1，j0）点靠近的度量，因此，这两个裕量可以用作设计准则。

2）为了得到满意的性能，相位裕量应在 30°~60°，幅值裕量应当大于 6dB。

3）对于最小相位系统，只有当相位裕量和幅值裕量都为正时，系统才是稳定的，要注意，为了确定系统的稳定性储备，必须同时考虑相位裕量和幅值裕量两项指标，只用其中一项指标不足以说明系统的相对稳定性。

4）对于最小相位系统，开环幅频和相频特性之间有确定的对应关系，30°~60°的相位裕量，意味着在开环伯德图上，对数幅频特性曲线在幅值交界频率 ω_c 处的斜率必须大于[-40]。在大多数实际系统中，为保证系统稳定，要求 ω_c 上的斜率为[-20]，如果 ω_c 处的斜率为[-40]，系统即使稳定，相位裕量也较小，相对稳定性也是很差的。若 ω_c 处斜率为[-60]或更陡，则系统肯定不会稳定。

例 5-13

设控制系统如图 5-17a 所示。当 $K=10$ 和 $K=100$ 时，试求系统的相位裕量、幅值裕量。

解： 根据传递函数分别求出 $K=10$ 和 $K=100$ 时的开环伯德图，如图 5-17b 所示。

$K=10$ 与 $K=100$ 的对数相频特性曲线相同，并且对数幅频特性曲线的形状相同。但是

$K=100$ 的幅频特性曲线比 $K=10$ 的曲线向上平移 20dB，并使幅频特性曲线与 0dB 线的交点频率 ω_c 向右移动了。

由图 5-17 查出，当 $K=10$ 时，相位裕量为 21°，幅值裕量为 8dB，都是正值。而当 $K=100$ 时相位裕量为-30°，幅值裕量为-12dB。

由结果看出，当 $K=100$ 时，系统已经不稳定，当 $K=10$ 时，虽然系统稳定，但稳定裕量偏小。为了获得足够的稳定裕量，必须将 γ 增大到 30°~60°，这可以通过减小 K 值来达到。然而从稳定误差的角度考虑，不希望减小 K。因此必须通过增加校正环节来满足要求。

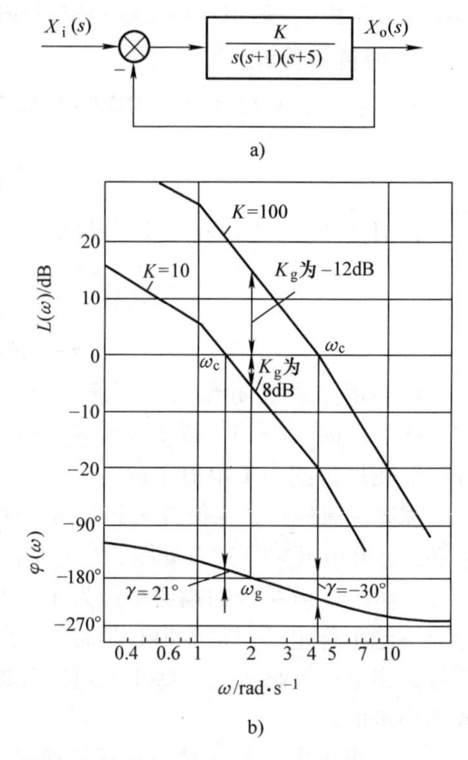

图 5-17

例 5-13 图

a）系统框图 b）$K=10$ 和 $K=100$ 的开环伯德图

三、相位裕量与时间响应的关系

相位裕量 γ 是频域性能指标，但对于二阶系统，γ 与系统的阻尼比 ζ 之间存在着确定的关系，因此可以用 γ 来分析系统的瞬态响应性能。

由二阶系统的开环传递函数 $G(s)=\dfrac{\omega_n^2}{s(s+2\zeta\omega_n)}$，得到其开环频率特性的幅值为

$$|G(j\omega)|=\frac{\omega_n^2}{\sqrt{(-\omega^2)^2+(2\zeta\omega\omega_n)^2}}$$

令 $|G(j\omega)|=1$，求得幅值为 1 时的频率即为幅值交界频率为

$$\omega_c=\omega_n\sqrt{\sqrt{1+4\zeta^4}-2\zeta^2} \tag{5-19}$$

在这个频率下 $G(j\omega)$ 的相角为

$$\varphi(\omega_c)=\angle\frac{1}{j\omega}+\angle\frac{1}{j\omega+2\zeta\omega_n}=-90°-\arctan\frac{\sqrt{\sqrt{1+4\zeta^4}-2\zeta^2}}{2\zeta}$$

因此，相位裕量为

$$\gamma=180°+\varphi(\omega_c)=90°-\arctan\frac{\sqrt{\sqrt{1+4\zeta^4}-2\zeta^2}}{2\zeta}$$

$$=\arctan\frac{2\zeta}{\sqrt{\sqrt{1+4\zeta^4}-2\zeta^2}} \tag{5-20}$$

式（5-20）表示二阶系统的相位裕量 γ 与阻尼比 ζ 之间的关系，或用图 5-18 表示。由图 5-18 可看出，相位裕量要求在 30°~60°之间，相当于 ζ 在 0.28~0.6。

由这个关系，可以根据相位裕量 γ 和根据阻尼比 ζ 一样来分析二阶系统的振荡特性。

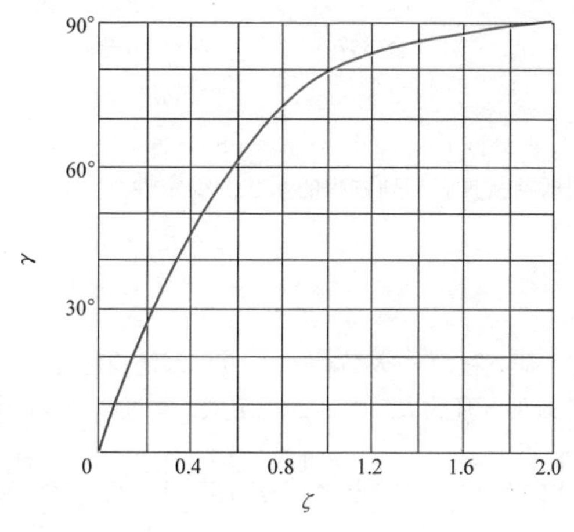

图 5-18

二阶系统 γ 与 ζ 的关系曲线

小结

稳定性是控制系统正常工作的首要条件，因此在研究控制系统的性能之前，必须判断控制系统是否稳定。

本章主要介绍控制系统稳定的充要条件及其劳斯-胡尔维茨稳定性判据、奈奎斯特稳定判据及稳定裕量。

控制系统稳定的充分必要条件是控制系统的特征方程的根全部具有负实部，或者是闭环传递函数的极点全部位于复数平面的左半部。

代数判据——劳斯稳定性判据和胡尔维茨稳定性判据都是根据控制系统特征方程的系数判断闭环极点所在的区域，以便判断控制系统的稳定性。

几何判据——奈奎斯特稳定判据则是根据开环奈奎斯特图及开环右极点的数目判断闭环系统是否稳定。在应用奈奎斯特稳定性判据时，引用了穿越的概念。值得注意的是：穿越是开环奈奎斯特图在（-1，j0）点以左穿过负实轴，如果在（-1，j0）点右侧穿过负实轴并不算穿越。

稳定裕量则是开环频域性能指标，表征了控制系统的稳定程度。

思考题

1. 什么是控制系统稳定性？
2. 控制系统稳定的充分必要条件是什么？
3. 什么是幅值裕量？什么是相位裕量？频率特性如何求取？
4. 在奈奎斯特图中“穿越”的相位是如何变化的？在图中如何体现？
5. 在伯德图中“穿越”的相位是如何变化的？在图中如何体现？

习题

1. 试用胡尔维茨稳定性判据判断具有下列方程的系统的稳定性。

（1）$s^3+20s^2+9s+100=0$

（2）$s^3+20s^2+9s+200=0$

（3）$3s^4+10s^3+5s^2+s+2=0$

2. 用劳斯稳定性判据确定特征方程为 $s^4+Ks^3+s^2+s+1=0$ 的系统稳定时，K 的取值范围。

3. 试确定图 5-19 所示各系统的开环放大系数 K 的稳定域，并说明积分环节数目对系统稳定性的影响。

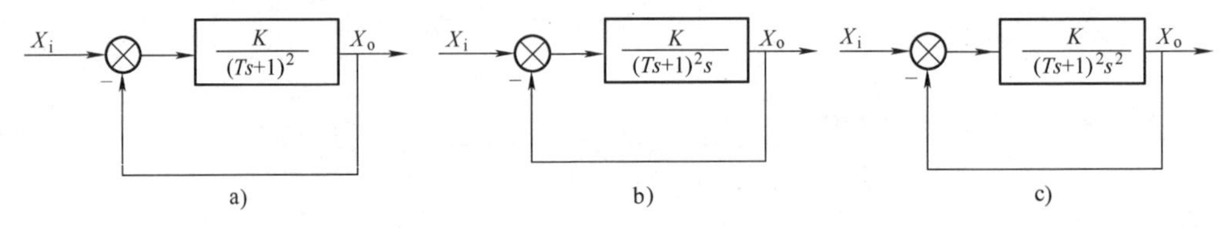

图 5-19

题 3 图

4. 设系统开环频率特性如图 5-20 所示，试判断系统的稳定性。其中，P 为开环右极点个数，v 为开环传递函数中的积分环节数目。

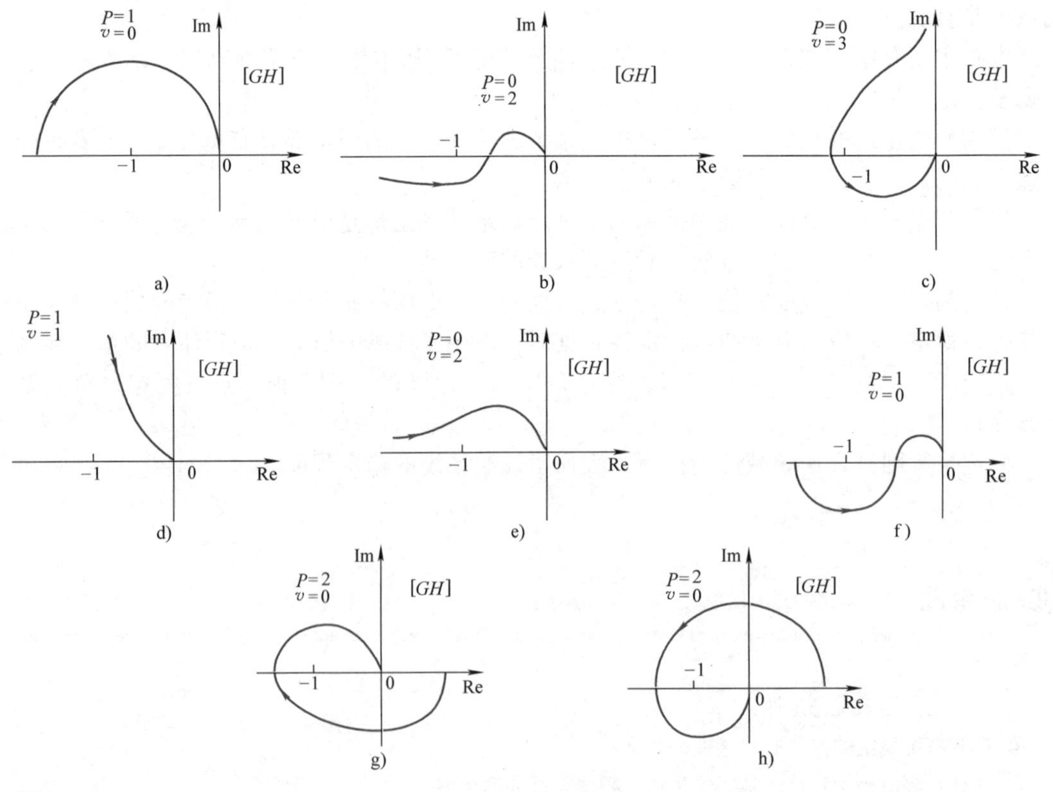

图 5-20

题 4 图

5. 画出下列开环传递函数的奈奎斯特图，并判断其闭环（负反馈）系统的稳定性。

(1) $G(s)H(s) = \dfrac{250}{s(s+50)}$

(2) $G(s)H(s) = \dfrac{250}{s^2(s+50)}$

(3) $G(s)H(s) = \dfrac{250}{s(s+5)(s+15)}$

(4) $G(s)H(s) = \dfrac{250(s+1)}{s^2(s+5)(s+15)}$

6. 图 5-21 所示为一负反馈系统的开环奈奎斯特图，开环增益 $K=500$，开环没有右极点。试确定使系统稳定的 K 值范围。

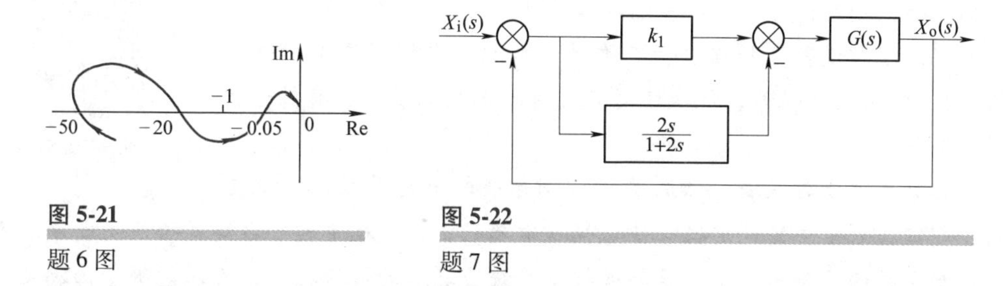

图 5-21

题 6 图

图 5-22

题 7 图

7. 设系统的结构如图 5-22 所示，试判别该系统的稳定性，并求出其稳定裕量。图中，$k_1=0.5$。

(1) $G(s) = \dfrac{2}{s+1}$

(2) $G(s) = \dfrac{2}{s}$

8. 设单位反馈控制系统的开环传递函数为

(1) $G(s) = \dfrac{as+1}{s^2}$

(2) $G(s) = \dfrac{K}{s(0.01s+1)}$

试分别确定使相位裕量 $\gamma=45°$ 的 a 值和 K 值。

6 第六章 控制系统的综合与校正

控制系统的性能始终是一个至关重要的问题，一个好的控制系统应具有的特性：稳定性好，对各类输入能产生预期的响应；准确性好，有较小的稳态跟踪误差（扫描右侧二维码了解北斗系统提高准确性的研发历程）；响应快速性好，能快速对各类输入产生响应；能有效地抑制外界干扰等。

科普之窗
北斗：北斗之路

前面的章节通过时域法、频域法对控制系统的静态及动态性能进行分析，判定控制系统的稳定性、快速性及准确性，以便确定控制系统是否满足要求。本章要介绍控制系统的综合与校正，是指按控制系统应具有的性能指标，寻求能够全面满足这些性能指标的校正方案以及合理确定校正元件的参数值。综合与校正问题不像分析问题那样单一，也就是说，能够全面满足性能指标的系统并不是唯一的。一定会有许多系统都满足性能指标，这就需要多方面考虑问题，既要保证良好的控制性能，又要照顾到工艺性、经济性以及使用寿命、体积、重量等，以便从多种可能中选出最优方案。

自动控制系统的设计可分两大类：一类是构成达到控制目标的最优系统，即所谓最优设计；另一类是构成满足设计书提出的特性的控制系统，即特性设计，这一类设计可采用频率法和根轨迹法进行。本章着重介绍采用频率法对系统进行校正的方法，及不同校正方法和常见校正元件的特点及其对系统的作用。以反馈系统的串联校正为重点，介绍校正设计的方法。

第一节 概　　述

一、校正的实质

控制系统的设计中，可以通过调整结构参数或加入辅助装置来改善原有系统的性能。在多数情况下，仅仅调整参数，并不能使系统全面满足性能指标的要求。例如：增大开环增益能减小稳态误差，但影响系统的瞬态响应，甚至破坏系统的稳定性。因此，常用引入辅助装置的办法来改善系统的性能。这种对系统性能的改善，就是对系统的校正（或补偿），所用的辅助装置称为校正装置。引入校正装置将使系统的传递函数发生改变，导致零点和极点重新分布，适当增加零点和极点，可使系统满足规定的要求，以实现对系统品质进行校正的目的。引入校正装置的实质也就在于改变系统的零、极点分布，改变频率特性或根轨迹的形状。

二、控制系统的性能指标

设计某一控制系统的目的，是用来完成某一特定的任务。控制系统可分为被控对象和控制装置两大部分，当被控对象确定以后，则可以对控制系统提出要求，通常以性能指标来表示，这些指标常常与精度、相对稳定性和响应速度有关。

常用的时域性能指标包括：调整时间 t_s，最大超调量 M_p 或百分比超调量 $\sigma\%$，峰值时间 t_p，上升时间 t_r，稳态误差 e_{ss}，静态误差系数 K_p、K_v、K_a 等。一般从使用的角度来看，时域指标比较直观，对系统的要求常常以时域指标的形式提出。

常用的频域指标有：相位裕量 γ、幅值裕量 K_g、谐振峰值 M_r、谐振频率 ω_r、截止频率 ω_b 以及频带宽度等。在基于频率特性的设计中，常常将时域指标转换成频域指标在设计中考虑。

性能指标通常是由控制系统的使用单位或受控对象的设计制造单位提出的。一个具体系统对指标的要求应有所侧重，如调速系统对平稳性和稳态精度要求严格，而随动系统则对快速性期望很高。

性能指标的提出要有根据，不能脱离实际的可能，比如要求响应快，则必然使运动部件具有较高的速度和加速度，并承受过大的离心载荷和惯性载荷，若超过强度极限就会遭到破坏。过高的性能指标，需要昂贵的元件予以保证。因此，性能指标在一定程度上决定了系统的工艺性、可靠性和成本。

除上述指标外，在系统最优设计中还经常采用综合性能指标（误差准则），它是考虑对系统的某些重要参数应如何取值才能保证系统获得某一最优的综合性能的测度，即若对这个性能指标取极值（极大或极小），则可获得有关重要的参数值，这些参数值可保证这一综合性能为最优。综合性能指标在最佳控制理论中是很重要的，此处不做介绍。

三、校正方式

按照校正装置在系统中的接法不同，可以把校正分为串联校正和并联校正。

1. 串联校正

校正装置 $G_c(s)$ 串联在前向通道中称为串联校正，如图 6-1 所示。校正前系统的闭环传递函数为

$$\phi(s)=\frac{G(s)}{1+G(s)H(s)}$$

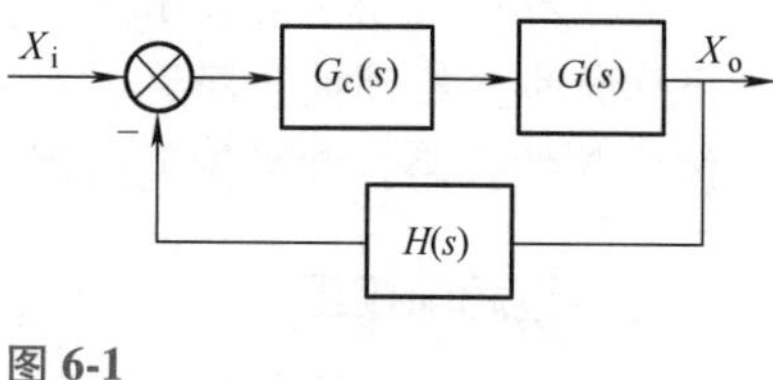

图 6-1

串联校正

校正后，闭环传递函数为

$$\phi'(s)=\frac{G_c(s)G(s)}{1+G_c(s)G(s)H(s)}$$

零点、极点都发生了变化。为了减小功率消耗，串联校正装置一般都放在前向通道的前端，即低功率部分。

串联校正按校正环节 $G_c(s)$ 的性质可分为：增益调整、相位超前校正、相位滞后校正和相位滞后—超前校正。

其中，增益调整的实现比较简单。增益的调整可以改变闭环极点的位置，但不能改变根轨迹的形状。增益的调整从开环伯德图上看，只能使对数幅频特性曲线上下平移，并不能改变曲线的形状。因此，单凭调整增益往往不能很好地解决各指标之间相互制约的矛盾，还需附加校正装置。

2. 并联校正

按校正环节 $G_c(s)$ 的并联方式又可分为反馈校正和顺馈校正。

1）反馈校正如图 6-2 所示。为保证局部回路的稳定性，校正装置 $G_c(s)$ 所包围的环节不宜过多（两个或三个）。因为通过反馈校正装置 $G_c(s)$ 的信号是从高功率部分流向低功率部分，所以反馈校正时，$G_c(s)$ 一般不再附加放大器，所用器件较少。

2）顺馈校正如图 6-3 所示。

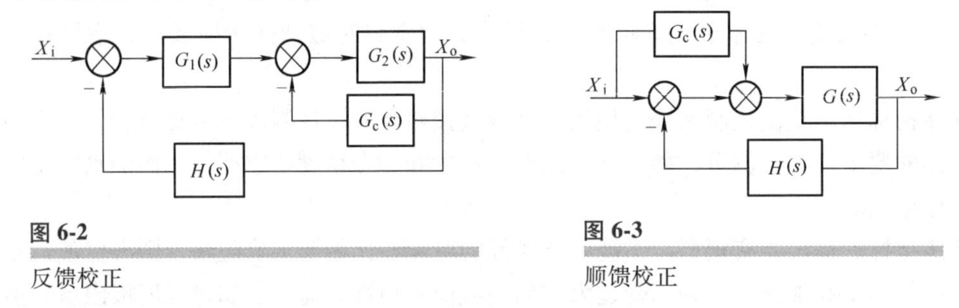

图 6-2
反馈校正

图 6-3
顺馈校正

3. 复合校正

串联校正和反馈校正在一定程度上可以使已校正系统满足给定的性能指标要求。然而，如果控制系统中存在着强扰动，特别是低频强扰动，或者系统的稳态精度和响应速度要求很高，在工程实践中，采用一种把顺馈控制和反馈控制结合起来的校正方法，称为复合校正。

复合校正又可以分为：按扰动补偿的复合校正和按输入补偿的复合校正。

第二节　串 联 校 正

如果控制系统设计要求满足的性能指标属于频域特征量，则通常采用频域校正方法—串联校正法。串联校正法主要是系统在开环对数频率特性的基础上，以满足稳态误差、开环系统截止频率和相位裕量等要求为出发点，进行校正。

下面分别介绍超前、滞后、滞后—超前三种校正元件的线路，校正元件的数学模型及其在系统中起的作用，并举例说明用伯德图分析计算串联校正装置的方法。

一、相位超前校正

图 6-4 所示为 RC 超前网络，其传递函数为

$$G_c(s)=\frac{U_o(s)}{U_i(s)}=\frac{R_2}{R_1+R_2}\frac{R_1Cs+1}{\dfrac{R_2}{R_1+R_2}R_1Cs+1} \tag{6-1}$$

设

$$\alpha=\frac{R_2}{R_1+R_2}<1\,,\qquad T=R_1C$$

则

$$G_c(s) = \alpha \frac{Ts+1}{\alpha Ts+1} \tag{6-2}$$

超前网络零、极点分布如图 6-5 所示，由于 $\alpha<1$，故超前网络的负实零点总是位于负实极点之右，两者之间的距离由常数 α 决定。改变 α 和 T 的数值，可以调节超前网络零、极点在负实轴上的位置。

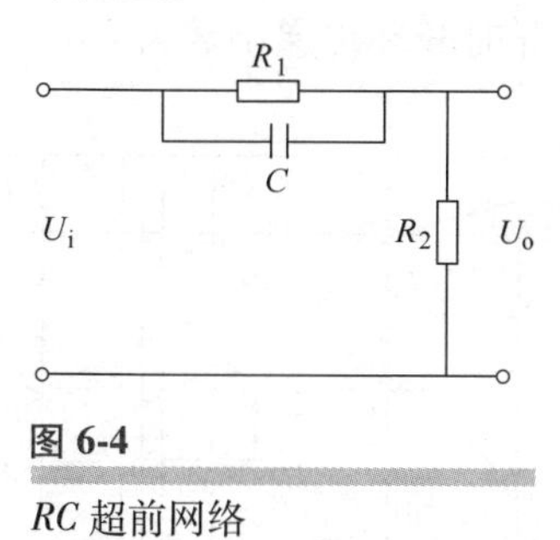

图 6-4

RC 超前网络

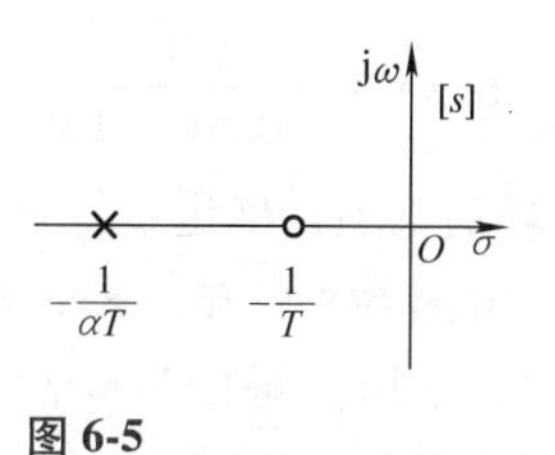

图 6-5

超前网络零、极点分布

超前网络的对数频率特性曲线如图 6-6 所示。其对数幅频渐近线曲线具有正斜率段，相频曲线具有正相位移。正相位移表明，网络在正弦信号作用下的稳态输出电压在相位上超前于输入，故称为超前网络。

在图 6-6 中，超前网络所提供的最大超前角

$$\varphi_m = \arcsin\frac{1-\alpha}{1+\alpha} \tag{6-3}$$

φ_m 发生在两个转折频率 $\frac{1}{T}$ 和 $\frac{1}{\alpha T}$ 的几何中点，对应的角频率 ω_m 可通过下式计算求得。

$$\lg\omega_m = \frac{1}{2}\left(\lg\frac{1}{T} + \lg\frac{1}{\alpha T}\right), \quad \omega_m = \frac{1}{\sqrt{\alpha}\,T} \tag{6-4}$$

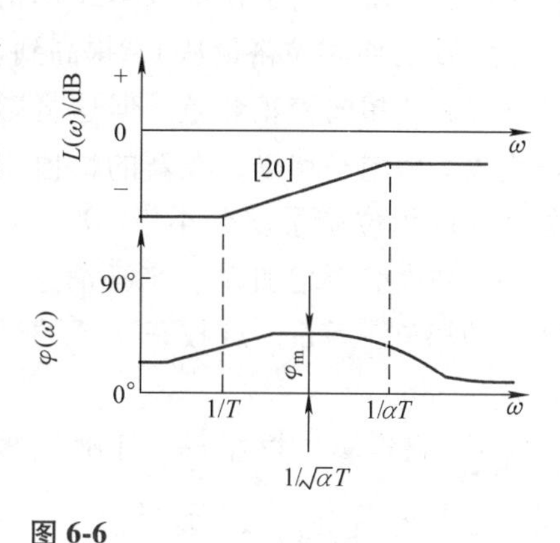

图 6-6

超前网络的对数频率特性曲线

由图 6-6 可以看出，超前网络基本上是一个高通滤波器。

超前校正装置的主要作用是改变频率特性曲线的形状，产生足够大的相位超前角，以补偿原来系统中元件造成的过大的相角滞后。

下面举例说明用伯德图确定超前校正装置的方法及超前校正的作用。

例 6-1

设有一系统如图 6-7 所示，其开环传递函数为

$$G(s) = \frac{2K}{s(0.5s+1)}$$

若要使系统：

1）单位速度输入下的稳态误差 $e_{ss}=0.05$。

2）相位裕量 $\gamma \geqslant 50°$。

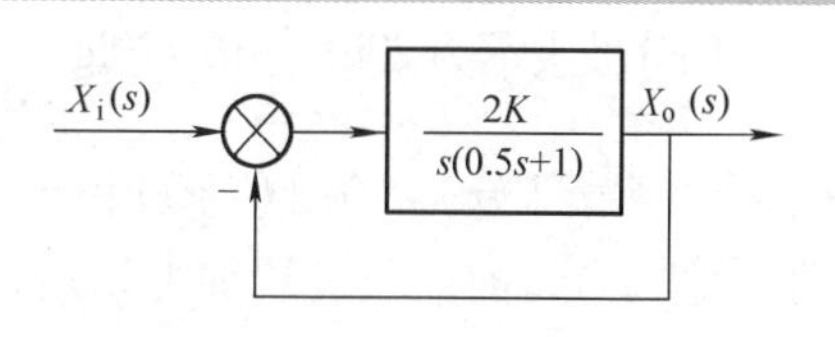

图 6-7

系统框图

3）幅值裕量 K_g（dB）≥10dB。

试设计一校正装置满足系统的性能。

解： 1）显然这是个Ⅰ型系统，首先根据稳态误差的要求确定 K。

$$e_{ss}=\lim_{s\to 0}s\frac{1}{1+G(s)H(s)}\frac{1}{s^2}=\frac{1}{\lim\limits_{s\to 0}s\dfrac{2K}{s(0.5s+1)}}=\frac{1}{2K}=0.05$$

所以 $K=10$。即当 $K=10$ 时，系统可满足精度要求，此时开环传递函数为

$$G(s)=\frac{20}{s(0.5s+1)}$$

2）绘制开环伯德图，确定 φ_m。如图6-8所示的曲线①。由图6-8可知，校正前系统的相位裕量 $\gamma=17°$，幅值裕量为∞，系统是稳定的，但因相位裕量小于50°，相对稳定性不符合要求。为了在不减小 K 的情况下满足 $\gamma\geqslant 50°$，将相位裕量从17°提高到50°，需要增加相位超前校正装置。但这将影响到幅值交界频率向右移动，在新的幅值交界频率处对应的相位裕量就会小于50°，因此在确定补偿角度时再增加5°，来抵消这一影响所造成的相角滞后量。取校正装置的最大超前角 $\varphi_m=38°$。

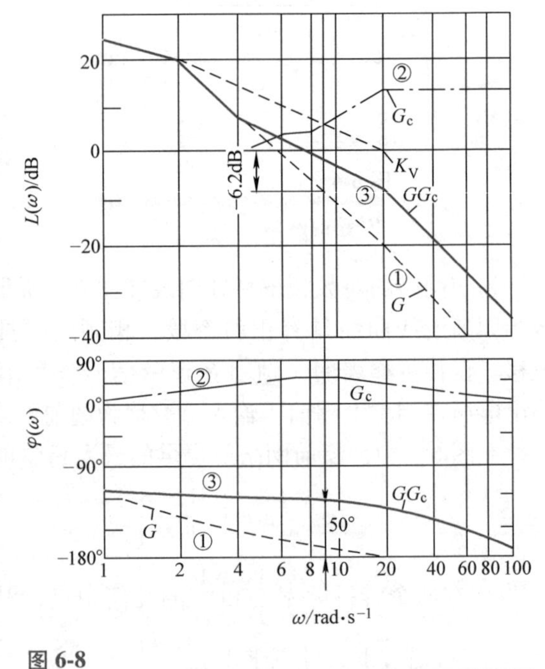

图6-8

例6-1图 校正前后的系统开环伯德图

3）确定 α。根据 φ_m 可确定 α，因为 $\sin\varphi_m=\dfrac{1-\alpha}{1+\alpha}$，所以 $\alpha=\dfrac{1-\sin\varphi_m}{1+\sin\varphi_m}$。

将 $\varphi_m=38°$ 代入上式，可得 $\alpha=0.24$。

4）确定超前装置的两个转折频率 $\dfrac{1}{T}$ 和 $\dfrac{1}{\alpha T}$。由于最大相位超前角发生在两个转折频率的几何中点上，即 $\omega_m=\dfrac{1}{\sqrt{\alpha}T}$，那么，在这一点上超前装置引起的幅值变化量应为

$$\left|\frac{1+j\omega T}{1+j\omega\alpha T}\right|_{\omega=\frac{1}{\sqrt{\alpha}T}}=\frac{1}{\sqrt{\alpha}}$$

用分贝表示为 $20\lg\dfrac{1}{\sqrt{\alpha}}\text{dB}=20\lg\dfrac{1}{\sqrt{0.24}}\text{dB}=6.2\text{dB}$（这个幅值的变化没有计入超前校正引起的幅值衰减部分）。在 $|G(j\omega)|=-6.2\text{dB}$ 处的频率 $\omega=9\text{s}^{-1}$，让这个频率对应最大相位超前角，那么当超前校正装置加上以后，频率为 $9\text{rad}\cdot\text{s}^{-1}$ 的地方幅值为0dB，即为校正后的幅值交界频率 ω_c，同时在这里相角增加38°。由于 $\omega_c=9\text{rad}\cdot\text{s}^{-1}$ 这一频率对应于校正装置的 $\omega_m=\dfrac{1}{\sqrt{\alpha}T}$，因此求得

$$\frac{1}{T}=\sqrt{\alpha}\omega_{c}=4.41\text{s}^{-1},\quad T=0.227\text{s}$$

$$\frac{1}{\alpha T}=\frac{\omega_{c}}{\sqrt{\alpha}}=18.4\text{s}^{-1},\quad \alpha T=0.054\text{s}$$

5）确定相位超前校正环节。通过上面的分析，可以确定校正环节的传递函数为

$$G_{c}(s)=\alpha\frac{Ts+1}{\alpha Ts+1}=0.24\frac{0.227s+1}{0.054s+1}$$

为了补偿超前校正造成的幅值衰减，需将放大器的增益提高到原来的 4.17（4.17=1/0.24）倍，这样得到校正装置的传递函数为

$$G_{c}(s)=\frac{0.227s+1}{0.054s+1}$$

校正装置的对数幅频、相频曲线如图 6-8 中曲线②所示。

6）校正后系统的开环传递函数。

$$G_{c}(s)G(s)=\frac{0.227s+1}{0.054s+1}\frac{20}{s(0.5s+1)}$$

校正后的对数幅、相频特性曲线如图 6-8 中实线③所示。

相位超前校正装置使幅值交界频率从 6.2rad · s^{-1}增加到 9rad · s^{-1}。增加这一频率意味着增加了系统的带宽，提高了系统的响应速度，过渡过程得到改善。相位裕量从 17°增加到 50°，提高了系统的相对稳定性。但由于系统的增益和型次都未改变，所以稳态精度变化不大。

一般要求系统响应快、超调小，可采用超前串联校正。

用伯德图分析计算超前校正装置的步骤归纳如下：

1）根据对稳态速度误差的要求，确定开环增益 K。

2）利用求得的 K，绘制原系统的伯德图，确定校正前的相位裕量和幅值裕量。

3）确定所需要增加的相位超前角 φ_{m}。

4）根据 φ_{m} 计算衰减系数 α，确定与校正前系统的幅值等于 $-20\lg\left(\frac{1}{\sqrt{\alpha}}\right)$ 所对应的频率 ω_{c}，并以此作为新的幅值交界频率。

5）确定超前校正装置的转折频率 $\omega_{1}=\frac{1}{T}$、$\omega_{2}=\frac{1}{\alpha T}$。

6）增加一个增益等于$\frac{1}{\alpha}$的放大器，或将原有放大器增益提高为$\frac{1}{\alpha}$倍。

二、相位滞后校正

相位滞后校正的实质是利用滞后网络幅值衰减特性，将系统的中频段压低，使校正后系统的截止频率减小，挖掘系统自身的相角储备来满足校正后系统的相位裕量要求。

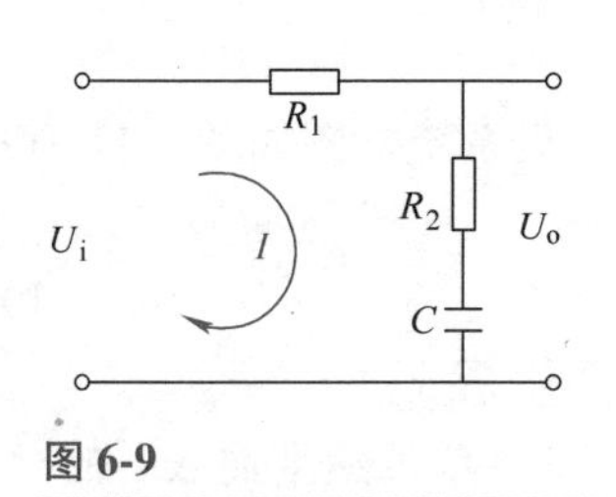

图 6-9
RC 滞后校正网络

图 6-9 所示为 RC 滞后校正网络，如果输入信号源的内阻为零，负载阻抗为无穷大，其传递函数为

$$G_c(s)=\frac{U_o(s)}{U_i(s)}=\frac{R_2Cs+1}{\frac{R_1+R_2}{R_2}R_2Cs+1} \tag{6-5}$$

设 $\beta=\frac{R_1+R_2}{R_2}>1$，$T=R_2C$，则

$$G_c(s)=\frac{Ts+1}{\beta Ts+1}=\frac{1}{\beta}\frac{s+\left(\frac{1}{T}\right)}{s+\left(\frac{1}{\beta T}\right)} \tag{6-6}$$

由于传递函数式 $\beta T>T$，故对数幅频渐近曲线具有负斜率段，相频曲线出现负相移。负相移表明网络在正弦信号作用下的稳态输出电压，在相位上滞后于输入，故称为滞后网络。

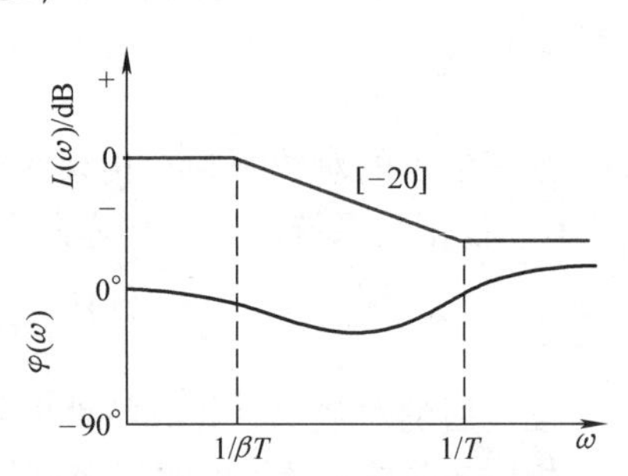

图 6-10
相位滞后网络的对数频率特性曲线

相位滞后网络的对数频率特性曲线如图 6-10 所示。由图 6-10 可见，滞后网络在频率$\frac{1}{\beta T}$至$\frac{1}{T}$之间呈积分效应，而对数相频特性呈滞后特性。其中，最大滞后角 φ_m 发生在最大滞后角频率 ω_m 处，且 ω_m 正好是$\frac{1}{\beta T}$与$\frac{1}{T}$的几何中心。计算 ω_m 及 φ_m 的公式分别为

$$\omega_m=\frac{1}{T\sqrt{\beta}} \tag{6-7}$$

$$\varphi_m=\arcsin\frac{\beta-1}{\beta+1} \tag{6-8}$$

由图 6-10 可以看出，滞后网络基本上是一个低通滤波器。

滞后校正的作用主要是利用它的负斜率段，使被校正系统高频段幅值衰减，幅值交界频率左移，从而获得充分的相位裕量，其相位滞后特性在校正中作用并不重要。因此滞后校正环节的转折频率$\frac{1}{\beta T}$和$\frac{1}{T}$均应设置在远离幅值交界频率，靠近低频段的地方。

举例说明用伯德图确定滞后校正装置的综合步骤。

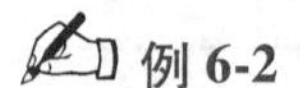
例 6-2

设系统框图如图 6-11 所示，系统的开环传递函数为

$$G(s)=\frac{K}{s(s+1)(0.5s+1)}$$

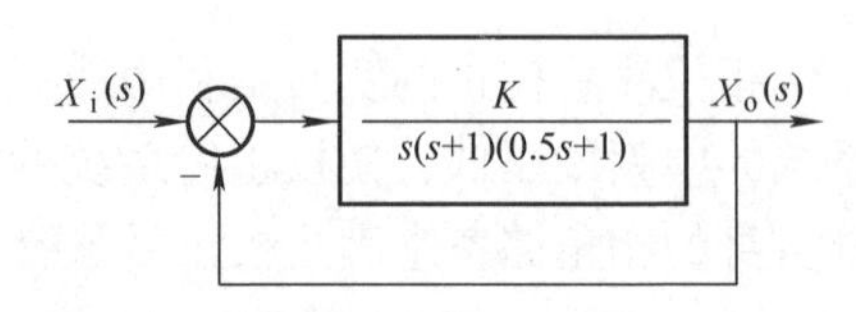

图 6-11
系统框图

若要使系统：

1）单位速度输入下的稳态误差 $e_{ss}=0.2$。

2）相位裕量 $\gamma\geqslant40°$。

3）幅值裕量 $K_g\geqslant10\text{dB}$。

试设计一校正装置满足系统的性能。

解：1）由稳态误差的要求确定系统的开环增益 K。对于 I 型系统，单位反馈的速度误差 $e_{ss}=\dfrac{1}{K}$，所以 $K=\dfrac{1}{e_{ss}}=5$。

2）画出系统校正前的开环伯德图，如图 6-12 所示的曲线①。由图 6-12 可知，校正前系统的相位裕量 $\gamma=-20°$，幅值裕量 $K_g=-8\text{dB}$，因此系统不稳定。

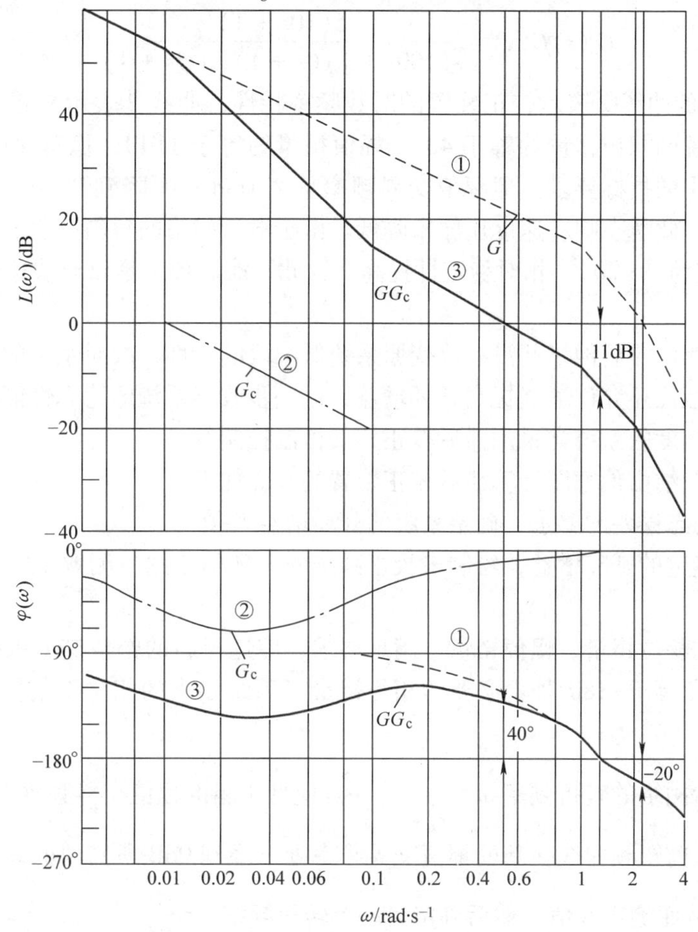

图 6-12

相位滞后校正前后的开环伯德图

3）确定 ω_c。在图中找到未校正时的相位裕量 40°，考虑到滞后网络的相位滞后原因，需要在给定的相位裕量数值上再增加一个适当的角度，增加 12°作为补充。因此选相位裕量 52°所对应的频率，所对应的频率是 0.5s^{-1}，作为新的幅值交界频率 ω_c。

4）计算 β 和 βT。欲在 $\omega_c=0.5\text{s}^{-1}$ 处幅值下降到 0dB，滞后网络应产生必要的衰减量，使幅频曲线下降 20dB。因此 $20\lg\dfrac{1}{\beta}=-20\text{dB}$，所以 $\beta=10$。

滞后网络的另一个转折频率为 $\omega=\dfrac{1}{\beta T}$，即

$$\frac{1}{\beta T}=0.01\text{s}^{-1}\Rightarrow \beta T=100,\quad T=10\text{s}。$$

5）滞后网络的传递函数为

$$G_c(s)=\frac{1}{10}\frac{s+0.1}{s+0.01}=\frac{10s+1}{100s+1}$$

6）校正后系统的开环传递函数为

$$G_c(s)G(s)=\frac{5(10s+1)}{s(100s+1)(s+1)(0.5s+1)}$$

图6-12所示的曲线②表示校正装置的对数频率特性，曲线③表示校正后系统的开环伯德图。校正后系统的相位裕量约等于40°，幅值裕量约等于11dB，稳态速度误差等于0.2，都满足了预先提出的指标要求。但幅值交界频率从2.1rad·s^{-1}降到0.5rad·s^{-1}，显著减小了系统的频宽，因此瞬态响应速度比原来降低。由于滞后网络的负斜率段的作用，使校正后的ω_c附近斜率变为［-20］，相对稳定性提高。因此，滞后校正是以对快速性的限制换取了系统的稳定性。

另外，串入相位滞后网络并没有改变原系统低频段的特性，故对系统的稳态精度不起破坏作用。相反，往往还允许适当提高开环增益，进一步改善系统的稳态性能。

高稳定、高精度的系统常采用滞后校正，如恒温控制等。

从上面例题归纳由伯德图计算滞后校正装置的步骤如下：

1）根据对稳态误差的要求，确定系统的开环增益K值。

2）根据已确定的开环增益，绘制未校正系统的开环伯德图，测取系统的相位裕量及幅值裕量。

3）若系统的相位裕量、幅值裕量不满足要求，应选择新的幅值交界频率。新的幅值交界频率应选在相角等于-180°加上必要的相位裕量（系统要求的相位裕量再增加5°到12°所对应的频率上）。

4）确定滞后网络的转折频率$\omega=\frac{1}{T}$，这一点应低于新的幅值交界频率1~10倍频程。

5）确定校正前幅频曲线在新的幅值交界频率处下降到0dB所需要的衰减量，这一衰减量等于$-20\lg\beta$，从而确定β值，然后确定另一个转折频率$\omega=\frac{1}{\beta T}$。

6）若全部指标都满足要求，把T和β值代入式（6-6），求出滞后网络的传递函数。

三、相位滞后—超前校正

超前校正可以增加频宽提高快速性以及改善相对稳定性，但由于有增益损失而不利于稳态精度。滞后校正可以提高平稳性及稳态精度，而降低了快速性。同时采用滞后和超前校正，则可全面改善系统的控制性能。

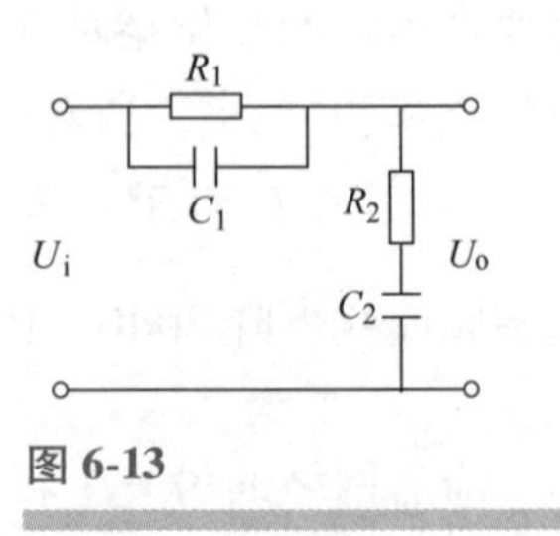

图6-13

RC滞后—超前网络

图6-13所示为RC滞后—超前网络，其传递函数为

$$G_c(s)=\frac{U_o(s)}{U_i(s)}=\frac{(1+R_1C_1s)(1+R_2C_2s)}{(1+R_1C_1s)(1+R_2C_2s)+R_1C_2s} \tag{6-9}$$

设 $R_1C_1=T_1$，$R_2C_2=T_2$，$R_1C_1R_2C_2=T_1T_2$（取 $T_2>T_1$），并使

$$R_1C_1+R_2C_2+R_1C_2=\frac{T_1}{\beta}+\beta T_2 \qquad (\beta>1)$$

则

$$G_c(s)=\frac{(1+T_1s)(1+T_2s)}{\left(1+\frac{T_1}{\beta}s\right)(1+\beta T_2s)}=\frac{1+T_1s}{1+\frac{T_1}{\beta}s}\frac{1+T_2s}{1+\beta T_2s} \tag{6-10}$$

式中，$\frac{1}{\beta}<1$，相当于超前校正中的 $\alpha<1$。式(6-10）右端第一项起滞后网络作用，第二项起超前网络作用。相位滞后—超前网络的伯德图如图 6-14 所示。

可以看出，曲线的低频部分具有负斜率和负相移，起滞后校正作用，后一段具有正斜率和正相移，起超前校正作用，且高频段和低频段均无衰减。

用伯德图确定滞后—超前校正装置，实际上是设计超前装置和滞后装置两种方法的结合。用下面例子说明。

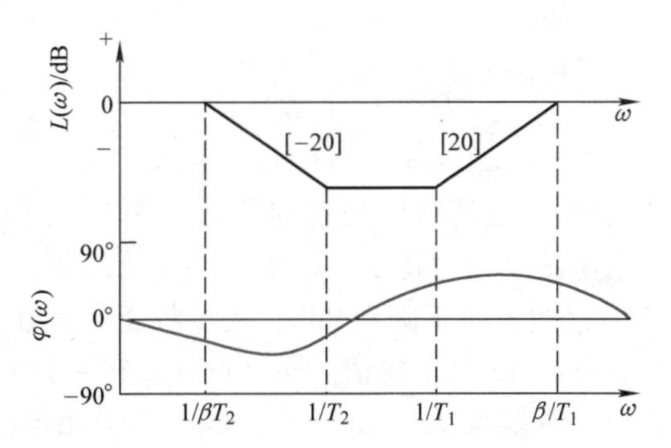

图 6-14
相位滞后—超前网络的伯德图

例 6-3

单位反馈系统，其开环传递函数为

$$G(s)=\frac{K}{s(s+1)(s+2)}$$

试设计一个滞后—超前校正装置，使得满足：

1）单位速度输入下稳态误差为 0.1。

2）相位裕量等于 50°。

3）幅值裕量不小于 10dB。

解： 1）根据稳态误差确定开环增益 K。

$$e_{ss}=\lim_{s\to 0}s\frac{1}{1+G(s)H(s)}\frac{1}{s^2}=\frac{1}{\lim_{s\to 0}\frac{K}{(s+1)(s+2)}}=0.1$$

所以 $K=20$。

2）按求得的 K 值，绘出未校正系统的开环伯德图，如图 6-15 所示的曲线①。由图 6-15 测得相位裕量为−32°。校正前系统不稳定。

3）确定新的幅值交界频率 ω_c。从校正前的相频曲线上看，$\omega=1.5\text{rad}\cdot\text{s}^{-1}$时，相角 $\varphi=$

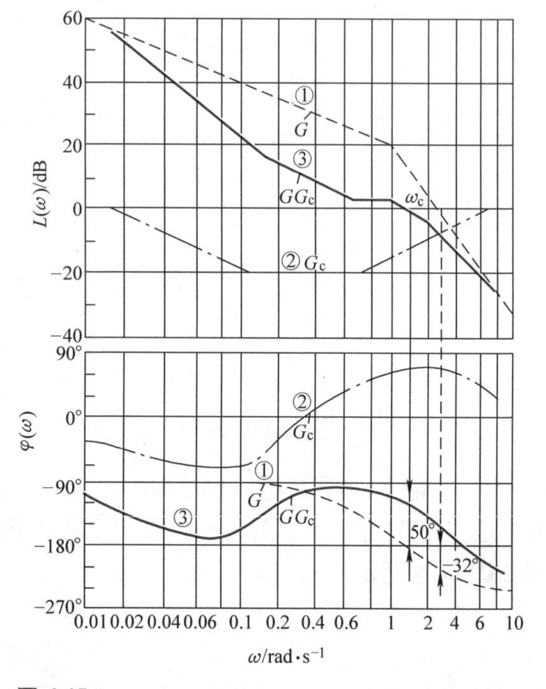

图 6-15

滞后—超前校正前后的开环伯德图

-180°，选择它作为新的幅值交界频率较为方便，这样在 $\omega_c=1.5\mathrm{rad}\cdot\mathrm{s}^{-1}$ 处应满足 50°相位裕量的要求。因此此处应满足相位裕量的要求。

4）确定滞后网络传递函数。取转折频率 $\omega=\dfrac{1}{T_2}$ 在新的幅值交界频率以下十倍频程，并取 β 等于 10，则

$$\frac{1}{T_2}=0.15\mathrm{s}^{-1}\Rightarrow T_2=6.67\mathrm{s}$$

$$\frac{1}{\beta T_2}=0.015\mathrm{s}^{-1}\Rightarrow \beta T_2=66.7\mathrm{s}$$

滞后部分的传递函数为

$$\frac{T_2 s}{\beta T_2 s+1}=\frac{6.67s+1}{66.7s+1}$$

5）确定超前网络传递函数。由校正前的伯德图可知，将 $\omega=1.5\mathrm{rad}\cdot\mathrm{s}^{-1}$ 处的幅值 13dB 经过校正下降到 0dB，需要校正装置在此处产生-13dB 的幅值。通过点（1.5，-13）处画一条斜率为［20］的直线，与 0dB 线及-20dB 线的两个交点，所对应的频率分别为 $0.7\mathrm{rad}\cdot\mathrm{s}^{-1}\left(即\dfrac{1}{T_1}\right)$ 和 $7\mathrm{rad}\cdot\mathrm{s}^{-1}\left(即\dfrac{\beta}{T_1}\right)$，即超前部分的两个转折频率。计算 $T_1=1.43\mathrm{s}$，$\dfrac{T_1}{\beta}=0.143\mathrm{s}$，所以超前部分的传递函数为

$$\frac{T_1 s+1}{\dfrac{T_1}{\beta}s+1}=\frac{1.43s+1}{0.143s+1}$$

6）确定滞后—超前网络的传递函数。将滞后部分与超前部分的传递函数组合在一起，得到校正环节的传递函数为

$$G_c(s)=\frac{1.43s+1}{0.143s+1}\frac{6.67s+1}{66.7s+1}$$

7）校正后系统的开环传递函数。

$$G_c(s)G(s)=\frac{10(1.43s+1)(6.67s+1)}{s(0.143s+1)(66.7s+1)(s+1)(0.5s+1)}$$

滞后—超前校正装置的伯德图和已校正系统的开环伯德图如图 6-15 所示的曲线②和③。由图看出校正后系统相位裕量等于 50°，幅值裕量等于 16dB，稳态误差等于 $0.1\mathrm{s}^{-1}$，所有指标要求均已满足。

四、PID 控制器

在工业自动化设备中，常采用比例单元（P）、微分单元（D）、积分单元（I）组成的

比例微分（PD）、比例积分（PI）、比例积分微分（PID）控制器，这些控制器大多数是电动的、气动的、液动的，可以实现相位超前、相位滞后、相位滞后—超前的校正作用。

PID 控制器通常也称为 PID 校正器、PID 调节器，它利用系统误差、误差的微分和积分信号构成控制规律，对被控对象进行调节，具有实现方便，成本低，效果好，适用范围广等优点，因而在工业过程控制中得到了广泛的应用。

1. 比例微分（PD）控制

比例微分控制器的传递函数为

$$G_c(s)=K_P+T_Ds=K_P\left(1+\frac{T_D}{K_P}s\right) \tag{6-11}$$

式中，T_D 是微分时间常数。当 $K_P=1$ 时，$G_c(s)$ 的频率特性为 $G_c(j\omega)=1+jT_D\omega$，对应的伯德图见表 6-1。

表 6-1　PID 控制器特性

控制器	传递函数	伯德图
PD 控制器	$G_c(s)=K_P+T_Ds$ $=K_P\left(1+\dfrac{T_D}{K_P}s\right)$	$L_c(\omega)$/dB：40，20，0，$-20\lg K_P$，K_P/T_D，ω $\varphi_c(\omega)$：90°，45°，0°，ω
PI 控制器	$G_c(s)=K_P+\dfrac{1}{T_Is}$ $=\dfrac{K_PT_Is+1}{T_Is}$	$L_c(\omega)$/dB：40，20，0，$-20\lg T_I$，ω $\varphi_c(\omega)$：−90°，−45°，0°，ω
PID 控制器	$G_c(s)=K_P+\dfrac{1}{T_Is}+T_Ds$ $=\dfrac{T_IT_Ds^2+K_PT_Is+1}{T_Is}$ $=\dfrac{\left(\dfrac{1}{T_1}s+1\right)\left(\dfrac{1}{T_2}s+1\right)}{T_Is}$	$L_c(\omega)$/dB：40，20，0，T_1，T_2，ω $\varphi_c(\omega)$：90°，0°，−90°，ω

PD 控制器的作用如下：PD 控制具有相位超前校正的作用，由于微分控制反映误差信号的变化趋势，具有“预测”能力。因此，它能在误差信号变化之前给出校正信号，防止系统出现过大的偏离和振荡，可以提高系统的快速性。另一方面，由于比例微分校正相当于在系统中增加了一个开环零点，使系统的相位裕量增加，有助于增加系统的稳定性。它的缺点是系统抗高频干扰能力下降。

2. 比例积分（PI）控制

比例积分控制器的传递函数为

$$G_c(s)=K_P+\frac{1}{T_I s}=\frac{K_P T_I s+1}{T_I s} \tag{6-12}$$

式中，T_I 是积分时间常数。当 $K_P=1$ 时，$G_c(s)$ 的频率特性为 $G_c(j\omega)=\frac{1+jT_I\omega}{jT_I\omega}$，对应的伯德图见表 6-1。

PI 控制器的作用如下：PI 控制具有相位滞后校正的作用，在系统中用于提高系统的型别，从而可以有效改善系统的稳态精度。PI 控制相当于在系统中增加了一个位于原点的开环极点，同时增加了一个位于［s］左半平面的开环零点。开环极点提高系统型别，减小了系统的稳态误差；开环零点可以提高系统的阻尼程度。它的缺点是相角的损失会降低系统的相对稳定度。

3. 比例积分微分（PID）控制

比例积分微分控制器的传递函数为

$$G_c(s)=K_P+\frac{1}{T_I s}+T_D s=\frac{T_I T_D s^2+K_P T_I s+1}{T_I s}=\frac{\left(\frac{1}{T_1}s+1\right)\left(\frac{1}{T_2}s+1\right)}{T_I s} \tag{6-13}$$

当 $K_P=1$ 时，$G_c(j\omega)=1+\frac{1}{jT_I\omega}+jT_D\omega$，对应的伯德图见表 6-1。

PID 控制器的作用相当于相位滞后—超前校正的作用。当 $T_I>T_D$ 时，PID 控制在低频段起积分作用，可改善系统的稳态性能；在中高频段则起微分作用，可改善系统的动态性能。

4. 运算放大器

由一个高增益的放大器加上四端网络反馈组成的校正装置，也称为有源校正装置，具有体积小、重量轻、参数容易调整等特点，可以组成 PD、PI 及 PID 校正装置。

运算放大器的工作线路如图 6-16 所示，其放大系数 A 很大，输入阻抗高，它有同相（+）和反相（-）两个输入端。一般组成负反馈线路时常用反相输入。分析它的工作特性时，假设放大系数 $A\to\infty$，n 点流入放大器的电流为零，则运算放大器的传递函数为

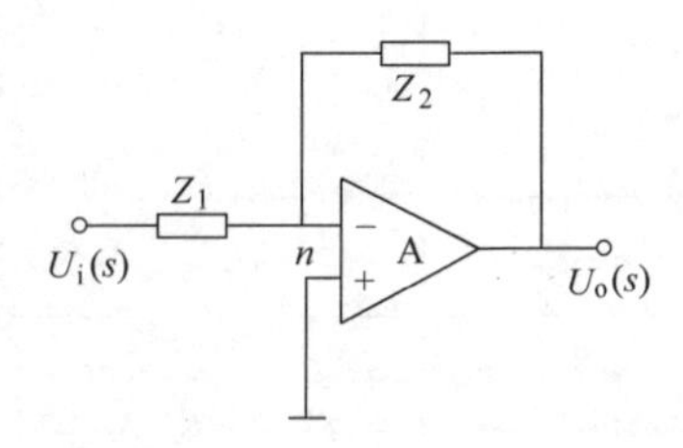

图 6-16

运算放大器的工作线路

$$G_c(s)=\frac{U_o(s)}{U_i(s)}=-\frac{Z_2(s)}{Z_1(s)} \tag{6-14}$$

式中，负号表示 $U_o(s)$ 和 $U_i(s)$ 的极性相反。改变式（6-14）中的阻抗 $Z_1(s)$ 和 $Z_2(s)$，就可以得到不同的传递函数，因而运算放大器的功能也就不同。

图 6-17 所示为实现比例微分（PD）、比例积分（PI）和比例微分积分（PID）作用的放大器校正装置。

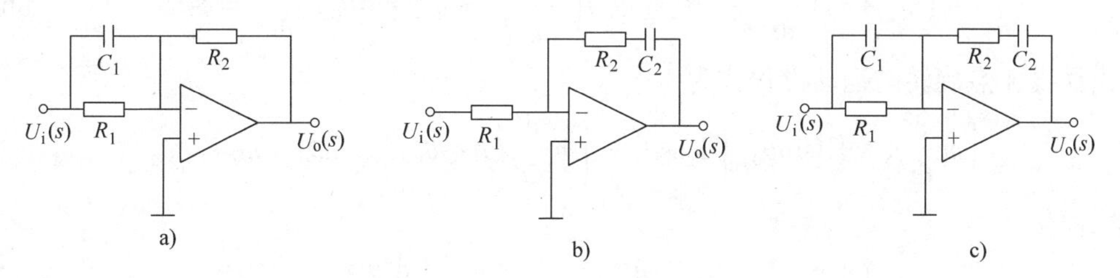

图 6-17

实现 PD、PI 和 PID 作用的放大器校正装置

a）PD　b）PI　c）PID

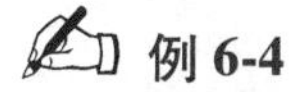 **例 6-4**

图 6-18 所示的一个倒装摆支承在一辆机动车上，是一个取出的空间助力器的状态控制模型。目的是保持助力器的铅垂位置。这里研究二维控制问题，图 6-18 所示的摆只能在 xOy 平面上运动。

设小车质量 $m_1=1000\text{kg}$，摆质量 $m=200\text{kg}$，支点 A 到摆中心的杆长 $l=10\text{m}$，设计一个合适的校正装置，使系统具有阻尼比 $\zeta=0.7$，无阻尼固有频率 $\omega_n=0.5\text{s}^{-1}$，忽略杆的质量及风力等干扰力的作用，忽略支撑点的摩擦及车轮滑动等因素。

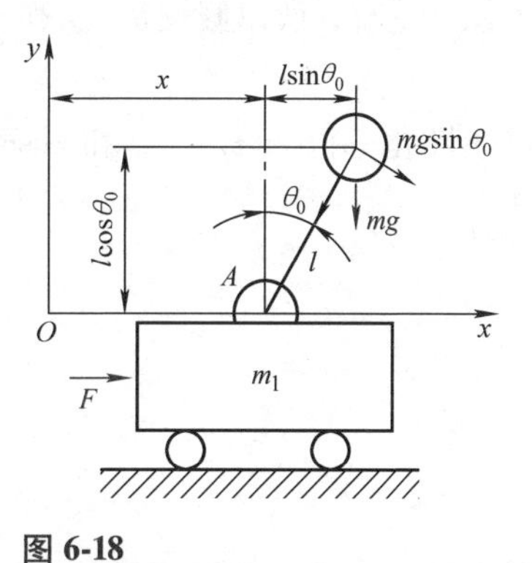

图 6-18

倒装摆系统

因为倒装摆是一个不稳定的被控对象，在控制器中必须引进微分控制的作用。微分控制作用反映动作偏差的变化速率，即微分环节有“预见”性，并有超前校正的作用，以增加系统的稳定性。因为微分控制作用不能单独使用，因此这个问题中使用比例微分控制器，即 PD 校正。校正装置传递函数应为 $K_P(1+\frac{T_D}{K_P}s)$，此控制器产生力 F，使

$$F=K_P\left(\theta_0+T_D\frac{\mathrm{d}\theta_0}{\mathrm{d}t}\right) \tag{6-15}$$

注意，这时输入 θ_i 为零，表示希望倒装摆保持垂直。

倒装摆的传递函数可由牛顿定律写出的运动方程导出。在图 6-18 所示的坐标系中，小车水平位移是 x，摆的水平和垂直位移分别为 $x+l\sin\theta_0$ 和 $l\cos\theta_0$。在 x 方向的受力运动平衡式为

$$m_1\frac{\mathrm{d}^2x}{\mathrm{d}t^2}+m\frac{\mathrm{d}^2}{\mathrm{d}t^2}(x+l\sin\theta_0)=F \tag{6-16}$$

式中，x 及 θ_0 都是 t 的函数，$\frac{\mathrm{d}^2}{\mathrm{d}t^2}\sin\theta_0=(-\sin\theta_0)\left(\frac{\mathrm{d}\theta_0}{\mathrm{d}t}\right)^2+(\cos\theta_0)\frac{\mathrm{d}^2\theta_0}{\mathrm{d}t^2}$，因此式（6-16）可

写成

$$(m_1+m)\frac{d^2x}{dt^2}-ml(\sin\theta_0)\left(\frac{d^2\theta_0}{dt^2}\right)^2+ml(\cos\theta_0)\frac{d^2\theta_0}{dt^2}=F \tag{6-17}$$

再写出摆线 A 点旋转的运动方程式为

$$\left[m\frac{d^2}{dt^2}(x+l\sin\theta_0)\right]l\cos\theta_0-\left[m\frac{d^2}{dt^2}(l\cos\theta_0)\right]l\sin\theta_0=mgl\sin\theta_0$$

将上式简化，得

$$m\left[\frac{d^2x}{dt^2}-l(\sin\theta_0)\left(\frac{d\theta_0}{dt}\right)^2+l(\cos\theta_0)\frac{d^2\theta_0}{dt^2}\right]l\cos\theta_0-$$

$$m\left[-(l\cos\theta_0)\left(\frac{d\theta_0}{dt}\right)^2-l(\sin\theta_0)\frac{d^2\theta_0}{dt^2}\right]l\sin\theta_0=mgl\sin\theta_0$$

进一步合并简化为

$$m\frac{d^2x}{dt^2}\cos\theta_0+ml\frac{d^2\theta_0}{dt^2}=mg\sin\theta_0 \tag{6-18}$$

式（6-17）和式（6-18）是非线性微分方程式，需做近似线性化处理。因为此问题是要求摆必须保持垂直，所以假设 $\theta_0(t)$ 和 $\frac{d^2\theta_0(t)}{dt^2}$ 是很小的，在这种假设下，式（6-17）及式（6-18）可以线性化，把 $\sin\theta_0\approx\theta_0$ 和 $\cos\theta_0\approx1$ 代入，并忽略包含 $\theta_0\left(\frac{d^2\theta_0}{dt^2}\right)^2$ 的项，则式（6-17）、式（6-18）为

$$(m_1+m)\frac{d^2x}{dt^2}+ml\frac{d^2\theta_0}{dt}=F \tag{6-19}$$

$$m\frac{d^2x}{dt^2}+ml\frac{d^2\theta_0}{dt^2}=mg\theta_0 \tag{6-20}$$

联立式（6-19）、式（6-20），得 $m_1\frac{d^2x}{dt^2}=F-mg\theta_0$，或写成

$$\frac{d^2x}{dt^2}=\frac{-mg\theta_0+F}{m_1} \tag{6-21}$$

将式（6-21）代入式（6-20）中并整理得

$$m_1l\frac{d^2\theta_0}{dt^2}-(m_1+m)g\theta_0=-F \tag{6-22}$$

因此在 θ_0 和 $-F$ 之间的传递函数为

$$\frac{\Theta_0(s)}{-F(s)}=\frac{1}{m_1ls^2-(m_1+m)g} \tag{6-23}$$

系统框图如图 6-19 所示。

写出系统的闭环传递函数并化成二阶系统的一般形式为

$$\frac{\Theta_0(s)}{\Theta_i(s)}=\frac{K_P(1+T_Ds)}{m_1ls^2+K_PT_Ds+K_P-(m_1+m)g}$$

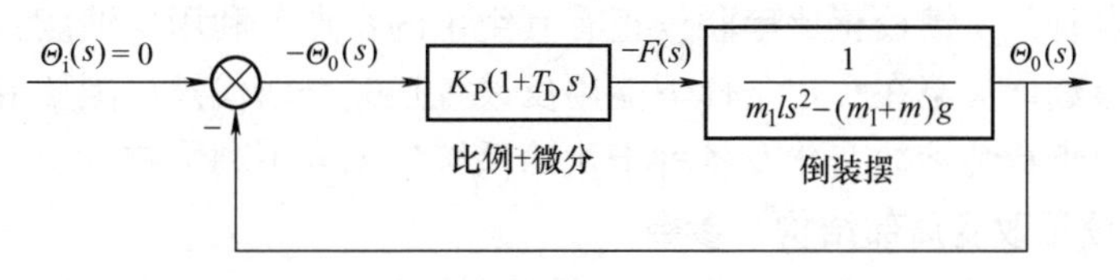

图 6-19

倒装摆系统框图

$$= \frac{\frac{K_P(1 + T_D s)}{m_1 l}}{s^2 + \frac{K_P T_D}{m_1 l}s + \frac{K_P - (m_1 + m)g}{m_1 l}}$$

由此得

$$\omega_n^2 = \frac{K_P - (m_1 + m)g}{m_1 l}$$

$$2\zeta\omega_n = \frac{K_P T_D}{m_1 l}$$

根据对系统 ω_n 和 ζ 的要求和已知参数，可以确定比例微分校正装置的参数 K_P 和 T_D。

$$\begin{aligned} K_P &= \omega_n^2 m_1 l + (m_1 + m)g \\ &= [0.5^2 \times 1000 \times 10 + (1000 + 200) \times 9.81]\text{N/rad} \\ &= 14272\text{N/rad} \end{aligned}$$

$$T_D = \frac{2\zeta\omega_n m_1 l}{K_P} = \frac{2 \times 0.7 \times 0.5 \times 1000 \times 10}{14272}\text{s} = 0.49\text{s}$$

校正装置的传递函数为

$$G_c(s) = K_P(1 + T_D s) = 14272(1 + 0.49s)$$

比例微分校正装置可使摆在受到扰动发生倾斜时，产生校正力，使倒装摆保持垂直状态。

第三节 并联校正

除了串联校正方法外，还常常采用并联校正，并联校正通过反馈校正和顺馈校正的方法来改善系统品质。

一、反馈校正

反馈校正一般是指在主反馈环内，为改善系统的性能而加入反馈装置的校正方式。这是工程控制中广泛采用的校正形式之一。反馈校正的目的在于改善系统的动态性能。

反馈校正中，若 $G_c(s) = K$，则称为位置（比例）反馈；若 $G_c(s) = Ks$，则称为速度（微分）反馈；若 $G_c(s) = Ks^2$，则称为加速度反馈。速度反馈和加速度反馈常用的元件有传感器、测速发电机、电流互感器等。

从控制的观点看，反馈校正比串联校正有其突出的特点，利用反馈能有效地改变被包围环节的动态结构参数，甚至在一定条件下能用反馈校正完全取代被包围环节，从而可以大大减弱这部分环节由于特性参数变化及各种干扰给系统带来的不利影响。

1. 利用反馈校正改变局部结构、参数

（1）位置反馈改变系统的型次 设图6-20中的 $G(s)=\dfrac{K}{s}$，校正装置传递函数为 $G_c(s)=K_H$，则校正后系统的开环传递函数为

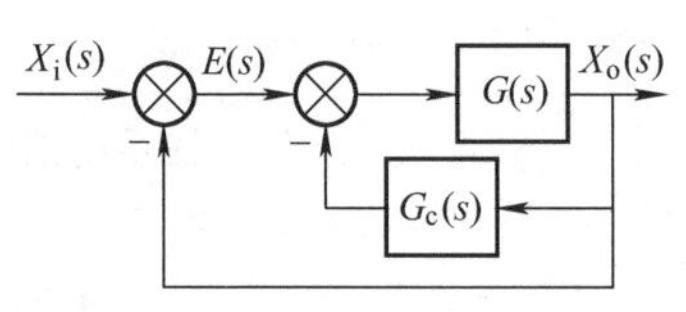

图 6-20

反馈回路

$$G_K(s)=\frac{X_o(s)}{X_i(s)}=\frac{G(s)}{1+G(s)G_c(s)}=\frac{\dfrac{1}{K_H}}{\dfrac{s}{KK_H}+1}$$

将原来的积分作用转变成惯性环节，降低了原系统的型次，降低了系统的稳态精度，但有可能提高系统的稳定性。

（2）改变一阶系统的时间常数

1）位置反馈改变一阶系统的时间常数。设图6-20中的 $G(s)=\dfrac{K}{Ts+1}$，校正装置传递函数为 $G_c(s)=K_H$，则校正后系统的开环传递函数为

$$G_K(s)=\frac{X_o(s)}{X_i(s)}=\frac{G(s)}{1+G(s)G_c(s)}$$

$$=\frac{\dfrac{K}{Ts+1}}{1+\dfrac{KK_H}{Ts+1}}=\frac{\dfrac{K}{1+KK_H}}{\dfrac{T}{1+KK_H}s+1}$$

系统的时间常数由原来的 T 变为 $\dfrac{T}{1+KK_H}$，一阶系统的时间常数改变，系统的响应快速性也随之改变。

2）速度反馈改变一阶系统的时间常数。若图6-20中的 $G(s)=\dfrac{K}{Ts+1}$，校正装置传递函数为 $G_c(s)=K_Hs$，则校正后系统的开环传递函数为

$$G_K(s)=\frac{X_o(s)}{X_i(s)}=\frac{G(s)}{1+G(s)G_c(s)}=\frac{\dfrac{K}{Ts+1}}{1+\dfrac{KK_Hs}{Ts+1}}=\frac{K}{(T+KK_H)s+1}$$

同样改变了一阶系统的时间常数，因此导致系统的时间响应发生变化。

（3）速度反馈改变二阶系统的阻尼比 若图6-20中的 $G(s)=\dfrac{\omega_n^2}{s(s+2\zeta\omega_n)}$，校正装置传递函数为 $G_c(s)=K_Hs$，则校正后系统的开环传递函数为

$$G_K(s)=\frac{X_o(s)}{X_i(s)}=\frac{G(s)}{1+G(s)G_c(s)}=\frac{\dfrac{\omega_n^2}{s(s+2\zeta\omega_n)}}{1+\dfrac{\omega_n^2}{s(s+2\zeta\omega_n)}K_Hs}=\frac{\omega_n^2}{s^2+(2\zeta\omega_n+K_H\omega_n^2)s}$$

系统的阶次没有发生改变，但阻尼比由 ζ 增加到 $\zeta'=\omega_n+\frac{1}{2}K_H\omega_n$，显著增大，可以有效地减弱小阻尼环节的不利影响，用速度反馈增加阻尼比时，并不影响系统的无阻尼固有频率。

（4）正反馈增大回路的增益　如图 6-21 所示，采用局部正反馈回路后的开环传递函数为

$$G(s)=\frac{K}{1-KK_H}$$

由上式看出，若取 $K_H\approx\frac{1}{K}$，则回路增益可以远远大于反馈前的 K。这是正反馈所独具的重要特性之一。

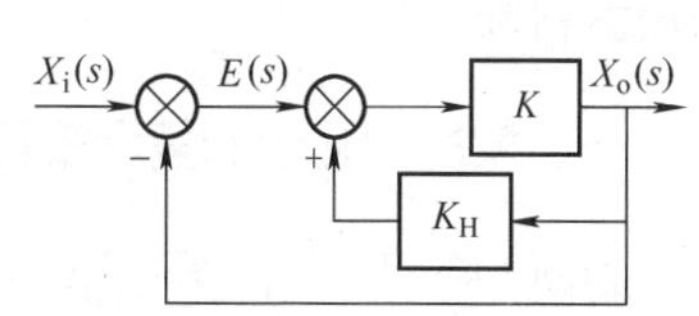

图 6-21

正反馈回路

2. 利用反馈校正取代局部结构

图 6-20 所示校正后回路的开环频率特性为

$$G_K(j\omega)=\frac{G(j\omega)}{1+G(j\omega)G_c(j\omega)} \tag{6-24}$$

如果选择合适的结构参数使得 $|G(j\omega)G_c(j\omega)|\gg1$，则式（6-24）可近似表示为

$$G_K(j\omega)\approx\frac{1}{G_c(j\omega)}$$

相当于回路的传递函数可近似表示为

$$G_K(s)\approx\frac{1}{G_c(s)} \tag{6-25}$$

由式（6-25）可知，反馈校正的作用可以达到用反馈环节 $\frac{1}{G_c(s)}$ 取代原环节 $G(s)$ 的目的。反馈校正的这种作用，在系统设计和调试中，常被用来改造不希望有的某些环节以及消除非线性、变参数的影响和抑制干扰。

二、顺馈校正

图 6-3 所示的系统为顺馈校正，加入校正后系统的输出为

$$X_o(s)=[1+G_c(s)]\frac{G(s)}{1+G(s)H(s)}X_i(s) \tag{6-26}$$

校正后系统的误差为

$$E(s)=\left\{\frac{1}{H(s)}-\frac{[1+G_c(s)]G(s)}{1+G(s)H(s)}\right\}X_i(s)=\frac{1-G_c(s)G(s)H(s)}{H(s)[1+G(s)H(s)]}X_i(s)$$

为使 $E(s)=0$，应保证 $1-G_c(s)G(s)H(s)=0$，即

$$G_c(s)=\frac{1}{G(s)H(s)} \tag{6-27}$$

由分析可知，顺馈校正实际上相当于将输入信号先经过一个环节，进行一下“整形”，然后再加给控制系统，使控制系统既能满足动态性能的要求，又能保证稳态精度。

第四节　复合校正

为了提高系统的稳态精度，增大系统的开环增益及提高系统的型别，即增加积分环节的数目，这样反而会降低系统的相对稳定性，有时甚至是不稳定的。为了解决这对矛盾，应采用复合校正方法。复合校正就是在闭环系统内部采用串联校正或反馈校正，同时在闭环外部进行顺馈校正。复合校正分为按输入补偿和按干扰补偿两种形式，其主要作用在于提高系统的稳态精度。

一、按扰动补偿的复合校正

如图6-22所示，图中 $N(s)$ 为可量测扰动，$G_1(s)$ 和 $G_2(s)$ 为反馈部分的前向通路传递函数，$G_c(s)$ 为顺馈补偿装置传递函数。通过选择恰当的 $G_c(s)$，使扰动 $N(s)$ 经过 $G_c(s)$ 对系统输出 $X_o(s)$ 产生补偿作用，以抵消扰动 $N(s)$ 通过 $G_2(s)$ 对输出 $X_o(s)$ 的影响。

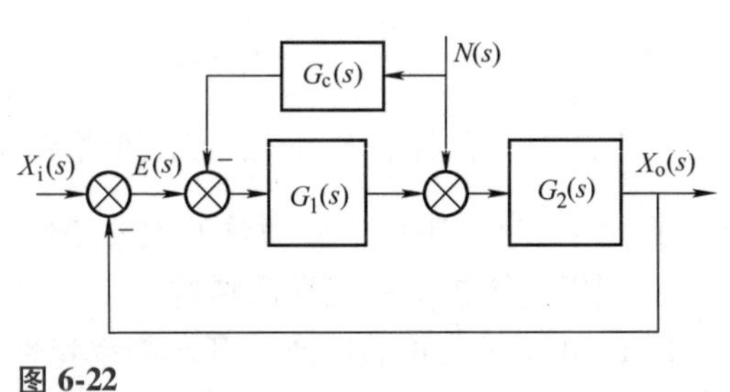

图6-22
按扰动补偿

扰动作用下的输出为

$$X_{no}(s)=\frac{G_2(s)[1+G_1(s)G_c(s)]}{1+G_1(s)G_2(s)}N(s)$$

扰动作用下的误差为

$$E_n(s)=0-X_{no}(s)=-\frac{G_2(s)[1+G_1(s)G_c(s)]}{1+G_1(s)G_2(s)}N(s)$$

如果选择顺馈补偿装置的传递函数为

$$G_c(s)=-\frac{1}{G_1(s)}$$

则有

$$E_n(s)=-X_{no}(s)=0$$

因此

$$G_c(s)=-\frac{1}{G_1(s)}$$

为对扰动误差全补偿条件。

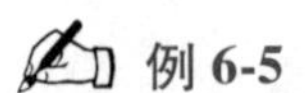 例6-5

控制系统结构图如图6-23所示。要使干扰 $n(t)=1(t)$ 作用下系统的稳态误差为零，试设计满足要求的 $G_c(s)$ 。

解：$n(t)$ 作用下系统的误差传递函数为

$$\Phi_{en}(s)=\frac{E(s)}{N(s)}=\frac{-\frac{K_3}{Ts+1}\left(1+\frac{K_2}{s}\right)+G_c(s)\frac{K_2K_3}{s(Ts+1)}}{1+\frac{K_2}{s}+\frac{K_1K_2K_3}{s(Ts+1)}}=\frac{-K_3(s+K_2)+K_2K_3G_c(s)}{s(Ts+1)+K_2(Ts+1)+K_1K_2K_3}$$

$$e_{ssn}=\lim_{s\to 0}s\Phi_{en}(s)N(s)=\frac{-K_2K_3+K_2K_3G_c(s)}{K_2(1+K_1K_3)}$$

令 $e_{ssn}=0$，得

$$G_c(s)=1$$

二、按输入补偿的复合校正

如图 6-24 所示，图中 $G(s)$ 为反馈系统的开环传递函数，$G_c(s)$ 为顺馈装置传递函数。

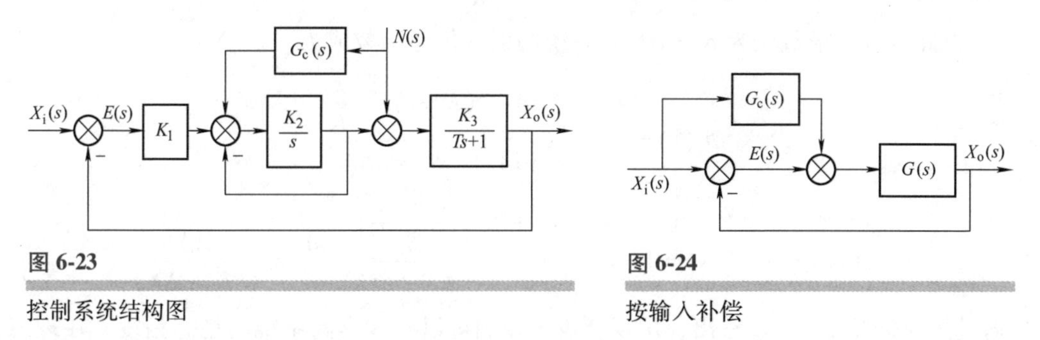

图 6-23 控制系统结构图

图 6-24 按输入补偿

系统的输出为

$$X_o(s)=[E(s)+X_i(s)G_c(s)]G(s)$$

得到

$$X_o(s)=\frac{[1+G_c(s)]G(s)}{1+G(s)}X_i(s)$$

若取顺馈装置的传递函数为 $G_c(s)=\frac{1}{G(s)}$，则有 $X_o(s)=X_i(s)$，系统的输出量在任何时刻都可以完全无误地复现输入量，具有理想的时间响应特性。

例 6-6

控制系统结构图如图 6-25 所示。

1）设计 $G_c(s)$，使输入 $x_i(t)=At$ 作用下系统的稳态误差为零。

2）在以上讨论确定了 $G_c(s)$ 的基础上，若被控对象开环增益增加了 ΔK，试说明相应的稳态误差是否还能为零。

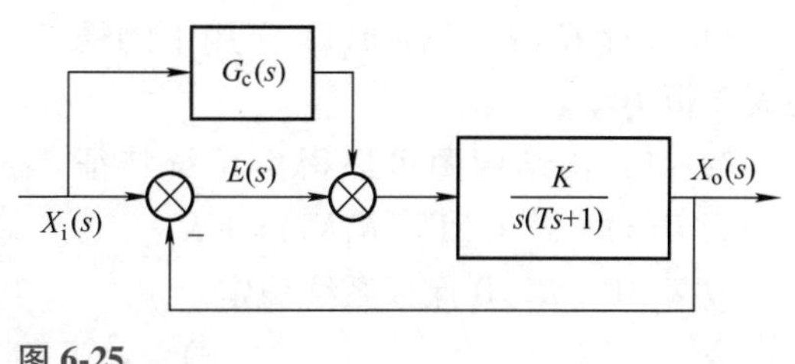

图 6-25 控制系统结构图

解： 1）系统的开环传递函数为

$$G(s)=\frac{K}{s(Ts+1)}$$

由于开环增益是K，系统型别为$v=1$。系统特征多项式为$D(s)=Ts^2+s+K=0$。当$T>0$，$K>0$时，系统稳定。

系统的误差传递函数为

$$\Phi_e(s)=\frac{E(s)}{X_i(s)}=\frac{1-\dfrac{K}{s(Ts+1)}G_c(s)}{1+\dfrac{K}{s(Ts+1)}}=\frac{s(Ts+1)-KG_c(s)}{s(Ts+1)+K}$$

令
$$e_{ss}=\lim_{s\to0}s\Phi_e(s)X_i(s)=\lim_{s\to0}\frac{A}{K}\left[1-\frac{K}{s}G_c(s)\right]=0$$

可得
$$G_c(s)=\frac{s}{K}$$

2）设此时开环增益变为$K+\Delta K$，系统的误差传递函数成为

$$\Phi_e(s)=\frac{s(Ts+1)-(K+\Delta K)\dfrac{s}{K}}{s(Ts+1)+(K+\Delta K)}$$

$$e_{ss}=\lim_{s\to0}s\Phi_e(s)X_i(s)=\lim_{s\to0}s\frac{s\left(Ts+1-\dfrac{K+\Delta K}{K}\right)}{s(Ts+1)+(K+\Delta K)}\frac{A}{s^2}=\frac{-A\Delta K}{K(K+\Delta K)}$$

通过例6-6的讨论可以看出，用复合校正控制可以有效提高系统的稳态精度，在理想情况下相当于将系统的型别提高一级。但当系统参数变化时，用这种方法可能达不到理想条件下的控制精度。

例 6-7

控制系统结构图如图6-26所示。

1）试确定参数K_1，K_2，使系统极点配置在$\lambda_{1,2}=-5\pm j5$。

2）设计$G_1(s)$，使$x_i(t)$作用下的稳态误差恒为零。

3）设计$G_2(s)$，使$n(t)$作用下的稳态误差恒为零。

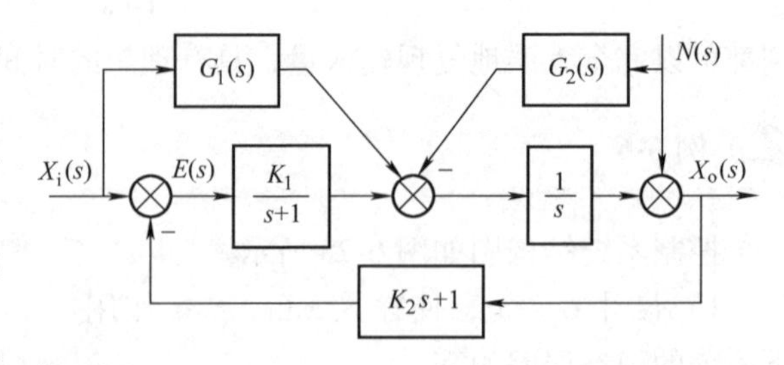

图 6-26

控制系统结构图

解：1）由结构图可以得出系统特征方程为$D(s)=s^2+(1+K_1K_2)s+K_1$。

取$K_1>0$、$K_2>0$保证系统稳定。

令
$$D(s)=s^2+(1+K_1K_2)s+K_1=(s+5-j5)(s+5+j5)=s^2+10s+50$$

比较系数得
$$\begin{cases}K_1=50\\1+K_1K_2=10\end{cases}$$
联立求解得
$$\begin{cases}K_1=50\\K_2=0.18\end{cases}$$

2）当 $x_i(t)$ 作用时，令系统误差传递函数为

$$\Phi_e(s)=\frac{E(s)}{X_i(s)}=\frac{1-\dfrac{K_2s+1}{s}G_1(s)}{1+\dfrac{K_1(K_2s+1)}{s(s+1)}}=\frac{(s+1)[s-(K_2s+1)G_1(s)]}{s(s+1)+K_1(K_2s+1)}=0$$

得出 $G_1(s)=\dfrac{s}{K_2s+1}$，这样可以使 $x_i(t)$ 作用下的稳态误差恒为零。

3）当 $n(t)$ 作用时，令 $n(t)$ 作用下的系统误差传递函数为

$$\Phi_{en}(s)=\frac{E(s)}{N(s)}=\frac{-(K_2s+1)+\dfrac{K_2s+1}{s}G_2(s)}{1+\dfrac{K_1(K_2s+1)}{s(s+1)}}=\frac{-(K_2s+1)(s+1)[s-G_2(s)]}{s(s+1)+K_1(K_2s+1)}=0$$

得出 $G_2(s)=s$，可以使 $n(t)$ 作用下的稳态误差恒为零。

总结起来，在控制系统中，串联校正、并联校正和复合校正都得到了广泛的应用。由于无源网络及运算放大器组件在技术上较易实现，使串联装置具有结构简单的优点，但是，在系统受控对象或其他元部件的特性参数不够稳定或输入指令及反馈通道的干扰成分较大的情况下，串联校正作用效果往往不好。特别是超前校正具有高通滤波的性质，使其对高频噪声极为敏感，结果造成控制信号的严重失真，系统无法正常工作。在这种场合采用反馈校正或者采用复合校正更为适宜。

关于校正元件的物理结构，有电气的、机械的、液动的、气动的或者是它们的混合形式。究竟采用哪种形式，在某种程度上取决于具体系统的结构和被控对象的性质。一般来说，电气校正装置传输简单、精度高、可靠性大，并容易校正，应用最广泛。事实上，人们常将各种非电量信号转换成电气信号。对于机械、液压系统的校正，如果校正只涉及位置、速度而不涉及力（特别是动态力）的问题，则可采用机械、液压元件作为校正环节，一旦涉及力的效应、涉及动态问题，用机械、液压元件可以实现位置和速度校正，机械加工中常用校正尺、校正凸轮以及和它们配合的机构组成校正环节，实现加工误差的补偿就是很好的例子。

小结

控制系统的校正就是按给定的系统原有部分和性能指标设计校正装置。引入校正装置将使系统的传递函数发生改变，导致零点和极点重新分布，适当地增加零点和极点，可使系统满足规定的要求，以实现对系统品质进行校正的目的。本章主要介绍校正的实质、方法。

引入校正装置的实质在于改变系统的零、极点分布，从而改变控制系统的频率特性或根轨迹的形状，使控制系统频率特性的低、中、高频段满足希望的性能或使控制系统的根轨迹穿越希望的闭环主导极点，即使得控制系统满足希望的动、静态性能指标要求。

校正的方法分为串联校正、并联校正和复合校正。串联校正又分为增益调整、相位超前校正、相位滞后校正和相位滞后—超前校正四种；PID 校正器是串联校正的一种特殊形式。超前校正以其相位超前的特性，产生校正作用。滞后校正则通过高频衰减特性，获得校正效果。超前校正比滞后校正可能提供更高的幅值穿越频率，较高的幅值穿越频率对应着较大的带宽，而大的带宽意味着调整时间减小，则系统具有快速响应的特性。滞后校正降低了高频增益，幅值交界频率左移，相位裕量增加，稳定性提高。既需要有快速响应特征，又要有良好的稳定性，可采用滞后—超前校正。

并联校正包括反馈校正和顺馈校正。当所设计系统随着工作条件变化，其中一些结构参数可能有较大幅度的变化，而该系统又能取出适当的反馈信号时，在系统中采用反馈校正是最适当的。其作用可能消除被反馈所包围的不可变部分参数波动对系统性能的影响。

复合校正有两种：按输入补偿和按干扰补偿的附加装置。复合校正采用补偿的方法，使作用于系统的信号除误差外，还引入与输入或扰动有关的补偿信号，利用误差减小误差，最后消除误差；或及时消除干扰的影响。

思考题

1. 一般采用哪些指标来衡量系统的性能？它们各自反映系统哪些方面的性能？
2. 试分析在串联校正中，各种形式校正环节的作用是什么？
3. 如果Ⅰ型系统在校正后希望成为Ⅱ型系统，应采用哪种校正？
4. 相位超前校正装置能改善系统的什么性能？能否用反馈校正来实现？
5. 什么情况下，使用相位滞后校正来提高系统的稳定性？
6. 试分析串联校正和并联校正的特点。
7. 试分析顺馈校正的特点以及校正环节的作用。
8. 试分析 PID 校正器的作用及特点。
9. 复合校正的作用是什么？

习题

1. 一单位反馈控制系统的开环传递函数为

$$G(s) = \frac{200}{s(0.1s+1)}$$

试设计一个校正装置，使系统的相位稳定裕量不小于45°，幅值交界频率不低于 $50\text{rad}\cdot\text{s}^{-1}$。

2. 他励直流电动机拖动的角位移控制系统如图 6-27 所示。其中，电枢电阻 $R_a=2\Omega$，电动机（包括负载）的机电时间常数 $T=10\text{s}$，传动比 $N=50$。

1）要求系统 $M_r=1.3$，求调节放大器的增益 K 值，并分析系统的静态和动态特性。

2）要求系统 $M_r\approx1.3$，速度稳态误差 $\leqslant0.25$，试设计一个滞后校正装置。

3. 在习题 2 中，若采用如下串联校正

$$G_c(s) = \frac{(s+0.1)(s+1)}{(s+0.02)(s+5)}$$

要求相位裕量 $\gamma=45°$，试求 K 值的大小。

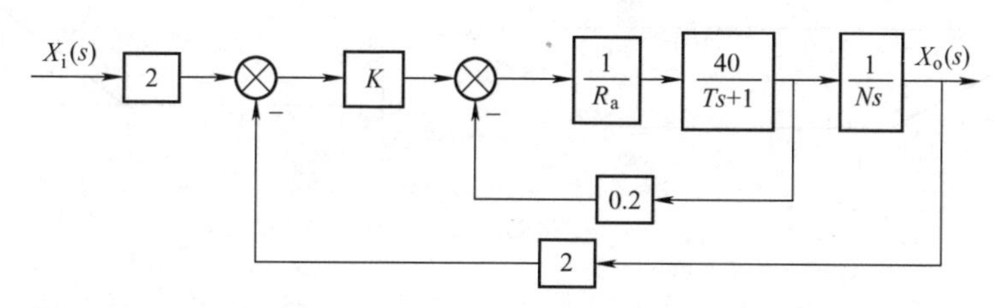

图 6-27

题 2 图

4. 设单位反馈控制系统的开环传递函数

$$G(s) = \frac{126}{s\left(\frac{1}{10}s+1\right)\left(\frac{1}{60}s+1\right)}$$

要求设计串联校正装置，使系统满足：

1）输入速度为 1rad/s 时，稳态误差不大于$\frac{1}{126}$rad。

2）放大器增益不变。

3）相位裕量不小于 30°，幅值交界频率为 20rad · s^{-1}。

5. 已知一单位反馈控制系统，原有的开环传递函数 $G_o(s)$ 和两种校正装置 $G_c(s)$ 的对数幅频渐近曲线如图 6-28 所示，要求：

1）写出每种方案校正后的开环传递函数。

2）试比较这两种校正方案的优缺点。

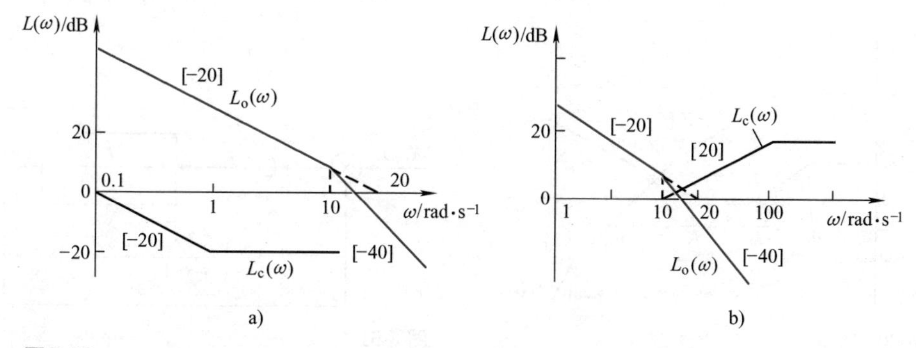

图 6-28

题 5 图

6. 三种串联校正装置的特性曲线如图 6-29 所示，它们都是最小相位环节。若原控制系统为单位反馈控制系统，且开环传递函数为

$$G(s) = \frac{400}{s^2(0.01s+1)}$$

试问：

1）哪一种校正装置可使系统的稳定性最好？

2）为了将 12Hz 的正弦噪声削弱为 1/10，确定采用哪种校正？

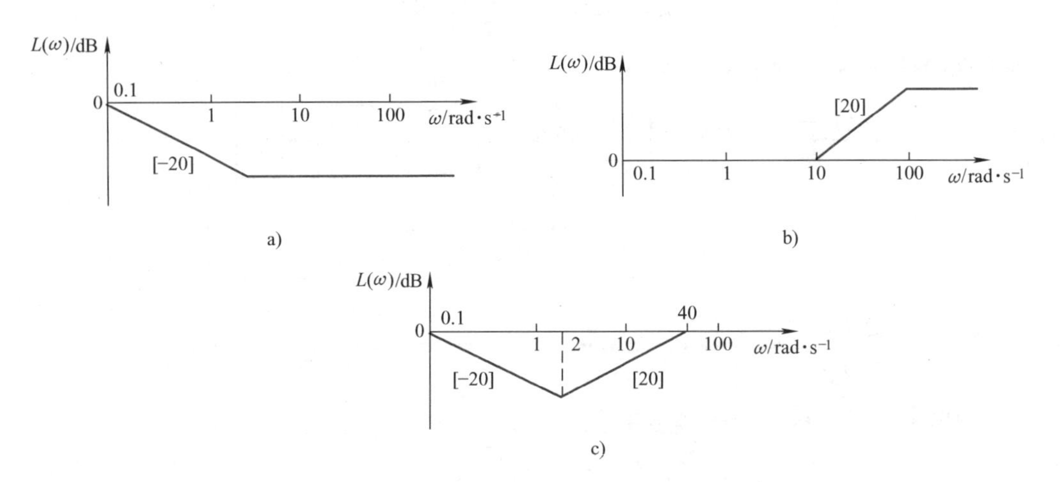

图 6-29

题 6 图

7. 已知一单位反馈控制系统，原有的开环传递函数 $G_o(s)$ 和串联校正装置 $G_c(s)$ 的对数幅频渐近曲线如图 6-30 所示，要求：

1）在图中画出系统校正后的开环对数幅频渐近曲线。

2）写出系统校正后开环传递函数的表达式。

3）分析 $G_c(s)$ 对系统的作用。

8. 原系统如图 6-31 中实线所示，其中 $K=440$，$T_1=0.025$，欲加反馈校正装置（如图 6-31 中虚线部分所示），使系统相位裕量 $\gamma\approx50°$，试求 K_H 和 T_2 的值。

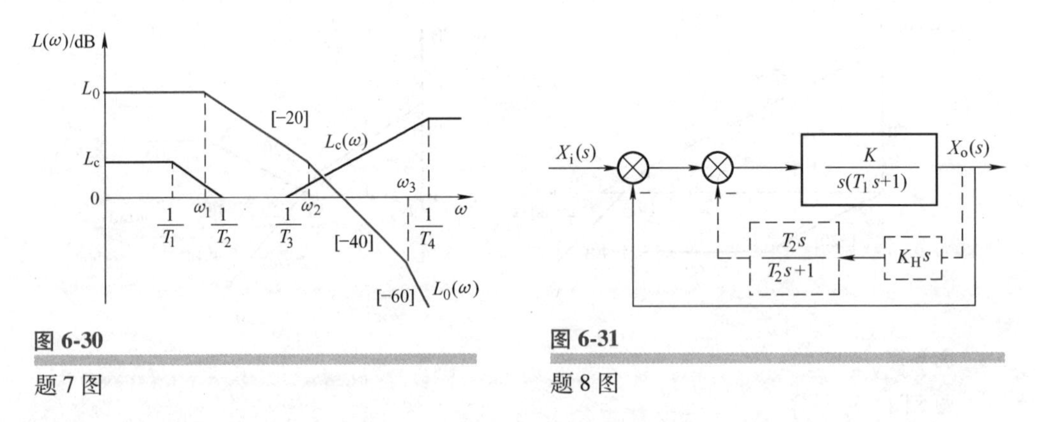

图 6-30

题 7 图

图 6-31

题 8 图

9. 设一单位反馈控制系统如图 6-32 所示。要采用速度反馈校正，使系统具有临界阻尼（即 $\zeta=1$），试求校正环节的参数值，并比较校正前后的精度。

$X_i(s)$ → ⊗ → $\dfrac{14.4}{s(0.1s+1)}$ → $X_o(s)$

图 6-32

题 9 图

10. 系统开环是最小相位函数，其对数幅频渐近曲线如图 6-33 所示，图中弯曲线是 $\omega=20\text{rad}\cdot\text{s}^{-1}$ 附近的精确值。

1）试判别闭环系统的稳定性。

2）今采用加内反馈校正方法消除开环幅频特性中的谐振峰，试确定校正装置的传递函数 $H(s)$。

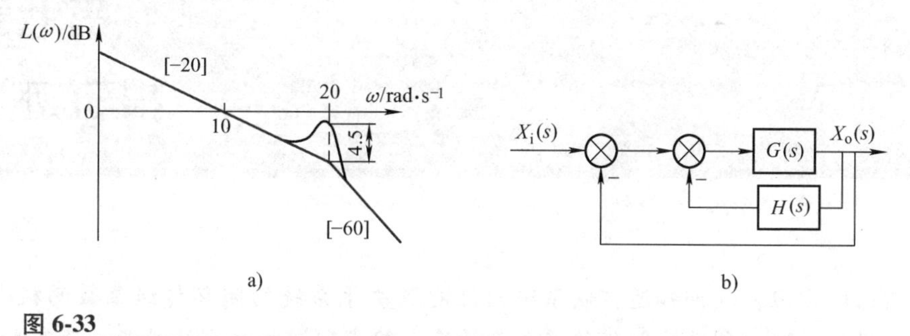

图 6-33

题 10 图

11.　一单位反馈控制系统如图 6-34 所示，希望提供前馈控制来获得理想的传递函数 $\dfrac{X_o(s)}{X_i(s)}=1$（输出误差为零），试确定前馈环节 $G_c(s)$ 。

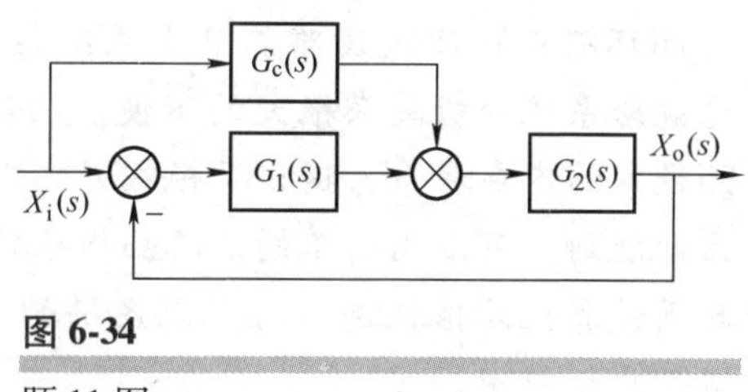

图 6-34

题 11 图

7 第七章 根轨迹法

通过前面的学习，我们知道控制系统的性能取决于系统的闭环传递函数的极点、零点。因此，可以根据求取控制系统闭环传递函数的零、极点研究控制系统性能。奈奎斯特判据可以知道闭环系统有无右极点，但是不能确定极点的位置。另外，对于高阶系统，通过解析法求取系统的闭环特征方程根（闭环极点）比较困难，且当系统某一参数（如开环增益）发生变化时，需要重新计算，这就给系统分析带来很大的不便。1948 年，伊文思（Evans）通过反馈系统中开、闭环传递函数间的内在联系，提出了根据开环零、极点寻求闭环极点位置的图解方法。按图解法的一系列规则，可以用简单的工具画出根轨迹分析系统性能，现在计算机已成为得力的工具，因此用计算机画根轨迹应当予以足够的重视。因为根轨迹法直观、形象，所以在控制工程中获得了广泛应用。

第一节　根轨迹法概述

根轨迹法的任务在于，由已知的开环传递函数的零、极点的分布及开环增益 K，通过图解法找出闭环极点。一旦闭环传递函数的极点确定后，再补上闭环传递函数的零点，系统性能便可以确定。

一、根轨迹的基本概念

1. 根轨迹

根轨迹是当系统某一参数（如开环增益 K）从零到无穷大变化时，闭环特征方程的根在［s］平面上移动的轨迹。

例如：某单位负反馈控制系统的开环传递函数为

$$G(s)=\frac{K}{s(0.5s+1)}=\frac{2K}{s(s+2)} \tag{7-1}$$

式中，K 是系统的开环增益。

可以看出式（7-1）中，系统开环传递函数有两个极点：$s_1=0$，$s_2=-2$，没有零点。系统的闭环传递函数为

$$\Phi(s)=\frac{G(s)}{1+G(s)}=\frac{2K}{s^2+2s+2K}$$

闭环特征方程为

$$1+G(s)H(s)=s^2+2s+2K=0$$

闭环极点为

$$s_1=-1+\sqrt{1-2K}\ ,\ s_2=-1-\sqrt{1-2K}$$

下面分析 K 从 $0\to\infty$ 变化时，系统闭环特征方程的根轨迹。在没有介绍根轨迹作图法则之前，首先用解析的方法求出方程的根（即闭环传递函数的极点）。当 K 变化时，闭环极点的变化情况见表 7-1。

表 7-1　不同 K 值时系统的特征根

K	p_1	p_2
0	0	−2
0.25	−0.3	−1.7
0.5	−1	−1
1	−1+j	−1−j
2.5	−1+j2	−1−j2
1.5	$-1+\mathrm{j}\sqrt{2}$	$-1-\mathrm{j}\sqrt{2}$
⋮	⋮	⋮
∞	−1+j∞	−1−j∞

利用计算结果在［s］平面上描点并用平滑曲线将其连接，便得到 K 从 $0\to\infty$ 变化时闭环极点在［s］平面上移动的轨迹，即根轨迹，如图 7-1 所示。图 7-1 中，根轨迹用粗实线表示，箭头表示 K 增大时两条根轨迹移动的方向。

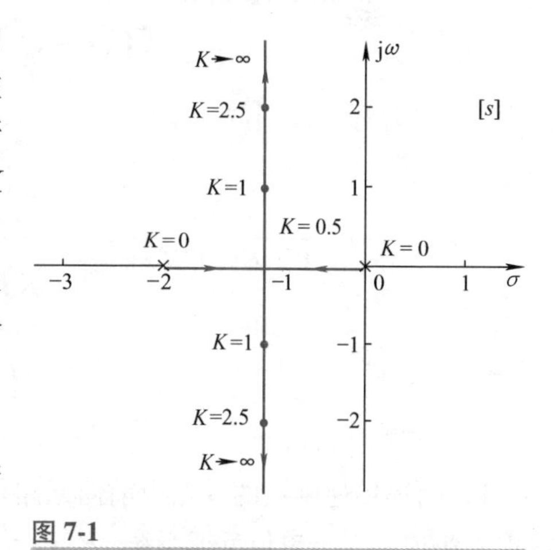

图 7-1
二阶系统的根轨迹

根轨迹图直观地表示了参数 K 变化时，闭环极点变化的情况，全面地描述了参数 K 对闭环极点分布的影响。

2. 性能分析

通过根轨迹（见图 7-1），分析系统性能随参数变化的规律。

（1）稳定性　当开环增益 K 从 $0\to\infty$ 变化时，图 7-1 所示的根轨迹全部落在［s］平面左半部，因此，当 $K>0$ 时，系统都是稳定的；如果系统根轨迹越过虚轴到了［s］平面右半部，则在相应 K 值下系统是不稳定的。

（2）动态性能　由图 7-1 可见，当 $0<K<0.5$ 时，闭环特征根为负实根，系统呈现过阻

尼状态，阶跃响应无振荡；当 $K=0.5$ 时，闭环特征根为二重实根，系统呈现临界阻尼状态，阶跃响应仍然无振荡，但响应速度比 $0<K<0.5$ 时快；当 $K>0.5$ 时，闭环特征根为一对共轭复根，系统呈现欠阻尼状态，阶跃响应为衰减振荡过程。

（3）稳态性能 由图7-1可见，系统的开环传递函数在坐标原点有一个极点，属于Ⅰ型系统，因而根轨迹上的 K 值就等于静态误差系数 K_v。

当 $r(t)=1(t)$ 时，$e_{ss}=0$。

当 $r(t)=t$ 时，$e_{ss}=\dfrac{1}{K}$。

则系统的稳态速度误差可以从根轨迹上对应的 K 求得。

上述分析表明，根轨迹与系统性能之间有着密切的联系，利用根轨迹可以分析当系统参数 K 变化时系统动态性能的变化趋势。图7-1所示的根轨迹图表示了开环增益 K 变化时闭环极点所有可能的分布情况。

根轨迹作图法的思路是依据系统的开环与闭环传递函数之间的确定关系，由开环传递函数的零、极点寻找闭环传递函数极点的轨迹。下面我们研究闭环传递函数的零、极点与开环传递函数的零、极点之间的关系。

二、根轨迹方程

控制系统的一般结构如图7-2所示，则相应的开环传递函数为 $G(s)H(s)$。假设系统开环传递函数有 m 个零点、n 个极点，则其开环传递函数可表示为

$$G(s)H(s)=\frac{K\prod_{i=1}^{m}(s-z_i)}{\prod_{j=1}^{n}(s-s_j)} \tag{7-2}$$

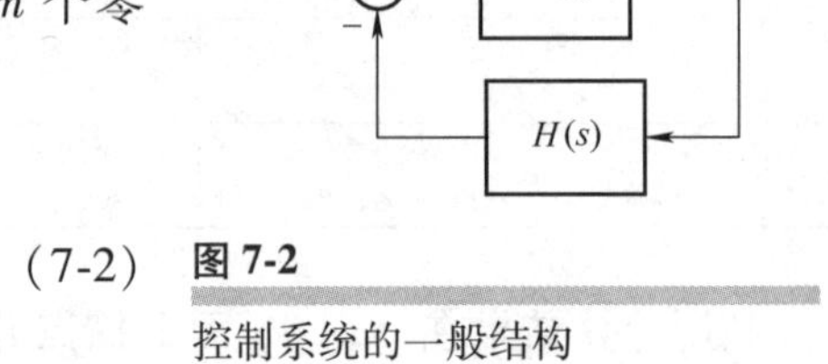

图7-2 控制系统的一般结构

式中，z_i 是开环传递函数的零点；s_j 是开环传递函数的极点。系统闭环传递函数为

$$\varphi(s)=\frac{G(s)}{1+G(s)H(s)}=\frac{G(s)}{1+\dfrac{K\prod_{i=1}^{m}(s-z_i)}{\prod_{j=1}^{n}(s-s_j)}}=\frac{G(s)\prod_{j=1}^{n}(s-s_j)}{\prod_{j=1}^{n}(s-s_j)+K\prod_{i=1}^{m}(s-z_i)} \tag{7-3}$$

通过上面分析可知：

1）闭环传递函数的零点由前向通路传递函数 $G(s)$ 的零点和开环传递函数 $G(s)H(s)$ 的极点 s_j 组成。对于单位反馈系统，$H(s)=1$，闭环零点就是开环传递函数的零点 z_i。闭环传递函数的零点不随 K 变化。

2）闭环传递函数的极点与开环传递函数的零点 z_i、开环传递函数的极点 s_j 以及开环增益 K 均有关。闭环传递函数的极点随 K 而变化，所以研究闭环传递函数的极点随 K 的变化规律是必要的。

3）根据根轨迹的定义，绘制根轨迹就是求解控制系统的闭环特征方程

$$1 + G(s)H(s) = 0$$

的根。凡是能满足方程

$$G(s)H(s) = -1 \tag{7-4}$$

的一切 s 值，都将是根轨迹上的点。因此称式（7-4）为根轨迹方程。换句话说，根轨迹上的每一点都必须满足式（7-4）。$G(s)H(s)$ 是控制系统的开环传递函数。

将式（7-4）用式（7-2）来表示，有

$$G(s)H(s) = \frac{K\prod_{i=1}^{m}(s - z_i)}{\prod_{j=1}^{n}(s - s_j)} = -1 \tag{7-5}$$

根据等号两边复数的幅角和幅值应分别相等的条件，可将式（7-5）分成两个方程，即

幅值条件为

$$|G(s)H(s)| = K\frac{\prod_{i=1}^{m}|(s - z_i)|}{\prod_{j=1}^{n}|(s - s_j)|} = 1 \tag{7-6}$$

幅角条件为

$$\angle G(s)H(s) = \sum_{i=1}^{m}\angle(s - z_i) - \sum_{j=1}^{n}\angle(s - s_j) = \sum_{i=1}^{m}\varphi_i - \sum_{j=1}^{n}\theta_j = (2k+1)\pi \tag{7-7}$$

$$k = 0, \pm 1, \pm 2, \cdots$$

式中，$\sum\varphi_i$ 、$\sum\theta_j$ 分别代表所有开环传递函数的零点、极点到根轨迹上某一点的矢量幅角之和。

满足幅值条件和幅角条件的 s 值，就是控制系统闭环特征方程的根，即闭环极点。

第二节　根轨迹的基本作图

通过上面的学习，由幅值条件和幅角条件可以根据开环传递函数零点、极点的位置，作出当开环增益或其他参数变化时的系统根轨迹图。确定控制系统根轨迹的近似位置有下面一些基本法则。

一、根轨迹作图法则

1. 根轨迹的分支数

根轨迹的分支数等于控制系统特征方程的阶数。n 阶特征方程有 n 个特征根，这 n 个特征根随 K 变化时必然出现 n 条根轨迹。

2. 根轨迹的对称性

因为系统特征若为实数，则必位于实轴上，若为复数，则必共轭成对出现，所以根轨迹必然对称于实轴。

由于对称性，只需画出［s］平面上半部和实轴上的根轨迹，下半部的根轨迹即可对称画出。

3. 根轨迹的起点和终点

每条根轨迹起始于开环传递函数的一个极点，终止于开环传递函数的一个零点；若开环传递函数的零点个数 m 少于开环传递函数的极点个数 n，则有 $(n-m)$ 条根轨迹终止于无穷远处。

根轨迹的起点、终点分别是指开环增益 $K=0$ 和 $K\to\infty$ 时的根轨迹点。

4. 实轴上的根轨迹

实轴上的根轨迹由位于实轴上的开环零点、极点确定。根轨迹区右侧的开环零点、极点数目之和应为奇数。也就是说，实轴上的某一区域，若其右侧开环实数零、极点个数之和为奇数，则该区域必是根轨迹。

开环的共轭复数零点、极点对实轴上根轨迹的位置无影响。

例 7-1

已知控制系统开环零点 z_i、极点 s_j 分布如图 7-3 所示。s_0 是实轴上的点，φ_i 是各开环零点到 s_0 点矢量的幅角，θ_j 是各开环极点到 s_0 点矢量的幅角。试判断实轴上的根轨迹区域。

解： 由图 7-3 可见，复数共轭极点 s_2、s_3 到实轴上任意一点（包括 s_0 点）的矢量的幅角和为 2π。对复数共轭零点的情况也如此。因此，在确定实轴上的根轨迹时，可以不考虑共轭复数零、极点的影响。在图 7-3 中，s_0 点左边的开环实数零、极点到 s_0 点的矢量的幅角均为零，而 s_0 点右边开环实数零、极点到 s_0 点的矢量的幅角均为 π，故只有落在 s_0 右方实轴上的开环实数零、极点，才有可能对 s_0 的幅角条件造成影响，且这些开环零、极点提供的幅角均为 π。如果令 $\sum\varphi_i$ 代表 s_0 点之右所有开环实数零点到 s_0 点的矢量幅角之和，$\sum\theta_j$ 代表 s_0 点之右所有开环实数极点到 s_0 点的矢量幅角之和，那么，s_0 点位于根轨迹上的充分必要条件是下列幅角条件成立：

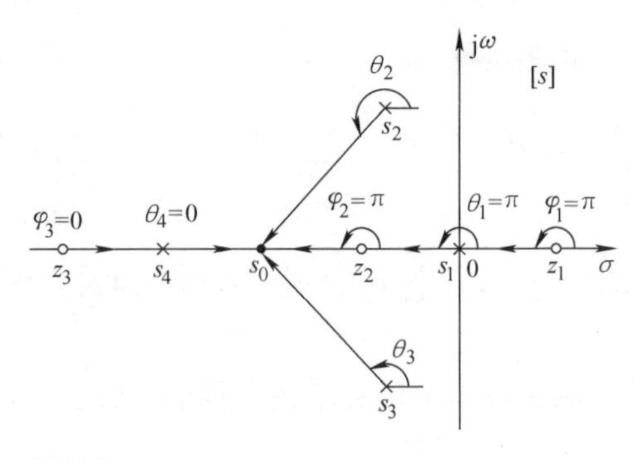

图 7-3 实轴上的根轨迹

$$\sum_{i=1}^{m_0}\varphi_i-\sum_{j=1}^{n_0}\theta_j=(2k+1)\pi \qquad k=0,\pm1,\pm2,\cdots$$

由于 π 与 $-\pi$ 表示的方向相同，于是等效有

$$\sum_{i=1}^{m_0}\varphi_i+\sum_{j=1}^{n_0}\theta_j=(2k+1)\pi \qquad k=0,\pm1,\pm2,\cdots$$

式中，m_0、n_0 分别是在 s_0 右侧实轴上的开环零点和极点个数；$2k+1$ 为奇数。于是得证。

不难判断，图 7-3 所示坐标轴的实轴上，区段 $[s_1,\ z_1]$、$[s_4、z_2]$ 以及 $(-\infty,\ z_3]$ 均为实轴上的根轨迹。

5. 根轨迹的渐近线

控制系统的根轨迹有 $(n-m)$ 条渐近线，并对称于实轴，根轨迹渐近线与正实轴夹角为

$$\varphi_a = \frac{(2k+1)\pi}{n-m} \qquad k=0,1,2,\cdots,n-m-1$$

式中，n 是开环传递函数的极点个数；m 是开环传递函数的零点个数。

根轨迹渐近线与实轴相交点的坐标为

$$\sigma_a = \frac{\sum_{j=1}^{n} s_j - \sum_{i=1}^{m} z_i}{n-m}$$

式中，n 是开环传递函数的极点个数；m 是开环传递函数的零点个数；s_j 是开环传递函数的极点；z_i 是开环传递函数的零点。

例 7-2

已知单位负反馈系统开环传递函数为

$$G(s) = \frac{K(s+1)}{s(s+4)(s^2+2s+2)}$$

试画出根轨迹的渐近线。

解： 将开环传递函数的零、极点标在［s］平面上，如图 7-4 所示。根据根轨迹作图法则，可知控制系统有四条根轨迹分支，且有三条（$n-m=3$）根轨迹趋于无穷远处，其渐近线与正实轴的交点及夹角为

$$\begin{cases} \sigma_a = \dfrac{-4-1+\mathrm{j}-1-\mathrm{j}+1}{4-1} = -\dfrac{5}{3} \\ \varphi_a = \dfrac{(2k+1)\pi}{4-1} = \dfrac{\pi}{3},\pi,\dfrac{5\pi}{3} \end{cases}$$

三条根轨迹渐近线如图 7-4 中虚线所示。

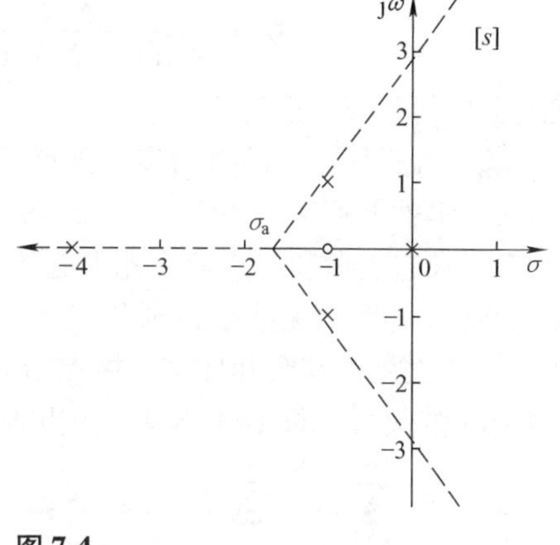

图 7-4

三条根轨迹渐近线

6. 根轨迹的分离点

两条或两条以上根轨迹在［s］平面上相遇后又分开的点，称为根轨迹的分离点，分离点的坐标可由幅角条件试探求出，也可以通过对开环增益求导数为零的方法获得。

例 7-3

控制系统的开环传递函数为 $G(s)H(s) = \dfrac{K(s+1)}{s^2+3s+3.25}$，利用求导的方法求取根轨迹的分离点坐标。

解： 根轨迹的分离点坐标对 K 求导，因为由幅值条件的关系 $|G(s)H(s)|=1$，有

$$K = \frac{s^2+3s+3.25}{s+1}$$

由

$$\frac{\mathrm{d}K}{\mathrm{d}s} = \frac{\mathrm{d}}{\mathrm{d}s}\left[\frac{s^2+3s+3.25}{s+1}\right]_{s=a} = 0$$

求得 $$a^2+2a-0.25=0$$

解得 $$a_1=-2.12,\ a_2=0.12$$

经检查实轴上的根轨迹 a_2 不在根轨迹区段，舍弃 a_2，因此分离点坐标为 $a=-2.12$。

7. 根轨迹的起始角和终止角

根轨迹离开开环复数极点处的切线与正实轴的夹角，称为起始角，以 θ_{s_i} 表示；根轨迹进入开环复数零点处的切线与正实轴的夹角，称为终止角，以 φ_{z_i} 表示。起始角、终止角可直接利用幅角条件求出。

 **例 7-4**

设控制系统开环传递函数为

$$G(s)=\frac{K(s+1.5)(s+2+\mathrm{j})(s+2-\mathrm{j})}{s(s+2.5)(s+0.5+\mathrm{j}1.5)(s+0.5-\mathrm{j}1.5)}$$

试画出控制系统的根轨迹。

解：将开环传递函数的零、极点标于 [s] 平面上，绘制根轨迹步骤如下：

1）实轴上的根轨迹为 $[-1.5,\ 0]$，$(-\infty,\ -2.5]$。

2）求起始角和终止角。先求起始角。设 s 是由 s_2 出发的根轨迹分支对应 $K=\varepsilon$ 时的一点，s 到 s_2 的距离无限小，则矢量 $\boldsymbol{s_2 s}$ 的幅角即为起始角。作各开环零、极点到 s 的矢量。由于除 s_2 之外，其余开环零、极点指向 s 的矢量与指向 s_2 的矢量等价，指向 s_2 的矢量等价于指向 s 的矢量。根据开环零、极点坐标可以算出各矢量的幅角。由幅角条件式（7-7），得

$$\sum_{i=1}^{m}\varphi_i-\sum_{j=1}^{n}\theta_j=(\varphi_1+\varphi_2+\varphi_3)-(\theta_{s_2}+\theta_1+\theta_2+\theta_4)=(2k+1)\pi$$

解得起始角 $\theta_{s_2}=79°$（见图 7-5）。

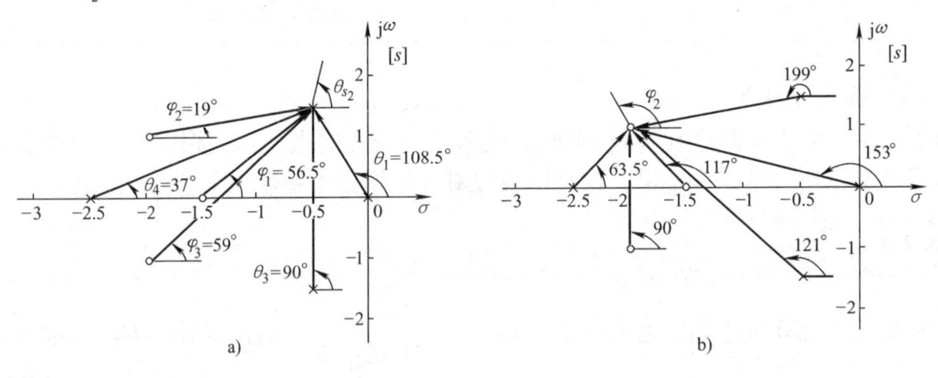

图 7-5

根轨迹的起始角和终止角

a）起始角 b）终止角

同理，作各开环零、极点到复数零点（$-2+\mathrm{j}$）的矢量，可算出复数零点（$-2+\mathrm{j}$）处的终止角 $\varphi_2=145°$（见图 7-6）。

8. 根轨迹与虚轴的交点

若根轨迹与虚轴相交，意味着闭环特征方程出现纯虚根。故可在闭环特征方程中令 $s=\mathrm{j}\omega$，然后分别令方程的实部和虚部均为零，求得交点的坐标值及其相应的 K 值。

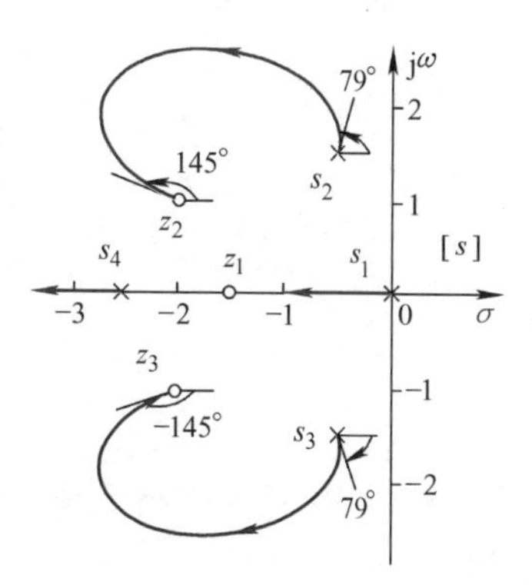

图 7-6

复数零点根轨迹起始角和终止角

例 7-5

某单位反馈系统开环传递函数为

$$G(s)=\frac{K}{s(s+1)(s+5)}$$

试画出控制系统的根轨迹。

解：1）实轴上的根轨迹为（$-\infty$，-5]，[-1，0]。

2）渐近线为

$$\begin{cases}\sigma_a=\dfrac{-1-5}{3}=-2\\[2mm]\varphi_a=\dfrac{(2k+1)\pi}{3}=\pm\dfrac{\pi}{3},\pi\end{cases}$$

3）分离点为

$$K=s^3+6s^2+5s$$

$$\frac{\mathrm{d}K}{\mathrm{d}s}=\frac{\mathrm{d}}{\mathrm{d}s}(s^3+6s^2+5s)_{s=a}=0$$

经整理得

$$3a^2+12a+5=0$$

解出

$$a_1=-3.5,\ a_2=-0.47$$

显然分离点位于实轴［-1，0］间，故取 $d=-0.47$。

4）求出与虚轴的交点。控制系统闭环特征方程为

$$D(s)=s^3+6s^2+5s+K=0$$

令 $s=\mathrm{j}\omega$，则

$$\begin{aligned}D(\mathrm{j}\omega)&=(\mathrm{j}\omega)^3+6(\mathrm{j}\omega)^2+5(\mathrm{j}\omega)+K\\&=-\mathrm{j}\omega^3-6\omega^2+\mathrm{j}5\omega+K=0\end{aligned}$$

令实部、虚部分别为零，有

$$\begin{cases}K-6\omega^2=0\\5\omega-\omega^3=0\end{cases}$$

解得

$$\begin{cases}\omega=0\\K=0\end{cases},\ \begin{cases}\omega=\pm\sqrt{5}\\K=30\end{cases}$$

显然，第一组解是根轨迹的起点，故舍去。根轨迹与虚轴的交点为 $s=\pm\mathrm{j}\sqrt{5}$，对应的根轨迹增益 $K=30$。根据上述讨论，可画出控制系统根轨迹如图 7-7 所示。

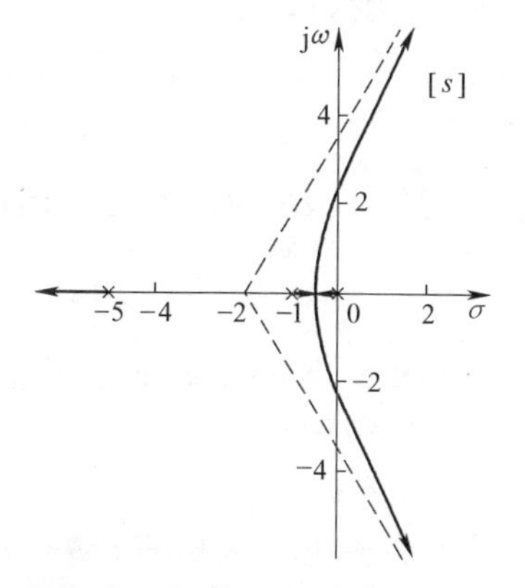

图 7-7

控制系统根轨迹

说明：如果根轨迹与虚轴相交表明系统在相应 K 值下处于临界稳定状态，可用劳斯稳定判据，根据劳斯表中的第一列有等于 0 的项，可以算出虚轴上闭环极点对应的 K 值。

如例7-5中，用劳斯稳定判据求根轨迹与虚轴的交点。

列劳斯表为

$$\begin{array}{ccc} s^3 & 1 & 5 \\ s^2 & 6 & K \\ s^1 & \dfrac{(30-K)}{6} & 0 \\ s^0 & K & \end{array}$$

当 $K=30$ 时，s^1 行元素全为零，系统存在共轭虚根。共轭虚根可由 s^2 行的辅助方程求得

$$F(s)=6s^2+K\big|_{K=30}=0$$

得 $s=\pm j\sqrt{5}$ 为根轨迹与虚轴的交点。结果同上。

9. 控制系统的闭环极点之和为常数

当 $n-m\geqslant 2$ 时，控制系统闭环传递函数的极点之和等于系统开环传递函数极点之和，即

$$\sum_{i=1}^{n}p_i=\sum_{i=1}^{n}s_i \qquad n-m\geqslant 2$$

式中，$p_1,p_2,\cdots,p_i$ 是系统传递函数的闭环极点（特征根）；$s_1,s_2,\cdots,s_i$ 是系统传递函数的开环极点。

证明： 设系统开环传递函数为

$$G(s)H(s)=\frac{K(s-z_1)(s-z_2)\cdots(s-z_m)}{(s-s_1)(s-s_2)\cdots(s-s_n)}=\frac{Ks^m+b_{m-1}Ks^{m-1}+\cdots+Kb_0}{s^n+a_{n-1}s^{n-1}+a_2s^{n-2}+\cdots+a_0}$$

式中，$a_{n-1}=\sum\limits_{i=1}^{n}(-s_i)$。

设 $n-m=2$，即 $m=n-2$，系统闭环特征式为

$$\begin{aligned} D(s)&=(s^n+a_{n-1}s^{n-1}+a_{n-2}s^{n-2}+\cdots+a_0)+(Ks^m+Kb_{m-1}s^{m-1}+\cdots+Kb_0)\\ &=s^n+a_{n-1}s^{n-1}+(a_{n-2}+K)s^{n-2}+\cdots+(a_0+Kb_0)\\ &=(s-p_1)(s-p_2)\cdots(s-p_n) \end{aligned}$$

另外，根据闭环系统 n 个闭环特征根 $p_1,p_2,\cdots,p_n$，可得系统闭环特征式为

$$D(s)=s^n+\sum_{i=1}^{n}(-p_i)s^{n-1}+\cdots+\prod_{i=1}^{n}(-p_i)$$

可见，当 $n-m\geqslant 2$ 时，特征方程第二项系数与 K 无关。比较系数有

$$\sum_{i=1}^{n}(-s_i)=\sum_{i=1}^{n}(-p_i)=a_{n-1}$$

可以看出，随着开环增益 K 的增大，若一部分闭环传递函数的极点向右移动，则另一部分闭环传递函数的极点必然向左移动，且左、右移动的距离增量之和为0。这对判断根轨迹的走向很有用。

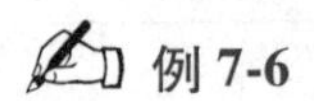
例 7-6

某单位反馈系统开环传递函数为

$$G(s)=\frac{K}{s(s+1)(s+2)}$$

试画出控制系统的根轨迹，并求临界根轨迹增益及该增益对应的三个闭环极点。

解： 系统有三条根轨迹分支，且有三条（$n-m=3$）根轨迹趋于无穷远处。

1）实轴上的根轨迹为（$-\infty$，-2]，[-1，0]。

2）渐近线为

$$\begin{cases}\sigma_a=\dfrac{-1-2}{3}=-1\\ \varphi_a=\dfrac{(2k+1)\pi}{3}=\dfrac{\pi}{3},\quad \pi,\quad \dfrac{5\pi}{3}\end{cases}$$

3）分离点为

$$K=s^3+3s^2+2s$$

$$\frac{dK}{ds}=\frac{d}{ds}(s^3+3s^2+2s)_{s=a}=0$$

经整理得

$$3a^2+6a+2=0$$

故

$$a_1=-1.577,\ a_2=-0.423$$

显然，分离点位于实轴的［-1，0］间，故取 $a=-0.423$。

由于满足 $n-m\geqslant2$，闭环传递函数的极点之和为常数，当 K 增大时，两支根轨迹向右移动的速度慢于一支向左的根轨迹速度，因此分离点 $|a|<0.5$ 是合理的。

4）求出与虚轴的交点。系统闭环特征方程为

$$D(s)=s^3+3s^2+2s+K=0$$

令 $s=j\omega$，则

$$D(j\omega)=(j\omega)^3+3(j\omega)^2+2(j\omega)+K=0$$

$$-j\omega^3-3\omega^2+j2\omega+K=0$$

令实部、虚部分别为零，有

$$\begin{cases}K-3\omega^2=0\\ 2\omega-\omega^3=0\end{cases}$$

解得

$$\begin{cases}\omega=0\\ K=0\end{cases},\quad \begin{cases}\omega=\pm\sqrt{2}\\ K=6\end{cases}$$

显然，第一组解是根轨迹的起点，故舍去。根轨迹与虚轴的交点为 $p_{1,2}=\pm j\sqrt{2}$，对应的根轨迹增益为 $K=6$，因为当 $0<K<6$ 时系统稳定，故 $K=6$ 为临界根轨迹增益，根轨迹与虚轴的交点为对应的两个闭环极点，第三个闭环极点可由根之和法则求得

$$0-1-2=p_1+p_2+p_3=p_1+j\sqrt{2}-j\sqrt{2}$$

$$p_3=-3$$

三条根轨迹线如图 7-8 所示。

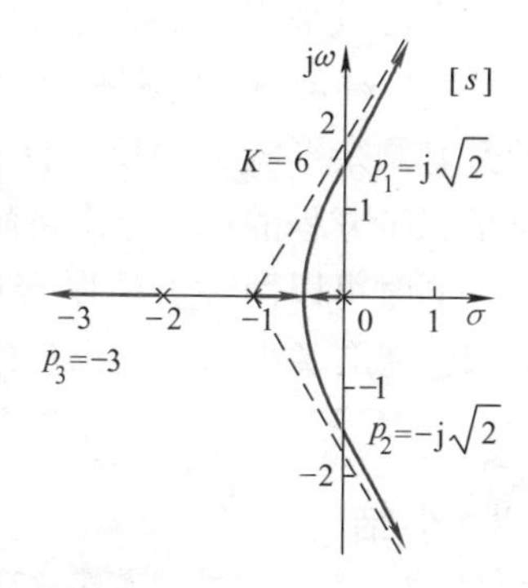

图 7-8
三条根轨迹线

在实际工程系统的分析、设计过程中，除了开环增益 K 变化对系统性能影响外，还有其他参数（如时间常数、测速机反馈系数等）变化对系统性能的影响。其他参数从零变化到无穷大时绘制的根轨迹称为参数根轨迹；绘制参数根轨迹的法则与绘制常规根轨迹的法则完全相同。在绘制参数根轨迹之前，引入“等效开环传递函数”，将绘制参数根轨迹的问题化为绘制 K^* 变化时根轨迹的形式来处理。

根据上述根轨迹的作图法则，手工作根轨迹是很方便的，但是需要一定的经验。具体绘制某一根轨迹时，这些法则并不一定全部用到，要根据具体情况确定应选用的法则。在计算机技术高速发展的今天，直接通过计算机的快速计算功能，求解闭环特征方程的根，可以快速作根轨迹。

二、计算机直接求根作根轨迹

将控制系统的闭环特征方程 $1+G(s)H(s)=0$ 表示成 n 次实系数代数方程，如下形式：

$$f(x)=a_0x^n+a_1x^{n-1}+\cdots+a_{n-1}x+a_n=0 \tag{7-8}$$

关键问题是求式（7-8）的全部根，可以采用牛顿迭代法。设 $f(x)=0$ 的一个近似根 r_0，则 $f(x)$ 在 r_0 附近展开成泰勒级数，截取前两项，将 $f(x)$ 近似表述为

$$f(r_0)+f'(r_0)(r-r_0)=0$$

设 $f'(r_0)\neq 0$，可解出

$$x=r_0-\frac{f(r_0)}{f'(r_0)}$$

取 x 作为原方程的新的近似根 r_1，继续按这种方法迭代，即牛顿迭代公式为

$$r_{k+1}=r_k-\frac{f(r_k)}{f'(r_k)}$$

使用该方法，设定一个初始近似根 r_0，可以逐个求出 $f(x)$ 的全部根。

也可以采用贝尔斯特（Bairstow）法，把 $f(x)$ 写成

$$f(x)=(x^2+px+q)g(x)+R_2x^{n-2}+R_1x^{n-1}$$

的升幂剩余形式，并反复修正 p 和 q，使 $R_2\approx 0$、$R_1\approx 0$ 再求二阶方程的根，每次将阶数降低两阶。

同时可以两种方法联合使用。具体编写程序的技巧可以参考有关书籍。绘出程序流程图如图 7-9 所示。

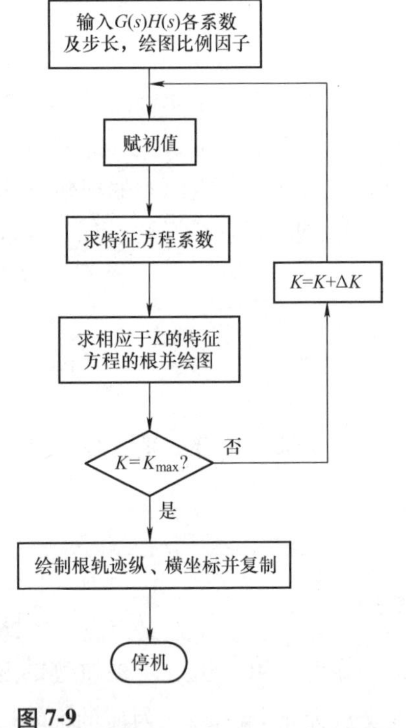

图 7-9
程序流程图

小结

绘制根轨迹是用轨迹法分析系统的基础。牢固掌握并熟练应用绘制根轨迹的基本法则，就可以快速绘出根轨迹的大致形状。

本章介绍了根轨迹的基本概念和根轨迹的绘制方法。根轨迹法是一种图解方法，可以避免繁重的计算工作，工程上使用比较方便。绘制根轨迹的基本思路是：已知系统开环传递函数零、极点分布，根据根轨迹的基本作图法则画出控制系统的根轨迹；分析控制系统性能随参数的变化趋势。

在控制系统中适当增加一些开环零、极点，可以改变根轨迹的形状，从而达到改善系统性能的目的。

思考题

1. 什么是根轨迹？它应满足什么条件？
2. 如何利用根轨迹分析系统的性能？
3. 绘制根轨迹的基本法则是什么？

习题

1. 已知开环零、极点分布图如图 7-10 所示，试绘制相应的根轨迹。

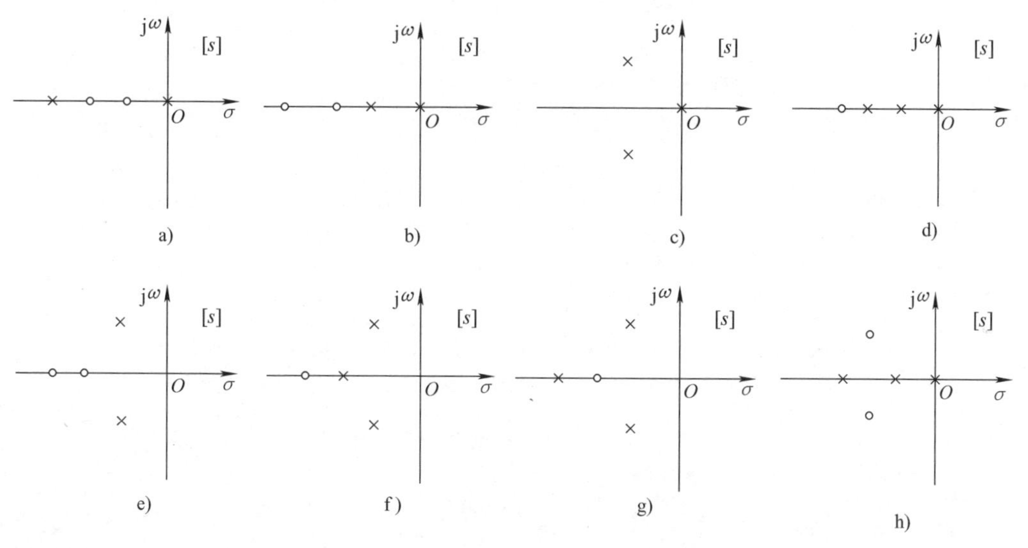

图 7-10

开环零、极点分布图

2. 已知下列单位反馈系统的开环传递函数，试概略绘出系统根轨迹。

(1) $G(s)=\dfrac{K}{s(0.2s+1)(0.5s+1)}$

(2) $G(s)=\dfrac{K(s+1)}{s(2s+1)}$

3. 单位反馈系统的开环传递函数为

$$G(s)=\frac{K(s^2-2s+5)}{(s+2)(s-0.5)}$$

试绘制系统的根轨迹，确定使系统稳定的 K 值范围。

4. 试绘出下列多项式方程的根轨迹。

（1）$s^3+2s^2+3s+Ks+2K=0$

（2）$s^3+3s^2+(K+2)s+10K=0$

5. 已知如下单位反馈系统的开环传递函数，试绘制参数 b 从零变化到无穷时的根轨迹，并写出 $b=2$ 时的系统闭环传递函数。

（1）$G(s)=\dfrac{20}{(s+4)(s+b)}$

（2）$G(s)=\dfrac{30(s+b)}{s(s+10)}$

下　篇

8 第八章 MATLAB 在控制系统分析中的应用

MATLAB 软件是美国 MathWorks 公司出品的商业数学软件，用于算法开发、数据可视化、数据分析以及数值计算的高级技术计算语言和交互式环境，主要包括 MATLAB 和 Simulink 两大部分。自 MATLAB 软件面世以来，应用范围越来越广泛，其中的控制系统工具箱和 Simulink 给控制系统分析带来了极大方便。目前 MATLAB 软件已经成为控制领域最流行的设计和计算工具之一。

本章主要针对 MATLAB 软件在经典控制理论基本知识中的应用进行简单介绍，内容包括：利用 MATLAB 建立控制系统的数学模型，进行控制系统的时域分析、频域分析、稳定性分析，绘制根轨迹曲线等基本知识。通过本章的学习读者能够掌握 MATLAB 基本的使用方法。

第一节　利用 MATLAB 建立控制系统的数学模型

由前面的学习可以知道，在对控制系统进行分析之前，首先要建立控制系统的数学模型。在本书第二章中介绍了传递函数的概念和框图的表达形式。本节主要针对第二章知识介绍 MATLAB 的应用。

一、传递函数模型

1. 控制系统的传递函数分式多项式

对于式（2-4）的传递函数分式多项式形式：

$$G(s)=\frac{X_{\mathrm{o}}(s)}{X_{\mathrm{i}}(s)}=\frac{b_m s^m+b_{m-1}s^{m-1}+\cdots+b_1 s+b_0}{a_n s^n+a_{n-1}s^{n-1}+\cdots+a_1 s+a_0}\qquad(n\geqslant m)$$

在 MATLAB 中的命令格式为

$$\text{sys}=\text{tf}(\text{num},\ \text{den}),\ \text{num}=[b_m\quad b_{m-1}\cdots b_1\quad b_0],\ \text{den}=[a_n\quad a_{n-1}\quad\cdots\quad a_1\quad a_0]$$

式中，sys 表示系统；tf 表示传递函数的形式描述系统；num、den 分别表示分子、分母多项式降幂排列的系数矢量。

2. 控制系统传递函数零、极点形式

对于式（2-7）的传递函数形式：

$$G(s)=\frac{K^*(s-z_1)(s-z_2)\cdots(s-z_m)}{(s-p_1)(s-p_2)\cdots(s-p_n)}=\frac{K^*\prod_{j=1}^{m}(s-z_j)}{\prod_{i=1}^{n}(s-p_i)}$$

在 MATLAB 中的命令格式为

$$\text{sys}=\text{zpk}(z,\ p,\ k),$$

$$z=[z_1\quad z_2\quad z_3\quad \cdots\quad z_m],\ p=[p_1\quad p_2\quad p_3\quad \cdots\quad p_n],\ k=K^*$$

式中，sys 表示系统；zpk 表示系统传递函数的零、极点描述；z、p、k 分别表示系统的零点、极点及增益。

例 8-1

将例 2-1 中的传递函数 $G(s)=\dfrac{30(s+2)}{s(s+3)(s^2+2s+2)}$ 用以上 MATLAB 的两种方式表示。

解：1）首先将传递函数分子、分母多项式展开，得到传递函数

$$G(s)=\frac{30s+60}{s^4+5s^3+8s^2+6s}$$

得到分式多项式 MATLAB 程序：$G(s)$ = tf([30　60]，[1　5　8　6　0])。

2）零、极点形式 MATLAB 程序：$G(s)$ = zpk([-2]，[0　-3　-1+j　-1-j]，30)。

3. 模型转换

有时对控制系统的分析需要特定的模型描述方式，则传递函数模型和零、极点模型间需要进行转换。

将分式多项式形式传递函数转换为零、极点形式：

[z, p, k] = tf2zp(num, den)

将零、极点形式传递函数转换为分式多项式形式：

[num, den] = zp2tf(z, p, k)

二、控制系统框图连接

1. 串联连接

两个子系统（或环节）串联，用 series 命令计算两个串联子系统（或环节）的传递函数。在 MATLAB 中的命令格式为

sys = series(sys1, sys2)

[num, den] = series(num1, den1, num2, den2)

其中，输入变量 sys1 与 sys2 表示被串联子系统（或环节）；sys 表示两个子系统（或环节）串联后的系统。

2. 并联连接

两个子系统（或环节）并联，用 parallel 命令计算两个子系统（或环节）并联的传递函数。在 MATLAB 中的命令格式为

sys = parallel(sys1, sys2)

[num, den] = parallel(num1, den1, num2, den2)

式中，输入变量 sys1 与 sys2 表示被并联子系统（或环节）；sys 表示两个子系统（或环节）并联后的系统。

3. 反馈连接

对于如图 2-33 所示的反馈连接形式，其闭环传递函数用 feedback 命令计算，在 MATLAB 中的命令格式为

sys = feedback(sys1, sys2, sign)

式中，sign=1 为正反馈，sign=-1 为负反馈，sign 的默认值为-1。

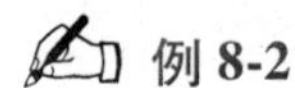 **例 8-2**

求如图 2-37 所示的三环回路框图的传递函数。其中 $G_1(s)=\dfrac{0.1}{0.1s+1}$，$G_2(s)=\dfrac{1}{s+1}$，$G_3(s)=\dfrac{s^2+1}{(s+1)(s+2)}$，$G_4(s)=\dfrac{s+1}{s^2+4s+3}$，$H_1(s)=\dfrac{5}{s+1}$，$H_2(s)=5s$，$H_3(s)=2$。

解：将 a 点移动到 c 点，MATLAB 程序：example2. m

```
G1=tf([0.1],[0.1 1]);
G2=tf([1],[1 1]);
G3=tf([1 1],[1 3 2]);
G4=tf([1 1],[1 4 3]);
H1=tf([5],[1 1]);
H2=tf([5 0],[1]);
numh3=[2];denh3=[1];
nh3=conv(numh3,[1 4 3]);dh3=conv(denh3,[1 1]);
H3=tf(nh3,dh3);        %H3 移到 G4 后面;
sys1=series(G3,G4);
sys2=feedback(sys1,H2);
sys3=series(G2,sys2);
sys4=feedback(sys3,H3);
sys5=series(G1,sys4);
sys=feedback(sys4,H1);
```

在 MATLAB 中运行 example2. m，得到

```
    >> sys
sys =
                        s^4 + 4 s^3 + 6 s^2 + 4 s + 1
    ---------------------------------------------------
    s^7 + 15 s^6 + 68 s^5 + 154 s^4 + 206 s^3 + 170 s^2 + 81 s + 17
```

读者也可以尝试将 d 点移动到 b 点，编写 MATLAB 的 m 程序。

cloop 命令计算单位反馈系统的闭环传递函数，在 MATLAB 中的命令格式为

```
[num,den]=cloop(num1,den1,num2,den2,sign)
```

式中，sign=1 为正反馈，sign=-1 为负反馈。

第二节　利用 MATLAB 进行时域特性分析

在对控制系统进行动态性能分析时，几个典型的输入信号分别是单位脉冲输入信号、单位阶跃输入信号和单位斜坡输入信号，MATLAB 提供了特定输入信号作用下的仿真函数。本节介绍应用 MATLAB 求取线性系统的动态响应，分析系统的时域性能指标。

一、动态特性分析

1. 单位脉冲响应

impulse 是计算控制系统单位脉冲响应的命令。在 MATLAB 中的格式为

impulse(sys) 计算并绘制线性系统 sys 的单位脉冲响应。

impulse(sys，t) 计算并绘制线性系统 sys 的单位脉冲响应。t 设置仿真时间。

impulse(sys1，sys2，…，sysN) 和 impulse (sys1，sys2，…，sysN，t) 表示同时绘制多个系统的单位脉冲响应。

impulse(sys1，PlotStyle1，…，sysN，PlotStyleN) 表示同时绘制多个系统的单位脉冲响应并可指定曲线的绘制属性，如颜色和线型等。

2. 单位阶跃响应

step 是计算控制系统单位阶跃响应的命令。在 MATLAB 中的格式为

step(sys) 计算并绘制线性系统 sys 的单位阶跃响应。

step(sys，t) 计算并绘制线性系统 sys 的单位阶跃响应。t 设置仿真时间。

step(sys1，sys2，…，sysN)和 step (sys1，sys2，…，sysN，t) 表示同时绘制多个系统的单位阶跃响应。

step(sys1，PlotStyle1，…，sysN，PlotStyleN) 表示同时绘制多个系统的单位阶跃响应并可指定曲线的绘制属性，如颜色和线型等。

3. 任意输入信号响应

lsim 是计算控制系统任意输入信号响应的命令。在 MATLAB 中的格式为

lsim(sys，u，t) 计算并绘制线性控制系统 sys 在输入信号为 u 时的响应。t 设置仿真时间。

lsim(sys1，sys2，…，sysN，u，t) 表示同时绘制多个系统在输入信号为 u 时的响应。

lsim(sys1，PlotStyle1，…，sysN，PlotStyleN，u，t) 表示同时绘制多个系统的响应并可指定曲线的绘制属性，如颜色和线型等。

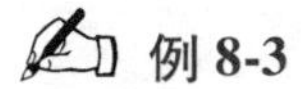 **例 8-3**

已知控制系统的闭环传递函数 $G(s)=\dfrac{9}{s^2+\dfrac{3}{2}s+9}$，试画出该系统的单位脉冲响应、单

位阶跃响应和单位斜坡响应。

解：MATLAB 程序：example3. m；

```
sys=tf（［9］，［1 1.5 9］）；
t=0：0.01：8；
figure（1）；
impulse（sys，t）；grid
xlabel（'t'）；ylabel（'c（t）'）；title（'Impulse Response'）；
figure（2）；
step（sys，t）；grid
xlabel（'t'）；ylabel（'c（t）'）；title（'Step Response'）；
figure（3）；
u=1/2*t；
lsim（sys，u，t）；grid
xlabel（'t'）；ylabel（'c（t）'）；title（'Ramp Response'）；
```

在 MATLAB 中运行 example3. m，得到如图 8-1 所示的曲线。

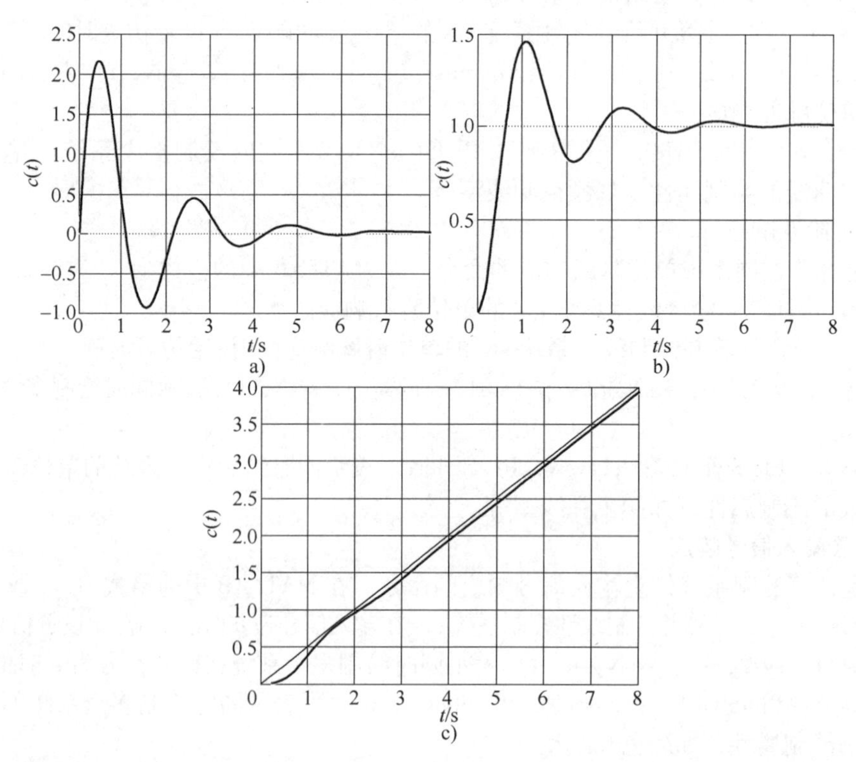

图 8-1

二阶系统的单位响应

a）单位脉冲响应　b）单位阶跃响应　c）单位斜坡响应

二、稳定性分析

系统稳定性是系统设计与运行的首要条件，所以控制系统的稳定性分析是进行其他分析的前提。通过第五章学习可知，控制系统稳定的充分必要条件是：稳定系统的特征方程根必须全部具有负实部；反之，若特征方程根中有一个以上具有正实部时，则系统必为不稳定。或者说系统稳定的必要充分条件为：系统传递函数 $\frac{X_o(s)}{X_i(s)}$ 的极点全部位于［s］复平面的左半部。对于一个高阶控制系统，求解高次方程的根不是很容易，但是使用 MATLAB 软件可以很容易地计算控制系统特征方程的根，进而判断控制系统的稳定性。命令格式为

p = roots(den)

式中，den 是控制系统特征多项式降幂排列的系数矢量，空项补 0；p 是控制系统特征方程的根。

 例 8-4

已知控制系统的闭环传递函数 $s^4+24s^3+1600s^2+320s+16=0$，试计算该系统的极点。

解：MATLAB 程序：example4. m；

```
den= [1 24 1600 320 16];
p=roots (den);
```

在 MATLAB 中运行 example4. m，得到系统的极点。

```
p=
-11.8998 +38.1263i⊖
-11.8998 -38.1263i
-0.1041 + 0.0000i
-0.0963 + 0.0000i
```

第三节　利用 MATLAB 进行频域特性分析

本书第四章在对控制系统进行频域特性分析时，图示法主要介绍了伯德图和奈奎斯特图，利用 MATLAB 软件可以非常方便地得到控制系统的频率特性曲线，可以避免烦琐的计算。本节主要介绍几个绘制频率特性曲线的命令。

一、伯德图

bode(sys) 计算并绘制系统的伯德图，频率范围由 MATLAB 自动确定。

⊖ i 为虚数单位，与 j 相同。

bode(sys, ω) 在定义频率 ω 的范围内绘制系统的伯德图。ω 有两种定义方式，可以定义频率范围 [ω_{min}, ω_{max}]，也可以定义频率点 [ω_1, ω_2, …, ω_n]。

bode(sys1, sys2, …, sysN) 在同一个窗口绘制多个系统的伯德图。

[mag, phase, ω] = bode(sys) 不显示图形，仅将伯德图的数据（幅值、相位和相应的频率）储存于 mag、phase 和 ω 三个矢量中。其中：mag 为幅值矢量；phase 为相位矢量。

二、奈奎斯特图

nyquist(sys) 计算并绘制系统的奈奎斯特图。

nyquist(sys, ω) 在定义频率 ω 的范围内绘制系统的奈奎斯特图。ω 有两种定义方式，可以定义频率范围 [ω_{min}, ω_{max}]，也可以定义频率点 [ω_1, ω_2, …, ω_n]。

nyquist(sys1, sys2, …, sysN) 在同一个窗口绘制多个系统的奈奎斯特图。

[Re, Im, ω] = nyquist(sys)，Re 表示奈奎斯特图的实部，Im 表示奈奎斯特图的虚部，ω 表示相应的频率。

三、幅值裕度和相位裕度

我们知道，在进行频域特性分析时，幅值裕度和相位裕度的计算非常烦琐，不容易求解，而 MATLAB 软件提供了非常便于计算控制系统幅值裕度和相位裕度的函数。幅值裕度和相位裕度的计算函数格式为

margin(sys)

[gm,pm,ω_g,ω_c]=margin(sys)

[gm,pm,ω_g,ω_c]=margin(mag,phase,ω)

式中，gm 是幅值裕度；pm 是相位裕度；ω_g 是相位交界频率；ω_c 是幅值交界频率。

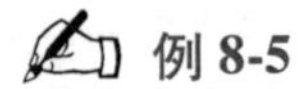 例 8-5

已知单位负反馈系统的开环传递函数 $G(s)=\dfrac{640(2s+1)}{s^4+24s^3+1600s^2+320s+16}$，试画出该系统的伯德图和奈奎斯特图，并求出系统的幅值裕度和相位裕度。

解：MATLAB 程序：example5. m；

```
G=tf([1280 640],[1 24 1600 320 16]);
figure(1);
bode(G);
figure(2);
nyquist(G);
figure(3);
margin(G);
```

在 MATLAB 中运行 example5. m，得到如图 8-2 所示的曲线。

由图 8-2c 中可以看到，例 8-5 系统的幅值裕度是 29. 4dB，其对应的相位交界频率是 39. 9rad/s；系统的相位裕度是 73°，其对应的幅值交界频率是 0. 906rad/s。

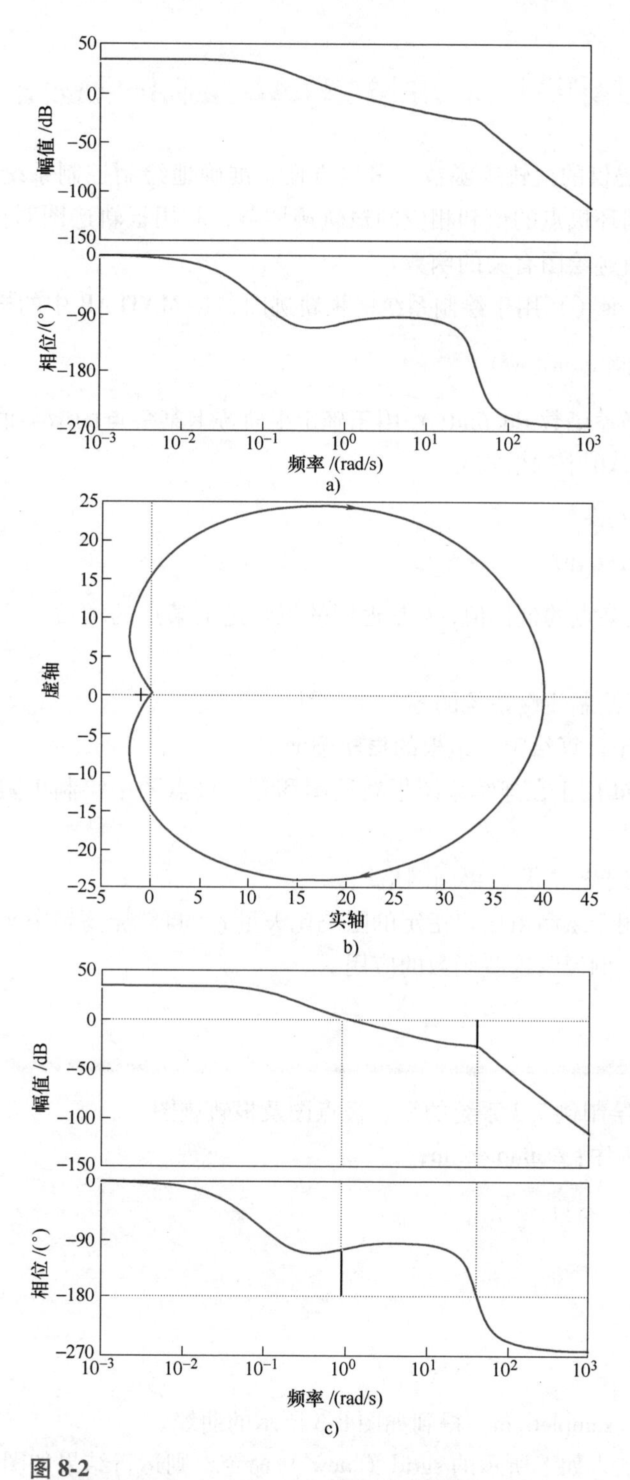

图 8-2

系统的伯德图、奈奎斯特图、幅值裕度和相位裕度

a）伯德图　b）奈奎斯特图　c）幅值裕度和相位裕度

第四节 利用 MATLAB 绘制根轨迹图

利用 MATLAB 提供的根轨迹函数，可以方便、准确地绘制控制系统的根轨迹图，并且可求取根轨迹上某闭环极点的值和相应的根轨迹增益，利用根轨迹图对控制系统进行分析。本节主要介绍与根轨迹绘图有关的函数。

根轨迹函数 rlocus（）用于绘制系统的根轨迹图，在 MATLAB 中的格式为

```
rlocus(num,den)或者 rlocus(sys)
```

根轨迹上点的增益函数 rlocfind( ) 用于确定根轨迹上某一点的增益值 k 和该点对应的 n 个闭环根，在 MATLAB 中的格式为

```
[k,poles]=rlocfind(sys)
[k,poles]=rlocfind(sys,p)
```

式中，p 是根轨迹上某点的坐标值；k 是返回的根轨迹上某点的增益；ploes 是返回该点的 n 个闭环根。

pzmap 函数用于绘制线性系统的零、极点图。

rlocfind 函数用于计算给定一组根的根轨迹增益。

网络线函数 sgrid 用于在连续系统根轨迹图和零、极点图中绘制出阻尼系数和自然频率栅格。

sgrid('new') 用于先清屏，再画网格线。

sgrid(z，w_n) 用于绘制由用户指定的阻尼比矢量 ζ、自然振荡频率 w_n 的格线。

下面通过具体实例说明这些函数的应用。

 例 8-6

试用 MATLAB 绘制例 7-3 系统的零、极点图及根轨迹图。

解： MATLAB 程序：example6. m；

```
G=tf([1 1],[1 3 3.25]);
figure(1)
pzmap(G);
figure(2)
rlocus(G);
```

在 MATLAB 中运行 example6. m，得到如图 8-3 所示的曲线。

如果在程序中加入如下所示的 sgrid（'new'）命令，则运行结果如图 8-4 所示。

```
G=tf ( [1 1], [1 3 3.25] );
figure (1)
sgrid ('new')
pzmap (G);
```

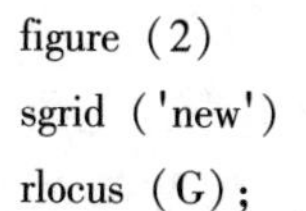

```
figure (2)
sgrid ('new')
rlocus (G);
```

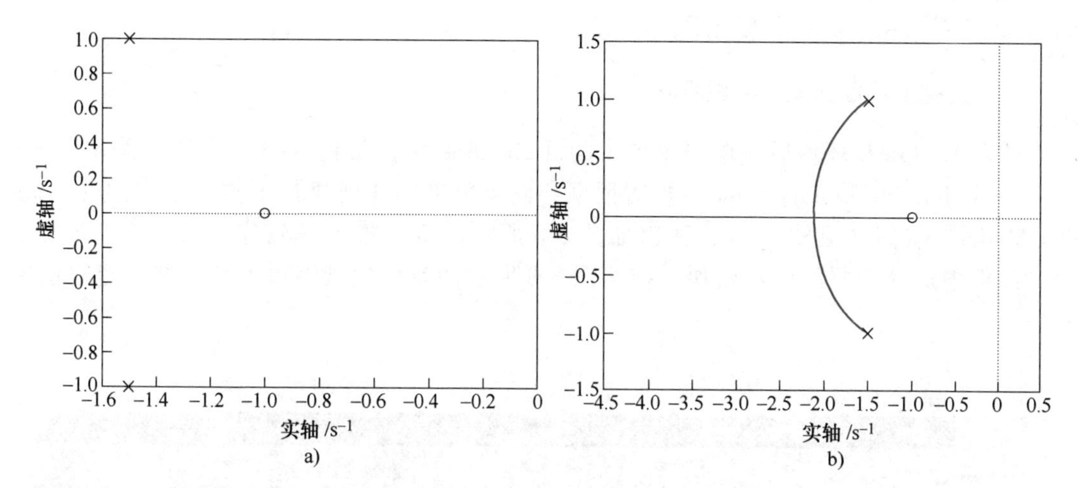

图 8-3

系统的零、极点图和根轨迹图

a）零、极点图　b）根轨迹图

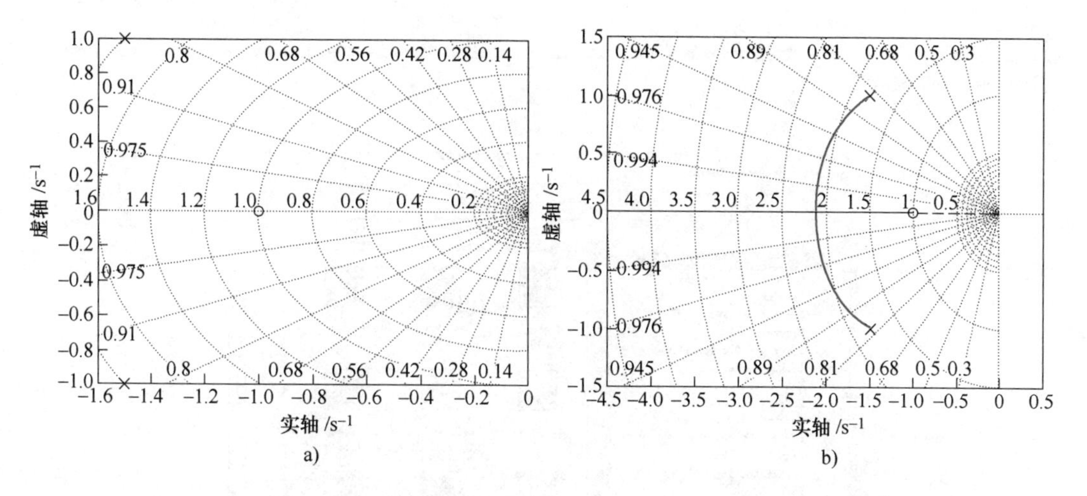

图 8-4

系统的零、极点图和根轨迹图（带网格线）

a）零、极点图　b）根轨迹图

第五节　利用 Simulink 建模与仿真

Simulink 是 MATLAB 中的一种可视化仿真工具，是一种基于 MATLAB 的框图设计环境，是实现动态系统建模、仿真和分析的一个软件包，被广泛应用于线性系统、非线性系统、数字控制及数字信号处理的建模和仿真中。

Simulink 提供一个动态系统建模、仿真和综合分析的集成环境。在该环境中，无须大量书写程序，而只需要通过简单直观的鼠标操作，就可构造出复杂的系统。本节简单介绍 Simulink 在控制系统仿真中的应用。

一、控制系统框图模型的建立

进入 MATLAB 环境后，单击菜单中的【Simulink 库】按钮（见图 8-5），弹出图 8-6 所示的【Simulink Library Browser】对话框，由菜单单击【新建】下拉菜单中的【Simulink Model】按钮（见图 8-7），弹出如图 8-8 所示的空白模型编辑窗口，在图 8-6 所示的对话框中选择需要的函数模块，拖至图 8-8 所示的空白模型编辑窗口，即可建立框图模型。

图 8-5

打开 Simulink 模块库

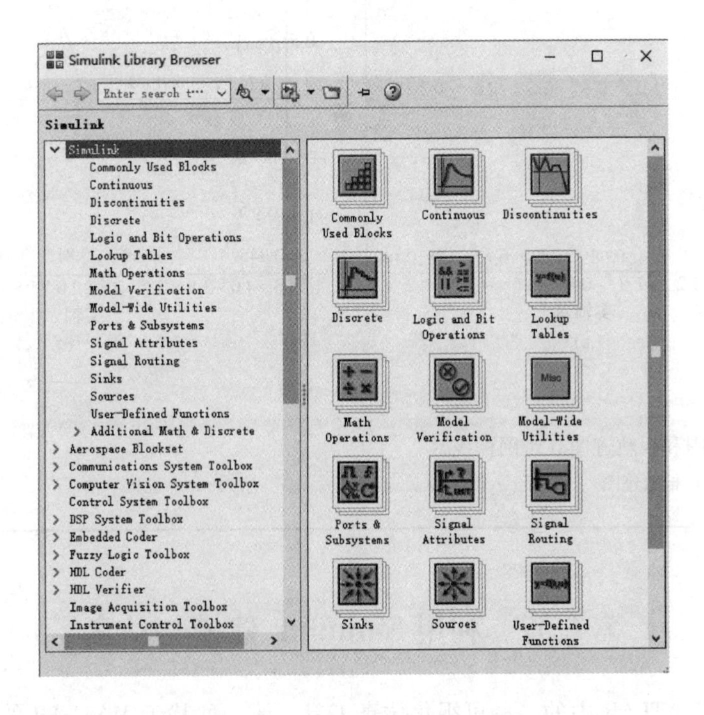

图 8-6

【Simulink Library Browser】对话框

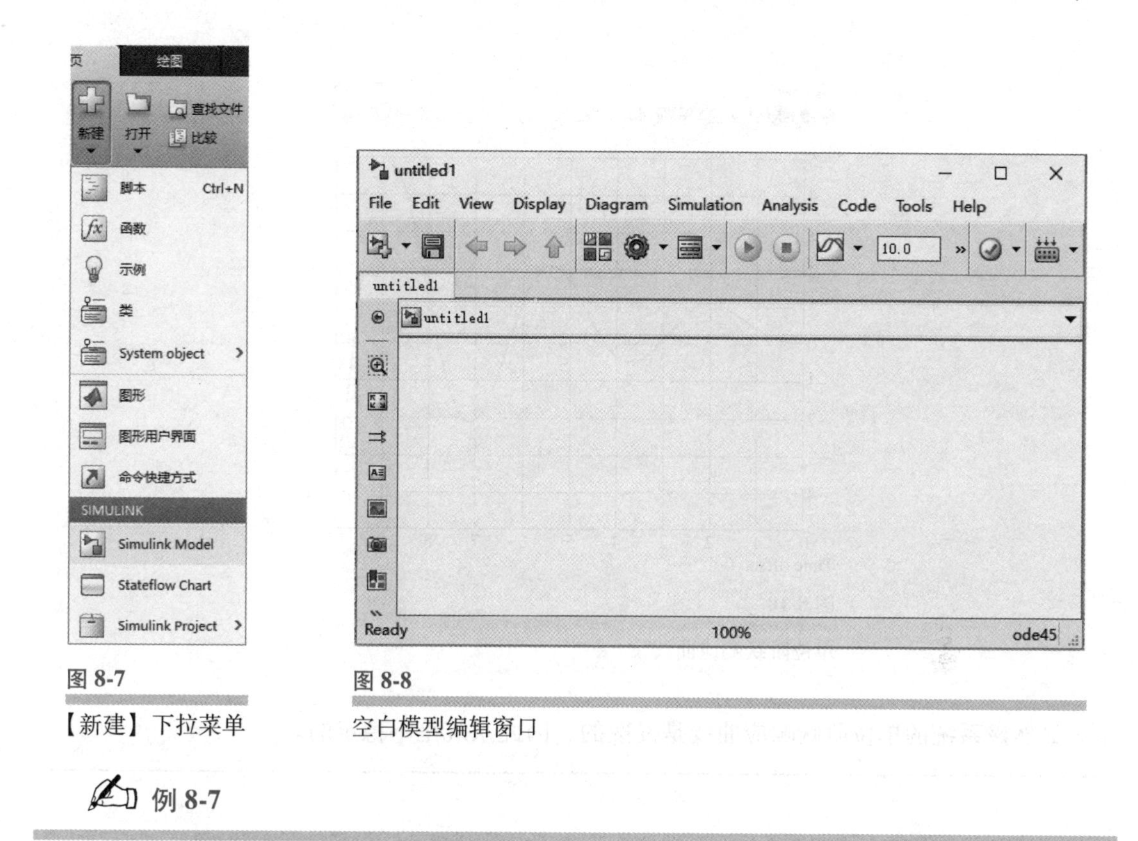

图 8-7

【新建】下拉菜单

图 8-8

空白模型编辑窗口

例 8-7

已知反馈控制系统的前向通道传递函数为 $G_1(s)=\dfrac{4}{s^2+s+1}$ 和 $G_2(s)=\dfrac{1}{s+1}$ 串联连接；反馈通道传递函数为 $H(s)=2$，试用 MATLAB 的 Simulink 模块绘制该系统单位阶跃响应曲线。

解： 在 Simulink 模块中建立框图模型，如图 8-9 所示。其单位阶跃响应曲线如图 8-10 所

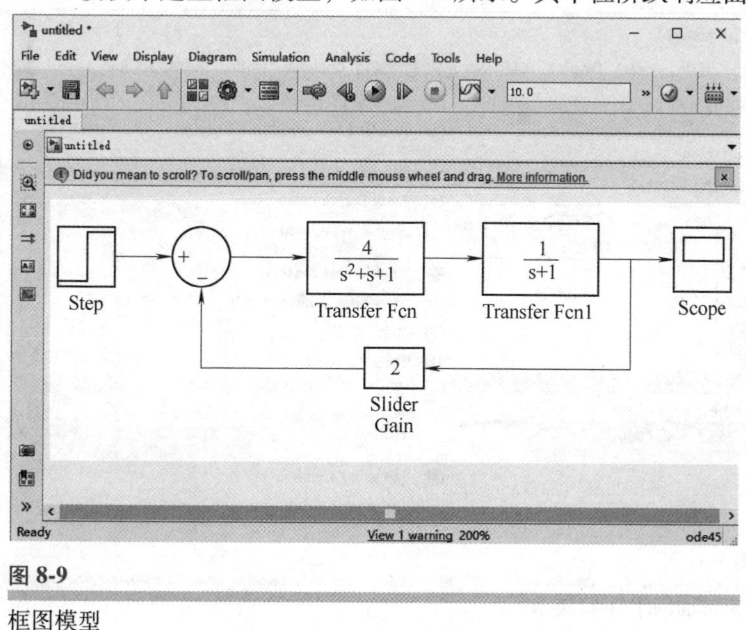

图 8-9

框图模型

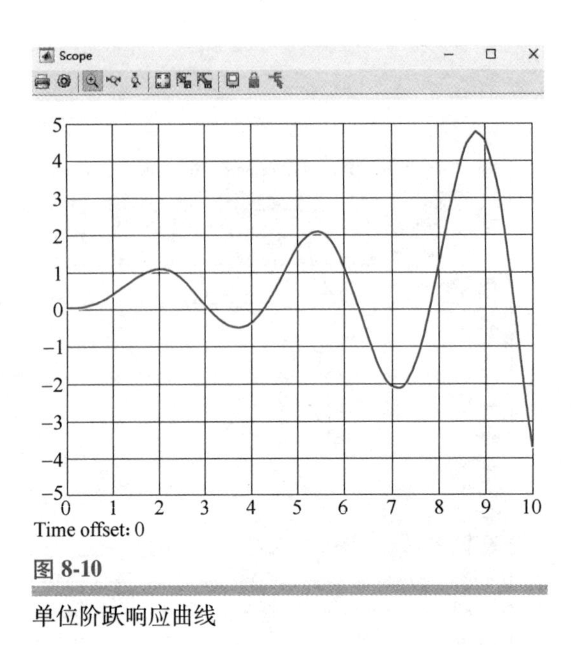

图 8-10

单位阶跃响应曲线

示。显然该系统的单位阶跃响应曲线是发散的，因此系统是不稳定的。

二、控制系统的仿真

建立了控制系统的模型后，选择【Simulation】选项，弹出图 8-11 所示的下拉菜单，可以通过【Model Configuration Parameters】进行仿真参数的设置。设置完成后，单击【Run】按钮，即可实现系统的仿真。

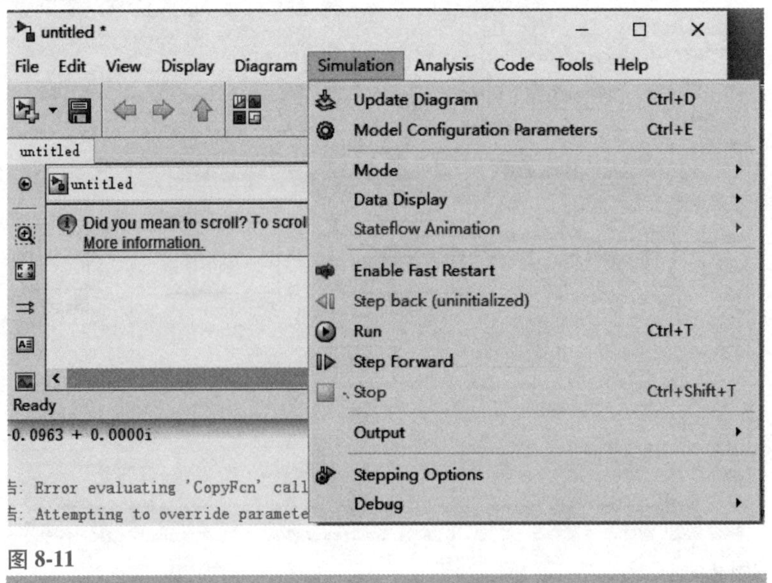

图 8-11

【Simulation】下拉菜单

由于篇幅所限，MATLAB 的 Simulink 具体操作不再详细介绍，读者可以通过 MATLAB 的相关书籍自行学习。

小结

本章简单介绍了应用 MATLAB 软件建立数学模型——传递函数；在时域分析过程中，时间响应曲线的绘制；控制系统的闭环特征方程根的计算；控制系统频率特性曲线的绘制；根轨迹的绘制方法；利用 Simulink 模块建立控制系统的框图模型及仿真等内容。利用 MATLAB 软件作为分析控制系统性能的计算工具，为控制系统分析带来了极大的方便。

习题

1. 设线性系统闭环传递函数为 $G(s)=\dfrac{s^2+3s+2}{s(s^2+7s+12)}$，试用 MATLAB 软件的两种形式表达该传递函数。

2. 设三个线性系统的传递函数分别为 $G_1(s)=\dfrac{1}{s+1}$、$G_2(s)=\dfrac{2s+1}{(s+10)(5s+2)}$、$G_3(s)=\dfrac{1}{s^2+3s+2}$，试利用 MATLAB 软件求：

1）当三个控制系统串联时的传递函数。

2）当三个控制系统并联时的传递函数。

3）当 G_1、G_2、G_3 串联连接为单位负反馈系统的前向通道传递函数时，控制系统的闭环传递函数。

3. 设单位反馈系统的开环传递函数为 $G(s)H(s)=\dfrac{40(2s+1)}{s(s+10)(5s+2)}$，试利用 MATLAB 软件绘制系统的开环伯德图、奈奎斯特图。

4. 已知单位反馈系统的开环传递函数为 $G(s)H(s)=\dfrac{20}{(s+4)(s+K)}$，试利用 MATLAB 软件绘制 K 从零到无穷时的根轨迹曲线，并求出系统临界阻尼时对应的 K 值及闭环极点。

5. 已知系统的闭环传递函数为 $G(s)=\dfrac{3}{s^2+2s+3}$，试利用 MATLAB 软件：

1）绘制系统的单位阶跃响应、单位脉冲响应及单位斜坡响应。

2）当输入信号 $u=1+2t+t^2$，绘制控制系统的响应曲线。

6. 已知单位反馈系统的开环传递函数为 $G(s)=\dfrac{10s+1}{(s+4)(s^2+3s+2)}$，试利用 MATLAB 软件的 Simulink 绘制系统的单位脉冲响应曲线、单位阶跃响应曲线及单位斜坡响应曲线。

第九章 系统辨识及模型

第一节 系统辨识概述

数学模型的重要性是显然的，因为一旦建立起比较符合实际动态性能系统的数学模型后，就可以对该系统进行分析、改善、行为预报以及最佳控制。

在前面章节中涉及的系统的数学模型，都是在做了一些假定后，利用各学科中的有关定律及定理并加以推导出来的。这对于简单的系统及结构熟知的系统无疑是可以使用的，而且方法简易可得。但是，多数实际系统是很复杂的。其复杂性表现在：对系统的构成、机理、信息传递等了解不足或根本不了解。因此就无法采用如上述的分析方法来建立系统的数学模型。解决这个问题的方法就是试验建模法，也就是对系统进行激励（输入信号），由系统的输入、输出信号来建立系统数学模型，这种建模理论和方法称为系统辨识（系统识别）。目前系统辨识已发展成为一门新的分支学科。

系统辨识时，常用的对系统输入信号有正弦、脉冲、阶跃及随机等信号。

可以说，系统辨识的目的就是通过试验，由系统的输入、输出信号求得系统数学模型的结构（阶次）及其参数值。如果对机电系统的构成事先是比较了解的，那么在系统辨识前就可以把系统数学模型的阶次由经验预先地确定下来，于是系统辨识就变成对方程参数进行估计了。这时系统辨识的问题就简化为参数估计问题了。

下面介绍系统辨识的几种主要方法。

1. 时域及频域辨识的一般方法

这是以古典控制理论为基础的，像前面有关时间响应及频率响应基本内容中所讲到的，可根据系统对以上典型输入信号的输出曲线及数据变化的特性（如从奈奎斯特图及伯德图上反映出来）来直观地做系统参数估计。当然，这种方法简单，但是精度较低。

2. 曲线拟合法

从广义上讲，就是确定（拟合）一个线性数学方程（最简单的是一条直线），这个数学模型能够代表全部试验得出的数据。当然人们希望拟合得到的数学模型与试验数据间的误差越小，则模型越精确。例如：一元线性回归是把试验的许多点拟合成一条直线。这些试验的点都在拟合直线的附近分布，并且拟合准则是误差（这些点与直线间的距离）的二次方和为最小。这种方法还可应用于多元线性回归。以上一元及多元线性回归，均属静态模型。

还有典型的例子是已知试验输出的频率特性，即已知实频特性与虚频特性（不同角频率 ω 时的数据），将其拟合为一个频率特性参数模型，原则仍然是使拟合误差的二次方和为最小。这就是著名的 Levy 法。如果做的试验是时间响应，则可将其化为频率特性。因此，这一方法不受什么限制，使用广泛。

3. 最小二乘法

最小二乘法是将输入、输出数据拟合成一差分方程。准则仍然是使拟合误差的二次方和为最小。这种方法虽很古老，但是方法典型，具有普遍意义，应用很为广泛。

4. 时间序列法

时间序列（简称为时序）就是系统按量测时间（或空间）先后顺序排列的一组输出随机数据。这些数据往往原来就是离散的，如成批磨削工件内孔的尺寸值系列；也可能原来是连续的，而经采样得到的离散值数列。这种有序的、数值大小不等的数据，蕴含了系统运动的动态信息，因此时间序列也常常称为“动态数据”，因此利用时间序列拟合出的差分方程这种离散数学模型，完全可以代表系统的运动。时序差分方程的辨识（阶次确定及参数估计）可以不需要知道系统输入，这是因为系统的输出或响应都是由于系统的构造机制（内因）与输入及其与系统的联系（外因）作用的结果。此外，时序模型辨识是基于概率统计理论而发展起来的，而不是建立在输入、输出因果关系的控制理论基础上。

第二节 线性差分方程

连续系统的输入、输出信号是连续值，其动态特性用微分方程描述。离散系统的一部分信号是离散的时间序列，具有采样数据形式，即仅在离散时间 $t=kT$（T 为常数，$k=0$，1，2…）上有值。系统的动态特性用差分方程描述，因此离散系统便于应用数字计算机来计算。为了对连续系统采用计算机求算，可以对其连续的信号进行等间隔时间采样，将连续（模拟）信号变换为离散的数字信号。这样连续系统就成为采样数据系统，因此连续系统也可看作离散系统，并用差分方程来描述其动态特性，也就可以方便地用计算机来进行运算了。因此，差分方程是系统辨识中应用的最主要数学模型。

关于差分的概念可以这样来理解，即后向差分数值近似为函数某给定点的导数，可表示为

$$\left.\frac{\mathrm{d}y(t)}{\mathrm{d}t}\right|_{t=kT} \approx \frac{y(kT)-y[(k-1)T]}{T} \tag{9-1}$$

它能够逐次地用来近似更高阶的导数。

因此，原来用 n 阶微分方程描述线性系统动态特性的一般式子，若转换为差分方程，则为

$$\begin{aligned} &y(kT)+a_1y[(k-1)T]+\cdots+a_ny[(k-n)T]= \\ &b_0x(kT)+b_1x[(k-1)T]+\cdots+b_mx[(k-m)T] \end{aligned} \tag{9-2}$$

若式中括号内的时间间隔 T 省略不写，式（9-2）可写为

$$y(k)+a_1y(k-1)+\cdots+a_ny(k-n)=$$

$$b_0x(k)+b_1x(k-1)+\cdots+b_mx(k-m) \tag{9-3}$$

式中，$y(k)$、$x(k)$ 分别为系统的输出、输入。对于多数机械系统，输出常滞后输入一个采样节拍，这时式（9-3）中等式右边第一项将为 $b_0x(k-1)$；n，m 为阶次，$n\geqslant m$；a_i（$i=1$，2，…，n），b_j（$j=0$，1，…，m）为差分方程系数。

一般测量到的输入、输出数据均免不了混有噪声干扰，若涉及这些随机误差，则式(9-3)变为

$$y(k)+a_1y(k-1)+\cdots+a_ny(k-n)=$$
$$b_0x(k)+b_1x(k-1)+\cdots+b_mx(k-m)+\varepsilon(k) \tag{9-4}$$

式中，$\varepsilon(k)$ 称为残差。

第三节 最小二乘法

对系统差分方程辨识时，首先从理论认识及经验初步设定其阶次。然后确定差分方程的系数，这称为参数估计。接下来检验方程的正确性，若发现问题，则再修改阶次，最后把经辨识的差分方程确定下来。

最小二乘法参数估计的原理简单，方法有效，应用广泛。另外，从其原理来说，是具有普遍意义的基本方法。

这里应用式（9-4）说明最小二乘参数估计方法的应用。

现在人们通过输出序列 $\{y(k)\}$ 和输入序列 $\{x(k)\}$ 来求解未知参数 a_1，a_2，…，a_n 及 b_0，b_1，…，b_m 的估计值，而且希望这种估计是按某个估计准则的最优估计。这个估计准则就是参数的最小二乘估计准则。

把参数及数据记为矢量或矩阵形式，令

$$\boldsymbol{\Theta}=[a_1\ a_2\ \cdots\ a_n\ b_0\ b_1\ \cdots\ b_m]^{\mathrm{T}}$$

$$\boldsymbol{X}(k)=[-y(k-1)\ -y(k-2)\ \cdots\ -y(k-n)\quad x(k)\ x(k-1)\ \cdots\ x(k-m)]^{\mathrm{T}}$$

则式（9-4）可表示为

$$y(k)=\boldsymbol{X}(k)^{\mathrm{T}}\boldsymbol{\Theta}+\varepsilon(k) \tag{9-5}$$

取 $k=n+1$，$n+2$，…，$n+N$ 的全部测量数据记为

$$\boldsymbol{X}=\begin{pmatrix} -y(n) & -y(n-1) & \cdots & -y(1) & x(n+1) & x(n) & \cdots & x(n+1-m) \\ -y(n+1) & -y(n) & \cdots & -y(2) & x(n+2) & x(n+1) & \cdots & x(n+2-m) \\ \vdots & \vdots & & \vdots & \vdots & \vdots & & \vdots \\ -y(n+N-1) & -y(n+N-2) & \cdots & -y(N) & x(n+N) & x(n+N-1) & \cdots & x(n+N-m) \end{pmatrix}$$

$$=\begin{pmatrix} \boldsymbol{X}(n+1)^{\mathrm{T}} \\ \boldsymbol{X}(n+2)^{\mathrm{T}} \\ \vdots \\ \boldsymbol{X}(n+N)^{\mathrm{T}} \end{pmatrix}=[X(n+1)\quad X(n+2)\quad \cdots\quad X(n+N)]^{\mathrm{T}}$$

$$\boldsymbol{Y}=[y(n+1)\quad y(n+2)\quad \cdots\quad y(n+N)]^{\mathrm{T}}$$

$$\boldsymbol{E}=[\varepsilon(n+1)\quad \varepsilon(n+2)\quad \cdots\quad \varepsilon(n+N)]^{\mathrm{T}}$$

故由式（9-5）组成的 N 个方程组写成矩阵为

$$Y = X\Theta + E \tag{9-6}$$

参数的最小二乘估计准则是残差的二次方和

$$J = \sum_{k=n+1}^{n+N} \varepsilon(k)^2 = \sum_{k=n+1}^{n+N} [y(k) - X(k)^{\mathrm{T}}\Theta]^2 \tag{9-7}$$

为极小条件下而估计出的参数 $\hat{\Theta} = [\hat{a}_1\ \hat{a}_2\ \cdots\ \hat{a}_n\ \hat{b}_0\ \hat{b}_1\ \cdots\ \hat{b}_m]^{\mathrm{T}}$。符号“∧”表示估计量，$\hat{\Theta}$ 称为 Θ 的最小二乘估计。把式（9-7）展开，得

$$J = [y(n+1) - X(n+1)^{\mathrm{T}}\Theta \quad y(n+2) - X(n+2)^{\mathrm{T}}\Theta \quad \cdots \quad y(N) - X(n+N)^{\mathrm{T}}\Theta]$$
$$\begin{pmatrix} y(n+1) - X(n+1)^{\mathrm{T}}\Theta \\ y(n+2) - X(n+2)^{\mathrm{T}}\Theta \\ \vdots \\ y(N) - X(n+N)^{\mathrm{T}}\Theta \end{pmatrix}$$
$$= (Y - X\Theta)^{\mathrm{T}}(Y - X\Theta)$$
$$= Y^{\mathrm{T}}Y - Y^{\mathrm{T}}X\Theta - \Theta^{\mathrm{T}}XY + \Theta^{\mathrm{T}}X^{\mathrm{T}}X\Theta$$

可利用配方法，将上式化成典型形式，并设 $X^{\mathrm{T}}X$ 为非奇异阵时，可得

$$J = \{\Theta - (X^{\mathrm{T}}X)^{-1}X^{\mathrm{T}}Y\}^{\mathrm{T}}X^{\mathrm{T}}X\{\Theta - (X^{\mathrm{T}}X)^{-1}X^{\mathrm{T}}Y\} + Y^{\mathrm{T}}Y - Y^{\mathrm{T}}X(X^{\mathrm{T}}X)^{-1}X^{\mathrm{T}}Y$$

式中，J 等于三项之和，其中，最后两项不是 Θ 的函数，只有第一项是 Θ 的函数，而且当 Θ 取任何值时，其均大于或等于零。因此当 J 为最小时，其式中第一项应取零。由此得参数估计值

$$\hat{\Theta} = (X^{\mathrm{T}}X)^{-1}X^{\mathrm{T}}Y \tag{9-8}$$

需要注意的是，式（9-6）中要估计的参数共有 $n+m+1$ 个，试验量测数据当然多些，则噪声干扰对估计的精度影响要小些。因此，取量测数据矩阵 X 的行数大于或等于待求参数的总数，即 $N \geqslant n+m+1$，也就是说，单一方程式的个数（N）要大于或等于未知量数 $n+m+1$。但是一旦经最小二乘处理后［见式（9-8）］，则单一方程式的个数与求解参数的个数是一致的，因此，式（9-8）称为正则方程。

最后加以小结：数据矩 X（行数为 N，列数为 $n+m+1$）中的全部元素都是已知的，而系统各次测得的输出值 Y（N 维矢量）也是已知的，而 E（N 维矢量）则是不可测量的噪声干扰矢量。Θ 是要估计的 $n+m+1$ 维矢量。我们估计目的是尽可能减少噪声干扰 E 的影响条件下，从已知 Y 及 X 来估算 Θ［即由式（9-8）］。

由统计学理论可以证明，以上介绍的最小二乘参数估计法中残差 ε_{t}，假设是一个不相关、正态分布的平稳随机变量（即白噪声），这时 $\hat{\Theta}$ 才是 Θ 的无偏估计，也就是参数估计值是不够精确的。关于 ε_{t} 往往不是白噪声的原因，可由图 9-1 经计算看出。

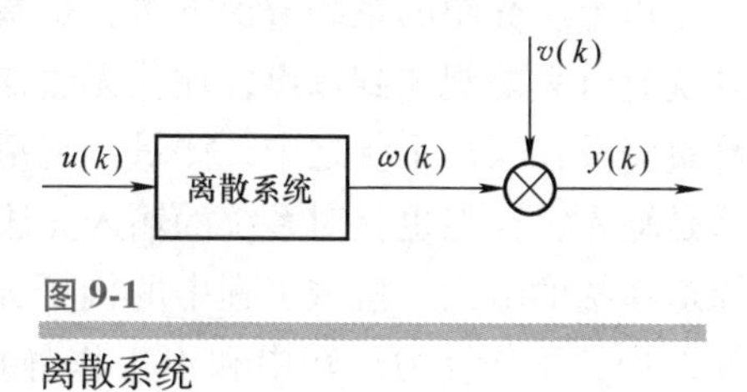

图 9-1
离散系统

图 9-1 中，用 $u(k)$、$y(k)$ 表示离散系统的输入、输出，$v(k)$ 是输入和输出的量测噪声以及其他因素等引起的总误差。

假设 $v(k)$ 是与 $u(k)$、$\omega(k)$ 不相关的、均值为零的白噪声，这个假设是与实际较接近的。

仿效式（9-3）写出系统的差分方程

$$
\begin{aligned}
&\omega(k)+a_1\omega(k-1)+\cdots+a_n\omega(k-n)\\
&=b_0u(k)+b_1u(k-1)+\cdots+b_mu(k-m)
\end{aligned}
\tag{9-9}
$$

计算噪声干扰，输出为

$$
y(k)=\omega(k)+v(k) \tag{9-10}
$$

把式（9-10）中的$\omega(k)$代入式（9-9），得

$$
\begin{aligned}
&y(k)-v(k)+a_1[y(k-1)-v(k-1)]+\cdots+a_n[y(k-n)-v(k-n)]=\\
&b_0u(k)+b_1u(k-1)+\cdots+b_mu(k-m)
\end{aligned}
$$

即

$$
\begin{aligned}
&y(k)+a_1y(k-1)+\cdots+a_ny(k-n)=\\
&b_0u(k)+b_1u(k-1)+\cdots+b_mu(k-m)+v(k)+a_1v(k-1)+\cdots+a_nv(k-n)
\end{aligned}
$$

考虑到输入的测量噪声等均是加在输出端，这种简化的假设中，$v(k-1)$，…，$v(k-n)$的系数由a_1，…，a_n变为c_1，…，c_n，这时有

$$
\begin{aligned}
&y(k)+a_1y(k-1)+\cdots+a_ny(k-n)=\\
&b_0u(k)+b_1u(k-1)+\cdots+b_mu(k-m)+v(k)+c_1v(k-1)+\cdots+c_nv(k-n)
\end{aligned}
\tag{9-11}
$$

式（9-11）是离散系统更具普遍意义的差分方程，称为CARMA模型。式中若取

$$
\varepsilon(k)=v(k)+c_1v(k-1)+\cdots+c_nv(k-n) \tag{9-12}
$$

则式（9-11）成为

$$
\begin{aligned}
&y(k)+a_1y(k-1)+\cdots+a_ny(k-n)=\\
&b_0u(k)+b_1u(k-1)+\cdots+b_mu(k-m)+\varepsilon(k)
\end{aligned}
\tag{9-13}
$$

比较式（9-13）与式（9-4），可知两式是相同的。由式（9-12）中表示出$\varepsilon(k)$是白噪声$v(k)$的线性组合，由统计理论知，$\varepsilon(k)$不是白噪声，而是自相关随机过程，或称为有色噪声。因此，最小二乘估计$\hat{\Theta}$不是Θ的无偏估计，即估计出的参数理论上不是很精确。解决这一问题还有其他估计方法。但是要求不很高时，由于最小二乘估计方法简单，因此得到了广泛的应用。

第四节 时间序列模型及其估计简介

以上所介绍的系统辨识方法，是基于系统输入及输出的因果关系的控制理论。但是实际系统有时只能观测到输出，往往无法知道输入，甚至什么是输入也无从谈起。这可能是输入严重淹没在噪声干扰之中，测量不到精确的数值，也可能是系统输入方式太复杂，不知道什么是输入，当然也就对系统的输入无法测量。例如：太阳每年黑子数是系统的输出，但是不知道系统的输入。机械工程中的例子尤其多。机械系统（如飞机、机床、车辆及各种设备等）中，工作受力运转中和不工作静止时的阻尼以及连接部件间的接触刚度都是不同的。辨识这种工作中的模型，更加符合实际。这些系统的输出是明确的，是可以测量的。例如：输出的振动信号，可以辨识出工作状况下的模态振型及模态参数；机床加工零件的尺寸是输出，但是以上哪些是输入，因素很复杂，无法知道也不能测量。因此应用控制理论的输入输出法，就无法辨识系统。但是应用时间序列，只要知道输出的测量数据，就可以建立系统的

模型，并可以进行分析研究。

时间序列就是系统按量测时间先后顺序排列的一组输出数据。这组数据是已知的，人们的任务就是首先拟合成时间序列模型，其中的阶次及参数就是要辨识的。

由具有普遍意义的式（9-11）CARAM 模型，当不考虑输入，并考虑时序模型采用符号的习惯，时序模型为

$$x_t - \varphi_1 x_{t-1} - \cdots - \varphi_n x_{t-n} = a_t - \theta_1 a_{t-1} - \cdots - \theta_m a_{t-m} \tag{9-14}$$

式中，x_t 为系统输出；φ_1，…，φ_n，θ_1，…，θ_m 为系数；a_t 为残差，白噪声（正态分布，均值为零，不相关的随机变量）。

这种模型建立时，要求已知的系统输出数据应是平稳的、正态的及零均值的。式（9-14）称为 ARMA 模型，即自回归滑动平均模型，记为 ARMA(n，m)。等式左边称为自回归部分，其阶次为 n，右边称为滑动平均部分，阶次为 m。

当式（9-14）中的 $\theta_i=0$（$i=1$，2，…，m）时，变为

$$x_t - \varphi_1 x_{t-1} - \cdots - \varphi_n x_{t-n} = a_t \tag{9-15}$$

式（9-15）称为 n 阶自回归模型，记为 AR(n)。

AR(n) 模型的参数估计，也可采用以上介绍的最小二乘估计法公式，只不过式中取输入为零而已。由于 AR(n) 的参数估计是线性的，求解方便，因而 AR(n) 模型应用十分广泛。而 ARMA(n，m) 模型参数的估计是非线性的，求解比较复杂。时序模型建立后［式(9-11) 也同样］，由于目标（准则）均是使残差二次方和为最小，模型是否适用，取决于残差是否为白噪声。因此，模型需要按一定准则进行适用性检验。

时序模型一旦建立，就可以通过时序分析及输出预报来研究系统的动态特性，按预报进行控制以及对机器运行的状态进行监测和故障诊断等。

10 第十章 离散控制系统

按控制系统中信号的形式来划分，控制系统可以分为连续控制系统和离散控制系统。连续控制系统和离散控制系统相比，它们既有本质的不同，又有分析研究方面的相似性。利用 z 变换法研究离散控制系统，可以把连续控制系统中的许多概念和方法，推广应用于离散控制系统。

当控制系统中有一处或几处信号是一组离散的脉冲序列或数码序列，则称为离散控制系统。当离散控制系统中离散信号是脉冲序列形式时，又称为采样控制系统或脉冲控制系统；而当离散控制系统中离散信号是数码序列形式时，称为数字控制系统或计算机控制系统。在理想采样及忽略量化误差的情况下，数字控制系统近似于采样控制系统，这使得采样控制系统与数字控制系统的分析与综合在理论上统一起来（扫描下方二维码了解数字技术的世界）。

由于离散控制系统的特点是系统中有离散信号，因此研究离散控制系统应该首先解决离散信号的数学描述问题。

第一节　A-D 转换器与 D-A 转换器

一、A-D 转换器

A-D 转换器是把连续的模拟信号 $x(t)$ 转换为离散数字信号的装置。A-D 转换包括两个过程：一是采样过程，即每隔 T（秒）对连续信号 $x(t)$ 进行一次采样，得到采样信号 $x^*(t)$ 如图 10-1 所示；二是量化过程，在计算机中，任何数值都用二进制表示，因此，幅值上连续的离散信号 $x^*(t)$ 必须经过编码表示成最小二进制数的整数倍，成为离散数字信号 $x_h(t)$，才能进行运算。数字计算机中的离散数字信号 $x_h(t)$ 不仅在时间上是断续的，而且在幅值上也是按最小量化单位断续取值的。

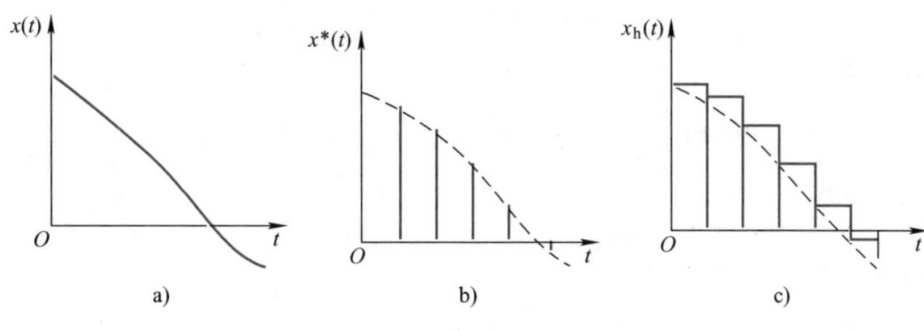

图 10-1

A-D 转换过程

a）模拟信号　b）离散信号　c）离散数字信号

二、D-A 转换器

D-A 转换器是把离散数字信号转换为连续模拟信号的装置。D-A 转换也有两个过程：一是解码过程，把离散数字信号 $x_h(t)$ 转换为离散模拟信号 $x^*(t)$；二是复现过程，经过保持器将离散模拟信号复现为连续模拟信号 $x(t)$。

第二节　z 变换和 z 反变换

研究离散控制系统的工具是 z 变换，通过 z 变换，可以把人们熟悉的传递函数、频率特性、根轨迹法等概念应用于离散控制系统。

z 变换是从拉普拉斯变换引申出来的一种变换方法，是研究线性离散控制系统的重要数学工具。

一、z 变换的定义

对离散信号 $x^*(t)$ 进行拉普拉斯变换得

$$X^*(s) = L[x^*(t)] = L\left[\sum_{n=0}^{\infty} x(nT)\delta(t-nT)\right] = \sum_{n=0}^{\infty} x(nT)e^{-nTs} \tag{10-1}$$

设 $z = e^{sT}$，将 $X^*(s)$ 写成 $X(z)$，则式（10-1）变为

$$X(z) = X^*(s) = \sum_{n=0}^{\infty} x(nT)z^{-n} \tag{10-2}$$

则 $X(z)$ 称为离散信号 $x^*(t)$ 的 z 变换定义，以 $Z[x^*(t)]$ 表示。

有时也将 $X(z)$ 记为

$$X(z) = Z[x^*(t)] = Z[x(t)] \tag{10-3}$$

二、z 变换的性质

与拉普拉斯变换相似，在求 z 变换及应用 z 变换分析离散控制系统时，经常会用到 z 变换的一些性质，下面简单列出一些常用的性质。

1. 线性性质

$$Z[ax_1(t) \pm bx_2(t)] = aX_1(z) \pm bX_2(z) \tag{10-4}$$

2. 实数位移定理

（1）滞后定理

$$Z[x(t-kT)]=z^{-k}X(z) \tag{10-5}$$

（2）超前定理

$$Z[x(t+kT)]=z^{k}\left[X(z)-\sum_{n=0}^{k-1}x(nT)z^{-n}\right] \tag{10-6}$$

3. 复数位移定理

$$Z[a^{\mp bt}x(t)]=X(za^{\pm bT}) \tag{10-7}$$

4. 初值定理

$$x(0)=\lim_{n\to 0}x(nT)=\lim_{z\to\infty}X(z) \tag{10-8}$$

5. 终值定理

$$x(\infty)=\lim_{n\to\infty}x(nT)=\lim_{z\to 1}(z-1)X(z) \tag{10-9}$$

6. 卷积定理

$$Z[g(nT)*x(nT)]=G(z)\cdot X(z) \tag{10-10}$$

三、z 反变换

1. 部分分式法（查表法）

部分分式法又称为查表法，根据已知的 $X(z)$ ，通过查 z 变换表找出相应的 $x^*(t)$ 或者 $x(nT)$ 。考虑到 z 变换表中，所有 z 变换函数 $X(z)$ 在其分子上都有因子 z ，所以，通常先将 $X(z)/z$ 展成部分分式之和，然后将等式左边分母中的 z 乘到等式右边各分式中，再逐项查表反变换。

 **例 10-1**

设 $X(z)$ 为

$$X(z)=\frac{10z}{(z-1)(z-2)}$$

试用部分分式法求 $x(nT)$ 。

解： 首先将 $\frac{X(z)}{z}$ 展开成部分分式，即

$$\frac{X(z)}{z}=\frac{10}{(z-1)(z-2)}=\frac{-10}{z-1}+\frac{10}{z-2}$$

把部分分式中的每一项乘上因子 z 后，得

$$X(z)=\frac{-10z}{z-1}+\frac{10z}{z-2}$$

查 z 变换表得

$$Z^{-1}\left(\frac{z}{z-1}\right)=1\ ,\ Z^{-1}\left(\frac{z}{z-2}\right)=2^n$$

最后可得

$$x^*(t)=\sum^{\infty}x(nT)\delta(t-nT)=10(-1+2^n)\delta(t-nT)\qquad n=0,1,2,\cdots$$

2. 直接法

将 $X(z)$ 展成 z^{-1} 的幂级数，通过对比，直接得到采样点上的函数值 $x(nT)$。由

$$X(z)=\sum_{n=0}^{\infty}x(nT)z^{-n}=x(0)+x(T)z^{-1}+x(2T)z^{-2}+x(3T)z^{-3}+\cdots+x(nT)z^{-n}+\cdots$$

可知 z^{-1} 幂级数的系数就是 $x(nT)$ 的值，如果 $X(z)$ 是有理分式，则可用长除法得出无穷级数的展开式。

第三节　离散控制系统的传递函数

为研究离散控制系统的性能，需要建立离散控制系统的数学模型。线性离散控制系统的数学模型有差分方程、脉冲传递函数和离散状态空间表达式三种。本节主要简单介绍离散控制系统传递函数的定义，以及求开环离散控制系统的传递函数和闭环离散控制系统传递函数的方法。

一、离散控制系统传递函数的定义

对于线性定常离散控制系统，其初始条件为零的情况下，控制系统离散输出信号的 z 变换 $X_o(z)$ 与离散输入信号的 z 变换 $X_i(z)$ 之比，定义为离散控制系统的传递函数，又称为 z 传递函数或脉冲传递函数。用 $G(z)$ 表示，即

$$G(z)=\frac{X_o(z)}{X_i(z)}\tag{10-11}$$

它与连续系统传递函数 $G(s)$ 的定义类似。

二、开环离散控制系统的传递函数

当开环离散控制系统由几个环节串联组成时，由于采样开关的数目和位置不同，求出的开环离散控制系统的传递函数也不同。

1. 串联环节之间有采样开关时

设开环离散控制系统如图 10-2 所示，在两个串联连续环节 $G_1(s)$ 和 $G_2(s)$ 之间，有理想采样开关。根据离散控制系统的传递函数定义，有

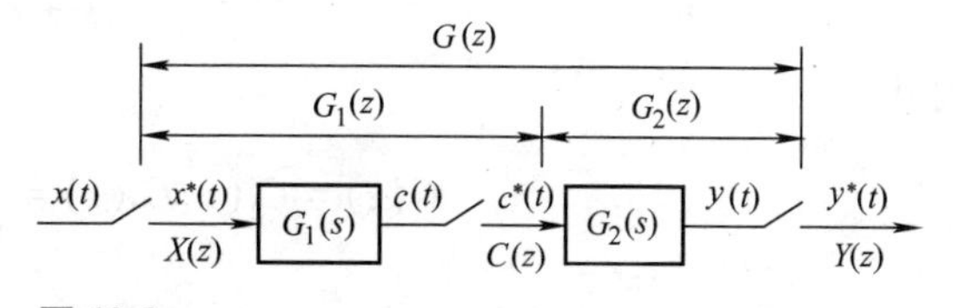

图 10-2

环节间有理想采样开关

$$C(z)=G_1(z)X(z),\quad Y(z)=G_2(z)C(z)$$

式中，$G_1(z)$ 和 $G_2(z)$ 分别为 $G_1(s)$ 和 $G_2(s)$ 的脉冲传递函数。于是有

$$Y(z)=G_2(z)G_1(z)X(z)$$

因此，开环离散控制系统的传递函数为

$$G(z)=\frac{Y(z)}{X(z)}=G_1(z)G_2(z)\tag{10-12}$$

式（10-12）表明，由理想采样开关隔开的两个线性连续环节串联时的传递函数，等于

这两个环节各自的传递函数之积。这一结论，可以推广到 n 个环节相串联时的情形。

2. 串联环节之间无采样开关时

设开环离散控制系统如图 10-3 所示，在两个串联连续环节 $G_1(s)$ 和 $G_2(s)$ 之间没有理想采样开关隔开。此时离散控制系统的传递函数为

$$G(s)=G_1(s)G_2(s)$$

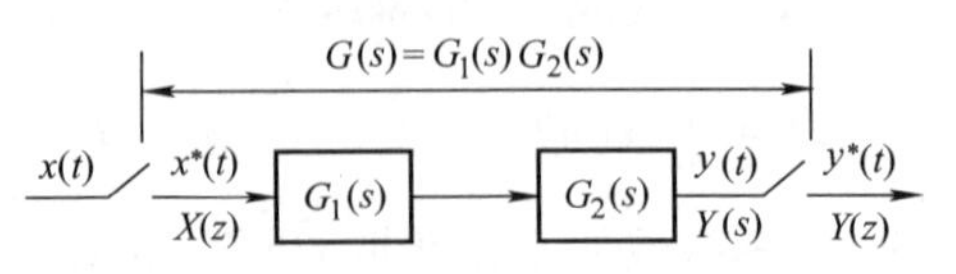

图 10-3

环节间没有理想采样开关

将它当作一个整体一起进行 z 变换，由离散控制系统传递函数的定义

$$G(z)=\frac{Y(z)}{X(z)}=Z[G_1(s)G_2(s)]=G_1G_2(z) \tag{10-13}$$

式（10-13）表明，没有理想采样开关隔开的两个线性连续环节串联时的传递函数，等于这两个环节传递函数乘积后的相应 z 变换。这一结论也可以推广到类似的 n 个环节相串联时的情形。

显然，式（10-12）与式（10-13）不等，即

$$G_1(z)G_2(z)\neq G_1G_2(z) \tag{10-14}$$

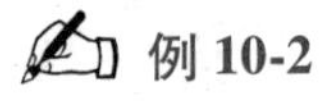 例 10-2

设开环离散控制系统如图 10-2 所示，其中，$G_1(s)=1/s$，$G_2(s)=a/(s+a)$，输入信号 $x(t)=1(t)$，试求系统的传递函数 $G(z)$ 和输出的 z 变换 $Y(z)$。

解： 查 z 变换表，输入 $x(t)=1(t)$ 的 z 变换为

$$X(z)=\frac{z}{z-1}$$

则有

$$G_1(z)=Z\left(\frac{1}{s}\right)=\frac{z}{z-1}$$

$$G_2(z)=Z\left(\frac{a}{s+a}\right)=\frac{az}{z-\mathrm{e}^{-aT}}$$

因此

$$G(z)=G_1(z)G_2(z)=\frac{az^2}{(z-1)(z-\mathrm{e}^{-aT})}$$

$$Y(z)=G(z)X(z)=\frac{az^3}{(z-1)^2(z-\mathrm{e}^{-aT})}$$

例 10-3

设开环离散控制系统如图 10-3 所示，其他条件同例 10-2，求系统的传递函数 $G(z)$ 和输出的 z 变换 $Y(z)$。

解： 查 z 变换表，输入 $x(t)=1(t)$ 的 z 变换为

$$X(z)=\frac{z}{z-1}$$

又

$$G_1(s)G_2(s)=\frac{a}{s(s+a)}$$

$$G(z)=G_1G_2(z)=Z\left[\frac{a}{s(s+a)}\right]=\frac{z(1-\mathrm{e}^{-aT})}{(z-1)(z-\mathrm{e}^{-aT})}$$

$$Y(z)=G(z)X(z)=\frac{z^2(1-\mathrm{e}^{-aT})}{(z-1)^2(z-\mathrm{e}^{-aT})}$$

显然，在串联环节之间有、无同步采样开关隔离时，其总的传递函数和输出 z 变换是不相同的。不同之处仅表现在其开环零点不同，极点仍然一样。

三、闭环离散控制系统的传递函数

由于采样器在闭环控制系统中配置情况不同，因此闭环离散控制系统结构图形式不唯一。图 10-4 所示为一种常见的闭环离散控制系统结构图。图中，虚线所示的理想采样开关是为了便于分析而设的。

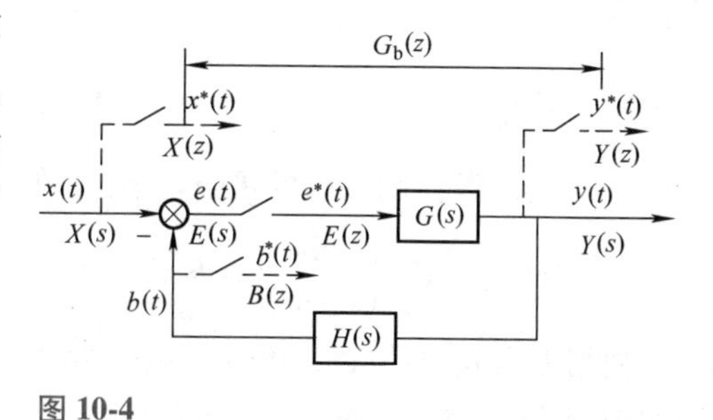

图 10-4

一种常见的闭环离散控制系统结构图

由图 10-4 可见

$$\begin{cases}Y(z)=G(z)E(z)\\E(z)=X(z)-B(z)\\B(z)=GH(z)E(z)\end{cases}$$

解上面联立方程，可得该闭环离散控制系统的传递函数为

$$\Phi(z)=\frac{Y(z)}{X(z)}=\frac{G(z)}{1+GH(z)} \tag{10-15}$$

闭环离散控制系统的误差传递函数为

$$\Phi_{\mathrm{e}}(z)=\frac{E(z)}{X(z)}=\frac{1}{1+GH(z)} \tag{10-16}$$

第四节　离散控制系统的性能分析

在得到离散控制系统的传递函数后，便可在 z 域内对系统的稳定性、动态特性及稳态误差等进行分析。

一、离散控制系统的稳定性

与连续系统相类似，令 $\Phi(z)$ 或 $\Phi_{\mathrm{e}}(z)$ 的分母多项式为零，便可得到闭环离散控制系统的特征方程

$$D(z)=1+GH(z)=0 \tag{10-17}$$

式中，$GH(z)$ 是离散控制系统的开环传递函数。

式（10-17）的根称为特征方程的特征根，即离散控制系统传递函数的极点，简称为离散控制系统的极点。

通过考察［z］平面与［s］平面间的映射关系，根据连续控制系统极点在［s］平面的稳定性条件，得到线性定常离散控制系统稳定的充分必要条件是：系统闭环传递函数的全部极点均分布在［z］平面上以原点为圆心的单位圆内，或者系统所有特征根的模均小于1。

二、离散控制系统的动态特性分析

离散控制系统闭环传递函数的极点在［z］平面上的分布，对系统的动态响应具有重要的影响。

设离散控制系统的输入为单位阶跃函数，则输出的 z 变换为

$$Y(z)=G_{\mathrm{b}}(z)X(z)=\frac{z}{z-1}G_{\mathrm{b}}(z)$$

假设 $G_{\mathrm{b}}(z)$ 没有重复的极点，将上式展开成部分分式，得离散控制系统瞬态响应分量的变换为

$$Y(z)=\sum_{k=1}^{n}\frac{b_k z}{z-a_k}$$

式中，a_k 是离散控制系统的极点。若 a_k 在实轴上，则 a_k 对应的瞬态响应分量为

$$y(n)=Z^{-1}\left(\frac{b_k z}{z-a_k}\right)=b_k a_k^n$$

根据极点 a_k 的位置，可有下列六种情况，如图10-5所示。

1）当 $a_k=1$ 时，$y(n)$ 是幅值为 b_k 的等幅脉冲序列。

2）当 $a_k>1$ 时，$y(n)$ 是发散序列。

3）当 $0<a_k<1$ 时，$y(n)$ 是单调衰减序列，a_k 离原点越近，$y(n)$ 衰减越快。

4）当 $-1<a_k<0$ 时，$y(n)$ 是交替变号的衰减序列，a_k 离原点越近，$y(n)$ 衰减越快。

5）当 $a_k<-1$ 时，$y(n)$ 是交替变号的发散序列。

6）当 $a_k=-1$ 时，$y(n)$ 是交替变号的幅值为 b_k 的等幅脉冲序列。

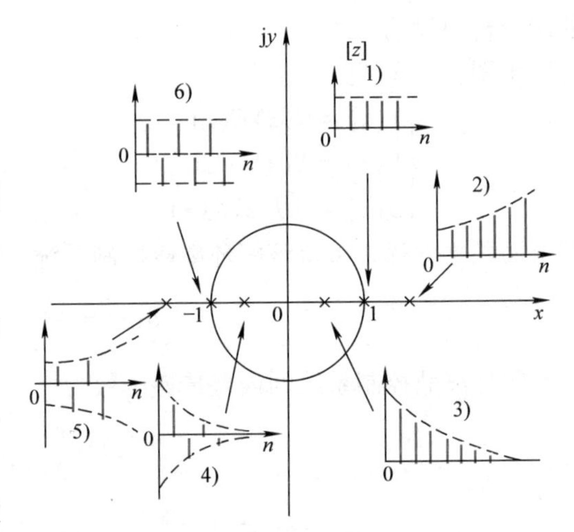

图10-5 瞬态响应与极点 a_k 之间的关系

综上所述，离散控制系统的动态特性与闭环极点的分布密切相关。当闭环实极点位于［z］平面的左半单位圆内时，由于输出衰减脉冲交替变号，故动态过程质量很差；当闭环复极点位于左半单位圆内时，由于输出是衰减的高频脉冲，故系统动态过程性能欠佳。因此，在离散控制系统设计时，应把闭环极点安置在［z］平面的右半单位圆内，且尽量靠近原点。

三、离散控制系统的稳态误差

如果离散控制系统是稳定的，则其稳态误差可以用变换的终值定理来计算。单位反馈离散控制系统如图 10-6 所示。

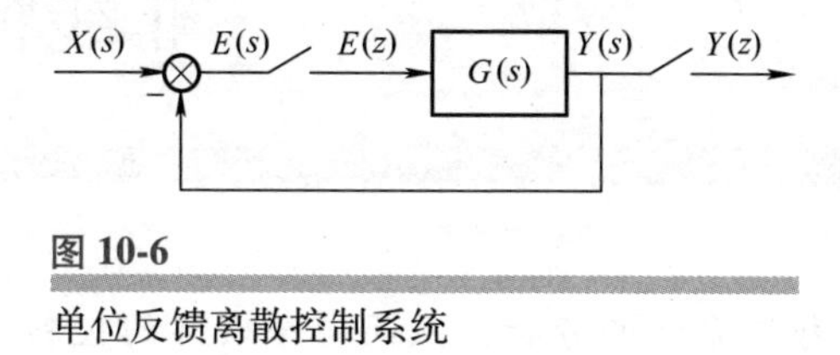

图 10-6

单位反馈离散控制系统

离散控制系统的开环传递函数为 $G(z)$，由图 10-6 和式（10-15）可求其误差信号的 z 变换 $E(z)$ 为

$$E(z)=\frac{X(z)}{1+G(z)}$$

利用 z 变换终值定理，可得稳态误差

$$e_{ss}=\lim_{n\to\infty}e(nT)=\lim_{z\to 1}(z-1)E(z)=\lim_{z\to 1}(z-1)\frac{X(z)}{1+G(z)} \tag{10-18}$$

由式（10-18）可知，稳态误差 e_{ss} 与系统的输入 $X(z)$ 有关，即不同类型的系统输入使系统产生不同的稳态误差。

在连续控制系统中，根据开环传递函数中积分环节的个数定义系统的类型；离散控制系统的类型，是按系统中开环脉冲传递函数 $G(z)$ 的极点 $z=1$ 的个数定义的；如果 $G(z)$ 中没有 $z=1$ 的极点，则称为 0 型系统；如果在 $G(z)$ 中有一个 $z=1$ 的极点，则称为Ⅰ型系统；如果有两个 $z=1$ 的极点，则称为Ⅱ型系统。

通过计算，可以得出典型输入信号作用下不同类型的单位反馈离散控制系统稳态误差的规律，见表 10-1。

表 10-1　单位反馈离散控制系统的稳态误差

系统型别	位置误差 $r(t)=A\cdot 1(t)$	速度误差 $r(t)=At$	加速度误差 $r(t)=At^2/2$
0 型	$A/(1+K)$	∞	∞
Ⅰ型	0	AT/K	∞
Ⅱ型	0	0	AT^2/K

可见，与连续系统相比较，离散控制系统的速度、加速度稳态误差不仅与 K 有关，而且与采样周期 T 有关。

11

第十一章 非线性控制系统

前面讨论了线性离散控制系统的分析，然而每个实际的控制系统都不同程度地存在着非线性。对于非线性程度轻微，且仅在工作点附近小范围内工作的系统，可应用小偏差线性化方法将非线性特性线性化，线性化后用线性控制系统理论进行分析研究；对于非线性程度比较严重的系统，不满足小偏差线性化的条件，则只有用非线性控制系统理论进行分析。

第一节　非线性控制系统概述

凡是输出与输入的特性不满足线性关系的元件，称为非线性元件，或称该元件具有非线性。如果一个系统含有一个以上的非线性元件（或环节），则称该系统为非线性控制系统。

一、非线性控制系统的特点

与线性控制系统相比，非线性控制系统有着本质的不同，主要表现在下述几个方面。

（1）叠加原理不能应用于非线性控制系统

（2）对正弦输入信号的响应　非线性控制系统对正弦输入信号的响应比较复杂，其稳态输出除了包含与输入频率相同的信号外，还可能有与输入频率成整数倍的高次谐波分量。因此，频率法不能适用于非线性控制系统。

（3）稳定性问题　非线性控制系统的稳定性不仅取决于控制系统的结构和参数，而且还与控制系统的输入及初始条件有关。对于非线性控制系统，不存在控制系统是否稳定，一个非线性控制系统在某些平衡状态可能是稳定的，在另外一些平衡状态却可能是不稳定的。

（4）自持振荡问题　非线性控制系统，即使在没有输入作用的情况下，系统有可能产生一定频率和振幅的周期运动，并且当受到扰动作用后，运动仍保持原来的频率和振幅，即这种周期运动具有稳定性。非线性控制系统出现的这种稳定周期运动称为自持振荡。自持振荡是非线性控制系统特有的运动现象。

非线性元件或系统的输出与输入之间的关系不满足叠加原理及均匀性原理，它的输出量的变化规律还与输入量的数值有关，这就使得非线性问题的求解非常复杂而困难。

二、非线性控制系统的线性化

严格来说，实际物理元件或系统都是非线性的。例如：弹簧的刚度与其变形有关系，因

此弹簧系数 k 实际是其位移 x 的函数，并非常值；电阻、电容、电感等参数值与周围环境（温度、湿度、压力等）及流经它们的电流有关，也并非常值；电动机本身的摩擦、死区等非线性因素会使其运动方程复杂化而成为非线性方程。

对于许多机电系统、液压系统、气动系统等系统中变量间的关系，例如：元件的死区、传动间隙及摩擦、在大输入信号作用下元件的输出量的饱和以及元件的其他非线性函数关系等都是非线性关系。这里元件的其他非线性函数关系指的是输出、输入间的关系。例如：输入/输出之间的关系不是一次的幂函数，是二次或高次幂函数，是周期函数或超越函数等。判别系统的数学模型是否是非线性的，可视其中的函数及其各阶导数，如出现高于一次的项，或者导数项的系数是输出变量的函数，则此微分方程是非线性的。

机械系统的基本特点之一，是各物理量之间的许多关系都不是线性的，而是非线性的。因此，研究机械系统的一些动态性能时，必须考虑系统中的非线性特性。

1. 机械系统中常见的一些非线性特性

（1）传动间隙　由齿轮及丝杠螺母副组成的机床进给传动系统中，经常存在有传动间隙 Δ，如图 11-1 所示，输入转角 x_i 和输出位移 x_o 间有滞环关系。若把传动间隙消除，x_i 与 x_o 间才有线性关系。

（2）死区　在死区范围内，有输入而无输出动作，如图 11-2 所示，如负开口的液压伺服阀。

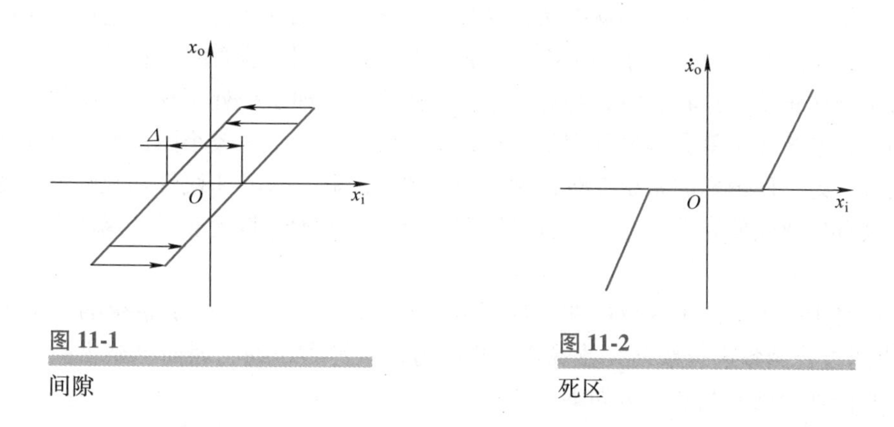

图 11-1

间隙

图 11-2

死区

（3）摩擦力　机械滑动运动副，如机床滑动导轨运动副、主轴套筒运动副、活塞液压缸运动副等，在运动中都存在摩擦力。若假定为干摩擦力（也称为库仑摩擦力），其大小为 f，方向总是和速度 $\dot{x}$ 的方向相反，如图 11-3 所示。

实际上，运动副中的摩擦力是与运动速度大小有关的，再考虑到两者的方向，如图 11-4 所示。图中的曲线可大致分段如下：起始点的静动摩擦力、低速时混合摩擦力（摩擦力呈下降特性）以及黏性摩擦力（摩擦力随速度的增加而增加）。

由以上各种非线性性质可以看出，在工作点附近存在着不连续直线、跳跃、折线以及非单值关系等严重非线性性质的，称为本质非线性性质。在建立数学模型时，为得到线性方程，只能略去这些因素，得到近似的解。若这种略去及近似带来的误差较大，那就只能用复杂的非线性处理方法来求解了。

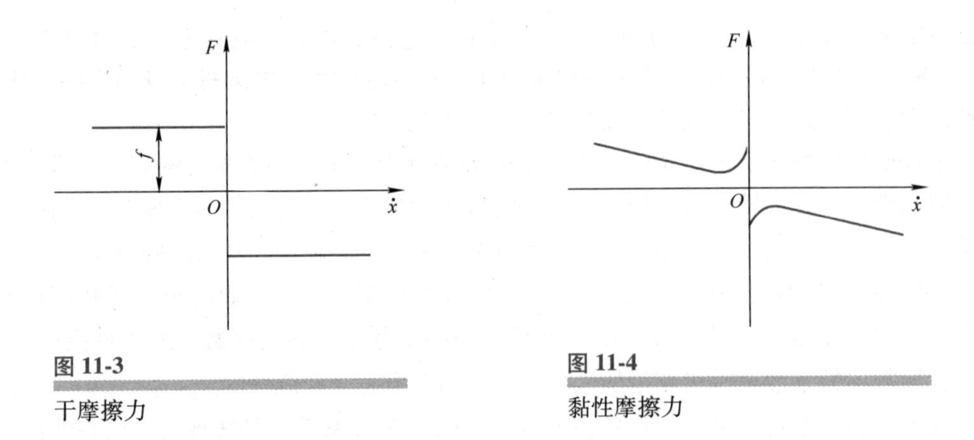

图 11-3
干摩擦力

图 11-4
黏性摩擦力

如果机械系统中的非线性特性不是本质非线性，则称为非本质非线性性质。对于这种非线性性质，可以在工作点附近用切线来代替。这时，线性化只有变量在其工作点附近做微小变化，即变量发生微小偏差时，误差才不致太大。非线性微分方程经线性化处理变为线性微分方程，再利用线性方法来分析和设计系统。因此线性化这种近似，给人们带来了很大方便。

2. 线性化方法

在一定条件下，可以采用忽略一些非线性因素而将数学模型简化。此外，还有一种线性化方法称为切线法，或称为微小偏差法，这种线性化方法尤其适合于具有连续变化的非线性特性函数，其实质是在一个很小的范围内，将非线性特性用一段直线来代替。

通常系统在正常工作状态时，都有一个预定工作点，即系统处于这一平衡位置。当系统受到扰动后，系统变量就会偏离预定工作点，即系统变量产生了较小的偏差。自动调节系统将进行调节，力图使偏离的系统变量回到平衡位置。因此，只要非线性函数的这一变量在预定工作点处有导数或偏导数存在，则就可以在预定工作点附近将此非线性函数进行泰勒级数展开。

例如：对于一个及两个变量的非线性函数 $f(x)$ 及 $f(x,\ y)$，假定系统的预定工作点为0，在该点附近将函数进行泰勒级数展开，并认为偏差是微小的，因而可略去高于一次微增量的项，所得到的近似线性函数如下：

$$f(x) \approx f(x_0) + \left(\frac{\mathrm{d}f}{\mathrm{d}x}\right)_0 \Delta x \tag{11-1}$$

$$f(x,\ y) \approx f(x_0,\ y_0) + \left(\frac{\partial f}{\partial x}\right)_0 \Delta x + \left(\frac{\partial f}{\partial y}\right)_0 \Delta y \tag{11-2}$$

在式（11-1）、式（11-2）中分别减去其静态方程式，得到以增量表示的方程

$$\Delta f(x) \approx \left(\frac{\mathrm{d}f}{\mathrm{d}x}\right)_0 \Delta x \tag{11-3}$$

$$\Delta f(x,\ y) \approx \left(\frac{\partial f}{\partial x}\right)_0 \Delta x + \left(\frac{\partial f}{\partial y}\right)_0 \Delta y \tag{11-4}$$

式（11-3）和式（11-4）就是非线性函数的线性化表达式。在应用中需注意以下几点。

1）式中的变量不是绝对量，而是增量，公式称为增量方程式。

2）预定工作点（额定工作点），若看作是系统广义坐标的原点，则有 $x_0=0$，$y_0=0$，$f(x_0, y_0)=0$，$\Delta x=x-x_0=x$，$\Delta y=y-y_0=y$，因而式（11-3）和式（11-4）中的Δ去掉，增量可写为绝对量，公式中的变量即可为绝对量。

3）假定变量只有一个 x，若预定工作点不是系统广义坐标的原点，又系统的非线性微分方程 $f(x)=f_1(x)+f_2(x)$ 中仅 $f_2(x)$ 为非线性项，那么当把 $f_2(x)$ 应用式（11-3）线性化后，由于 $f_2(x)$ 成为增量式子，则 $f(x)$ 及 $f_1(x)$ 也必须把其变量改为增量，以组成系统的线性化微分方程。

4）当增量并不很小，在进行线性化时，为了验证容许的误差值，需要分析泰勒公式中的余项。

例 11-1

如图 11-5 所示，由四边伺服阀及液压缸组成的液压伺服系统。活塞杆固定，液压缸与伺服阀阀体连为一体，工作时缸体带动工作台（质量为 m）移动。负载是惯性及黏性负载。试建立系统的数学模型。

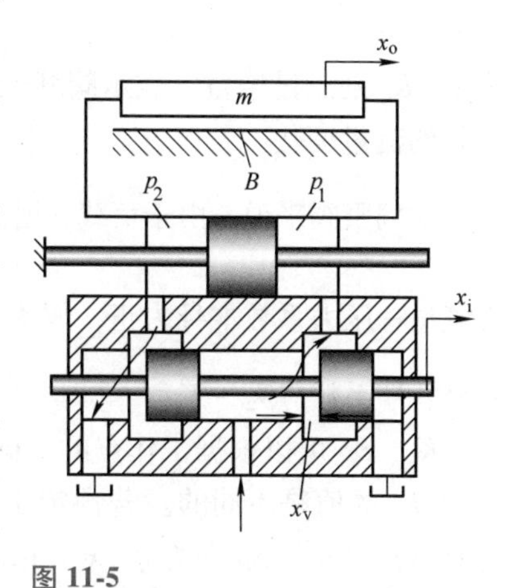

图 11-5

液压伺服系统

解： 输入是阀杆自零位算起的位移量 x_i，当有输入时，伺服阀两个边的阀口打开，高压油由液压系统经伺服阀的一个开口进入液压缸的一腔，推动缸体带动负载产生位移 x_o。同时，伺服阀体也随之移动，产生反馈量 x_o，x_i 与 x_o 之差即为油液流通的阀开口量 x_v。缸另一腔的油经伺服阀的另一个开口流回油箱。与此相反，当阀杆自零位反方向移动时，则活塞推动负载也做反方向移动。该系统可以理解为输入量为阀杆的位移量 x_i，输出量为缸体的位移量 x_o 的闭环控制系统。下面建立系统的数学模型，即列写系统的运动微分方程。

首先假设系统中的油液是不可压缩的，并且系统中油液的泄漏忽略不计。

系统的动力学方程为

$$m\frac{d^2x_o}{dt^2}+B\frac{dx_o}{dt}=Ap \tag{11-5}$$

$$q=A\frac{dx_o}{dt} \tag{11-6}$$

式中，m 是负载质量；B 是黏性阻尼系数；A 是活塞有效面积；p 是负载压力降，$p=p_1-p_2$；q 是负载流量，带动负载时进入或流出液压缸的流量。

根据流体流经伺服阀的微小开口的流量特性，可写出以下公式，即

$$q=q(x_v, p) \tag{11-7}$$

式（11-7）为非线性关系。若把式（11-7）及式（11-6）代入式（11-5），将得出系统的数学模型为非线性微分方程。因此，必须对式（11-7）进行线性化处理。

将式（11-7）在预定工作点（x_{vo}，p_o）附近进行微小偏差线性化，即得

$$q(x_v,\ p) \approx q(x_{vo},\ p_o) + \left.\frac{\partial q}{\partial x_v}\right|_{x_v = x_{vo}}(x_v - x_{vo}) + \left.\frac{\partial q}{\partial p}\right|_{p=p_o}(p - p_o) \tag{11-8}$$

写成增量方程为

$$\Delta q = q(x_v,\ p) - q(x_{vo},\ p_o) \approx \left.\frac{\partial q}{\partial x_v}\right|_{x_{vo}}\Delta x_v + \left.\frac{\partial q}{\partial p}\right|_{p_o}\Delta p \tag{11-9}$$

式中，$\Delta x_v = x_v - x_{vo}$；$\Delta p = p - p_o$。

将式（11-9）写成

$$\Delta q = K_q \Delta x_v - K_c \Delta p \tag{11-10}$$

$$K_q = \left(\frac{\partial q}{\partial x_v}\right)_{x_{vo}} \tag{11-11}$$

$$K_c = -\left(\frac{\partial q}{\partial p}\right)_{p_o} \tag{11-12}$$

式中，K_q 是流量增益，表示阀杆位移引起的流量变化；K_c 是流量—压力系数，表示压力变化引起的流量变化。

对伺服阀来说，由于负载 p 增大，负载流量 q 总是减小的，因而 $\frac{\partial q}{\partial p}$ 本身总是负值。为定义流量—压力系数本身为正，故 K_c 前冠以负号，即 $K_c = -\left(\frac{\partial q}{\partial p}\right)_{p_o}$。由此可知，式（11-10）等号右端系数应为 $-K_c$。

K_q、K_c 可以根据工作点的不同，从阀的特性曲线求得。可以看出，由于工作点的不同，K_q 及 K_c 的值是不同的。若预定工作点选在阀的零位，即 q（x_{vo}，p_o）$=0$，$x_{vo}=0$，$p_o=0$，这时 Δq、Δx_v、Δp 即为 q、x_v、p，故线性化后的增量方程式（11-10），可以写为

$$q = K_q x_v - K_c p \tag{11-13}$$

式（11-13）即为阀的零位为预定工作点的线性化方程。阀的特性如图 11-6 所示，可以看出，不仅 q 与 p 的关系为线性关系，同时 x_v 成比例增长时，q 也成比例增长，即 x_v 与 q 间的关系也为线性关系（x_{v1}、a 均为某一常数）。

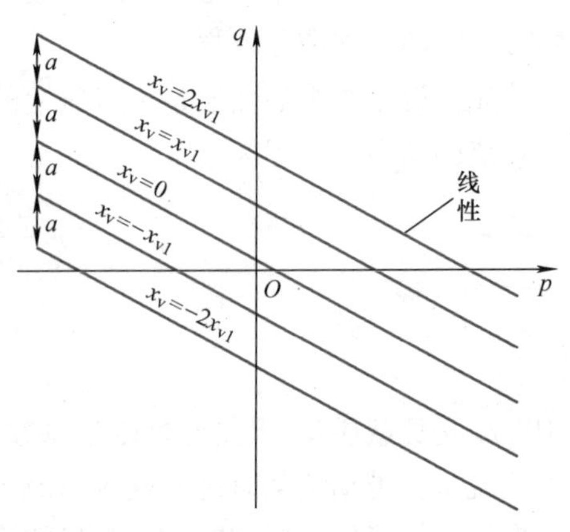

图 11-6

阀的特性

把式（11-13）、式（11-6）代入式（11-5），经消去中间变量 q 及 p 后，得到系统的伺服阀开口与缸体位移量之间的线性化微分方程为

$$m\frac{d^2x_o}{dt^2} + \left(c + \frac{A^2}{K_c}\right)\frac{dx_o}{dt} = \frac{AK_q}{K_c}x_v$$

将 $x_v = x_i - x_o$ 代入上式，即得闭环控制系统的线性微分方程为

$$m\frac{\mathrm{d}^2x_o}{\mathrm{d}t^2}+\left(c+\frac{A^2}{K_c}\right)\frac{\mathrm{d}x_o}{\mathrm{d}t}+\frac{AK_q}{K_c}x_o=\frac{AK_q}{K_c}x_i \tag{11-14}$$

若考虑到油液的可压缩性，则式（11-14）为三阶，再考虑油液泄漏时，阶数不受影响，只是方程更精确些。

由以上分析可知，建立系统数学模型的步骤大致如下：

1）分析系统的工作原理及系统中各变量间的关系，确定系统的输入量及输出量。

2）对系统做必要的简化假设，略去次要的因素，便于分析及研究。

3）根据相关学科的知识，依次列出系统中各部分的动力学方程。

4）若出现非线性方程，则可进行线性化。

5）消去各方程中的中间变量，得到描述系统输入量与输出量间关系的微分方程。注意微分方程的写法是把与输出变量有关的各项放在等号的左边，把与输入量有关的各项放在等号的右边，并按降幂排列。

三、非线性控制系统理论

对于本质非线性控制系统，其非线性程度比较严重，不满足小偏差线性化的条件，这时就必须用非线性控制系统理论进行分析。

1. 相平面分析法

非线性控制系统的相平面分析法是一种用图解法求解二阶非线性常微分方程的方法。相平面上的轨迹曲线描述了控制系统状态的变化过程，因此可以在相平面图上分析平衡状态的稳定性和系统的时间响应特性。

2. 描述函数法

描述函数法又称为谐波线性化法，主要用于分析非线性控制系统的稳定性和自振。分析不受控制系统阶数的限制，高阶系统的分析准确度比低阶系统高。

3. 李雅普诺夫方法

李雅普诺夫方法是根据控制系统的状态方程直接判断控制系统的稳定性，主要是利用现代控制理论分析线性控制的一种方法。

第二节　相平面法

相平面法是一种时域分析的图解法，只适用于二阶系统，对于高于二阶的系统，可以近似地化成二阶系统来分析。当系统中非线性元件的非线性程度非常明显，输出不能只考虑基波分量时，采用相平面法非常合适，并且当系统有非周期性输入（如阶跃、斜坡以及脉冲输入）时，常用相平面法。它不仅能分析系统的稳定性和自振荡，而且能给出系统运动轨迹的清晰图像。

一、相平面概述

1. 相平面与相轨迹

设二阶系统的微分方程为

$$\frac{d^2x}{dt^2}+f\left(x,\ \frac{dx}{dt}\right)=0 \tag{11-15}$$

式中，$f\left(x,\ \frac{dx}{dt}\right)$ 是 x 和 $\frac{dx}{dt}$ 的线性或非线性函数。

在一组非全零初始条件下 [$\dot{x}(0)$ 和 $x(0)$ 不全为零]，系统的运动用解析解 $x(t)$ 和 $\dot{x}(t)$ 描述。如果取 $x(t)$ 和 $\dot{x}(t)$ 构成坐标平面，则系统的每一个状态均对应于该平面上的一点，这个平面称为相平面。当 t 变化时，这一点在 $x-\dot{x}$ 平面上描绘出的轨迹，表征系统状态的演变过程，该轨迹就称为相轨迹。

2. 奇点

通过相平面上任一点的相轨迹在该点处的斜率 α 的表达式为

$$\alpha=\frac{d\dot{x}}{dx}=\frac{d\dot{x}/dt}{dx/dt}=\frac{-f(x,\ \dot{x})}{\dot{x}}$$

相平面上同时满足 $\dot{x}=0$ 和 $f(x,\ \dot{x})=0$ 的点处，α 不是一个确定的值

$$\alpha=\frac{d\dot{x}}{dx}=\frac{-f(x,\ \dot{x})}{\dot{x}}=\frac{0}{0}$$

通过该点的相轨迹有一条以上。这些点是相轨迹的交点，称为奇点。显然，奇点只分布在相平面的 x 轴上。由于奇点处，$\ddot{x}=\dot{x}=0$，故奇点也称为平衡点。

3. 二阶线性系统的奇点

下面简单介绍二阶线性系统的各种奇点，因为类似的奇点在非线性控制系统中也常见到。

二阶线性系统自由运动的微分方程为

$$\ddot{x}+2\zeta\omega_n\dot{x}+\omega_n^2x=0$$

取 $x_1=x$，$x_2=\frac{dx}{dt}$，则运动微分方程可写为

$$\dot{x}_1=x_2,\ \dot{x}_2=-\omega_n^2x_1-2\zeta\omega_nx_2$$

合并以上两式，可得

$$\frac{\dot{x}_2}{\dot{x}_1}=-\frac{\omega_n^2x_1+2\zeta\omega_nx_2}{x_2}$$

由于 $\dot{x}_1=\frac{dx_1}{dt}$，$\dot{x}_2=\frac{dx_2}{dt}$，则上式又可写为

$$\frac{dx_2}{dx_1}=-\frac{\omega_n^2x_1+2\zeta\omega_nx_2}{x_2} \tag{11-16}$$

式（11-16）解得的关系式就是二阶线性系统的相轨迹方程。式（11-16）实际上表示了二阶系统相轨迹上各点的斜率。可以看出，在相平面原点处，有 $x_1=0$，$x_2=0$，即 $\frac{dx_2}{dx_1}=\frac{0}{0}$，说明原点是二阶线性系统的奇点（或平衡点）。

由线性定常系统的知识可知，线性系统的时间响应由其特征根决定，而时间响应与系统

的相轨迹有着对应的关系。下面根据特征根的不同分布情况介绍系统相轨迹的形状和奇点的性质与其特征根的关系。

二阶线性系统的特征方程 $s^2 + 2\zeta\omega_n^2 s + \omega_n^2 = 0$ 的特征根为 $s_{1,2} = -\zeta\omega_n \pm \omega_n\sqrt{\zeta^2 - 1}$。

（1）特征根 s_1、s_2 为一对共轭纯虚根　系统处于无阻尼状态（$\zeta = 0$），此时有 $\dfrac{dx_2}{dx_1} = -\dfrac{\omega_n^2 x_1}{x_2}$，即 $\omega_n^2 x_1 dx_1 = -x_2 dx_2$ 两侧积分，得

$$x_1^2 + \left(\frac{x_2}{\omega_n}\right)^2 = R^2 \tag{11-17}$$

式中，$R^2 = x_{10}^2 + \left(\dfrac{x_{20}}{\omega_n}\right)^2$，$x_{10}$、$x_{20}$ 为初始状态。式（11-17）表明，系统的相轨迹是一簇同心椭圆，如图 11-7a 所示。此时，奇点为相平面原点，这种奇点称为中心点。

（2）特征根 s_1、s_2 为一对具有负实部的共轭复根　系统处于欠阻尼状态（$0 < \zeta < 1$），此时，系统的零输入响应为衰减振荡，最终趋于零。对应的相轨迹是一簇对数螺旋线，收敛于相平面原点，如图 11-7b 所示。这时原点对应的奇点称为稳定焦点。

（3）特征根 s_1、s_2 为两个负实根　系统处于过阻尼状态（$\zeta > 1$），其零输入响应呈指数衰减状态。对应的相轨迹是一簇趋向相平面原点的抛物线，如图 11-7c 所示。相平面原点为奇点，称为稳定节点。

（4）特征根 s_1、s_2 为两个符号相反的实根　系统的零输入响应是非周期发散的。对应的相轨迹如图 11-7d 所示。这时奇点称为鞍点，是不稳定的平衡状态。

（5）特征根 s_1、s_2 为一对具有正实部的共轭复根　此时 $-1 < \zeta < 0$，系统的零输入响应是振荡发散的。对应的相轨迹是发散的对数螺旋线，如图 11-7e 所示。这时，奇点称为不稳定焦点。

（6）特征根 s_1、s_2 为两个正实根　此时 $\zeta < -1$，系统的零输入响应为非周期发散的，对应的相轨迹是由原点出发的发散的抛物线簇，如图 11-7f 所示。相应的奇点称为不稳定节点。

由上面分析可见，二阶线性系统相轨迹和奇点类型决定于系统特征根的分布，而与初始状态无关。不同的初始状态能在相平面上形成一组几何形状相似的相轨迹，而不能改变相轨迹的性能。对于线性系统，奇点的形式完全确定了系统的性能。

4. 极限环

对于非线性控制系统，在大多数情况下，原非线性控制系统的相轨迹和其在平衡点附近小偏差线性化后的线性系统的相轨迹，在平衡点某个适当的小范围内有着相同的定性特征。只是在平衡点为中心点时，两者稍有不同，线性控制系统相轨迹是以相平面原点为中心的无数条封闭曲线，而非线性控制系统的相轨迹除了有上述中心点形式的相轨迹外，其相轨迹还有可能为一个或多于一个的孤立封闭曲线，这样的孤立封闭曲线称为极限环，对应系统响应出现的振荡为自激振荡。

极限环是相轨迹中对应于系统响应出现自激振荡时的孤立封闭曲线。在非线性控制系统中，即使在无外界作用的情况下，有时也会产生具有一定振幅和频率的自激振荡。

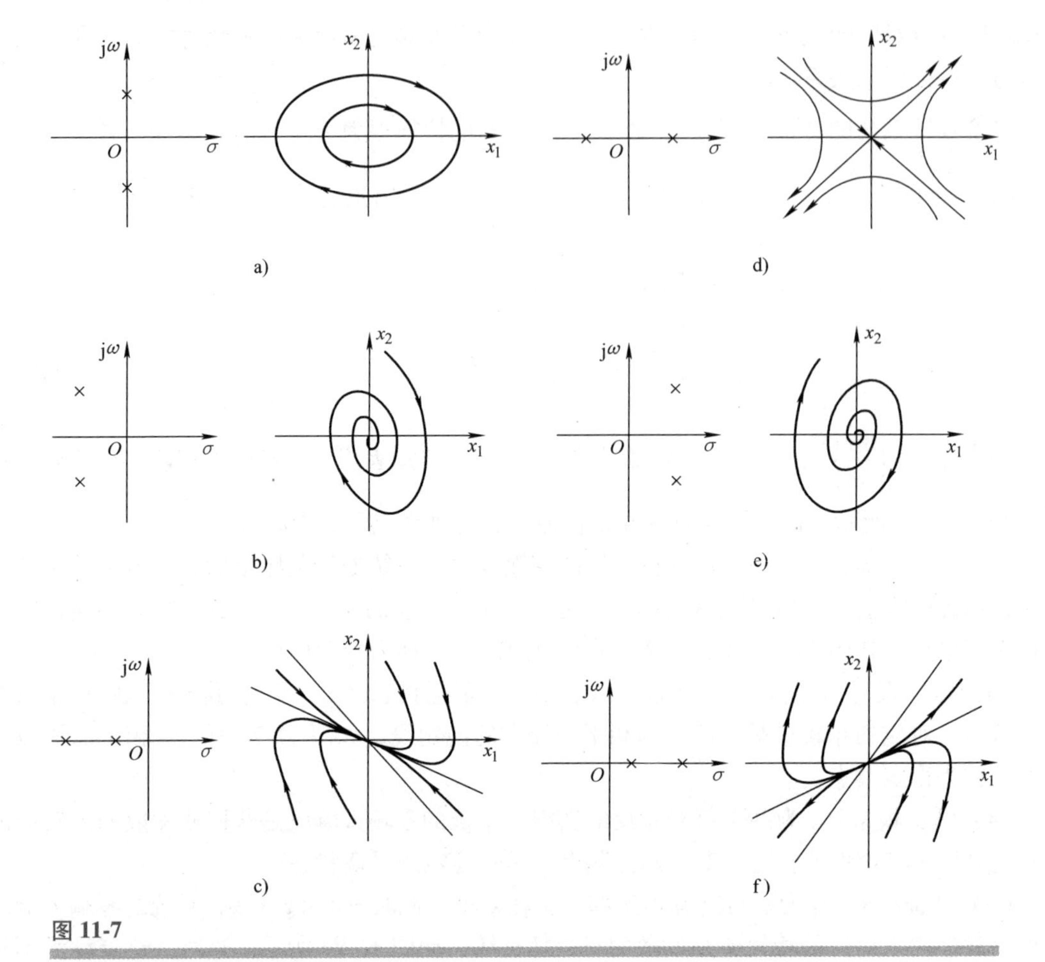

图 11-7

二阶线性系统特征根与奇点

a）中心点 b）稳定焦点 c）稳定节点 d）鞍点 e）不稳定焦点 f）不稳定节点

二、相轨迹的绘制方法

求解二阶系统相轨迹的方法有两种，即解析法和图解法。解析法只适用于系统微分方程较为简单，便于积分求解的场合；常见的相轨迹图解法是等倾线法。随着计算机技术的发展，借助于计算机软件工具，可以较容易地绘制出相轨迹。

1. 用解析法求解相轨迹

绘制系统的相轨迹时，将系统的微分方程写成如下形式：

$$\dot{x}_1 = x_2 \tag{11-18}$$

$$\dot{x}_2 = f(x_1,\ x_2) \tag{11-19}$$

将式（11-18）和式（11-19）合并写成

$$\frac{\mathrm{d}x_2}{\mathrm{d}x_1} = \frac{f(x_1,\ x_2)}{x_2} \tag{11-20}$$

对式（11-20）积分，得到 x_1 与 x_2 的关系式就是相轨迹方程，从而可以求得相轨迹形状，以进行系统的性能分析。

2. 等倾线法

等倾线法是一种通过图解方法求相轨迹的方法。式（11-20）实际表示了纵坐标微小变化量与横坐标微小变化量之比，即表示了相轨迹的斜率。如果取斜率为常数 α，则式（11-20）可写成

$$\frac{\mathrm{d}x_2}{\mathrm{d}x_1}=\frac{f(x_1,\ x_2)}{x_2}=\alpha \tag{11-21}$$

对于相平面上满足式（11-21）的各点，经过它们的相轨迹的斜率都是 α。给定不同的 α 值，可在相平面上画出许多等斜线。给定了初始状态，便可沿着给定的相轨迹方向画出系统的相轨迹。

三、非线性控制系统的相平面分析

大多数非线性控制系统所含有的非线性特性是分段线性的，或者可以用分段线性特性来近似。用相平面法分析这类系统时，一般采用“分区—衔接”的方法。首先，根据非线性特性的线性分段情况，用几条分界线（开关线）把相平面分成几个线性区域，在各个线性区域内，各自用一个线性微分方程来描述。其次，画出各线性区的相平面图。最后，将相邻区间的相轨迹衔接成连续的曲线，即可获得系统的相平面图。

第三节　描述函数法

描述函数法主要用于分析非线性控制系统的稳定性和自振，不受系统阶数的限制，高阶系统的分析准确度比低阶系统高。但是由于描述函数对系统结构、非线性环节的特性和线性部分的性能都有一定的要求，其本身也是一种近似的分析方法，因此该方法的应用有一定的限制条件。另外，描述函数法只能用来研究系统的频率响应特性，不能给出时间响应的确切信息。

一、描述函数的基础知识

1. 描述函数的基本思想

用非线性环节输出信号中的基波分量（一次谐波分量）来近似取代正弦信号作用下的实际输出，由此导出非线性环节的近似等效频率特性，即描述函数。这种方法实质上是一种谐波线性化方法，又称为一次谐波法。

2. 描述函数的定义

假定非线性环节的输入信号为 $x(t)=A\sin\omega t$，一般情况下，输出 $y(t)$ 是非正弦周期信号。将 $y(t)$ 按傅里叶级数展开，可以认为 $y(t)$ 是由恒定分量 y_0、基波分量 $y_1(t)$ 和高次谐波 $y_2(t)$、$y_3(t)$、…组成的。如果非线性环节的特性曲线具有中心对称的性质，那么输出信号 $y(t)$ 的波形具有奇对称性，恒定分量 $y_0=0$。则可用一个复数来描述非线性环节输入正弦信号和输出基波分量的关系。用这个复数的模值表示输出信号中基波的幅值与输入正弦幅值之比；用这个复数的相角表示基波信号和输入正弦信号之间的相位差。在非线性环节内部不包含储能元件的情况下，这个复数是输入正弦信号幅值 A 的函数，与频率无关，称为非线性

环节的描述函数，用符号 $N(A)$ 表示，即

$$N(A)=\frac{Y_1}{A}\mathrm{e}^{\mathrm{j}\varphi_1} \tag{11-22}$$

式中，Y_1 是非线性环节输出信号中基波分量的振幅；φ_1 是非线性环节输出信号中基波分量与输入正弦信号的相位差；A 是输入正弦信号的振幅。

这样一种仅取非线性环节输出中的基波（把非线性环节等效于一个线性环节）而忽略高次谐波的方法称为谐波线性化法。

需要注意的是，谐波线性化得到的不是纯粹的线性数学模型，而是用描述函数代替非线性元件。引入描述函数后，线性系统中的频率法可用来研究非线性控制系统的基本特性。

3. 描述函数的计算

设非线性环节的输入、输出特性为 $y=f(x)$，在正弦信号 $x=A\sin\omega t$ 作用下，输出 $y(t)$ 是非正弦周期信号。把 $y(t)$ 展开为傅里叶级数

$$\begin{aligned}y(t)&=A_0+\sum_{n=1}^{\infty}(A_n\cos n\omega t+B_n\sin n\omega t)\\&=A_0+\sum_{n=1}^{\infty}Y_n\sin(n\omega t+\varphi_n)\end{aligned}$$

式中

$$A_n=\frac{1}{\pi}\int_0^{2\pi}y(t)\cos n\omega t\,\mathrm{d}(\omega t)$$

$$B_n=\frac{1}{\pi}\int_0^{2\pi}y(t)\sin n\omega t\,\mathrm{d}(\omega t)$$

$$Y_n=\sqrt{A_n^2+B_n^2}$$

$$\varphi_n=\arctan\frac{A_n}{B_n}$$

若非线性特性是中心对称的，则 $y(t)$ 具有奇次对称性，$A_0=0$。输出的基波分量为

$$y_1=A_1\cos\omega t+B_1\sin\omega t=Y_1\sin(\omega t+\varphi_1)$$

非线性环节的描述函数为

$$\begin{aligned}N(A)&=\frac{Y_1}{A}\mathrm{e}^{\mathrm{j}\varphi_1}=\frac{\sqrt{A_1^2+B_1^2}}{A}\mathrm{e}^{\mathrm{j}\arctan\left(\frac{A_1}{B_1}\right)}\\&=\frac{B_1}{A}+\mathrm{j}\frac{A_1}{A}=b(A)+\mathrm{j}a(A)\end{aligned} \tag{11-23}$$

二、运用描述函数法进行非线性控制系统的稳定性分析

1. 运用描述函数法的基本条件

对于图11-8所示的具有基本形式结构的非线性控制系统，应用描述函数法分析时，要求系统满足以下条件：

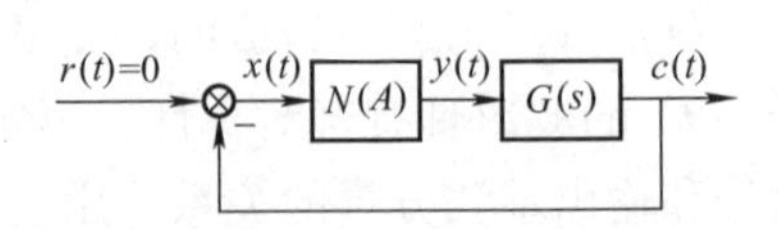

图 11-8

具有基本形式结构的非线性控制系统

1）非线性环节的参量定常，非线性无记忆，即在零初始状态下，t 时刻非线性环节的输出完全取决于 t 这

一时刻的输入值，而与输入的过去值或将来值无关。

2）非线性环节的输入、输出特性是奇对称的，即 $y(-x)=-y(x)$，保证非线性特性在正弦信号作用下的输出不包含常值分量，也就是输出响应的平均值为零，而且 $y(t)$ 中基波分量幅值占优。

3）线性部分具有较好的低通滤波器特性。这样，当非线性环节输入正弦信号时，输出中的高次谐波分量将被大大削弱，因此闭环通道内近似只有基波信号流通，这样用描述函数法所得的分析结果比较准确。线性部分的阶次越高，低通滤波性能越好。

以上条件满足时，可以将非线性环节近似当作线性环节来处理，用其描述函数当作其“频率特性”，借用线性系统频域法中的奈奎斯特判据分析非线性控制系统的稳定性。

2. 非线性控制系统的稳定性分析

由线性系统的知识可知，图 11-8 中闭环系统的“频率特性”为

$$\Phi(j\omega)=\frac{C(j\omega)}{R(j\omega)}=\frac{N(A)G(j\omega)}{1+N(A)G(j\omega)}$$

闭环系统的特征方程为

$$1+N(A)G(j\omega)=0$$

或

$$G(j\omega)=-\frac{1}{N(A)} \tag{11-24}$$

式中，$\frac{-1}{N(A)}$ 是非线性特性的负倒描述函数。这里，将它理解为广义（-1，j0）点。由奈奎斯特判据 $Z=P-2N$ 可知，当 $G(s)$ 在［s］右半平面没有极点时，$P=0$，要使系统稳定，要求 $Z=0$，意味着 $G(j\omega)$ 曲线不能包围 $\frac{-1}{N(A)}$，否则系统不稳定。由此可以得出判定非线性控制系统稳定性的推广奈奎斯特判据，其内容如下：

若 $G(j\omega)$ 曲线不包围 $\frac{-1}{N(A)}$ 曲线，则非线性控制系统稳定；若 $G(j\omega)$ 曲线包围 $\frac{-1}{N(A)}$ 曲线，则非线性控制系统不稳定；若 $G(j\omega)$ 曲线与 $\frac{-1}{N(A)}$ 有交点，则在交点处必然满足式（11-24）对应非线性控制系统的等幅周期运动；如果这种等幅运动能够稳定地持续下去，便是系统的自振。

三、自振分析

自振是没有外部激励条件下，系统内部自身产生的稳定的周期运动，即当系统受到轻微扰动作用时偏离原来的周期运动状态，在扰动消失后，系统运动能重新回到原来的等幅持续振荡。

当 $G(j\omega)$ 与 $-\frac{1}{N(A)}$ 有交点时，在交点处必然满足式（11-24），即

$$G(j\omega)N(A)=-1$$

写成幅值和相角的形式为

$$\begin{cases} |N(A)||G(\mathrm{j}\omega)|=1 \\ \angle N(A)+\angle G(\mathrm{j}\omega)=-\pi \end{cases} \tag{11-25}$$

式（11-25）表明，在无外作用的情况下，正弦信号 $x(t)$ 经过非线性环节和线性环节后，输出信号 $c(t)$ 幅值不变，相位正好相差了 180°，经反相后，恰好与输入信号相吻合，系统输出满足自身输入的需求，因此系统可能产生不衰减的振荡。所以式（11-25）是系统自振的必要条件。

设非线性控制系统的 $G(\mathrm{j}\omega)$ 曲线与 $-\dfrac{1}{N(A)}$ 曲线有两个交点 M_1 和 M_2，如图 11-9 所示。假设系统原来工作在 M_1 点，如果受到外界干扰，使非线性特性的输入振幅 A 增大，则工作点将由 M_1 点移至 B 点，由于点 B 不被 $G(\mathrm{j}\omega)$ 曲线包围，系统稳定，振荡衰减，振幅 A 自行减小，工作点将回到 M_1 点。反之，如果系统受到干扰使振幅 A 减小，则工作点将由 M_1 点移至 C 点，点 C 被 $G(\mathrm{j}\omega)$ 曲线包围，系统不稳定，振荡加剧，振幅 A 会增大，工作点将从 C 点回到 M_1 点。这说明 M_1 点表示的周期运动受到扰动后能够维持，所以 M_1 点是自振点。

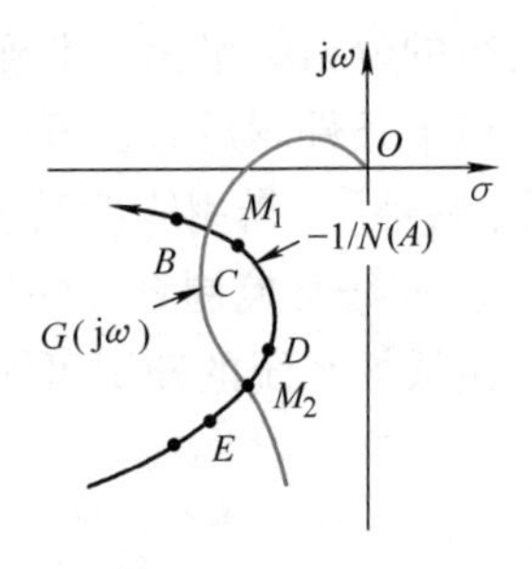

图 11-9
非线性控制系统的自振分析

又假设系统原来工作在 M_2 点，如果受到干扰后使输入振幅 A 增大，则工作点将由 M_2 点移至 D 点，由于 D 被 $G(\mathrm{j}\omega)$ 曲线包围，系统振荡加剧，工作点进一步离开 M_2 点向 M_1 点移动。反之，如果系统受到干扰使振幅 A 减小，则工作点将由 M_2 点移至 E 点，E 点不被 $G(\mathrm{j}\omega)$ 曲线包围，振幅 A 将继续减小，直至振荡消失，因此 M_2 点对应的周期运动是不稳定的。系统在工作时扰动总是不可避免的，因此不稳定的周期运动实际上不可能出现。

12

第十二章 现代控制理论基础

第一章至第七章涉及的内容属于经典控制理论的范畴，系统的数学模型是线性定常微分方程和传递函数，主要的分析与综合方法是时域法、根轨迹法和频域法。经典控制理论通常用于单输入-单输出线性定常系统，不能解决多输入-多输出控制系统的分析和设计问题。而现代控制理论可以用状态矢量描述系统的状态，用状态空间描述一个系统的动态过程，所以用现代控制论的方法可以准确地描述多输入-多输出的复杂线性定常系统。

第一节　系统的状态空间描述

相平面法是一种时域分析的图解法，只适用于二阶系统，对于高于二阶的系统，可以近似地化成二阶系统来分析。当系统中非线性元件的非线性程度非常明显，输出不能只考虑基波分量时，采用相平面法非常合适。并且当系统有非周期性输入（如阶跃、斜坡以及脉冲输入）时，常用相平面法。它不仅能分析系统的稳定性和自振荡，而且能给出系统运动轨迹的清晰图像。

一、状态、状态变量和状态矢量

能完整描述和唯一确定系统时域行为或运行过程的一组独立（数目最小）的变量称为系统的状态，其中的各个变量称为状态变量。当状态表示成以各状态变量为分量组成的矢量时，称为状态矢量。

二、状态空间

以状态矢量的 n 个分量作为坐标轴所组成的 n 维空间称为状态空间。

三、状态方程和输出方程

描述系统状态变量与输入变量之间关系的方程称为系统的状态方程，它可以表示为

$$\dot{x}(t)=f[x(t),\ u(t),\ t] \tag{12-1}$$

式中，$u(t)$ 是 m 维输入矢量，即控制矢量。

线性定常系统的状态方程可以写成如下形式：

$$\dot{x}(t) = \boldsymbol{A}x(t) + \boldsymbol{B}u(t) \tag{12-2}$$

式中

$$\boldsymbol{x} = \begin{pmatrix} x_1 \\ x_2 \\ \vdots \\ x_n \end{pmatrix}, \boldsymbol{u} = \begin{pmatrix} u_1 \\ u_2 \\ \vdots \\ u_p \end{pmatrix}, \boldsymbol{A} = \begin{pmatrix} a_{11} & a_{12} & \cdots & a_{1n} \\ a_{21} & a_{22} & \cdots & a_{2n} \\ \vdots & \vdots & & \vdots \\ a_{n1} & a_{n2} & \cdots & a_{nn} \end{pmatrix}, \boldsymbol{B} = \begin{pmatrix} b_{11} & b_{12} & \cdots & b_{1p} \\ b_{21} & b_{22} & \cdots & b_{2p} \\ \vdots & \vdots & & \vdots \\ b_{n1} & b_{n2} & \cdots & b_{np} \end{pmatrix}$$

其中，$\boldsymbol{A}$ 是系统矩阵，$\boldsymbol{B}$ 是输入矩阵。$\boldsymbol{A}$ 和 $\boldsymbol{B}$ 均由系统本身参数组成。

描述系统输出变量与系统状态变量和输入变量之间函数关系的代数方程称为输出方程。线性定常系统的输出方程为

$$y(t) = \boldsymbol{C}x(t) + \boldsymbol{D}u(t) \tag{12-3}$$

式中

$$\boldsymbol{y} = \begin{pmatrix} y_1 \\ y_2 \\ \vdots \\ y_q \end{pmatrix}, \boldsymbol{C} = \begin{pmatrix} c_{11} & c_{12} & \cdots & c_{1n} \\ c_{21} & c_{22} & \cdots & c_{2n} \\ \vdots & \vdots & & \vdots \\ c_{q1} & c_{q2} & \cdots & c_{qn} \end{pmatrix}, \boldsymbol{D} = \begin{pmatrix} d_{11} & d_{12} & \cdots & d_{1p} \\ d_{21} & d_{22} & \cdots & d_{2p} \\ \vdots & \vdots & & \vdots \\ d_{q1} & d_{q2} & \cdots & d_{qp} \end{pmatrix}$$

其中，$\boldsymbol{C}$ 是输出矩阵，它表达了输出变量与状态变量之间的关系；$\boldsymbol{D}$ 是直接转移矩阵，它表达输入变量通过矩阵 $\boldsymbol{D}$ 所示的关系直接转移到输出。在大多数实际系统中，$\boldsymbol{D}=0$。

四、系统的状态空间表达式

系统的状态方程和输出方程统称为系统的状态空间表达式（又称为动态方程）。

系统的状态空间表达式对于系统的描述是充分的和完整的，即系统中的任何一个变量均可用状态方程和输出方程来描述。状态方程着眼于系统动态演变过程的描述，反映状态变量间的微积分约束；而输出方程则反映系统中变量之间的静态关系，着眼于建立系统中输出变量与状态变量间的代数约束，这也是非独立变量不能作为状态变量的原因之一。系统的状态空间表达式描述的优点是便于采用矢量、矩阵记号简化数学描述，便于在计算机上求解，便于考虑初始条件，便于了解系统内部状态的变化特征，便于应用现代设计方法实现最优控制和最优估计，适用于时变、非线性、连续、离散、随机、多变量等各类控制系统。

五、状态空间表达式的系统框图

和经典控制理论相似，可以用框图表示系统信号传递的关系，对于式（12-2）和式（12-3）所描述的系统，其框图如图12-1所示。

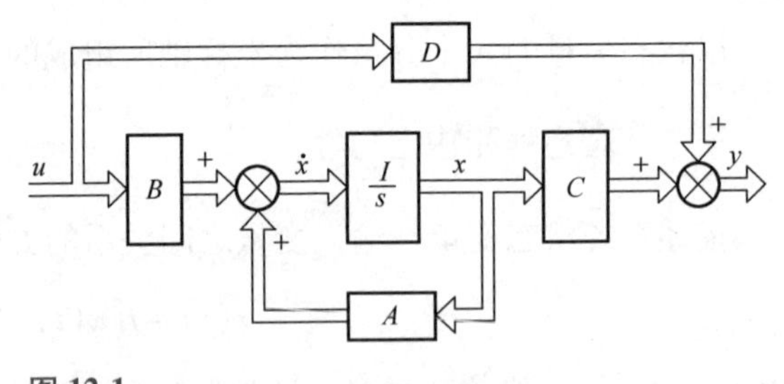

图 12-1
系统的框图

在图12-1中，用双线箭头表示矢量信号。

从状态空间表达式和系统框图都能清

楚地说明：它们既表征了输入对于系统内部状态的因果关系，又反映了内部对于外部输出的影响，所以状态空间表达式是对系统的一种完全描述。

六、系统的传递函数矩阵

设线性定常系统的状态空间表达式为

$$\begin{aligned}\dot{x}(t)&=\boldsymbol{A}x(t)+\boldsymbol{B}u(t)\\y(t)&=\boldsymbol{C}x(t)+\boldsymbol{D}u(t)\end{aligned}\tag{12-4}$$

在初始条件为零的情况下，对式（12-4）进行拉普拉斯变换，可以得到

$$\begin{aligned}X(s)&=(s\boldsymbol{I}-\boldsymbol{A})^{-1}\boldsymbol{B}U(s)\\Y(s)&=[\boldsymbol{C}(s\boldsymbol{I}-\boldsymbol{A})^{-1}\boldsymbol{B}+\boldsymbol{D}]U(s)\end{aligned}\tag{12-5}$$

令式中 $\boldsymbol{C}(s\boldsymbol{I}-\boldsymbol{A})^{-1}\boldsymbol{B}+\boldsymbol{D}=\boldsymbol{W}(s)$，则称 $\boldsymbol{W}(s)$ 为系统的传递函数矩阵（简称为传递矩阵），可以展开写成

$$\boldsymbol{W}(s)=\begin{pmatrix}W_{11}(s) & W_{12}(s) & \cdots & W_{1r}(s)\\W_{21}(s) & W_{22}(s) & \cdots & W_{2r}(s)\\\vdots & \vdots & & \vdots\\W_{m1}(s) & W_{m2}(s) & \cdots & W_{mr}(s)\end{pmatrix}$$

传递函数矩阵 $\boldsymbol{W}(s)$ 表达了输出矢量 $\boldsymbol{Y}(s)$ 与输入矢量 $\boldsymbol{U}(s)$ 之间的关系。它的每一个元素 $W_{ij}(s)$ 表示第 j 个输入在第 i 个输出中的影响。而第 i 个输出是全部 r 个输入通过各自的传递函数 $W_{i1}(s)$，$W_{i2}(s)$，…，$W_{ir}(s)$ 综合作用的结果。

第二节　线性定常系统的状态方程的解法

下面通过求解系统的状态方程以研究系统的时域特性，这里仅介绍线性定常系统的状态方程的求解方法。

一、线性定常齐次状态方程的解

在没有控制作用下，线性定常系统由初始条件引起的运动称为线性定常系统的自由运动，可由齐次状态方程描述

$$\dot{x}(t)=\boldsymbol{A}x(t)\tag{12-6}$$

齐次状态方程通常采用直接法、拉普拉斯变换法和凯莱—哈密顿定理法求解。

1. 直接法

设式（12-6）的解是时间 t 的幂级数形式

$$\boldsymbol{x}(t)=\boldsymbol{b}_0+\boldsymbol{b}_1t+\boldsymbol{b}_2t^2+\cdots+\boldsymbol{b}_kt^k+\cdots$$

式中，$\boldsymbol{x}$，$\boldsymbol{b}_0$，$\boldsymbol{b}_1$，…，$\boldsymbol{b}_k$，… 都是 n 维矢量，且 $\boldsymbol{x}(0)=\boldsymbol{b}_0$，求导并考虑状态方程，得

$$\dot{\boldsymbol{x}}(t)=\boldsymbol{b}_1+2\boldsymbol{b}_2t+\cdots+k\boldsymbol{b}_kt^{k-1}+\cdots=\boldsymbol{A}(\boldsymbol{b}_0+\boldsymbol{b}_1t+\boldsymbol{b}_2t^2+\cdots+\boldsymbol{b}_kt^k+\cdots)$$

由等号两边对应的系数相等，有

$$\boldsymbol{b}_1=\boldsymbol{A}\boldsymbol{b}_0$$

$$\boldsymbol{b}_2=\frac{1}{2}\boldsymbol{A}\boldsymbol{b}_1=\frac{1}{2}\boldsymbol{A}^2\boldsymbol{b}_0$$

$$\boldsymbol{b}_3 = \frac{1}{3}\boldsymbol{A}\boldsymbol{b}_2 = \frac{1}{6}\boldsymbol{A}^3\boldsymbol{b}_0$$

$$\vdots$$

$$\boldsymbol{b}_k = \frac{1}{k}\boldsymbol{A}\boldsymbol{b}_{k-1} = \frac{1}{k!}\boldsymbol{A}^k\boldsymbol{b}_0$$

$$\vdots$$

故

$$x(t) = \left(\boldsymbol{I} + \boldsymbol{A}t + \frac{1}{2}\boldsymbol{A}^2t^2 + \cdots + \frac{1}{k!}\boldsymbol{A}^kt^k + \cdots\right)x(0) \tag{12-7}$$

对于方阵 $\boldsymbol{A}$，定义矩阵指数如下：

$$\mathrm{e}^{\boldsymbol{A}t} = \boldsymbol{I} + \boldsymbol{A}t + \frac{1}{2}\boldsymbol{A}^2t^2 + \cdots + \frac{1}{k!}\boldsymbol{A}^kt^k + \cdots = \sum_{k=0}^{\infty}\frac{1}{k!}\boldsymbol{A}^kt^k \tag{12-8}$$

则

$$x(t) = \mathrm{e}^{\boldsymbol{A}t}x(0) \tag{12-9}$$

2. 拉普拉斯变换法

将式（12-6）取拉普拉斯变换，有

$$X(s) = (s\boldsymbol{I} - \boldsymbol{A})^{-1}x(0)$$

进行拉普拉斯反变换，有

$$x(t) = L^{-1}[(s\boldsymbol{I} - \boldsymbol{A})^{-1}]x(0)$$

与式（12-9）相对比，有

$$\mathrm{e}^{\boldsymbol{A}t} = L^{-1}[(s\boldsymbol{I} - \boldsymbol{A})^{-1}] \tag{12-10}$$

3. 凯莱—哈密顿定理法

矩阵 $\boldsymbol{A}$ 满足它自己的特征方程。即若设 n 阶矩阵 $\boldsymbol{A}$ 的特征多项式为

$$f(\lambda) = [\lambda\boldsymbol{I} - \boldsymbol{A}] = \lambda^n + a_{n-1}\lambda^{n-1} + \cdots + a_1\lambda + a_0$$

则有

$$f(\boldsymbol{A}) = \boldsymbol{A}^n + a_{n-1}\boldsymbol{A}^{n-1} + \cdots + a_1\boldsymbol{A} + a_0\boldsymbol{I} = 0$$

从该定理还可导出以下两个推论。

推论1 矩阵 $\boldsymbol{A}$ 的 $\boldsymbol{A}$、$\boldsymbol{B}$、$\boldsymbol{C}$ 次幂，可表示为 $\boldsymbol{A}$ 的（n−1）阶多项式，即

$$\boldsymbol{A}^k = \sum_{m=0}^{n-1}\alpha_m\boldsymbol{A}^m \qquad k \geqslant n \tag{12-11}$$

推论2 矩阵指数 $\mathrm{e}^{\boldsymbol{A}t}$ 可表示为 $\boldsymbol{A}$ 的（n−1）阶多项式，即

$$\mathrm{e}^{\boldsymbol{A}t} = \sum_{m=0}^{n-1}\alpha_m(t)\boldsymbol{A}^m \tag{12-12}$$

且各 α_m 作为时间的函数是线性无关的。

由凯莱—哈密顿定理，矩阵 $\boldsymbol{A}$ 满足它自己的特征方程，即在式（12-12）中用 $\boldsymbol{A}$ 的特征值 $\lambda_i(i = 1, 2, \cdots, k)$ 替代 $\boldsymbol{A}$ 后，等式仍能满足

$$\mathrm{e}^{\lambda_i t} = \sum_{j=0}^{k-1}\alpha_j(t)\lambda_i^j \tag{12-13}$$

利用式（12-13）和 k 个 λ_i 就可以确定待定系数 $\alpha_j(t)$ 。

若 λ_i 互不相等，则根据式（12-13），可写出各 $\alpha_j(t)$ 所构成的 n 元一次方程组为

$$\begin{cases} e^{\lambda_1 t} = \alpha_0 + \alpha_1\lambda_1 + \alpha_2\lambda_1^2 + \cdots + \alpha_{n-1}\lambda_1^{n-1} \\ e^{\lambda_2 t} = \alpha_0 + \alpha_1\lambda_2 + \alpha_2\lambda_2^2 + \cdots + \alpha_{n-1}\lambda_2^{n-1} \\ \vdots \\ e^{\lambda_n t} = \alpha_0 + \alpha_1\lambda_n + \alpha_2\lambda_n^2 + \cdots + \alpha_{n-1}\lambda_n^{n-1} \end{cases} \tag{12-14}$$

求解式（12-14），可求得系数 α_0，α_1，…，α_{k-1}，它们都是时间 t 的函数，将其代入式（12-12）后即可得出 e^{At}。

标量微分方程 $\dot{x} = ax$ 的解与指数函数 e^{at} 的关系为 $x(t) = e^{at}x(0)$，由此可以看出，矢量微分方程式（12-6）的解与其在形式上是相似的，故把 e^{At} 称为矩阵指数函数，简称为矩阵指数。由于 $x(t)$ 是由 $x(0)$ 转移而来，e^{At} 又称为状态转移矩阵，记为 $\boldsymbol{\Phi}(t)$，即

$$\boldsymbol{\Phi}(t) = e^{At}$$

从上述分析可看出，齐次状态方程的求解问题，核心就是状态转移矩阵 $\boldsymbol{\Phi}(t)$ 的计算问题。

二、状态转移矩阵的性质

状态转移矩阵 $\boldsymbol{\Phi}(t)$ 具有如下运算性质：

1. 性质一

$$\boldsymbol{\Phi}(t - t) = \boldsymbol{\Phi}(0) = \boldsymbol{I}$$

该性质意味着状态矢量从时刻 t 又转移到时刻 t，显然，状态矢量式不变。

2. 性质二

$$\dot{\boldsymbol{\Phi}}(t) = \boldsymbol{A\Phi}(t) = \boldsymbol{\Phi}(t)\boldsymbol{A}$$

该性质说明 $\boldsymbol{\Phi}(t)$ 与矩阵 $\boldsymbol{A}$ 是可以交换的。

3. 性质三

$$\boldsymbol{\Phi}(t_1 \pm t_2) = \boldsymbol{\Phi}(t_1)\boldsymbol{\Phi}(\pm t_2) = \boldsymbol{\Phi}(\pm t_2)\boldsymbol{\Phi}(t_1)$$

该性质表明 $\boldsymbol{\Phi}(t_1 \pm t_2)$ 可分解为 $\boldsymbol{\Phi}(t_1)$ 与 $\boldsymbol{\Phi}(\pm t_2)$ 的乘积，且 $\boldsymbol{\Phi}(t_1)$ 与 $\boldsymbol{\Phi}(\pm t_2)$ 是可交换的。

4. 性质四

$$\boldsymbol{\Phi}^{-1}(t) = \boldsymbol{\Phi}(-t),\ \boldsymbol{\Phi}^{-1}(-t) = \boldsymbol{\Phi}(t)$$

该性质是状态转移矩阵的逆意味着时间的逆转；利用该性质可以在已知 $x(t)$ 的情况下，求出小于 t 时刻的 $x(t_0)(t < t_0)$。

5. 性质五

$$x(t_2) = \boldsymbol{\Phi}(t_2 - t_1)x(t_1)$$

证明：由于　$x(t_1) = \boldsymbol{\Phi}(t_1)x(0)$，$x(0) = \boldsymbol{\Phi}^{-1}(t_1)x(t_1) = \boldsymbol{\Phi}(-t_1)x(t_1)$

则　$x(t_2) = \boldsymbol{\Phi}(t_2)x(0) = \boldsymbol{\Phi}(t_2)\boldsymbol{\Phi}(-t_1)x(t_1) = \boldsymbol{\Phi}(t_2 - t_1)x(t_1)$

即由 $x(t_1)$ 转移至 $x(t_2)$ 的状态转移矩阵为 $\boldsymbol{\Phi}(t_2 - t_1)$。

6. 性质六

$$\boldsymbol{\Phi}(t_2 - t_0) = \boldsymbol{\Phi}(t_2 - t_1)\boldsymbol{\Phi}(t_1 - t_0)$$

证明： 由 $x(t_2)=\boldsymbol{\Phi}(t_2-t_0)x(t_0)$ 和 $x(t_1)=\boldsymbol{\Phi}(t_1-t_0)x(t_0)$

得到 $$x(t_2)=\boldsymbol{\Phi}(t_2-t_1)x(t_1)=\boldsymbol{\Phi}(t_2-t_1)\boldsymbol{\Phi}(t_1-t_0)x(t_0)=\boldsymbol{\Phi}(t_2-t_0)x(t_0)$$

7. 性质七

$$[\boldsymbol{\Phi}(t)]^k=\boldsymbol{\Phi}(kt)$$

8. 性质八

对于 $n\times n$ 方阵 $\boldsymbol{A}$ 和 $\boldsymbol{B}$，当且仅当 $\boldsymbol{AB}=\boldsymbol{BA}$ 时，则 $e^{(\boldsymbol{A}+\boldsymbol{B})t}=e^{\boldsymbol{A}t}e^{\boldsymbol{B}t}=e^{\boldsymbol{B}t}e^{\boldsymbol{A}t}$；而当 $\boldsymbol{AB}\neq\boldsymbol{BA}$ 时，则 $e^{(\boldsymbol{A}+\boldsymbol{B})t}\neq e^{\boldsymbol{A}t}e^{\boldsymbol{B}t}$。

三、线性非齐次状态方程的解

线性定常系统在控制作用下的运动称为线性定常系统的受控运动，其数学描述为非齐次状态方程，即

$$\dot{x}(t)=\boldsymbol{A}x(t)+\boldsymbol{B}u(t) \tag{12-15}$$

下面介绍式（12-15）的两种解法：

1. 直接法

将式（12-15）的两边左乘 $e^{-\boldsymbol{A}t}$ 得

$$e^{-\boldsymbol{A}t}[\dot{x}(t)-\boldsymbol{A}x(t)]=e^{-\boldsymbol{A}t}\boldsymbol{B}u(t)$$

上式可以写成

$$\frac{\mathrm{d}}{\mathrm{d}t}[e^{-\boldsymbol{A}t}x(t)]=-\boldsymbol{A}e^{-\boldsymbol{A}t}x(t)+e^{-\boldsymbol{A}t}\dot{x}(t)=e^{-\boldsymbol{A}t}[\dot{x}(t)-\boldsymbol{A}x(t)]$$

两边积分得

$$e^{-\boldsymbol{A}t}x(t)-x(0)=\int_0^t e^{-\boldsymbol{A}\tau}\boldsymbol{B}u(\tau)\mathrm{d}\tau$$

即

$$x(t)=e^{\boldsymbol{A}t}x(0)+\int_0^t e^{\boldsymbol{A}(t-\tau)}\boldsymbol{B}u(\tau)\mathrm{d}\tau=\boldsymbol{\Phi}(t)x(0)+\int_0^t\boldsymbol{\Phi}(t-\tau)\boldsymbol{B}u(\tau)\mathrm{d}\tau \tag{12-16}$$

式中，第一项为状态转移项，是系统对初始状态的响应，即零输入响应；第二项是系统对输入作用的响应，即零状态响应。通过变量代换，式（12-16）又可表示为

$$x(t)=\boldsymbol{\Phi}(t)x(0)+\int_0^t\boldsymbol{\Phi}(\tau)\boldsymbol{B}u(t-\tau)\mathrm{d}\tau$$

若取 t_0 作为初始时刻，则有

$$x(t)=e^{\boldsymbol{A}(t-t_0)}x(t_0)+\int_{t_0}^t e^{\boldsymbol{A}(t-\tau)}\boldsymbol{B}u(\tau)\mathrm{d}\tau=\boldsymbol{\Phi}(t-t_0)x(t_0)+\int_{t_0}^t\boldsymbol{\Phi}(t-\tau)\boldsymbol{B}u(\tau)\mathrm{d}\tau$$

2. 拉普拉斯变换法

将式（12-15）的两边取拉普拉斯变换，有

$$sX(s)-x(0)=\boldsymbol{A}X(s)+\boldsymbol{B}U(s)$$

$$X(s)=(s\boldsymbol{I}-\boldsymbol{A})^{-1}X(0)+(s\boldsymbol{I}-\boldsymbol{A})^{-1}\boldsymbol{B}U(s)$$

进行拉普拉斯反变换有

$$x(t)=L^{-1}[(s\boldsymbol{I}-\boldsymbol{A})^{-1}x(0)]+L^{-1}[(s\boldsymbol{I}-\boldsymbol{A})^{-1}\boldsymbol{B}U(s)]$$

第三节　线性系统的能控性与能观性

一、线性系统的能控性

在有限时间间隔内 $t \in [t_0,\ t_f]$，如果存在无约束的分段连续控制函数 $u(t)$，能使系统从任意初态 $x(t_0)$ 转移至任意终态 $x(t_f)$，则称该系统是状态完全能控的，简称是能控的。系统的能控性与输出无关，所以只需研究系统的状态方程。

二、线性系统的能控性判别

1. 单输入系统

对于线性定常连续系统，其状态方程为 $\dot{x} = \boldsymbol{A}x + \boldsymbol{b}u$，则系统能控的充分必要条件是由 $\boldsymbol{A}$、$\boldsymbol{b}$ 构成的能控性矩阵

$$\boldsymbol{M} = [\boldsymbol{b} \quad \boldsymbol{A}\boldsymbol{b} \quad \boldsymbol{A}^2\boldsymbol{b} \quad \cdots \quad \boldsymbol{A}^{n-1}\boldsymbol{b}] \tag{12-17}$$

满秩，即 $\mathrm{rank}\boldsymbol{M} = n$。否则，当 $\mathrm{rank}\boldsymbol{M} < n$ 时，系统为不能控的。

2. 多输入系统

对于线性定常连续系统，其状态方程为 $\dot{x} = \boldsymbol{A}x + \boldsymbol{B}u$，则系统能控的充分必要条件是由 $\boldsymbol{A}$、$\boldsymbol{B}$ 构成的能控性矩阵

$$\boldsymbol{M} = [\boldsymbol{B} \quad \boldsymbol{A}\boldsymbol{B} \quad \boldsymbol{A}^2\boldsymbol{B} \quad \cdots \quad \boldsymbol{A}^{n-1}\boldsymbol{B}] \tag{12-18}$$

满秩，即 $\mathrm{rank}\boldsymbol{M} = n$。否则，系统为不能控的。

三、线性系统的能观性

已知输入 $u(t)$ 及有限时间间隔 $t \in [t_0,\ t_f]$ 内测量到的输出 $y(t)$，能唯一确定初始状态 $x(t_0)$，则称系统是完全能观测的，简称系统是能观的。

四、线性系统的能观性判别

对多输入—多输出连续系统，系统能观的充分必要条件是

$$N = \begin{pmatrix} \boldsymbol{C} \\ \boldsymbol{C}\boldsymbol{A} \\ \boldsymbol{C}\boldsymbol{A}^2 \\ \vdots \\ \boldsymbol{C}\boldsymbol{A}^{n-1} \end{pmatrix} \tag{12-19}$$

满秩，即 $\mathrm{rank}\boldsymbol{N} = n$。否则，系统为不能观的。

第四节　线性系统的稳定性与李雅普诺夫方法

稳定性描述系统受到外界干扰，平衡工作状态被破坏后，系统偏差调节过程有收敛性。它是系统的重要特性，是系统正常工作的必要条件。经典控制理论用代数判据、奈奎斯特判

据、对数频率判据、特征根判据来判断线性定常系统的稳定性，用相平面法来判断二阶非线性系统的稳定性，这些稳定判据无法满足以多变量、非线性、时变为特征的现代控制系统对稳定性分析的要求。1892年，俄国学者李雅普诺夫建立了基于状态空间描述的稳定性概念，提出了依赖于线性系统微分方程的解来判断稳定性的第一方法（称为间接法）和利用经验和技巧来构造李雅普诺夫函数借以判断稳定性的第二方法（称为直接法）。李雅普诺夫提出的稳定性理论是确定系统稳定性的更一般的理论，不仅适用于单变量、线性、定常系统，还适用于多变量、非线性、时变系统，在现代控制系统的分析与设计中，得到了广泛的应用与发展。

一、李雅普诺夫稳定性的定义

1. 李雅普诺夫稳定性

如果对于任意小的$\varepsilon>0$，均存在一个$\delta(\varepsilon, t_0)>0$，当初始状态满足$\|x_0-x_e\|\leqslant\delta$时，系统运动轨迹满足$\lim\limits_{t\to\infty}\|x(t; x_0, t_0)-x_e\|\leqslant\varepsilon$，则称该平衡状态$x_e$是李雅普诺夫意义下稳定的，简称是稳定的。

该定义的平面几何表示如图12-2a所示，$\|x_0-x_e\|$表示状态空间中x_0点至x_e点之间的距离，其数学表达式为

$$\|x_0-x_e\|=\sqrt{(x_{10}-x_{1e})^2+\cdots+(x_{n0}-x_{ne})^2} \tag{12-20}$$

设系统初始状态x_0位于平衡状态x_e为球心、半径为δ的闭球域$S(\delta)$内，如果系统稳定，则状态方程的解$x(t; x_0, t_0)$在$t\to\infty$的过程中，都位于以x_e为球心、半径为ε的闭球域$S(\varepsilon)$内。

2. 一致稳定性

通常δ与ε、t_0都有关。如果δ与t_0无关，则称平衡状态是一致稳定的。

3. 渐近稳定性

系统的平衡状态不仅具有李雅普诺夫意义下的稳定性，且有

$$\lim_{t\to\infty}\|x(t; x_0, t_0)-x_e\|\to 0 \tag{12-21}$$

则称此平衡状态是渐近稳定的。这时，从$S(\delta)$出发的轨迹不仅不会超出$S(\varepsilon)$，且当$t\to\infty$时收敛于x_e或其附近，其平面几何表示如图12-2b所示。

4. 大范围稳定性

当初始条件扩展至整个状态空间，且具有稳定性时，称此平衡状态是大范围稳定的，或全局稳定的。此时，$\delta\to\infty$，$S(\delta)\to\infty$，$x\to\infty$。对于线性系统，如果它是渐近稳定的，必具有大范围稳定性，因为线性系统稳定性与初始条件无关。非线性系统的稳定性一般与初始条件的大小密切相关，通常只能在小范围内稳定。

5. 不稳定性

不论δ取得多么小，只要在$S(\delta)$内有一条从x_0出发的轨迹跨出$S(\varepsilon)$，就称此平衡状态是不稳定的。其平面几何表示如图12-2c所示。

需要注意的是，按李雅普诺夫意义下的稳定性定义，当系统做不衰减的振荡运动时，将在平面描绘出一条封闭曲线，只要不超过$S(\varepsilon)$，则认为是稳定的，如线性系统的无阻尼自由振荡和非线性系统的稳定极限环，这同经典控制理论中的稳定性定义是有差异的。经典控

制理论的稳定是李雅普诺夫意义下的一致渐近稳定。

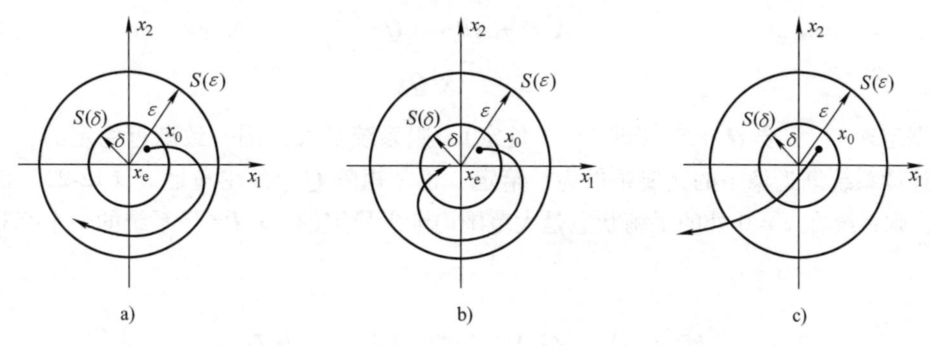

图 12-2

稳定性的平面几何表示

a）李雅普诺夫意义下的稳定性　b）渐近稳定性　c）不稳定性

二、李雅普诺夫稳定性定理

设系统状态方程为 $\dot{x}=f(x, t)$，其平衡状态满足 $f(0, t)=0$，不失一般性，把状态空间原点作为平衡状态，并设系统在原点邻域存在 $V(x, t)$ 对 x 的连续的一阶偏导数。

1）若 $V(x, t)$ 正定，$\dot{V}(x, t)$ 负定，则原点是渐近稳定的。

$\dot{V}(x, t)$ 负定表示能量随时间连续单调地衰减，故与渐近稳定性定义叙述一致。

2）若 $V(x, t)$ 正定，$\dot{V}(x, t)$ 负半定，且在非零状态不恒为零，则原点是渐近稳定的。

$\dot{V}(x, t)$ 负半定表示在非零状态存在 $\dot{V}(x, t) \equiv 0$，但在从初态出发的轨迹 $x(t; x_0, t_0)$ 上，不存在 $V(x, t) \equiv 0$ 的情况，于是系统将继续运行至原点。状态轨迹仅是经历能量不变的状态，而不会维持在该状态。

3）若 $V(x, t)$ 正定，$\dot{V}(x, t)$ 负半定，且在非零状态恒为零，则原点是李雅普诺夫意义下稳定的。沿状态轨迹能维持 $V(x, t) \equiv 0$，表示系统能维持等能量水平运行，使系统维持在非零状态而不运行至原点。

4）若 $V(x, t)$ 正定，$\dot{V}(x, t)$ 正定，则原点是不稳定的。

$\dot{V}(x, t)$ 正定表示能量函数随时间增大，故状态轨迹在原点邻域发散。

以上定理按照 $\dot{V}(x, t)$ 连续单调衰减的要求来确定系统稳定性，并未考虑实际稳定系统可能存在衰减振荡的情况，因此其条件是偏于保守的，故借稳定性定理判稳定者必稳定，李雅普诺夫第二法稳定性定理所述条件都是充分条件。

三、李雅普诺夫稳定性分析

设系统状态方程为 $\dot{x}=\boldsymbol{A}x$，$\boldsymbol{A}$ 为非奇异矩阵，故原点是唯一平衡状态。取下列正定二次型函数 $V(x)$ 作为李雅普诺夫函数，即

$$V(x)=\boldsymbol{x}^{\mathrm{T}}\boldsymbol{P}\boldsymbol{x}$$

求导并考虑状态方程

$$\dot{V}(x)=\dot{\boldsymbol{x}}^{\mathrm{T}}\boldsymbol{P}\boldsymbol{x}+\boldsymbol{x}^{\mathrm{T}}\boldsymbol{P}\dot{\boldsymbol{x}}=\boldsymbol{x}^{\mathrm{T}}(\boldsymbol{A}^{\mathrm{T}}\boldsymbol{P}+\boldsymbol{A}\boldsymbol{P})\boldsymbol{x}$$

令

$$\boldsymbol{A}^{\mathrm{T}}\boldsymbol{P}+\boldsymbol{A}\boldsymbol{P}=-\boldsymbol{Q} \tag{12-22}$$

得到

$$\dot{V}(x)=-\boldsymbol{x}^{\mathrm{T}}\boldsymbol{Q}\boldsymbol{x}$$

根据定理1，只要$\boldsymbol{Q}$正定（即$\dot{V}(x)$负定），则系统是大范围一致渐近稳定的。于是线性定常连续系统渐近稳定的充要条件为：给定一正定矩阵$\boldsymbol{Q}$，存在满足式（12-22）的正定矩阵$\boldsymbol{P}$，则系统在$x=0$处的平衡状态是大范围内渐近稳定的。$\boldsymbol{x}^{\mathrm{T}}\boldsymbol{P}\boldsymbol{x}$是系统的一个李雅普诺夫函数。

第五节　线性定常系统的综合

闭环系统性能与闭环极点密切相关，经典控制理论用调整开环增益及引入串联和反馈校正装置来配置闭环极点，以改善系统性能；而在状态空间的分析综合中，除了利用输出反馈以外，更主要是利用状态反馈配置极点，它能提供更多的校正信息。通常不是所有的状态变量都可测量，因此，状态反馈与状态观测器的设计便构成了现代控制系统综合设计的主要内容。

从反馈信号的来源或引出点分，系统反馈主要有状态反馈和输出反馈两种基本形式；从反馈信号的作用点或注入点分，又有反馈至状态微分处和反馈至控制输入处两种基本形式。

一、极点配置问题

1. 状态反馈

用状态反馈对系统$\Sigma_0:(A,b,c)$任意配置系统闭环极点的充要条件是系统Σ_0完全能控。

说明：

1）选择期望极点，是确定综合指标的复杂问题。一个n维系统，必须指定n个实极点或共轭复极点。同时，极点位置的确定要充分考虑到它们对系统性能的主导影响及其与系统零点分布状况的关系，还要兼顾系统抗干扰的能力和对参数漂移低敏感性的要求。

2）状态反馈对系统零点和可观测性的影响，是需要注意的问题。当状态反馈系统存在极点与零点对消时，系统的可观测性将会发生改变，原来可观测的系统可能变为不可观测，原来不可观测的系统则可能变为可观测。只有当状态反馈系统的极点中不含原系统的闭环零点时，状态反馈才能保持原有的可观测性。这个结论仅适用于单输入系统，对多输入系统不适用。根据经典控制理论，闭环零点对系统动态性能是有影响的，故在极点配置时，需予以考虑。

2. 输出反馈

对完全能控的单输入—单输出系统，不能采用输出线性反馈实现闭环系统极点的任意配置。通过带动态补偿器的输出反馈实现极点任意配置的充要条件是：①Σ_0完全能观测；②动态补偿器的阶数为$n-1$。

3. 输出到状态微分$\dot{x}$反馈

对系统$\Sigma_0:(A,b,c)$采用从输出至状态微分$\dot{x}$的反馈任意配置闭环极点的充要条件是系

统 Σ_0 完全能观测。

二、系统镇定问题

保证稳定性是控制系统正常工作的必要前提。所谓系统镇定，是对受控系统 $\Sigma_0:(A,B,C)$通过反馈使其极点均具有负实部，保证系统为渐近稳定。镇定问题是系统极点配置问题的一种特殊情况。它只要求把闭环极点配置在根平面的左侧，而不是要求将极点严格地配置在期望的位置上。显然，为了使系统镇定，只需将那些不稳定因子即具非负实部的极点配置到根平面的左半部即可。

定理 1：对系统 $\Sigma_0:(A,B,C)$，采用状态反馈能镇定的充要条件是其不能控子系统为渐近稳定。

定理 2：对系统 $\Sigma_0:(A,B,C)$，采用从输出到 $\dot{x}$ 反馈实现镇定的充要条件是 Σ_0 的不能控子系统为渐近稳定。

三、状态观测器

由前面的学习可以看出，要实现闭环极点的任意配置，离不开状态反馈。然而系统的状态变量并不都是能够检测到的，于是就提出了状态观测器或者状态重构的问题，即怎样间接得到系统状态。

当重构状态矢量的维数与系统状态的维数相同时，观测器称为全维状态观测器，否则称为降维观测器。

1. 状态观测器的定义及构造原则

设线性定常系统 $\Sigma_0:(A,B,C)$ 的状态矢量 x 不能直接检测。如果动态系统 $\hat{\Sigma}$ 以 Σ_0 的输入 u 和输出 y 作为其输入量，能产生一组输出量 $\hat{x}$ 渐近于 x，即 $\lim\limits_{t\to\infty}(x-\hat{x})=0$，则称 $\hat{\Sigma}$ 为 Σ_0 的一个状态观测器。

构造状态观测器的原则是：

1）观测器 $\hat{\Sigma}$ 应以 Σ_0 的输入 u 和输出 y 为其输入量。

2）为满足 $\lim\limits_{t\to\infty}(x-\hat{x})=0$，$\Sigma_0$ 必须完全能观，或不能观子系统是渐近稳定的。

3）$\hat{\Sigma}$ 的输出量 $\hat{x}$ 应以足够快的速度渐近于 x，即 $\hat{\Sigma}$ 应有足够宽的频带，但从抑制干扰角度看，又希望频带不要太宽。因此，要根据具体情况予以兼顾。

4）$\hat{\Sigma}$ 在结构上应尽量简单，即具有尽可能低的维数，以便于物理实现。

2. 状态观测器的存在性

对线性定常系统 $\Sigma_0:(A,B,C)$，状态观测器存在的充要条件是 Σ_0 的不能观子系统为渐近稳定；若其完全能观，则其状态矢量 x 可由输出 y 和输入 u 进行重构。

3. 降维状态观测器

当状态观测器的估计状态矢量维数小于受控对象的状态矢量维数时，状态观测器称为降维状态观测器。降维状态观测器主要在三种情况下使用：一是系统不可观测；二是不可控系统的状态反馈控制设计；三是希望简化观测器的结构或减小状态估计的计算量。

13

第十三章 智能控制理论基础

经典控制和现代控制统称为传统控制，其主要特征是基于模型的控制。随着工业生产的发展，被控对象越来越复杂，常表现为高度的非线性、强噪声干扰、动态突变性及分散的传感元件与执行元件、分层和分散的决策机构、复杂的信息结构等，这些复杂性都难以用微分方程或差分方程等精确的数学模型来描述。智能控制是一个新兴的学科领域，是人工智能与控制理论交叉的产物，是传统控制理论发展的高级阶段。它主要用来解决那些用传统方法难以解决的复杂系统的控制问题，其中包括智能机器人系统、计算机集成制造系统、复杂的工业过程控制系统、航天航空控制系统、社会经济管理系统、交通运输系统、无人驾驶系统（扫描右侧二维码观看相关视频）、环保及能源系统等。智能控制理论同时能解决一些虽然系统不大但较复杂的问题。智能控制系统发展到现在，已经形成了若干个分支，下面将分别就几个分支做简要的介绍。

科普之窗
中国创造：无人驾驶

第一节　模糊控制系统

模糊集合理论是美国加利福尼亚大学的自动控制理论专家 L. A. Zadeh 教授率先提出的。1965 年他在《Information & Control》杂志上发表了“Fuzzy set”疑问，首先提出了模糊集合的概念，用模糊集合来描述模糊事物，这种方法很快被广大的学者所接受，模糊数学及其应用得到了快速的发展。1974 年，英国的 E. H. Mamdani 首先将模糊集合理论应用于工业控制—加热器的控制，取得了良好的效果。从此，模糊控制理论发展迅速并开始被大量地应用到各个控制领域。

一、模糊控制概述

模糊控制（Fuzzy Control）是指模糊理论在控制技术上的应用。它用语言变量代替数学变量或两者结合应用，用模糊条件语句来刻画变量间的函数关系，用模糊算法来刻画复杂关系，是具有模拟人类学习和自适应能力的控制系统。模糊控制的优点是：①无须预先知道被控对象的精确数学模型；②容易学习和掌握模糊逻辑控制方法（规则由人的经验总结出来，以条件语句表示）；③有利于人机对话和系统知识处理（以人的语言形式表示控制知识）。

模糊控制系统中的控制逻辑更加接近于人类思维。这些特性使得在很多工业控制中，熟练工人的经验可以直接应用。与常规的控制系统相比较，模糊控制系统可以解决更复杂系统的控制问题。

二、模糊控制理论基础

1. 模糊关系的定义

设 $\boldsymbol{X}$、$\boldsymbol{Y}$ 是两个非空集合，则以直积 $\boldsymbol{X}\times\boldsymbol{Y}=\{(x,\ y)|x\in\boldsymbol{X},\ y\in\boldsymbol{Y}\}$ 为论域中的一个模糊子集 $\tilde{\boldsymbol{R}}$，称为从集合 $\boldsymbol{X}$ 到 $\boldsymbol{Y}$ 的一个模糊关系，也称为二元模糊关系。$\tilde{\boldsymbol{R}}$ 由其隶属函数刻画。隶属度表明了 $(x,\ y)$ 具有关系 $\tilde{\boldsymbol{R}}$ 的程度。

当 $\boldsymbol{X}=\boldsymbol{Y}$ 时，$\tilde{\boldsymbol{R}}$ 称为 $\boldsymbol{X}$ 上的模糊集合；当论域为 n 个集合的直积 $\boldsymbol{X}_1\times\boldsymbol{X}_2\times\boldsymbol{X}_3\times\cdots\times\boldsymbol{X}_n$ 时，则称 $\tilde{\boldsymbol{R}}$ 为 n 元模糊关系。

2. 模糊关系矩阵

模糊关系矩阵 $\tilde{\boldsymbol{R}}$ 的元素 r_{ij} 表示论域 $\boldsymbol{X}$ 中第 i 个 x_i 元素与论域 $\boldsymbol{Y}$ 中的第 j 个元素对于关系的隶属程度，当 $\boldsymbol{X}=\{x_i|i=1,\ 2,\ \cdots,\ m\}$，$\boldsymbol{Y}=\{y_j|j=1,\ 2,\ \cdots,\ n\}$，则 $\boldsymbol{X}\times\boldsymbol{Y}$ 的模糊关系 $\tilde{\boldsymbol{R}}$ 可用下列 $m\times n$ 阶矩阵表示：

$$\tilde{\boldsymbol{R}}=\begin{pmatrix} r_{11} & r_{12} & \cdots & r_{1n} \\ r_{21} & r_{22} & \cdots & r_{2n} \\ \vdots & \vdots & & \vdots \\ r_{m1} & r_{m2} & \cdots & r_{mn} \end{pmatrix} \tag{13-1}$$

3. 模糊矩阵的计算

对于任意两个模糊矩阵 $\tilde{\boldsymbol{R}}=(r_{ij})_{m\times n}$，$\tilde{\boldsymbol{Q}}=(q_{ij})_{m\times n}$，有如下计算：

1）模糊矩阵交运算：$\tilde{\boldsymbol{R}}\cap\tilde{\boldsymbol{Q}}=(r_{ij}\wedge q_{ij})_{m\times n}$。

2）模糊矩阵并运算：$\tilde{\boldsymbol{R}}\cup\tilde{\boldsymbol{Q}}=(r_{ij}\vee q_{ij})_{m\times n}$。

3）模糊矩阵补运算：$\tilde{\boldsymbol{R}}^{c}=(1-r_{ij})_{m\times n}$。

4）相等：若总存在 $r_{ij}=q_{ij}$，则称 $\tilde{\boldsymbol{R}}$ 和 $\tilde{\boldsymbol{Q}}$ 相等，记作 $\tilde{\boldsymbol{R}}=\tilde{\boldsymbol{Q}}$。

5）包含：若总存在 $r_{ij}\leqslant q_{ij}$，则称 $\tilde{\boldsymbol{R}}$ 包含于 $\tilde{\boldsymbol{Q}}$，记作 $\tilde{\boldsymbol{R}}\subseteq\tilde{\boldsymbol{Q}}$。

6）转置：将模糊关系矩阵 $\tilde{\boldsymbol{R}}=(r_{ij})_{m\times n}$ 中行与列相互交换，得到 $\tilde{\boldsymbol{R}}^{\mathrm{T}}$。

7）合成：设有模糊关系矩阵 $\tilde{\boldsymbol{R}}=(r_{ij})_{n\times m}$ 和 $\tilde{\boldsymbol{Q}}=(q_{jk})_{m\times l}$，$i=1,\ 2,\ \cdots,\ n$，$j=1,\ 2,\ \cdots,\ m$，$k=1,\ 2,\ \cdots,\ l$，则 $\tilde{\boldsymbol{R}}$ 对 $\tilde{\boldsymbol{Q}}$ 的合成运算 $\tilde{\boldsymbol{R}}\circ\tilde{\boldsymbol{Q}}$ 指的是一个 n 行 l 列的模糊关系矩阵 $\tilde{\boldsymbol{T}}=(t_{ik})$，即

$$t_{ik}=\bigvee_{j=1}^{m}(r_{ij}\wedge q_{jk})$$

式中，$\wedge$ 表示取小运算；$\vee$ 表示取大运算。

8）幂运算：模糊关系矩阵的幂定义为 $\tilde{\boldsymbol{R}}^2=\tilde{\boldsymbol{R}}\circ\tilde{\boldsymbol{R}}$，$\tilde{\boldsymbol{R}}^n=\tilde{\boldsymbol{R}}\circ\tilde{\boldsymbol{R}}\circ\cdots\circ\tilde{\boldsymbol{R}}$。

4. 模糊逻辑

（1）模糊序列 设有 n 个模糊量 $u_i(i=1, 2, \cdots, n)$ 组成一个有序的数组，且 $\forall u_i \in [0, 1]$，则称该数组 $u=(u_1, u_2, \cdots, u_n)$ 为模糊序列。

（2）模糊逻辑函数 设模糊变量集合为 $\{u_1, u_2, \cdots, u_n\}$，且 $\forall u_i \in [0, 1]$，则用 $f=(u_1, u_2, \cdots, u_n)$ 表示模糊函数。每个模糊函数 f 都有一个真值，记作 $\boldsymbol{T}(f)$，且真值函数 $\boldsymbol{T}$：$\boldsymbol{F} \to [0, 1]$。全体 f 的集合用 $\boldsymbol{F}$ 表示。

5. 模糊语言及模糊语句

含有模糊概念的语言称为模糊语言。模糊语言变量是自然语言中的词或句，它的取值不是通常的数，而是用模糊语言表示的模糊集合，具有模糊性和一定的歧义。例如：“年龄”就可以是一个模糊语言变量，其取值为“年幼”“年轻”“年老”等模糊集合。

语言算子是指语言系统中的一类修饰字词的前缀词或模糊量词，用来调整词的含义，如新、旧等。通常分为语气算子、模糊化算子和判定化算子，如极、很、特别、较、稍微等为语气算子；大概、大约、近似等为模糊化算子；偏向于、多半是等为判定化算子。

将含有模糊概念的、按给定语法规则构成的语句称为模糊语句。模糊语句分为模糊陈述句、模糊条件句、模糊判断句及模糊推理句等。

三、模糊控制器的工作原理

传统控制（Conversional Control）是经典反馈控制和现代控制理论。它们的主要特征是基于精确的系统数学模型的控制，适用于解决线性、时不变等相对简单的控制问题。模糊控制（Fuzzy Control）可以解决线性时不变的控制问题，同时也可用于一些非线性的复杂的时变系统之中。两者可以统一在智能控制的框架下。

1. 模糊控制器（Fuzzy Controller）的特点

1）模糊控制是一种基于规则的控制。

2）由工业过程的定性认识出发，容易建立语言控制规则。

3）控制效果可优于常规控制器。

4）具有一定的智能水平。

5）模糊控制系统的鲁棒性强。

模糊控制系统的结构图如图 13-1 所示，模糊控制器的基本结构如图 13-2 所示。

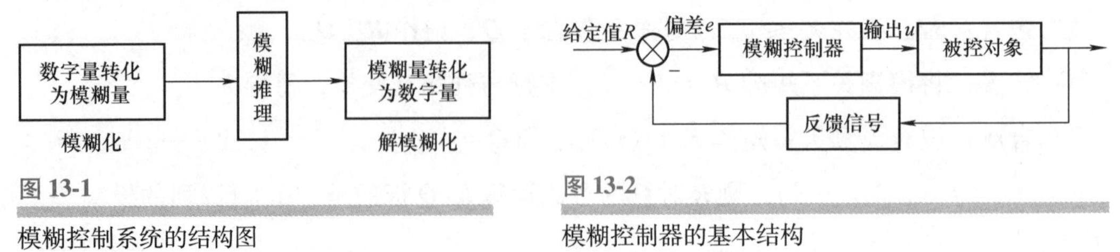

图 13-1 模糊控制系统的结构图

图 13-2 模糊控制器的基本结构

2. 模糊控制器的设计步骤

1）选定模糊控制器的输入、输出变量。一般取 e、ec 和 u。

2）确定各变量的模糊语言取值及相应的隶属度函数，即进行模糊化。模糊语言值通常选取 3、5 或 7 个，如取为 {负，零，正} 等。

3）建立模糊控制规则或控制算法。这是指规则的归纳和规则库的建立，是从实际控制经验过渡到模糊控制器的中心环节。控制律通常由一组 if-then 结构的模糊条件语句构成。

4）确定模糊推理和解模糊化方法。

模糊蕴含关系运算方法的选择，包括求交（Rc）或求积（Rp）。

合成运算方法的选择，包括最大-最小合成法或最大-积合成法，简单且实时性好。

解模糊化方法有最大隶属度法、中位数法、加权平均法、重心法、求和法或估值法等。

3. 模糊控制规则的表达形式：语言型、表格型、公式型

常见的模糊控制规则如下：

1）单输入—单输出模糊控制器的模糊控制规则，if $\tilde{\boldsymbol{E}}$ then $\tilde{\boldsymbol{U}}$；if $\tilde{\boldsymbol{E}}$ then $\tilde{\boldsymbol{U}}$ else $\tilde{\boldsymbol{V}}$。

2）双输入—单输出模糊控制器的模糊控制规则，if $\tilde{\boldsymbol{E}}$ and $\Delta\tilde{\boldsymbol{E}}$ then $\tilde{\boldsymbol{U}}$。

3）多输入—单输出模糊控制器的模糊控制规则，if $\tilde{\boldsymbol{A}}$ and $\tilde{\boldsymbol{B}}$ and · and $\tilde{\boldsymbol{N}}$ then $\tilde{\boldsymbol{U}}$。

4）双输入—多输出模糊控制器的模糊控制规则，若控制规则有多个控制通道，各控制通道可以输出多个不同的控制，相当于双输入—单输出的多个系统的叠加。

$$\text{if } \tilde{\boldsymbol{E}} \text{ and } \Delta\tilde{\boldsymbol{E}} \text{ then } \tilde{\boldsymbol{U}}$$

$$\text{or if } \tilde{\boldsymbol{E}} \text{ and } \Delta\tilde{\boldsymbol{E}} \text{ then } \tilde{\boldsymbol{V}}$$

$$\text{or } \cdot$$

4. 模糊推理

每条控制规则都是一条模糊条件语句，每一条模糊条件语句都可以用论域的幂集上的一个模糊关系 $\tilde{\boldsymbol{R}}_i$ 来表达，对于双输入—单输出的系统，第 i 条规则对应于推理关系 $\tilde{\boldsymbol{R}}_i = \tilde{\boldsymbol{A}}_i \times \tilde{\boldsymbol{B}}_i \times \tilde{\boldsymbol{C}}_i$。将所有的控制规则利用“或”的关系组合在一起，描述整个系统控制规则的模糊关系可写为

$$\tilde{\boldsymbol{R}} = \tilde{\boldsymbol{R}}_1 \cup \tilde{\boldsymbol{R}}_2 \cup \cdots \cup \tilde{\boldsymbol{R}}_m = \bigcup_{i=1}^{m} \tilde{\boldsymbol{R}}_i$$

总模糊关系 $\tilde{\boldsymbol{R}}$ 体现了模糊控制器的全部模糊控制算法，或者说系统的全部模糊控制的知识都存在于总模糊关系 $\tilde{\boldsymbol{R}}$ 中，它体现了模糊控制器的性能。

若某规则的前提条件得到满足，则该规则被激活。模糊控制器根据该模糊控制规则给出适当的输出，经过模糊判决得到确定的控制量对执行器进行控制。

第二节　专家控制系统

专家控制（Expert Control）是智能控制的一个重要分支，又称为专家智能控制。它在将人工智能中专家系统的理论和技术同自动控制的理论、方法和技术有机结合的基础上，在未知环境下模仿专家的智能，实现对系统的有效控制。

从本质上讲，专家系统是一类包含着知识和推理的智能计算机程序。

现在习惯于把每一个利用了大量领域知识的大而复杂的人工智能系统都统称为专家系统，专家系统可以解决的问题一般包括解释、预测、诊断、设计、规划、监视、修理、指导和控制等。

一、专家系统基础

专家系统和传统的计算机“应用程序”最本质的不同之处在于，专家系统所要解决的问题一般没有算法解，并且经常要在不完全、不精确或不确定的信息基础上做出结论。

1. 专家系统的基本组成

专家系统由知识库、推理机、综合数据库、解释接口和知识获取五部分组成。其中知识库和推理机是专家系统中两个主要的组成要素，如图 13-3 所示。

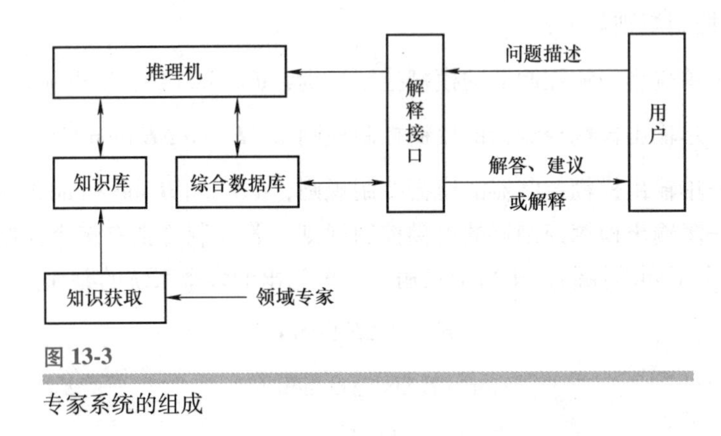

图 13-3

专家系统的组成

1）知识库是知识的存储器，用于存储领域专家的经验性知识以及有关的事实、一般常识等。知识库中的知识来源于知识获取机构，同时它又为推理机提供求解问题所需的知识。

2）推理机是专家系统的“思维”机构，实际上是求解问题的计算机软件系统。

3）综合数据库（全局数据库）又称为“黑板”或“数据库”。它是用于存放推理的初始证据、中间结果以及最终结果等的工作存储器（Working Memory）。

4）解释接口又称为人-机界面，它把用户输入的信息转换成系统内规范化的表示形式，然后交给相应模块去处理，把系统输出的信息转换成用户易于理解的外部表示形式显示给用户，回答用户提出的“为什么?”“结论是如何得出的?”等问题。

5）知识获取是指通过人工方法或机器学习的方法，将某个领域内的事实性知识和领域专家所特有的经验性知识转化为计算机程序的过程。知识获取被认为是专家系统中的一个“瓶颈”问题。

2. 专家系统的类型及特征

专家系统的类型很多，按照专家系统所求解问题的性质，可以分为诊断型专家系统、解释型专家系统、预测型专家系统、设计型专家系统、决策型专家系统、控制型专家系统、规划型专家系统、教学型专家系统和监视型专家系统等。

专家系统有如下一些基本特征：具有专家水平的专门知识；具有启发性，能进行有效的推理；具有透明性和灵活性；由于人类的知识是经验性知识，大多是不精确、不完全或模糊的，另外其所求解问题难度较大，不存在确定的求解方法和求解路径，因此专家系统具有复杂性与困难性。

3. 知识表示

知识表示、知识获取和知识推理是人工智能知识工程的重要课题。其中知识表示是专家系统在构造方法上区别于常规程序系统的特征。专家知识的表示形式反映领域问题的性质，影响到知识的获取、操作和利用。

知识表示就是知识的形式化，就是研究用机器表示知识的可行的、有效的、通用的原则和方法。目前常用的知识表示方法有产生式规则、框架表示法、逻辑表示法、语义网络法、过程表示法、状态空间表示法、概念从属表示法、脚本表示法、与或图法、黑板结构、知识表达语言 KRL 法、Petri 网络法和神经网络等。

二、专家控制系统的典型结构

20 世纪 80 年代，专家系统的概念和方法被引入控制领域，专家系统与控制理论相结合，尤其是启发式推理与反馈控制理论相结合，形成了专家控制系统。专家控制系统是智能控制的一个重要分支。专家控制是将专家系统的设计规范和运行机制与传统控制理论和技术结合而成的实时控制系统设计、实现方法。

根据专家系统技术在控制系统中应用的复杂程度，可以分为专家控制系统和专家控制器两种主要形式。专家控制系统具有全面的专家系统结构、完善的知识处理功能和实时控制的可靠性能。专家控制器多为工业专家控制器，是专家控制系统的简化形式，针对具体的控制对象或过程，着重于启发式控制知识的开发，具有实时算法和逻辑功能。

1. 专家控制系统与专家系统的区别

专家控制系统虽然引用了专家系统的思想和技术，但它与一般的专家系统还有着重要的差别。

1）通常的专家系统只完成专门领域问题的咨询功能，它的推理结果一般用于辅助用户的决策；而专家控制系统则要求能对控制动作进行独立、自动的决策，它的功能一定要具有连续的可靠性和较强的抗扰性。

2）专家系统一般处于离线工作方式，而专家控制系统则要求在线地获取动态反馈信息，因而是一种动态系统，它应具有使用的灵活性和实时性，即能联机完成控制。

2. 专家控制系统的典型结构

专家控制系统目前还没有形成统一的体系结构，下面就瑞典学者 Àström 等人建立的原型系统的结构进行简单介绍，该系统是研究专家控制概念方法的实验原型，从中体现的基本原理具有典型性。如图 13-4 所示，专家控制系统有知识基系统、数值算法库和人-机接口三个并行运行的子过程。三个运行子过程之间的通信是通过五个信箱进行的。

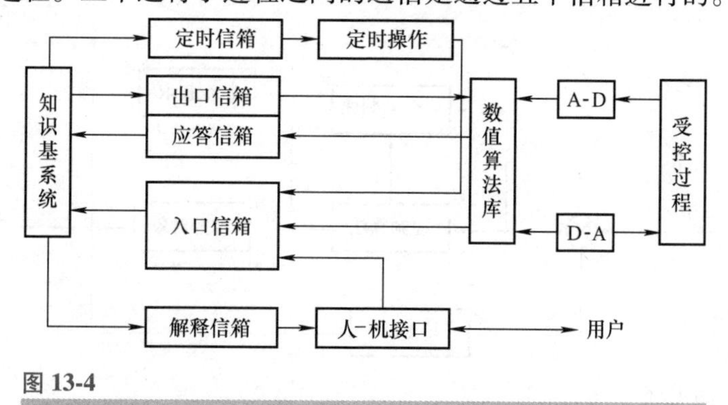

图 13-4

专家控制系统的典型结构

系统的控制器由位于下层的数值算法库和位于上层的知识基系统两大部分组成。数值算法库包含的是定量的解析知识，进行数值计算，快速、精确，由控制、辨识和监控三类算法组成，按常规编程直接作用于受控过程，拥有最高的优先权。知识基系统对数值算法进行决策、协调和组织，包含有定性的启发式知识，进行符号推理，按专家系统的设计规范编码，通过数值算法库与受控过程间相连，连接信箱中有读或写信息的队列。人-机接口子过程传播两类命令：一类是面向数值算法库的命令；另一类是指挥知识基系统去做什么的命令。

3. 专家控制器的结构

按照基于知识的控制器在整个智能控制系统中的作用，专家控制系统分成直接式专家控制系统和间接式专家控制系统。专家控制器是直接式专家控制。

当基于知识的控制器直接影响被控对象时，这种控制称为直接式专家控制，其结构如图13-5所示。

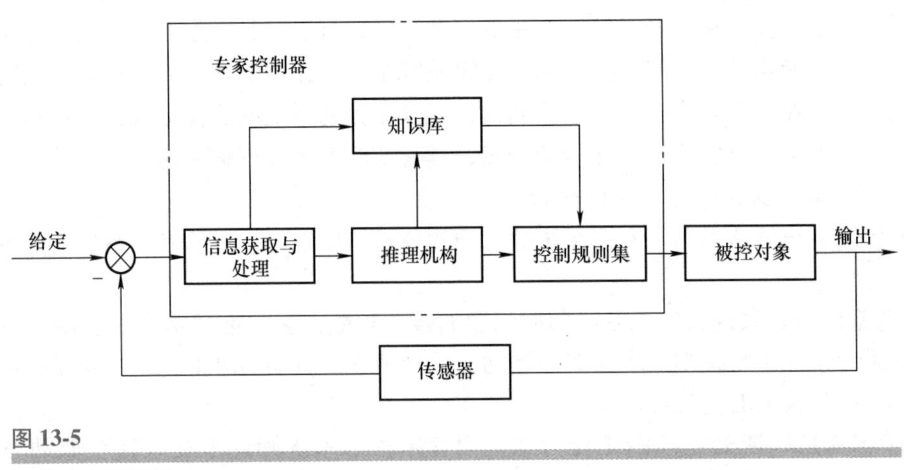

图 13-5

直接式专家控制

4. 间接式专家控制的结构

专家系统间接地对控制信号起作用，或者说，当基于知识的控制器仅仅间接影响控制系统时（如监督控制系统，调节一关键结构参数；又如为了避免控制回路的突发效应切断参数估计过程等），人们把这种专家控制称为间接式专家控制，或监控专家控制，如图13-6所示。

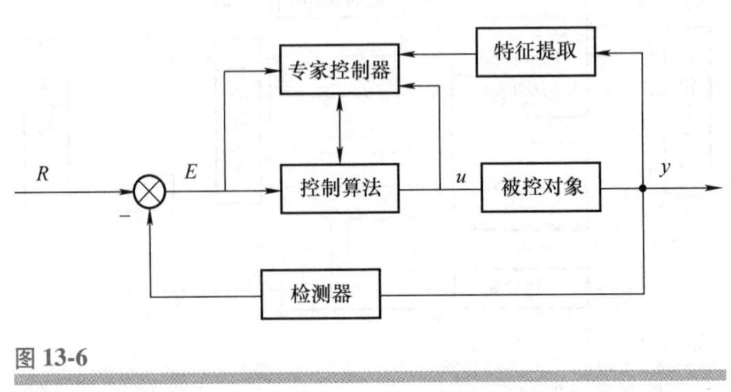

图 13-6

间接式专家控制

三、专家控制系统的控制要求

由于专家控制系统没有统一的和固定的要求，而不同的要求应由具体应用来决定，下面针对专家控制系统提出一些综合性要求。

1）专家控制系统应具有不同水平的决策能力，决策是基于知识的控制系统的关键能力之一（因不精确性问题）。

2）专家控制器应具有较高的运行可靠性，并需要有方便的监控能力。

3）使用的通用性好。

4）专家控制系统的控制水平必须达到人类专家的水准。

5）控制与处理的灵活性。

四、专家控制器的设计原则

1）多样化的模型描述。在整个设计过程中，对被控对象和控制器的模型不应局限于单纯的解析模型，应采用多样化形式的模型描述，如规则模型、模糊模型、离散事件模型、基于模型的模型等。

2）在线处理的灵巧性。具备处理在线信息的灵活性将提高系统的信息处理能力和决策水平。

3）控制策略的灵活性。

4）决策机构的递阶性，即根据智能水平的不同层次构成分级递阶的决策机构。

5）推理与决策的实时性。设计用于工业过程的专家控制器时，为了满足工业过程的实时性要求，知识库的规模不宜过大，推理机构应尽可能简单。

第三节　神经网络控制系统

一、神经网络的发展

1. 萌芽期（20 世纪 40 年代）

1943 年，心理学家 Mcculloch（麦克卡洛克）和数学家 Pitts（匹兹）提出了著名的阈值加权和模型，即 M-P 模型，发表于《Bulletin of Mathematical Biophysics》。1949 年，心理学家 Hebb（赫布）提出神经元之间突触联系是可变的假说，提出神经元连接强度的修改规则——Hebb 学习律。

2. 第一高潮期（1950—1968）

20 世纪 50 年代和 60 年代的代表性工作是 Rosenblatt（罗森布拉特）的感知机和 Widrow（威德罗）的自适应性元件 Adaline，可用电子线路模拟。

3. 第一低潮期（1969—1982）

1969 年，Minsky（明斯基）和 Papert（帕泊特）合作发表了《Perceptron》（感知机）一书，得出了消极悲观的论点（“异或”运算不可表示），反响很大；加上数字计算机正处于全盛时期并在人工智能领域取得显著成就，20 世纪 70 年代，人工神经网络的研究处于低潮。

4. 第二热潮期（1983—1990）

20世纪80年代后，传统的Von Neumann数字计算机在模拟视听觉的人工智能方面遇到了物理上不可逾越的极限。与此同时，神经网络研究取得了突破性进展，神经网络的热潮再次掀起。

Hopfield（赫普菲尔德）于1982年和1984年发表了两篇文章，提出了反馈互联网（即Hopfield网），可求解联想记忆和优化问题，较好地解决了著名的TSP问题（旅行商最优路径问题）。1986年，Rumelhart（鲁梅哈特）和Mcclelland（麦克科莱兰）等人提出多层前馈网的反向传播算法（Back Propagation，即BP网络或BP算法），解决了感知机所不能解决的问题。1987年，美国召开了第一届国际神经网络会议。1989年10月，中国首次神经网络大会于北京香山举行。1990年12月，中国首届神经网络大会在北京举行。

5. 应用研究与再认识期（1991至今）

开发现有模型的应用，并在应用中根据实际运行情况对模型和算法加以改造，以提高网络的训练速度和运行的准确度；希望在理论上寻找新的突破，建立新的专用/通用模型和算法；进一步对生物神经系统进行研究，不断地丰富对人脑的认识。

神经网络控制也是从这个背景下发展起来的，自20世纪80年代后期以来，神经网络控制已取得很大进展。

二、人工神经元模型

作为模拟大脑神经网络的人工神经网络由大量人工神经元组成，人工神经元模型是按照模拟生物神经元的信息传递特性建立的，它描述单个神经元输入输出间的关系。人工神经元有多种模型，图13-7所示为人工神经元模型的一种。图中，x_1，x_2，x_3，…，x_n 为 n 个输入信号；w_1，w_2，w_3，…，w_n 为输入加权系数，此系数的大小决定对应输入对此神经元输出影响的大小；Σ表示信号的叠加；s 表示输入信号的总和，并有

$$s=\sum_{i=1}^{n}w_ix_i+w_0=\sum_{i=0}^{n}w_ix_i \qquad x_0=1,\ w_0=-\theta$$

由图13-7可以看出，神经元的输出 y 与此神经元的总输入有关，即输出 y 是总输入 s 的函数，如果用 $f(\cdot)$ 表示神经元输出 y 与总和 s 输入间的这种函数关系，则称为神经元的响应函数 $y=f(s)$。

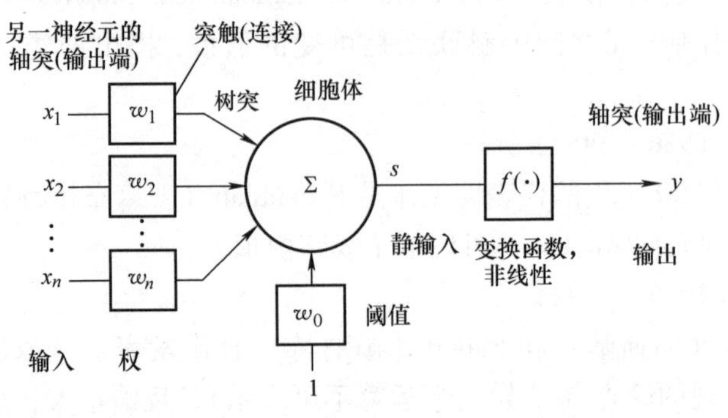

图13-7
人工神经元模型

常见的变换函数（即转移函数）如图 13-8 所示。

1. 比例函数（又称为线性函数）

$$y=f(s)=s$$

2. 符号函数（又称为对称硬极限函数）

$$y=f(s)=\begin{cases}1 & s\geqslant 0\\ -1 & s<0\end{cases}$$

3. 饱和函数

$$y=f(s)=\begin{cases}1 & s\geqslant \dfrac{1}{k}\\ ks & -\dfrac{1}{k}\leqslant s<\dfrac{1}{k}\\ -1 & s<-\dfrac{1}{k}\end{cases}$$

4. 双极性 S 形函数（又称为双曲正切函数）

如图 13-8a 所示，$y=f(s)=\dfrac{1-e^{-\mu s}}{1+e^{-\mu s}}$。

5. 阶跃函数（又称为硬极限函数）

如图 13-8b 所示，$y=f(s)=\begin{cases}1 & s\geqslant 0\\ 0 & s<0\end{cases}$。

6. 单极性 S 形函数（又称为对数 S 形函数）

如图 13-8c 所示，$y=f(s)=\dfrac{1}{1+e^{-\mu s}}$。

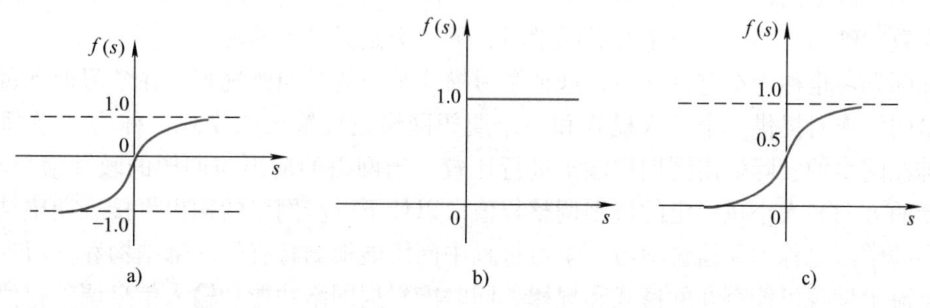

图 13-8

常见的变换函数

a）双极性 S 形函数　b）阶跃函数　c）单极性 S 形函数

三、人工神经网络

人工神经网络（Artificial Neural Networks，ANN）是对人类大脑系统的一阶特性的一种描述，是一个数学模型，可以用电子线路来实现，也可以用计算机程序来模拟，是人工智能研究的一种方法。人工神经网络是一个并行和分布式的信息处理网络结构，该网络结构一般由许多个神经元组成，每个神经元有一个单一的输出，它可以连接到很多其他的神经元，其输入有多个连接通路，每个连接通路对应一个连接权系数。人工神经网络从结构及实现机理和功能两方面对生物神经网络进行模拟。

严格来说，神经网络可看成是一个具有以下性质的有向图：

1）对于每个节点（j）有一个状态变量 x_j。

2）节点 i 到 j 有一个连接权系数 w_{ji}。

3）对于每个节点有一个阈值 θ_j。

4）对于每个节点定义一个变换函数 $f_j[x_i, w_{ji}, \theta_j](i \neq j)$，最常见的情形为 $f(\sum_i w_{ji}x_i-\theta_j)$。

人工神经网络有几种基本形式，前馈型网络如图 13-9 所示，反馈型网络如图 13-10 所示。

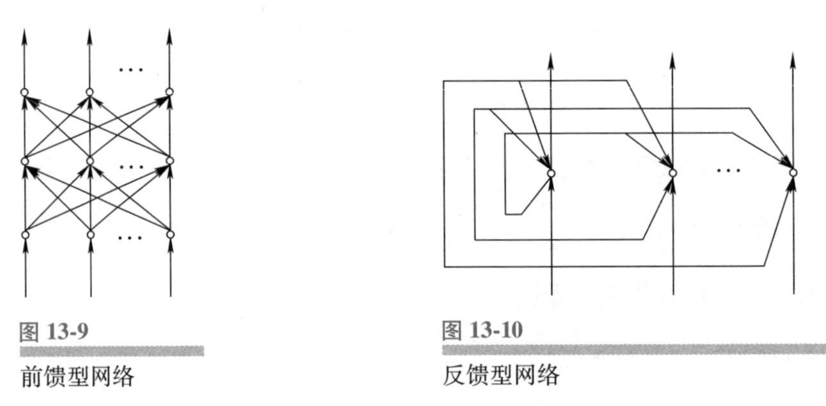

图 13-9 前馈型网络

图 13-10 反馈型网络

四、人工神经网络的学习算法

人工神经网络的学习算法很多，根据一种广泛采用的分类方法，可将人工神经网络的学习算法大致归纳为两类，一类是有导师学习，另一类是无导师学习。

有导师学习也称为有监督学习，这种学习模式采用的是纠错规则。在学习训练过程中需要不断给网络成对提供一个输入模式和一个期望网络正确输出的模式，称为“教师信号”。将人工神经网络的实际输出同期望输出进行比较，当网络的输出与期望的教师信号不符时，根据差错的方向和大小按一定的规则调整权值，以使下一步网络的输出更接近期望结果。

无导师学习也称为无监督学习，学习过程中网络能根据特有的内部结构和学习规则，在输入信息流中发现可能存在的模式和规律，同时能根据网络功能和输入信息调整权值乃至网络结构，这个过程称为网络的自组织，其结果是使网络能对属于同一类的模式进行自动分类。

网络的运行一般分为训练阶段和工作阶段。训练阶段学习的目的是为了从训练数据中提取隐含的知识和规律，并存储于网络中供工作阶段使用。

五、人工神经网络控制

人工神经网络控制是神经网络与自动控制相结合而形成的一门综合性学科，至今只有近20年的历史，是一个处于蓬勃发展中的新学科。

动态系统的正向模型和逆模型的建模方法是神经网络控制结构的基础。下面介绍几种典型的神经网络控制结构方案。

1. 神经网络监督控制（或称为神经网络学习控制、Copy 控制）

在知识难以表达的情况下，应用神经网络学习人的控制行为，即对人工控制器建模，然后用此神经网络控制器代替它。这种通过对人工或传统控制器进行学习，然后用神经网络控制器取代或逐渐取代原控制器的方法，称为神经网络监督控制。这类神经网络控制方法的结构方案，如图 13-11 所示。

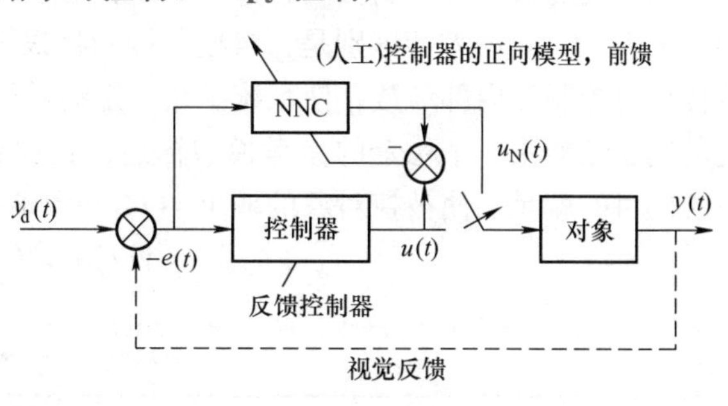

图 13-11

神经网络监督控制（Ⅰ）

神经网络监督控制的缺点为：缺乏人工控制器的视觉反馈，且控制系统是一个开环系统，其稳定性和鲁棒性得不到保证。为此可考虑在传统控制器上，再增加一个神经网络控制器，如图 13-12 所示。

神经网络控制器通过向传统控制器（如 PID）的输出进行学习，在线调整自己，目标是使反馈误差 $e(t)$ 或 $u_1(t)$ 趋于零，从而使自己逐渐在控制作用中占主导地位，以便最终取消反馈控制器的作用。这里的反馈控制器仍然存在，一旦系统出现干扰等，反馈控制器可重新起作用。

这种前馈加反馈的监督控制方法，不仅可确保系统的稳定性和鲁棒性，而且可有效地提高系统的精度和自适应能力。

2. 神经网络直接逆控制

神经网络直接逆控制就是将被控对象的神经网络逆模型直接与被控对象串联起来，以便使期望输出（即网络输入）与对象实际输出之间的传递函数等于 1，从而在将此网络作为前馈控制器后，使被控对象的输出为期望输出。由于缺乏反馈，因此简单连接的直接逆控制将缺乏鲁棒性。为此，一般应使其具有在线学习的能力，即逆模型的连接权必须能够在线修正。神经网络直接逆控制的两种方案如图 13-13 所示。

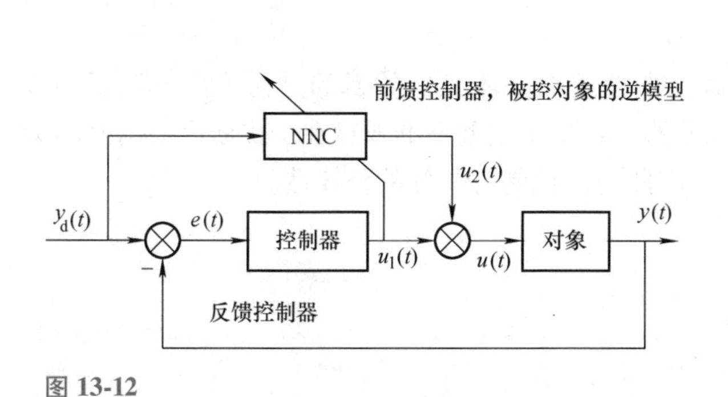

图 13-12

神经网络监督控制（Ⅱ）

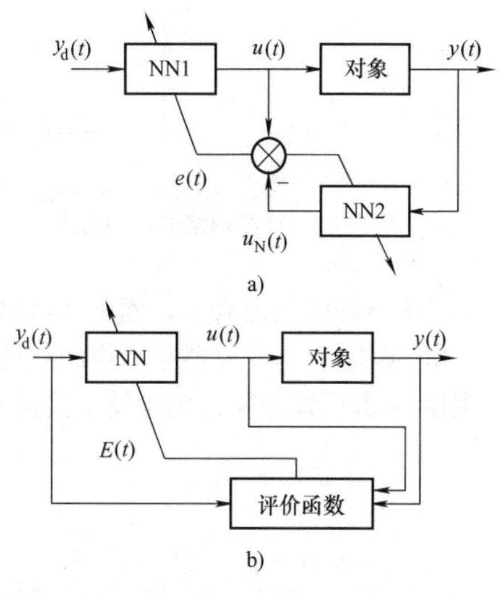

图 13-13

神经网络直接逆控制的两种方案

3. 神经网络自适应控制

与传统的自适应控制相同，神经网络自适应控制也可分为自校正控制与模型参考控制两种，见表13-1。两者的区别是：自校正控制将根据对系统正向和（或）逆模型辨识的结果，直接调节控制器内部参数，使系统满足给定的性能指标；而在模型参考控制中，闭环控制系统的期望性能由一个稳定的参考模型描述，它被定义为 $\{r(t),\ y^m(t)\}$ 输入-输出对，控制系统的目的就是要使被控对象的输出 $y(t)$ 一致渐近地趋近于参考模型的输出，即

$$\lim_{t\to\infty}\|y(t)-y^m(t)\|\leqslant\varepsilon$$

表13-1 神经网络自适应控制的分类

<table>
<tr><td rowspan="4">神经网络自适应控制</td><td rowspan="2">自校正控制
（调控制器内参数）</td><td>直接自校正控制</td></tr>
<tr><td>间接自校正控制</td></tr>
<tr><td rowspan="2">模型参考控制
（使被控对象输出趋近参考模型输出）</td><td>直接模型参考控制</td></tr>
<tr><td>间接模型参考控制</td></tr>
</table>

4. 神经网络内模控制

内模控制（Internal Model Control，IMC）是一种基于过程数学模型进行控制器设计的新型控制策略。它的优点是设计简单、控制性能好和有系统分析方面的优越性。内模控制是一种实用的先进控制算法，是研究预测控制等基于模型的控制策略的重要理论基础，是提高常规控制系统设计水平的有力工具。

在内模控制中，系统的正向模型与实际系统并联，两者输出之差被用作反馈信号，此反馈信号又由前馈通道的滤波器及控制器进行处理。图13-14所示为神经网络的内模控制。

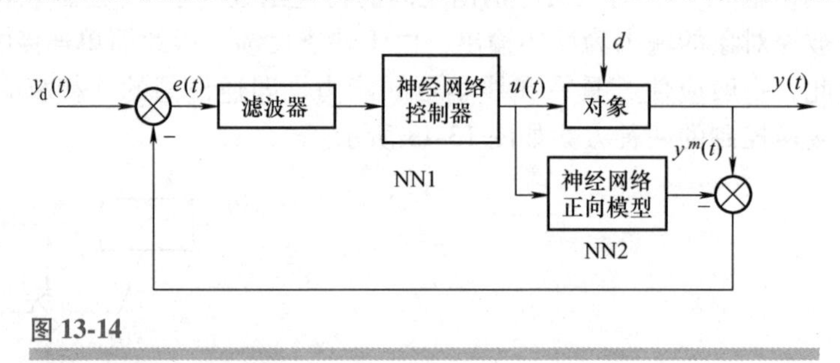

图13-14 神经网络的内模控制

NN1与系统的逆有关，而引入滤波器（惯性或积分环节）的目的是为了获得期望的鲁棒性和跟踪响应。滤波器是常规的线性滤波器。若由于模型不准或存在干扰使反馈信号不为0，则由于负反馈作用，仍可使 y 接近 y_d，因此内模控制有很好的鲁棒性。

第十四章 机械系统预测控制方法及应用

第一节　机械系统预测控制概述

一、机械系统预测控制的提出

机械系统安全性对生产、资源和环境具有重要影响，随着现代机械系统的结构和功能日趋复杂，人们对机械系统正常、安全、稳定运行的要求越来越高。在保障机械系统安全运行方面，出现事故后再进行故障诊断往往为时已晚。机械系统由非故障状态劣化为故障状态有一个变化发展过程，大部分故障经历发生、发展直至恶化的时间历程，若能够揭示其状态劣化的演变过程，则有利于提前指导机械系统维护和生产调度以避免事故的发生和发展。

机械系统的运行状态预测控制是一种在故障发生前进行早期故障预测及采取早期安全防范措施的现代技术，该项技术能够预防机械系统安全事故的发生和发展，有利于提高关键机械系统安全运行的技术保障水平和科学维护水平，有助于实现关键机械系统的早期故障预报，实施机械系统的预知维护及主动维护。因此，系统、深入地研究探讨机械系统运行状态预测控制技术具有重要科学研究意义和工程实际价值。

为保证机械系统安全稳定地实现其功能，国内外相关预测控制方法的研究工作大致经历三个阶段：第一阶段，对机械系统的运行状态进行监测；第二阶段，对机械系统进行故障诊断，这主要是在故障发生时或早期故障发生时进行；第三阶段，对机械系统的运行状态及故障进行趋势预测及预测控制，这主要是在未发生故障时进行。第三阶段的研究是在状态监测、故障诊断基础上发展起来的，是当前国际上的一项新兴研究领域；其研究工作通过检测和分析机械系统演变的历史和特点、现时的运行状态和发展特征，揭示将来状态劣化的发展规律和趋势，提前控制或优化机械系统工作状态，调整稳定装置或起动安全防护装置，评估今后多长时间机械系统状态劣化将达到不可接受的程度而应当停止运行并指导采取针对性的维修策略（实施现代的机械系统状态维修或主动维修等）。

二、机械系统预测控制的相关算法分类

目前机械系统预测控制的相关算法分类尚不统一，其中状态趋势预测是实现预测控制的关键内容，从实际研究中较广泛采用的理论、方法和研究路线来看，状态趋势预测的类型可

以大致分为以下几个方面。

1. 基于数值的预测

基于数值的预测包括两点及多点异常状态预测（直线式、指数式、最小二乘法等）、预测统计法（概率预测法等）、回归预测法和因果关系法（一元、多元线性回归等）等，该类算法已进入实用阶段。

2. 基于模型的预测

基于模型的预测包括时间序列预测、频率分量预测等，该类算法主要处于应用研究阶段。

3. 基于知识的预测

基于知识的预测包括神经网络预测、专家系统预测、模糊预测、混沌分形预测等，该类算法目前主要处于研究发展阶段。

4. 基于数据的预测

基于数据的预测以采集数据为基础，挖掘其中的隐含信息进行预测操作，其典型代表是大数据分析及数据挖掘、隐马尔科夫模型等，在实际机械系统状态和故障预测中，该类预测法目前尚处于研究探讨阶段。此外还有多种预测方法的联合、组合及融合的预测。

三、机械系统预测控制面临的主要难题

目前机械系统的现代化程度日益提高，结构日益复杂，较简便的故障预测控制方法已不足以指导机械系统的故障预测以及科学维护，需要考虑更复杂的运行状态、工艺参数及工作环境。在机械系统预测控制中，目前需要着重解决的主要难题包括以下几个：

1. 如何解决实际机械系统预测控制的不确定性问题

在实际机械系统运行过程中，故障发展变化的特征信息是一种早期故障信息，甚至是早期故障发生前的趋势特征信息，该信息具有很低的信噪比及弱故障随机信息特征，其有用信息往往被复杂系统的工况和负载变化、环境干扰和测试系统噪声等非故障信息所淹没，传统分析方法往往难以进行有效故障预测。

2. 如何解决预测控制过程中的时变、非线性问题

机械系统，尤其是大型复杂机械系统，是一种时变、非线性动力学系统，在对大型复杂系统运行状态的特征分析和故障预测中，传统方法将非平稳、非线性等因素忽略掉，取得的故障预测结果往往并不理想；随着对设备安全重要性的提升及对故障预测准确度要求的提高，被传统方法中忽略及简化的时变、非线性等因素带来的精度问题越来越突出。

3. 如何解决预测控制方法的择优选择问题

多种故障预测方法如何选择及如何融合是现代预测控制中进一步需要研究解决的重要问题之一，预测控制方法选择应考虑的因素包括：不同类型的机械系统、运行参数的改变、工作环境的变化、负载变化及各种干扰等多种因素；此外传统预测方法的选择方式由专业人员分析和评定完成，但在实际应用中的理想方式是由智能系统在线自动完成，这也是国内外研究的新课题。

第二节　机械系统预测控制的典型现代方法

一、基于时间序列的机械系统预测控制方法

时间序列是指存在于自然科学或社会科学中的某一变量或指标的数值或观测值，按照其出现时间的先后顺序，以相同的时间间隔的一组数据。机械系统运行的机械动态特性信号（主要为振声信号）更多地表现为时间序列。由于时间序列包含了系统结构特征及其运行规律信息，因而可以通过对时间序列的研究来认识所研究机械系统的结构特征，揭示所研究系统的运行规律，进而预测其未来行为。

时间序列法预测控制方法是一种定量的预测方法，该方法基于随机过程理论和数理统计学方法，可以动态处理数据，研究数据序列所遵从的统计规律，以用于解决实际问题。在时间序列预测方法中，通常采用的是 AR 预测模型。

AR 预测模型要求时间序列 $\{x_t\}$ 是平稳正态的，即要求原始序列是平稳正态随机过程的一个样本。其预测公式如下：

$$\hat{x}_t(l)=\begin{cases}\sum_{i=1}^{l-1}\varphi_i\hat{x}_t(l-i)+\sum_{i=l}^{n}\varphi_i x_{t+l-i} & l=1,\ 2,\ \cdots,\ l\leqslant n\\ \sum_{i=1}^{n}\varphi_i\hat{x}_t(l-i) & l>n\end{cases}\tag{14-1}$$

AR 建模的前提限定其只适用于分析平稳随机信号，而系统运行的历史档案中振动烈度的整体发展趋势具有明显的趋向性，因而 AR 预测模型不适于对振动烈度的数据序列直接进行趋势预测，特别是在系统带病运行期间状态发展趋势明显的情况下；可以将 AR 时序方法用于烈度序列随机性残差的预测修正；模型参数估计采用极大熵谱法（Burg 算法），模型适用性校验采用最终预测准则（FPE）。

二、基于灰色模型的机械系统预测控制方法

由于运行的机械系统复杂、多变，很难甚至不可能获得完备信息，灰色预测属于系统科学范畴，其提供了在贫信息的情况下求解系统问题的新途径。应用灰色建模方法可以对机械系统的劣化程度进行预测，为早期故障预测提供一种实现方法。

灰色预测是根据机械系统运行数据利用灰色理论建立灰色预测模型［如 GM（1，1）］来实现预测，这种预测方法既能体现系统振动状态发展的确定性趋势，又考虑到随机性的影响；预测控制采用多步测试、滚动优化和反馈校正等控制策略，因而控制效果较好。

为了描述机械动态系统内部能量与物质交换的本质，建立微分方程的时间连续模型——灰色模型（Gray Model，GM）。灰色理论利用数据生成的方法，将杂乱无章的原始数据整理成规律较强的数列再做研究，所要求的样本数量少；而一般传统思路是用概率统计的方法进行研究，不仅要求样本数量大，而且分布要典型，所以灰色模型（GM）适用于系统状态的在线监测与预测。灰色预测流程图如图 14-1 所示。

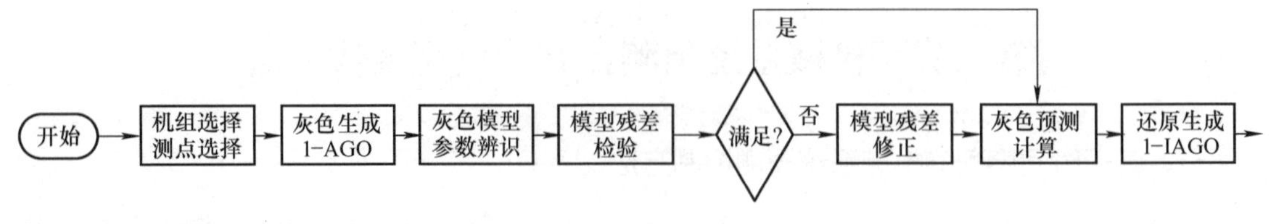

图 14-1
灰色预测流程图

以灰色预测模型 GM（1，1）为例，进行系统运行状态的趋势预测，过程如下：

选择系统和测点以振动级值为状态参量，可设一维原始序列 $x^{(0)}(k)$，$k=1，2，\cdots，N$。k 是原始数列的个数，灰色生成是对该序列做累加生成，为了弱化随机性、增强规律性，一次正向累加生成数列（Accumulated Generating Operation，1-AGO）累加生成规律性强化的新数列 $x^{(1)}(k)$，$k=1，2，\cdots，N$。利用下式所示生成数列建模，这是灰色理论主要特点之一。

$$x^{(1)}(k)=\sum_{m=1}^{k}x^{(0)}(m) \tag{14-2}$$

对累加生成的数列 $x^{(1)}(k)$ 建立如下方程：

经灰微分定义后，建立 GM（1，1）灰微分白化方程如下：

$$\frac{\mathrm{d}x^{(1)}}{\mathrm{d}t}+ax^{(1)}=b \tag{14-3}$$

参数序列
$$\hat{a}=[a，b]^{\mathrm{T}}$$

参数算式是

$$\hat{a}=(\boldsymbol{B}^{\mathrm{T}}\boldsymbol{B})^{-1}\boldsymbol{B}^{\mathrm{T}}\boldsymbol{Y}_N \tag{14-4}$$

式中，

$$\boldsymbol{B}=\begin{pmatrix} -\frac{1}{2}[x^{(1)}(1)+x^{(1)}(1)] & 1 \\ -\frac{1}{2}[x^{(1)}(2)+x^{(1)}(3)] & 1 \\ \vdots & \vdots \\ -\frac{1}{2}[x^{(1)}(k-1)+x^{(1)}(k)] & 1 \end{pmatrix} \tag{14-5}$$

$$\boldsymbol{Y}_N=\begin{pmatrix} x^{(0)}(2) \\ x^{(0)}(3) \\ \vdots \\ x^{(0)}(k) \end{pmatrix} \tag{14-6}$$

对原始数据依次做前后两数据相减的运算过程称为累减生成，记为 IAGO。由累减生成知，一次累加数列 $x^{(1)}$ 与 $x^{(0)}$ 有关系

$$x^{(0)}(k)=x^{(1)}(k)-x^{(1)}(k-1)$$

原始数据序列预测值是

$$\hat{x}^{(0)}(k)=a\left\{-\frac{1}{2}\left[\hat{x}^{(1)}(k-1)+\hat{x}^{(1)}(k)\right]\right\}+u \tag{14-7}$$

通过以上步骤，得到了预测模型的预测值，在进行预测前必须对模型采用最终预测误差准则进行检验，判断其精度是否符合要求。当 GM(1，1) 模型的精度不符合要求时，可以用残差序列建立 GM(1，1) 模型进行修正，以提高精度。

应用灰色预测模型对工业现场某机组的振动烈度进行趋势预测，建立灰色预测 GM(1，1) 模型，预测结果如图 14-2 所示。图中，横坐标的负天数代表已经历的时间（天数），正天数代表预测的时间（天数）。

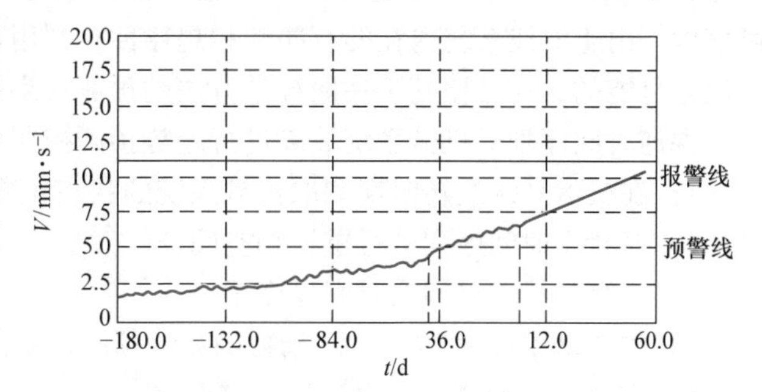

图 14-2

灰色趋势预测图

状态预测中灰色预测控制具有的特点包括：

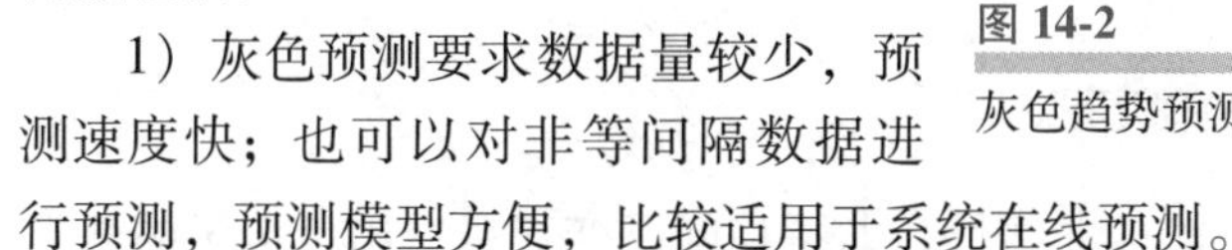

1）灰色预测要求数据量较少，预测速度快；也可以对非等间隔数据进行预测，预测模型方便，比较适用于系统在线预测。

2）GM(1，1) 模型灰微分白化方程为 $\frac{\mathrm{d}x^{(1)}}{\mathrm{d}t}+ax^{(1)}=b$，若对其进行拉普拉斯变换并移项，可得 $x^{(1)}(s)=\frac{1}{s+a}b(s)$，显然这是一个以 b 为输入，$x^{(1)}$ 为输出的惯性环节。可见，GM(1，1) 模型描述了一个惯性系统。

3）灰色预测可通过残差建模来提高预测精度，采用最终预测误差进行模型的反馈校正，判断其精度是否符合要求。

三、基于混沌理论的机械系统预测控制方法

复杂的机械系统是一个多层次系统，各层次子系统之间不仅在结构和功能上存在差异，而且子系统之间存在着非常复杂的耦合关系。在影响这些关系的一些因素中，有些因素的变化具有不确定性，导致系统输出的复杂性变化。由于复杂机械系统是非线性系统，系统的混沌运动来自它本身的非线性，而混沌理论是现代非线性科学的重要理论基础，特别适用于研究复杂问题，这就为利用混沌理论研究复杂机械系统提供了可能。

混沌是由于确定性系统对初始条件的敏感性而产生的不可预测性。机械系统从时间演化角度来看，也可视为一个复杂的非线性动力系统。对于一个非线性复杂机械系统的状态（故障）进行长期预测，存在着“初始条件敏感性问题”，即相同的一种复杂机械系统（如烟气轮机机组），其初始工作条件（即状态）存在微小差异，工作一段时间后，其工作状态和性能可能发生较大的差异。

在混沌理论的应用上，根据系统提取的非线性时间序列对于系统的未来进行预测，是一个十分重要的方面。从时间序列研究混沌，始于 Packard 等人 1980 年提出的重构相空间理论。对于决定系统长期演化的任一变量的时间演化，均包含了系统所有变量长期演化的信息，因此可通过决定系统长期演化的任一单变量时间序列来研究系统的混沌行为，而吸引子

的不变量——关联维（系统复杂度的估计）、Kolmogorov 熵（动力系统的混沌水平）、Lyapunov 指数（系统的特征指数）等在表征系统的混沌性方面一直起着重要的作用。基于混沌时间序列的 Lyapunov 指数计算和预测尤为重要。

应用混沌理论对时间序列进行预测控制，就是直接根据数据序列本身所计算出来的客观规律，如 Lyapunov 指数等进行预测，这样可以避免预测的人为主观性，提高预测的精度和可信度。由于混沌系统内在的有序性和规律性，利用重构相空间方法，在一定时间内的预测不但是可能的，而且比基于一般统计方法的预测效果更好。

混沌时间序列对机械系统故障进行趋势预测控制的过程如下：

1）在机械系统运转时期测取机械系统的状态参数，获得状态时间序列。

2）对状态时间序列进行重构相空间。

3）计算其最大可预测时间尺度 T。

4）构造基于最大 Lyapunov 指数的系统预测模型。

5）在 T 内，预测状态序列的下一点 x_{j+1}。

四、基于神经网络的机械系统预测控制方法

预测控制技术研究越深入，原来被忽略的非线性、非平稳问题变得越突出，传统的数学建模预报以及采用单一理论和方法难以取得更为满意的效果。近年来，人工智能方法的出现以及在许多领域中的成功应用，为机械系统的状态分析及预测技术的发展开拓了新的途径。神经网络、遗传算法等就是其中的新兴技术，对这些新技术的研究和应用虽然还处于起步阶段，在有的领域甚至是尝试性的，但前景是乐观的。

人工神经网络（Artificial Neural Network，ANN）是由大量的处理单元组成的非线性大规模自适应动力系统，具有类似于人脑的各种功能，可以在不同程度和层次上模仿人脑的神经系统的信息处理、存储及检索功能。

随着神经网络技术的发展，状态趋势预测将成为神经网络的一个研究方向，神经网络用于预报的潜在优点可归纳如下：

1）神经网络具有极强的非线性映射能力。在大型旋转机械中存在着明显的非线性、非平稳的动态系统问题，传统的线性化处理方法效果欠佳；而神经网络的本质是非线性动态系统，是非线性系统建模的有力工具，在机组状态趋势预测方面有进一步的应用前景。

2）由于神经网络预测有一致逼近的效果，训练后的神经网络在样本上输出期望值，在非样本点上表现网络的联想功能，因而可以较理想地实现机组振动时间序列数据的趋势预测。

3）神经网络不需要建立反映系统物理规律的数学模型，不需要建立复杂系统的显示关系式，因而与复杂的建模预测相比较，神经网络预测速度较快。

4）神经网络预测的动态自适应强，可适应外界新的学习样本，使网络知识不断更新，因而非专业人员根据新获得的数据，较容易建立新的预测模型以及吸收新的信息来提高预测精度。

5）传统时间序列预测的容错性差，对原始时间序列的要求较高，较适合于做离线分析。而神经网络具有很强的容错性、全息性、鲁棒性和联想记忆功能，可以处理信息不完全的预

测问题，且信息不完全的情况在实际中经常遇到，因而较适用于在线分析。

6）神经网络比其他方法更能容忍噪声，而传感器测量常伴随大量噪声。

神经网络预测控制方法采用的是多步神经网络预测方法，其非线性预报的数学方程如下：

$$x(k)=\sum_{i}^{m}f_i(X)x(k-i)+\varepsilon \tag{14-8}$$

式中，$f_i(X)=f(x(k-1),\ x(k-2),\ \cdots,\ x(k-m),\ \varepsilon)$；$m$ 是预测网络的输入节点数。$f_i(X)$ 是输入变量的非线性函数，已知观测到点的时间序列 x_1，x_2，$\cdots$，x_n，需要用其中的 m 个观测值来预测第 $n+1$ 时刻到第 $n+k$ 时刻的值，即 $\hat{x}_{n+1}\sim\hat{x}_{n+k}$，用神经网络来预测。

基于神经网络进行预测控制，通常是根据已有的样本数据对网络进行训练。如果希望用过去的 $N(N\geqslant 1)$ 个数据预测未来 $M(M\geqslant 1)$ 个时刻的值，即进行 M 步预测，可取 N 个相邻的样本为滑动窗，并将它们映射为 M 个值，这 M 个值代表在该窗之后的 M 个时刻上的样本的预测值。样本数据的一种分段方法见表 14-1，该方法将训练数据分成 k 段、长度为（$N+M$）的有一定重叠的数据段，每一段的前 N 个数据作为网络的输入，后 M 个数据作为网络的输出。

表 14-1　样本数据的一种分段方法

N 个输入	M 个输出
x_1，x_2，$\cdots$，x_N	x_{N+1}，x_{N+2}，$\cdots$，x_{N+M}
x_2，x_3，$\cdots$，x_{N+1}	x_{N+2}，x_{N+3}，$\cdots$，x_{N+M+1}
$\vdots$	$\vdots$
x_k，x_{k+1}，$\cdots$，x_{N+k+1}	x_{N+k+2}，x_{N+k+3}，$\cdots$，$x_{N+M+k-1}$

五、基于遗传算法优化的机械系统预测控制方法

在预测控制中，有不少问题需要在复杂而庞大的搜索空间中寻找最优或准最优解。在求解此类问题时，若不能利用问题的固有知识来缩小搜索空间，则可能产生搜索的组合爆炸。因此，研究能在搜索过程中自动获取和积累有关搜索空间的知识，并自适应地控制搜索过程，从而得到最优解或准最优解的通用搜索算法一直是令人瞩目的课题。

遗传算法（Genetic Algorithm，GA）是一种借鉴生物自然选择和遗传机制的搜索算法，是一种新型的随机优化搜索方法。它不要求目标函数连续或可微，且它的搜索始终遍及整个解空间，容易得到全局最优解。它的主要特点是简单、通用、鲁棒性强，适用于并行分布处理，应用范围广。因此可以利用遗传算法的这些特点，将该算法用于机械系统的预测控制中。

由于机械系统是一个时变系统，机械故障和系统运行状态是随时间推移不断变化的，若采用通常的神经网络在训练后进行故障分析与预测，则在一定时间后会出现误差，而且这种误差将不断积累。若利用遗传算法对神经网络进行优化，使其随状态、参数等运行环境的变

化而不断进化，即不断优化，就可能解决这一问题。同时，遗传算法也可以对灰色模型、时间序列模型等预测模型进行不断优化。

遗传优化问题表达如下：

$$F=f(x, y, z) \quad F \in R; \quad (x, y, z) \in \Omega \tag{14-9}$$

其中，每一组（x_i，y_i，z_i）$\in \Omega$ 构成问题的一个解。函数 f 表示由解空间 Ω 到实数域 R 的映射。优化的目标是：找到（x_0，y_0，z_0）$\in \Omega$，使得 $F=f(x_0, y_0, z_0)$ 趋于最大。

遗传操作的目标函数是取 $F=f(x, y, z)$ 最大，将每一个体的基因码译码得到的自变量 x_i、y_i、z_i 代入，求出 F_i，显然 F_i 越大越好。定义 F_i 为第 i 个个体的适合度（Fitness），它描述该个体在函数 f 描述的环境存在的能力。

遗传算法中适合度的选取是个关键，因为适合度 F_i 大的个体，在选种（Selection）中赋予更大的选中概率 $P_i(P_i \propto F_i)$，而杂交（Crossover）和突变（Mutation）过程也按概率选取个体。

拟定的方案如下：在一段时间后，检验以前预测控制的结果与现在实测的结果，将误差作为优化的目标，即误差最小作为适合度的评价内容，对神经网络权值进行遗传操作，从而改善神经网络性能。对于时间序列模型，以 AIC（p）、FPE 适用性检验准则为基础作为遗传算法适合度的评价内容；对于灰色模型，以相对误差检验、绝对灰关联度检验和后验差检验为基础作为遗传算法适合度的评价内容。从而对预测模型参数进行遗传操作，改善预测控制模型。

对旋转机组进行基于遗传算法优化的预测控制的一种方案框图如图 14-3 所示。

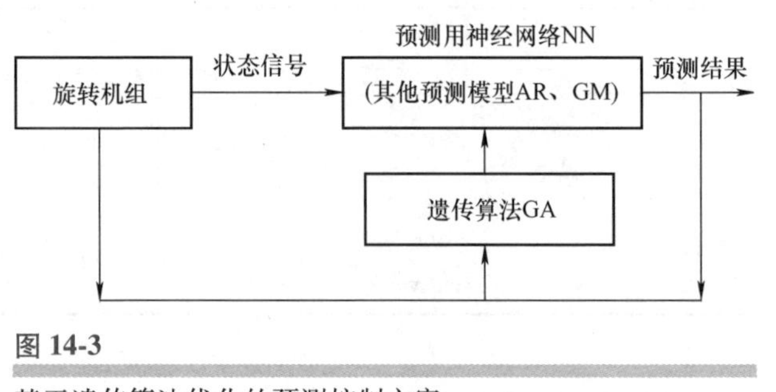

图 14-3

基于遗传算法优化的预测控制方案

应用遗传算法优化的神经网络进行针对旋转机械的趋势预测控制，取来自于现场额定工况下的大型旋转注水泵机组的振动烈度时间序列为例进行分析。时间序列以天为单位，用 60 天的数据为训练样本，递推预测后 40 天的数据。神经网络预测模型选取 20 个输入节点，1 个输出节点。采用一个输出是为了充分利用已有的样本值；采用较多的输入节点是在预测中尽量利用更多的数据信息。输入时间序列数据为

$$\{X_{t-1}, X_{t-2}, \cdots, X_{t-20}\} = \{X_1, X_2, \cdots, X_{20}\}$$

实际预测时，对其进行了归一化处理。

构建遗传算法优化的神经网络进行的预测分两步进行：

第一步：寻找最优神经网络结构。将隐含层数、隐含层节点数、学习率、动量因子等编码为 18 位的基因码链。每一个基因码链为一个个体，代表一个神经网络结构，给定个体数 $N_P=30$，遗传代数为 80 代。在每一代的遗传操作中，分别对 30 个个体（神经网络）进行训练，按照精敛比的大小进行排序，然后在前 15 个个体中随机选取两个个体进行杂交；并以交叉概率 $P_S=0.5$ 进行交叉换位，循环往复 15 次后，将产生的新个体顺次代替后 15 个个体，完成一代中的交叉操作；以变异概率 $P_m=0.15$ 在该代的 30 个个体中进行变异操作。随

后进行下一代的遗传操作，如此循环往复 80 代，搜索到最优神经网络结构，其参数为

$$H_n=1,\quad H_1=17,\quad \alpha=0.5,\quad \eta=0.8$$

而凭人工经验确定的网络结构参数为

$$H_n=1,\quad H_1=26,\quad \alpha=0.4,\quad \eta=0.8$$

第二步：得到最优网络结构后，对初始权值进行优化。计算出网络的连接权个数 p，每个连接权用 8 位二进制码的基因表示，将所有连接权编码为 $8p$ 位的基因码链（个体）。设定个体数为 20，遗传代数为 50。每个个体分别代表不同的初始权值，在每一代的遗传操作中，分别对 20 个神经网络进行训练，以方均差 m_j 作为适应度函数的评判标准进行选优操作。在循环 50 代后，得出优化后的网络初始权值，将其作为最优神经网络初始权值来训练网络。

遗传算法优化的神经网络模型具有自适应性，可根据不同的预测数据源、不同的时间区段按照本文中所述方法来构建。在大型旋转注水泵机组的振动烈度趋势预测中，每过三个月，对预测模型进行一次参数调整，获取新的神经网络结构，以适应不同时间区段中数据源的变化，达到最佳预测控制效果。

图 14-4 所示为基于人工经验确定的神经网络预测控制结果，网络结构参数在第一次确定后便不再变化，即用同一网络结构连续预测两个时间段内的烈度。图 14-5 所示为基于遗传算法优化的神经网络预测控制结果。在两张图中，不光滑的曲线 1 均为现场实测值，较光滑的曲线 2 均为预测值。

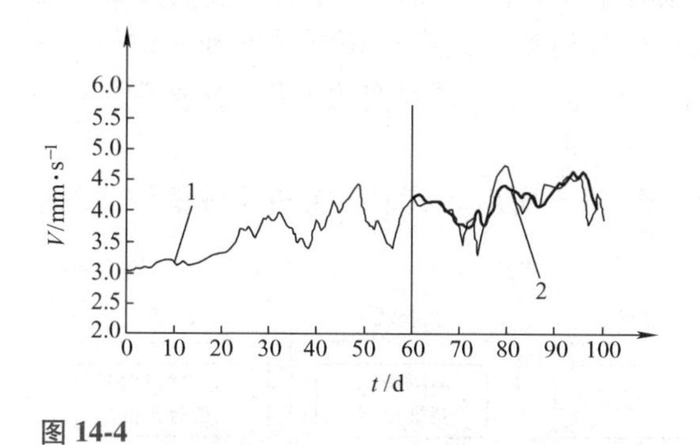

图 14-4

基于人工经验确定的神经网络预测控制结果

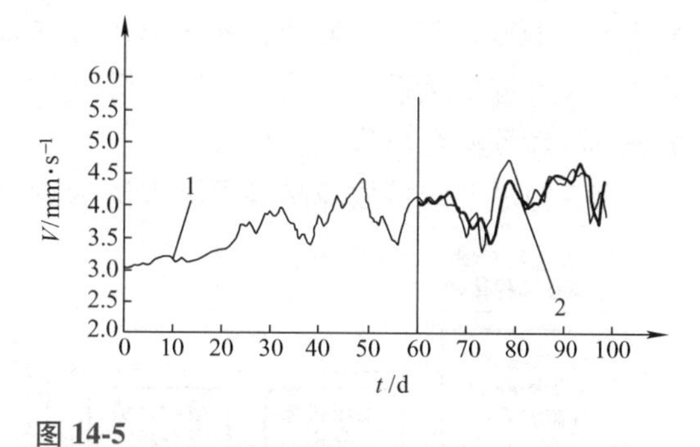

图 14-5

基于遗传算法优化的神经网络预测控制结果

结合表 14-2 比较图 14-4 和图 14-5 可知，由于基于遗传算法优化的神经网络模型利用了遗传算法在大范围内平行搜索到最佳神经网络结构，同时进行了网络权值的优化，有效地避免了网络训练陷入局部极小，因此其各项指标都优于人工经验神经网络模型；利用遗传算法改进后的神经网络趋势预测模型能够根据不同的历史数据，进行自学习，从而实现动态确定最优的网络结构参数。实验研究表明：改进后的预测精度有所提高，预测实时性明显改善，能够取得较满意的预测效果。

表 14-2　两种预测方法的评价指标比较

预报模型	方均误差 e_{rms}	平均相对误差 e(%)	时间 t/min
人工经验神经网络模型	0.0025	4.6	14.5
遗传算法优化的神经网络模型	0.00012	1.1	7.7

六、基于多变换域的机械系统预测控制方法

对于长历程变工况机械系统，往往难于进行有效故障趋势预测，可以采用一种多变换域非线性故障趋势预测方法，实现机械系统工作状态分析、时频域特征频带获取、拓扑域故障敏感特征提取、基于敏感特征的时域故障预测等，从而有效解决变工况机械系统长历程故障发展信息往往被无规律工况变化信息所淹没，难以进行有效故障预测的难题，实现长历程故障预测。

在预测控制中，为提取长历程故障预测中的敏感特征信息，借鉴多姿态人脸图像分析中将其相应的特征变化看作镶嵌在图像空间中的一个低维非线性子流形，发掘高维数据中的低维流形分布的变化，建立诊断图谱，进一步利用非线性降维方法提取出敏感特征。探讨对系统正常工况变化不敏感而对潜在故障变化敏感的敏感特征，提出将故障发展变化映射到几何形态的非线性故障特征可视化方式，采用非线性故障预测拓扑映射方法将故障特征发展变化与非故障能量变化进行解耦、分离，应用表征故障发展几何结构与规律性的非线性流形学习法，将高维数据投影到低维子空间的投影寻踪模型的方法等。

预测控制中，为了有效地进行长历程联想故障预测，采用一种自适应动态优化方法改进新息加权和变权重神经网络预测模型及其拓扑结构。针对通常神经网络对新信息强调不足的问题，前期研究提出将神经网络输入层与隐含层各节点之间的权值按相对当前时刻的“远小近大”原则进行权重赋值，初步提出新息加权预测模型，提高了预测精度和实时性。但是对于长历程机械系统的故障预测，机械故障和系统运行状态是时变的，若采用通常神经网络进行故障预测会出现误差积累。

多变换域非线性故障趋势预测方法示意图如图 14-6 所示。其中，在拓扑域里构建的非

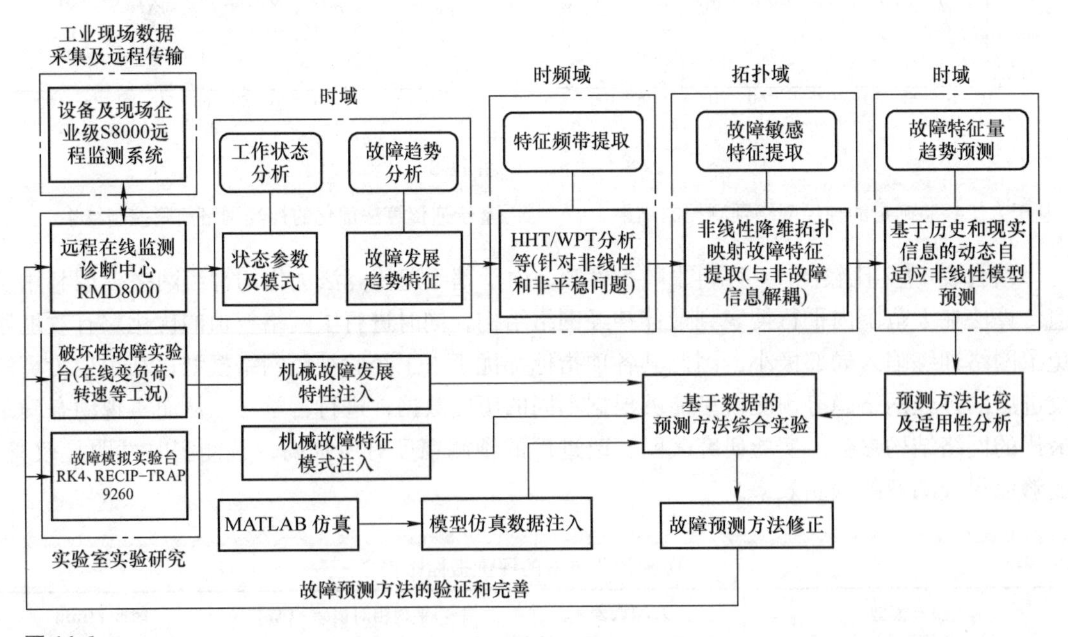

图 14-6

多变换域非线性故障趋势预测方法示意图

线性降维拓扑映射故障特征提取单元，用来揭示表征故障未来发展状态的几何形态信息及其特征映射关系，挖掘数据的内部结构和隐藏信息，提取对机械系统正常工况变化不敏感而对故障及潜在故障变化发展敏感的特征信息，实现故障特征发展变化与非故障能量变化的解耦和分离。

在时域里构建的动态自适应非线性预测模型（或模式），采用本质上为非线性的预测模型（模式），融合了神经网络等人工智能预测技术，以适应复杂机械系统运行状态的非线性、非平稳特点，并适应机械系统工况条件和环境变化等，实现规律特征信息（包括运行历史、现时状态和发展等规律特征信息）的非线性惯性预测和联想预测。

在基于多变换域非线性降维预测方法中，时域和频域间的变化过程大致为：时域（第一步，数据采集及振动烈度等时域分析）；时频域（第二步，针对非线性和非平稳振动信号的问题，采用基于小波包等方法提取故障敏感特征频带）；拓扑域（第三步，采用流形学习方法进行故障特征映射及特征信息降维提取）；时域（第四步，采用动态自适应神经网络基于历史和现实特征信息进行故障特征信息发展预测）。

多变换域非线性故障预测方法的具体实施如下：

1）利用新型远程在线监测诊断中心，获取机械系统在线实际数据。

2）在时频域进行基于小波包、HHT 时频分析的特征频带分解，进行非线性和非平稳振动信号处理。

3）利用获取的典型预测特征频率分量，探讨并采用在拓扑空间域将故障发展特征映射到几何形态的非线性降维法，揭示表征故障趋势的几何形态信息及其特征映射关系，实现非故障趋势信息与故障发展趋势信息的分离。

4）针对典型故障趋势预测问题，在提取历史和现实的故障预测敏感特征信息基础上，构建具有动态自适应特点的 Elman 神经网络等非线性故障预测模型，在时间域进行长历程趋势的智能预测。

第三节　机械系统预测控制的实践与应用

机械系统的预测控制技术是保障机械设备安全运行的新技术中重要且难度较大的关键技术之一。该项技术研究是针对重要设备安全稳定运行保障水平和科学维护水平的迫切需要、国家及机械行业任务要求以及生产单位实际需求所提出的。该项技术主要涉及机械系统运行可靠性及安全服役的科学问题。机械系统的预测控制技术在制造业、交通、市政、石油、化工、电力、冶金、核能等有关国计民生重要部门的高端、复杂及关键机械设备的安全保障及故障预报中具有越来越广泛的应用前景并已得到了广泛应用。

面向机械设备的预测控制典型应用包括以下方面：

1）面向大型市政供水机组群及大型油田注水机组群，采集并分析振动信号以及反映机组运行状态的压力、温度、电量、流量等运行状态参量，采用智能非平稳故障预测控制方法及虚拟仪器故障监测预报系统，实现机组群的在线早期故障监测及预报；同时采用预测控制方法控制机组群的水阀门，实现机组群的节能优化控制，使机组群在安全区内的节能状态下运行。

2）面向地铁大功率通风以及煤矿大功率通风机组群，构建基于预测控制的在线安全监测系统，通过多传感器监测信息融合的闭环预测控制方法，实现地铁运输环境及煤矿生产环境的在线安全保障和实时优化控制。

3）面向新能源装备的风电场风电机组群，采用基于早期故障预测控制方法的在线振动监测装置并广泛安装于风电机组群上，利用远程网络信息传输系统将状态信息及故障信息传输到故障预报中心，故障预报中心实时将故障预报分析结果返回现场施行在线控制。

4）面向新能源装备的太阳能发电装备群，构建太阳能自跟踪发电机组状态监测及故障预报的远程系统，提升自跟踪太阳能发电系统的安全可靠运行及高效运行能力。

5）针对重要石化企业的大型烟气轮机等关键机组的特点，构建石化企业关键设备安全监测预报系统，实现关键石化装备的状态监测、故障诊断和故障预报。

6）构建铁路机车大功率动力机组故障监测预报系统，并在内燃机车推广应用，该技术有效地预防机车动力机组的主要故障，并将故障机车截留在库内，避免在运行过程中出现机毁事故。

7）面向车铣复合加工中心、车削加工中心等高档数控机床，构建故障预警典型样本采集分析实验平台，利用该平台揭示影响加工精度稳定性的机械动态特性稳定性劣化因素及早期故障因素，并为改进及优化高档数控机床的结构设计、参数设计提供依据。

8）面向大型、高端、关键设备群，构建基于预测控制的远程网络化在线故障监测预报平台，该平台面向数十个大型企业的数百台关键设备，利用该平台的远程传输系统及故障预报专家资源进行设备群运行状态分析，在状态发展趋势分析和安全运行评估的基础上实现早期故障预测控制，为构成重要设备群安全保障体系提供关键技术和基础装备。

机械系统的预测控制方法多采用多步测试、滚动优化和反馈校正等控制策略，因而控制效果好，适用于控制不易建立精确数字模型且比较复杂的工业生产过程。

机械系统预测控制技术的实践与应用主要表现在以下几方面：

1）机械系统的预测控制为重要装备安全保障提供关键技术，该项技术能够预防事故，保证人身和机械系统安全，并能够实现优化运行。机械系统故障不仅会造成巨大经济损失，而且会带来诸如资源损失、环境危害等严重的社会公害。有效的预测控制能够防患于未然，避免恶性事故的发生，还能够通过优化工作状态以保障设备在满负荷下运行或在节能减排状态下运行。

2）机械系统的预测控制能够为先进维修提供科学手段，推进设备维修制度的改革。现代的预知维修、状态维修及主动维修明显优于传统的以时间为基础的定期维修，能够提高设备任务可靠性及节约大量维修费用；维修制度由定期维修向预知维修、状态维修、主动维修转化是必然的发展趋势，而真正实现维修制度转变的基础是故障预测技术的发展和成熟。

3）机械系统的预测控制为提高设备科学管理水平提供技术手段，可以使设备管理从传统的使用阶段向前推进到了设备设计阶段、向后延伸到了设备改进阶段，有利于提高设备管理水平和生产管理水平。

4）机械系统的预测控制对于促进生产及社会的信息化技术水平提升，提高经济效益，甚至增强综合国力都具有重要作用。

由于机械系统的预测控制涉及机械系统的运行环境、运行状态和服役能力等诸多因素，面对机械系统现代化程度日益提高以及结构日益复杂的情况，尚需要进一步系统深入研究机械系统的预测控制的有效方法，例如：面向机械系统早期故障特征的低信噪比弱信息的特征提取方法，非平稳、非线性、长历程、变工况等复杂运行状态的故障预测控制方法，多种故障预测信息融合及互补的预测控制方法，预测控制模型及方法的自适应选择及优化途径等；尚需要在机械系统故障预测控制的实践和应用中，进一步揭示机械系统故障发生发展的机理及规律，优化故障预测控制的模型及方法，不断积累早期故障特征样本以及故障发展演变案例，不断提高机械系统故障预测控制方法的有效性、适应性、适用性以及监控系统的集成化、智能化和网络化水平。

15 第十五章 机械系统状态监控与故障诊断技术

在人们的经济及社会活动中，广泛且长期使用机械系统，包括精密仪器、大型装备等。在生产或生活等领域中使用的机械系统通常是机械设备，包括机床、车辆、船舶、飞机、航天器、工程机械、工业设施、市政及游乐设施等（扫描下方二维码观看典型机械系统相关视频）。机械设备占工业企业固定资产总值一般在60%以上，是工业生产的物质技术基础。机械设备的技术状况直接关系到运行安全、生产水平以及节能环保等。机械设备是影响产品质量的主要因素之一。产品质量直接受机械设备精度、性能、可靠性和耐久性的影响，高质量的产品靠高性能的机械设备来获得。

信物百年
揽下瓷器活的金钢钻——功勋压机

信物百年
第一台国产电动轮自卸车

信物百年
中国自主研制的“争气机”

科普之窗
中国创造：蛟龙号

为了保障机械系统高效、可靠运行，相关的现代技术如下：

（1）状态监控技术　对机械系统的信息载体或伴随着机械系统运行的各种性能指标的变化状态进行检测、记录、分析、决策、控制，为状态调整、优化以及科学维护提供依据。随着现代化机械系统不断发展，机械系统状态监控技术也在所涉及的仪器仪表状态监控技术、智能状态监控技术等相关方面不断发展。状态监控的内容主要涉及对机械动态特性、工况参量等相关信息检测、记录与传输等，也涉及对数据资料进行科学分析及提供维护对策等。

（2）故障诊断技术　机械系统，特别是高端、大型、关键以及主要能耗机械设备，其运行状态会对产品质量、安全生产、资源利用及环境保护等产生重要影响。为了避免安全事故的发生，尤其是恶性事故的发生，通过对机械系统的运行数据进行信息采集与信息处理，查明故障类型、故障部位和故障原因，也包括预测及预示有关机械系统异常、劣化的发展演变规律与趋势，能够及时发出信息和信号，并给出相应对策。故障诊断越来越注重信息化技术的研发与应用，能够及时驱动执行机构或指示操作人员立即采取有效措施，确保机械系统安全可靠运行。

第一节　仪器仪表状态监控技术

一、状态监控仪器仪表的构成与分类

近年来，出现了各种规格、各种功能、各种精度的专业或综合的状态监控仪器仪表和组合系统，为在线或离线监控机械系统状态提供了良好的服务。

状态监控仪器仪表的主要功能涉及：对机械动态特性（振动、噪声、声发射等）、工况参量（转速、温度、压力、流量、电量等）以及润滑油等相关信息源进行检测（涉及传感器及多传感器融合、物联网采集等）、记录（涉及数字存储、云存储等）与传输（互联网远程传输、无线及光纤传输等）。

状态监控仪器仪表的核心单元通常包括传感器测量系统，比较常用的传感器种类十分繁多，传统传感器按照工作原理可分为电阻式传感器、电感式传感器、电容式传感器、压电式传感器、磁电式传感器、磁敏式传感器。其中：电阻式传感器可应用于重量检测、储量检测、桥梁固有频率检测等领域；电感式传感器可用于位移测量、振幅测量、轴心轨迹测量、转速测量、厚度测量、表面粗糙度测量、无损探伤、流体压力测量等领域；电容式传感器可用于振动测量、偏心量测量、均匀度测量、液面高度测量等领域；压电式传感器可用于加速度计、力传感器、压力变送器等；磁电式传感器可用于频数测量、转速测量、偏心测量、振动测量等；磁敏式传感器可用于电流计、磁感应开关、磁敏电位器、霍尔电动机、纸币识别、管道裂纹检测等领域。传统传感器在检测技术领域得到了广泛的应用，但它们还有很多缺点，如体积大、成本高、不易集成和批量生产等。近年 MEMS 传感器由于具有体积小、重量轻、成本低、功耗低、可靠性高、适于批量化生产、易于集成和实现智能化的特点，开始越来越广泛应用于工业物理量监测检验、工业现场油品监测检验等。

状态监控仪器仪表往往分为多功能仪器仪表、产品组合仪表、专业仪器仪表以及便携仪器仪表等。多功能仪器仪表是集冲击脉冲、振动分析、数据采集和趋势分析于一身的多功能分析仪器仪表，可以进行机械动特性测量、温度测量、转速测量等；通过触摸式屏幕显示，按键操作，使用方便。产品组合仪表是针对机械设备的关键零部件和典型产品专门进行监控的组合仪表，包括轴承分析仪器、戴纳检测仪器、电动机在线综合仪、电缆测试仪、电路板检测仪等。专业仪器仪表主要用于专业领域特定参数的测量与监控，如针对振动类参数的测振仪、现场动平衡仪等。便携仪器仪表适用于生产、科研现场的设备以及设备群的监控，具有小巧轻便、操作简单、测量速度快等特点。

二、状态监控仪器仪表的发展趋势

在状态监控仪器仪表的发展中，往往围绕提升状态监控仪器仪表的三性：技术先进性、准确性、可靠性，其技术途径主要从提升仪器仪表的高精度、智能化、集成化等方面入手。进一步发展应用于仪器仪表监控系统的新型传感器技术、便携式监控仪器仪表、智能化仪器仪表监控系统、分布网络化监控中心的仪器仪表等。

近年来，重点发展了信息化的整合技术。基于现代信息技术，从温度、压力、振动（声发射）、油液等方面形成较完整仪器仪表监控技术，进一步发挥机械系统效能。对于大型机械设备、成套机械设备，主要从综合、复合、多功能仪器仪表应用上自成体系，将仪器仪表检测技术与状态监控有机结合；尤其在高危机械设备、重点机械设备上配置在线监控仪器仪表系统等。

在将来发展中，全面提升监控技术应用的智能化、网络化与工业化；在大数据时代背景下提升监控仪器的数据处理和分析能力。进一步提高机械、化工、石油、冶金、航天航空、建材等主要产业的复合仪器仪表监控技术水平并扩大应用推广范围，减少或避免恶性事故发生，使机械设备能效明显提高，具体包括：监测与控制机械设备的运行状态、生产效益、产品质量、经济性能和环境指标；能够及时根据监控信息，确保机械设备在故障或事故来临前立即停机，并具有及时有效的措施调整或恢复机械设备运行；提高对机械设备的现场运行参数分析能力，自动有效调整参数，确保设备在最佳范围内运行等。

仪器仪表监控的代表性新技术发展如下：

1. MEMS 传感器技术

MEMS 传感器技术在仪器仪表状态监控中的应用越来越广泛。与传统的传感器相比，MEMS 传感器具有体积小、重量轻、成本低、功耗低、可靠性高、适用于批量化生产、易于集成和实现智能化的特点。同时，微米量级的特征尺寸使得它可以完成某些传统机械传感器所不能实现的功能。

MEMS 传感器的门类品种繁多，按照被监测的量可分为加速度、角速度、压力、位移、流量、电量、磁场、红外、温度、气体成分、湿度、pH 值、离子浓度、生物浓度及触觉等类型的传感器。MEMS 传感器可应用于众多与监控相关的领域，如消费电子领域的加速度计、陀螺仪等，汽车工业领域的压力传感器、加速度计、微陀螺仪等，航空航天领域的惯性测量组合（IMU）、微型太阳和地球传感器等。

2. 虚拟仪器技术

虚拟仪器（Virtual Instrument）技术利用高性能的模块化硬件，结合高效灵活的软件来完成各种测试、测量和自动化的应用。高效灵活的软件能帮助创建完全自定义的用户界面，模块化的硬件能方便地提供全方位的系统集成，标准的软硬件平台能满足对同步和定时应用的需求。虚拟仪器同时拥有高效的软件、模块化 I/O 硬件和用于集成的软硬件平台，具有性能高、扩展性强、开发时间少以及出色的集成这四大优势。

虚拟仪器是由计算机硬件资源和用于数字分析与处理、过程通信以及图形界面的软件组成的测控系统。它把仪器生产厂家定义仪器功能的方式转变为由用户自己定义仪器功能；虚拟仪器是在一定的硬件基础上，用户可根据测试的需求，编写软件定义自己的仪器功能。同样的硬件配置可开发出不同的仪器，如在仪器面板上显示采集信号在时域的波形，那么该仪器为虚拟示波器；如果在程序中对采集信号进行 FFT 变换，那么该仪器就是虚拟频谱分析仪。例如：用 LabWindows/CVI 来开发市政供水机组的工作状态监控系统，用来监测机组的工作状态，进行故障诊断以及早期故障预报，并能够实时调控供水阀门使机组在单耗较低的节能状态下优化运行。

3. 便携式仪器仪表技术

便携式仪器仪表技术是仪器仪表现代技术的重要发展方向。便携式仪器仪表主要应用于生产、科研现场，具有测量速度快、可靠性高、操作简单、功耗低、小巧轻便等特点。便携式仪器仪表遵循低功耗、低成本、高可靠性的设计原则，发展趋势有其自身特点。为提高便携式仪器仪表的性能，一般采用单片机技术，以数字量的形式输出测量信息。今后的便携式智能仪器仪表不仅可以作为现场仪器仪表单独使用，还可以作为智能传感器与上位机连接，成为智能监控系统的子系统。

4. 智能化监控技术

以单片机为主体，将计算机技术与测量控制技术结合在一起，组成智能化监控系统。智能仪器仪表的最主要特点便是具备较高的人工智能监控水平，包含采样、检验、故障诊断、信息处理、决策输出、调整控制与自愈控制等多种内容，具有比传统监控更丰富的范畴，是机械设备采用现代传感技术、电子技术、计算机技术、自动控制技术和模仿人类专家信息综合处理能力的结晶。在监控仪器仪表现代技术开发中，充分利用计算机资源，在人工最少参与的条件下尽量以智能系统（尤其是软件）实现智能监控功能。与传统仪器仪表相比，智能化监控具有以下功能特点：

1）操作自动化。仪器仪表的整个监测过程如键盘扫描、量程选择、开关起动闭合、数据的采集、传输与处理以及显示打印等都用单片机或微控制器来控制操作，实现监测过程的全部自动化。

2）具有自测功能，包括自动调零、自动故障与状态检验、自动校准、自诊断及量程自动转换等。智能仪器仪表能自动检测出故障的部位甚至故障的原因。这种自测试可以在仪器仪表起动时运行，同时也可在仪器仪表工作中运行，极大地方便了仪器仪表的维护。

3）具有数据处理功能，这是智能化技术的主要优点之一。由于采用了单片机或微控制器，使得许多原来用硬件逻辑难以解决或根本无法解决的问题，现在可以用软件非常灵活地加以解决。例如：传统的数字万用表只能测量电阻、交直流电压、电流等，而智能型的数字万用表不仅能进行上述测量，而且还具有对测量结果进行诸如零点平移、取平均值、求极值、统计分析等复杂的数据处理功能，不仅使用户从繁重的数据处理中解放出来，也有效地提高了仪器仪表的测量精度。

4）具有友好的人机对话能力。智能化系统用键盘代替传统仪器中的切换开关，操作人员只需通过键盘输入命令，就能实现某种测量功能。与此同时，智能仪器仪表还通过显示屏将仪器仪表的运行情况、工作状态以及对测量数据的处理结果及时告诉操作人员，使仪器仪表的操作更加方便直观。

5）具有可编程控制操作能力。一般智能化系统都配有 GPIB、RS-232C、RS-485 等标准的通信接口，可以很方便地与 PC 和其他仪器一起组成用户所需要的多种功能的自动测控系统，来完成更复杂的测控任务。

5. 分布网络化监控技术

分布网络化监控技术是在计算机网络技术、通信技术高速发展以及对大容量分布式测控的大量需求背景下，由单机仪器、局部自动测控系统到全分布网络化测控系统而逐步发展起来的。

基于分布网络化监控系统的体系结构，如图 15-1 所示的多级分层的拓扑结构，包括最底层的现场级、工厂级、企业级至最顶层的 Internet 级。各级之间参照 ISO/OSIRM 模型，按照协议分层的原则，实现对等层通信。这样，便构成了纵向的分级拓扑和横向的分层协议体系结构。其中，现场级总线用于连接现场的传感器和各种智能仪器仪表；工厂级用于过程监控、任务调度和生产管理；企业级则将企业的办公自动化系统和监控系统集成而融为一体，实现综合管理。底层的现场数据进入过程数据库，供上层的过程监控和生产调度使用，以进行优化控制，数据处理后再提供给企业级数据库，以进行决策管理。

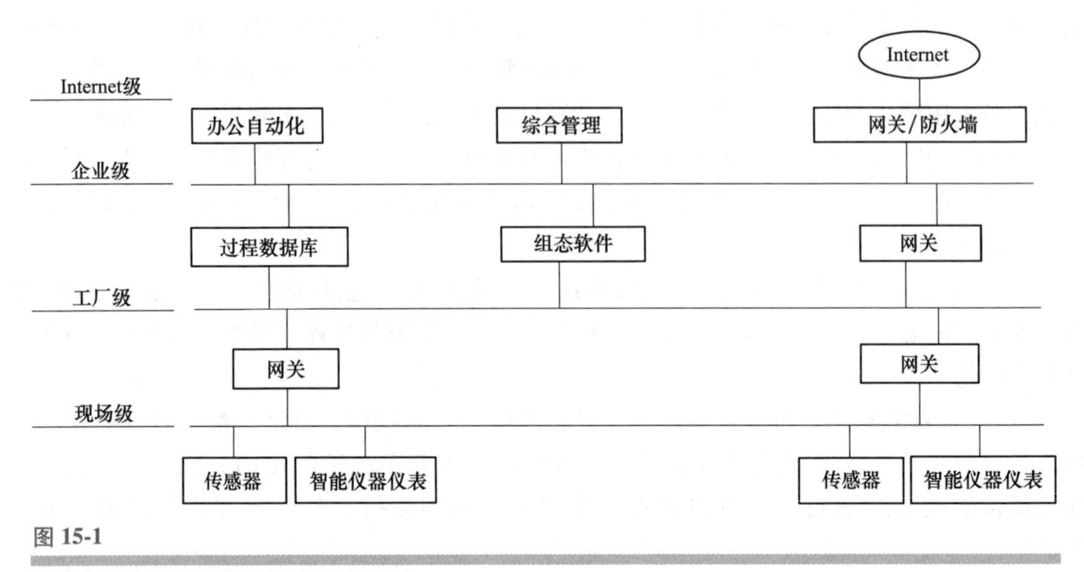

图 15-1
网络化监控系统的多级分层的拓扑结构

三、状态监控仪器仪表的典型实例

1. 基于多功能仪器仪表的机械传动系统监控实例

1）在对机械系统传动部件的监控中，如采用专用的冲击脉冲传感器获取传动系统运行中机构内部、表面和润滑等工作状态的相关信息，应用多功能仪器仪表将所获得的信号放大5~7倍，利用多功能仪器仪表的硬件和软件所具备的多项综合监控功能，揭示传动系统（如主轴、齿轮、轴承等）运行的工作状态是否异常。其中，还可以通过冲击脉冲传感器的独特机械滤波（32kHz），以实现感兴趣的振动信号不受其他振动信号的影响，有利于区分在传动系统中是哪个部件出现问题。

2）利用不断提高多功能仪器仪表的振动分析功能，监控机械系统主轴等传动部件的振动速度、加速度和位移，并将最新标准所有指定的机械系统工作等级和报警限值均内置及显示在菜单中。

3）通过采用精确轴对中模块，运用独特的线扫描激光技术，监控机械系统转子等旋转部件的水平和垂直方向对中；采用动平衡模块，监测单面或双面转子平衡，操作更加容易；还能够通过起停机械系统进行分析及进行锤击试验的方式，从而揭示机械结构的振动特征、共振频率和临界速率等参数。

4）在实际工业生产中，现代多种功能仪器仪表将具备互联网、云存储、大数据、人工智能等存储与分析能力，尽可能地采集及容纳机械设备的运行状况的所有数据，并进行信息集成、信息挖掘等信息处理，能够通过查看机械设备运行技术参数，能够自动判别或图解评估机械设备运行的工作状态。为实现对早期故障低信噪比信号的监控，进一步采用多传感器及多信息来源的信息融合技术、微弱信号处理技术以及小波分析、盲源分离等现代信号处理技术等。

2. 基于专用产品组合仪器仪表的监控实例

1）轴承分析仪。采用冲击脉冲技术，用冲击脉冲能量的指标来描述，定性、定量判定轴承运行状态。根据取得的值构成不同的模态，分析轴承异常运行的原因，如缺油、磨损缺陷等。

2）发动机监测仪。为了进一步减少和避免对发动机拆卸，同时减少发动机的维护工作，监测仪不断提高测量精度，依靠探头插入到火花塞孔、燃油喷射器孔等位置，将符合要求的空气压力引入气缸后，可以确定活塞环、缸套和阀门的运行状态；用真空度方法可以精密测量连杆和活塞销轴承的磨损，还可以检查发动机部件及运行情况，如动力缸状况和磨损，包括缸套、活塞环、气孔、缸盖和阀门；气缸泄漏率及窜气；气门沉陷和传动机构；活塞销和连杆间隙（磨损及发展趋势）等。

3）电动机在线综合监测仪。通过应用新一代电气信号分析（ESA）技术成果，不断开发与应用：

① 自动识别转速与极频、软件自动确认转子条与定子槽隙数目。

② 输入轴承型号，软件即可自动确认轴承故障。

③ 自动确认静态与动态磁偏心。

④ 智能监测：交流电动机转子故障分析；交流电动机转子气隙与磁偏心分析；交流电动机定子分析；耦合与负载机械特性诊断（对中、平衡、轴承、齿轮、松动等）。

⑤ 进行变频装置运行分析；直流调速系统运行分析等。

⑥ 进行直流电动机电枢运行分析；直流电动机励磁绕组运行分析等。

⑦ 进行谐波与功率分析及自动分析，并将得出结论打印报告等。

4）电缆监测仪。其主要功能与应用如下：

① 探测电缆开路和短路。

② 内置常用电缆传播速度值。

③ 利用音频发生器识别跟踪定位电缆。

④ 能够实现对污染和潮湿环境进行老化测试和阻性电缆故障定位。

⑤ 识别通信电缆的连接和长度；自动调整标尺范围。

5）电路板监测仪。其主要功能与应用如下：

① 在无须联机检测环境条件下，直接测试电路板上元器件好坏，检修各类电路板。

② 实现逻辑器件在线、离线功能测试，存储器在线、离线功能测试并提升其测试精度。

③ 实现运算放大器在线、离线功能测试；光耦在线功能诊断、离线性能测试；三端元器件功能测试。

3. 基于通用与专用仪器仪表的监控实例

1）测振仪。其主要功能与应用如下：

① 能够监测振动位移、速度、加速度、高频加速度四种参数。

② 通过选择加强型耳机可以屏蔽外部噪声，确保能监听到测试中的设备信号。

2）现场动平衡。其主要功能与应用如下：

① 在原始安装状态下可直接在机械系统上测定平衡，具有单面、双面平衡能力，可适用于各类转子的现场平衡。

② 采用两种转速相位输入模式（光电型或直接取自系统电涡流转速信号）和两种振动幅值输入模式，即仪器仪表直接测量加速度传感器或直接读取机械系统存在的涡流位移信号，方便现场使用。

③ 为适应现场需要，仪器仪表增加多种平衡计算方法，如已知影响系数法等；能够进行一次停机直接配重，减少起停机次数，提高现场实际操作效率。

④ 直接测取机械系统的振动频谱值，能够为正确判定机械系统振动原因提供科学依据。

⑤ 具备在多种工业环境中应用的适应性及可靠性，能互换按键式操作等。

3）超声测厚仪。其主要功能与应用如下：

① 采用单片机控制，提升仪器仪表的智能化、自动化水平，且操作简单方便。

② 采用补偿功能，提升监测的准确性；采用先进背光灯设计，方便现场使用。

4）超声腐蚀厚度监测仪。其主要功能与应用如下：

① 实现对各种材质厚度及其腐蚀程度的精确测量。

② 实现对所有金属、陶瓷、玻璃及大多数硬质塑料甚至橡胶等材质的厚度测量。

5）超声管壁厚度监测仪。其主要功能与应用如下：

① 通过移动传感探头，扫描显示内部管壁厚度变化情况，从而确定管壁的薄弱区域，并显示厚度值。

② 具有穿透外涂层或覆盖物测量特性，并对内部管壁直接进行测厚，无须清除外涂层。

③ 利用超声监测新技术，提供动态显示超声波波形及数据，对管壁、阀体、蒸汽接头和储管等设备及部件内部腐蚀情况给出明确数据和图示。

④ 通过扫描波形显示，快速准确地确认底面回波，有利于进一步验证被测厚度值的正确性，并判明被测材料内部缺陷状况，达到直观准确。

⑤ 扫描功能直观显示材料断面形状，用于判断被测材料底面腐蚀状况。

6）涂层厚度监测仪。其主要功能与应用如下：

① 进一步采用智能化设计。

② 采用电磁感应及涡流高级技术，精确测量磁性基层上涂、镀层最度；适合现场快速测量。

③ 具有连续测量及超差报警功能。

④ 加大量程设计，使测定范围进一步扩大。

7）激光寻点型监测仪。其主要功能与应用如下：

① 采用新一代激光红外测温技术发射三点寻测激光，明确圈定测试目标，更适合中远距离小目标测试。

② 使温度变化量更直观地显示。

③ 更能广泛用于工业预知维修，如高压设备温度及压力安全监测，汽车、机车、船舶运行维护监测等。

8）红外热像仪（是专为工矿企业监测检验机械设备运行温度的专门仪器，可用于机械设备的安全性热源预查，防止电气设备发热导致的灾难性火灾发生，同时通过对各开关柜进行系统的编码、管理，确保电气设备的安全）。其主要功能与应用如下：

① 采用热像仪技术在机械设备监测检验工作执行中具有更广泛的基础，以推进机械设备安全运行。

② 通过采用新型红外探测器技术，提供更清晰的彩色热像图像。

③ 通过加大内置存储卡存储图片，不仅提供彩色热像图，还可直接读取目标点的温度值。

④ 提高电气安全及设备监测检验功能，有点分析、面分析、线分析、网格分析、测点数据库、柱状图分析。

⑤ 进一步采用树状文件格式，以完成对机械设备热像诊断跟踪管理。

⑥ 强化提高检查功能，即

a. 检查电气设备，如变压器、刀开关、电动机、控制柜等运行状况。

b. 检查蒸汽接头、阀门运行状况，管道保温情况。

c. 检查容器热泄漏等。

9）地下管线寻测仪（是一款多频率、数字式地下管线寻测及检测工具，可用三种方式进行探测：直接连接导体进行探测、采用感应探测及采用感应钳探测）。其主要功能与应用如下：

① 采用数字式信号处理技术，实现地下管线精确定位功能。

② 能够通过不同的探测频率，使用户根据现场实际情况选择合适频率，以获得较强信号，使地下管线寻测仪定位更准确。

③ 采用显示屏，以显示探测深度、频率、信号程度、探测方向。

10）地下管道泄漏探测仪（是寻找和检测地下管道泄漏点的专业仪器）。其主要功能与应用如下：

① 实现精确确定各类管道上的泄漏点。

② 具有理想的灵敏度、低噪声及音质。

③ 采用条状 LED，显示泄漏信息，尽可能地滤掉任何其他干扰信号。

④ 利用最新声探测技术，充分放大各种原始泄漏声音，使操作者有选择地滤掉任何干扰信号。

11）管道内表面状态检测仪（在管道内窥及定位的仪器）。其主要功能与应用如下：

① 具有彩色图像显示功能，使画面清晰。

② 具有探测技术功能，观测后可以很快确定表面缺陷位置，精确定位；可以现场记录图像和声音，便于以后查阅。

③ 配置及改进选用配件，更方便确定管道走向及埋设深度。

12）超声监测仪（利用超声监测技术快速便捷、无损伤、精确地进行机械设备内部多种缺陷测定的仪器，如裂纹、焊缝、气孔、砂眼、夹杂等的检测及定位，广泛应用于电力、石化、军工、航空航天、铁路交通、汽车、机械等领域）。其主要功能与应用如下：

① 高精度定量、定位，满足较近和较远距离检测的要求。

② 满足小管径、薄壁管检测的要求。

③ 利用直探头锻件检测，找准缺陷具体位置。

④ 具备自动校准功能，自动显示缺陷回波位置。

⑤ 自由切换三种标尺（深度 d、水平 p、距离 s）；自动录制检测（探伤）过程并可以进行动态回放。

⑥ 具有自动增益、回波包络及峰值记忆功能，具有理想的检测效率及自动搜索效率，并避免人为因素造成的漏检。

⑦ 检测参数可自动测试或预置。

⑧ 具有 B 扫描功能，清晰显示缺陷纵断面形状；建立与计算机通信，实现计算机数据

管理，并可导出 Excel 格式的检测报告；进行实时检测日期、时间的跟踪记录并存储。

⑨ 利用高性能安全环保锂电池供电，可延长连续工作时间。

13）激光转速表（具有多种转速测量功能的仪表，可分别进行转速、线速等测量）。其主要功能与应用如下：

① 利用激光红亮光点，提高非接触式测量距离，适用于接近测量有危险和难进入的场合，提高检测效率。

② 利用高端接触式探头，实现转速、线速的接触式测量。

14）小型硬度计（小巧、灵便的现场硬度测试仪器）。其主要功能与应用如下：

① 适合测试多种材料。

② 能够实时显示 HV、HRB、HRC 和 HSD 等各种硬度测试值。

15）便携式工业用电子视频内窥镜（主要用于机械设备内寻找异物，同时兼用检查零件的松动、表面裂纹、锈蚀情况、焊接质量、交错孔加工误差或磨损等）。其主要功能与应用如下：

① 基于高端电子技术、光学技术及精密机械技术的新型无损检测仪器，在监视屏上直接显示出观察图像。

② 具有更高分辨率、图像清晰，被检部位形状准确，增大有效探测距离。

16）便携式超声波流量计（是利用频差法准确测量管道内流体的流量、流速的仪器）。其主要功能与应用如下：

① 利用多位 LCD 屏选择的工程单位，同时显示瞬态流速和总体流量。

② 利用频差技术，当传感器接收反射超声时，因管道中的液体处于流动状态，则发生与流速成比例的频率（相位）移动，信号处理器能转换为流速信号，使流量计具有更高的精度与测试稳定性。

第二节 智能状态监控技术

一、智能状态监控技术的产生、内容及作用

现代化工业机械设备越来越大型化、复杂化、自动化。工业经济的持续发展，对机械设备的依赖程度越来越大，对全面掌握机械设备的技术状况越来越迫切。为了保障现代机械设备的安全可靠运行，随着普通仪器仪表监控技术的发展和应用，进一步产生了智能状态监控技术。

智能状态监控的关键技术内容包括：对获取及记录的数据资料进行科学分析（涉及数据挖掘、大数据分析、深入学习、云计算等），如通过智能系统将机械设备规范运行参数与现场采集参数进行比较，或将状态图谱与数据库中的案例状态图谱进行比较；当监测的参数或状态超过初始限值或阈值，进而做出相应对策，这些对策包括对机械设备的状态进行安全调控、参数调控、自愈调控、优化调控以及维护保养等，其中执行机构往往通过控制系统自动进行或根据分析结果人工干预进行。

智能状态监控技术促进了机械设备状态监控技术水平的明显提升，具体表现为：

1）通过 ERP、EAM 等管理信息化系统的应用来优化设备智能工业监测的各项流程。

2）实施智能状态维修，对机械设备监控管理体制进行创新。

3）越来越多地采用智能状态监控技术来管理企业的重点机械设备。

智能状态监控技术推动了企业机械设备管理水平的升级。企业的主要生产设备不仅本身价值越来越高，而且其维护费用占据的企业费用越来越大，对企业主要机械设备实施智能状态监控，实现机械设备状态的自动监测、自动报警、智能辅助诊断及智能调整控制，可以最有效地实现机械设备状态受控，在人员分流和费用减少的情况下保证机械设备的高效、安全可靠运行，可为企业带来以下益处：

1）实现重要机械设备的状态预知维修，延长机械设备检修间隔时间。

2）保障机械设备运行可靠安全，减少人为带来的安全风险。

3）智能点检与EAM结合，推动设备工程技术与管理升级，促进向智能维修、优化检修的方向转变。

二、智能状态监控的发展趋势

在智能状态监控的核心技术方面，智能状态监控技术将进一步从智能采集、智能分析、智能报警与预测、智能调控等方向发展，主要包括：

1）应用机械系统信息化技术监控及优化机械设备运行与维护的各个流程，使机械系统的工作负荷、工作效率、工作能耗、工作效益等指标处于最佳范围内。

2）发展及推进现场机械系统运行故障预测预估技术，使操作人员能够及时进行运行参数调整，提前采用安全保障措施，并为实施预知维护、智能维护提供科学依据与技术支持。

3）建立机械系统状态全息图，在机械系统故障诊断实践中实现工作状态的判定与发展趋势分析。

在智能状态监控技术的发展新趋势方面，今后将逐步延伸到智能感知、智能服务等方向进行开发，例如：发展及应用状态感知技术，发展及应用智能服务技术，发展生产流程智能服务技术。

在状态监控与智能技术的进一步融合中，将广泛利用互联网、物联网等现代信息化技术，结合大数据与深入学习技术、云存储及云计算技术、虚拟仪器技术等，对大量机械设备运行状态信息应用智能状态监控技术进行综合全面的分析，为故障的发生、发展、预测及控制，提供科学全面、标准化支持，为专家系统的有关效能性、准确性提供科学的支撑。

在工业生产中，未来的智能工业监控技术将重点围绕大机组在线智能工业监控站、推进设备状态综合监控系统、持续改进高速旋转大设备智能工业监控等方面展开。

三、智能状态监控的典型实例

1. 建立大型机组在线智能工业监控站的实例

针对企业最关键的大型机组而推出实时在线监控解决方案，适合对电力、石化、冶金等行业的关键机组进行在线监控，如汽轮发电机组、大型风机组、涡轮机组、压缩机组等，实现对机械设备振动信号的多通道等转速采集以及温度、电流等工艺量信号的同步监控。一台大型机组在线智能工业监控站可同时接入多路振动量信号、多路工艺量信号、多路转速量信号等。

（1）在设计上提升监控系统可靠性

1）全集成结构。针对在线监测的需求而量身定做的硬件，采用多种综合结构，集信号调理、电源、数据处理和通信于一个箱体内，这样将大幅度减少硬件的散热量，且无硬盘、风扇等易损部件。

2）协调处理。采用FPGA对多通道进行转速触发采集，用DSP对采集数据做预处理和算法分析。

3）硬件保护。采用软件固化和高级电路，保证系统的稳定，可完全避免病毒的感染，保证系统异常死机的及时恢复。

4）电源设计。双路电源冗余，保证在电力存在的任何时刻系统均能正常工作。

5）完备的自检功能。系统采用模块化设计，对每一独立部分的状态都能进行检测，及时把异常报告提交给软件系统。

（2）在信息获取与处理上提高数据可靠性及分析能力

1）具有较大的动态范围。调理部分能具备高达几千倍的放大，使得系统动态范围得到扩大，保证弱信号的准确获取。

2）具有较宽的分析频率以及较强的计算能力。提高系统的分析频率，通过DSP可对采集的数据进行实时计算。利用云计算、大数据等现代计算分析技术，提高数据处理能力。

3）具有黑匣子装置。系统具备多种保存触发功能，把用户关心的数据都能保存下来，触发前、后的保存数据长度将由用户设置。

（3）监控系统具有良好的可扩展性及兼容性

1）系统采用模块化设计，每个在线智能工业监测站采集箱的最大配置可达多路振动通道、多路工艺量、多路转速量，可对数台设备进行全面智能监控。

2）振动兼容加速度、位移等传感器，并可以提供恒流源给各种类型的加速度传感器和涡流传感器。

3）转速通道可以接受光电传感器、涡流传感器、霍尔传感器等不同类型的转速传感器的信号。

（4）监控系统具备易用性及综合应用性

1）触摸屏与键盘、鼠标接口并存，良好的人机界面，可以使用U盘备份数据，输入、输出灵活配置。系统采用高端的液晶显示器，现场将可以看到系统的工作状态，并能看到数据的动态显示。

2）设备检测检验系统由机械设备状态监控与管理系统、设备综合维检系统和在线监测系统组成，如通过建立TPCM型工厂设备状态监控与管理系统，使设备离线巡检与在线监测系统有机结合，与资产管理平台EAM/SAP等实现数据共享。典型的TPCM型工厂设备状态监控与管理体系如图15-2所示。

3）建立设备综合维检系统，实现机械设备运行的有效监控与维护，有利于机械设备安全可靠、高效经济运行及科学维护。

4）融合在线监测系统和设备综合维检系统，通过系统运行实现智能逻辑数据采集、智能诊断、智能报警、智能调控，适应特殊环境、极限条件、变工况、超低速等复杂情况的机械设备的状态监控和诊断。

2. 提升设备状态综合监控系统的实例

1）状态综合监控系统在企业应用中取得成效并不断完善，尤其在远程监控中发挥着日

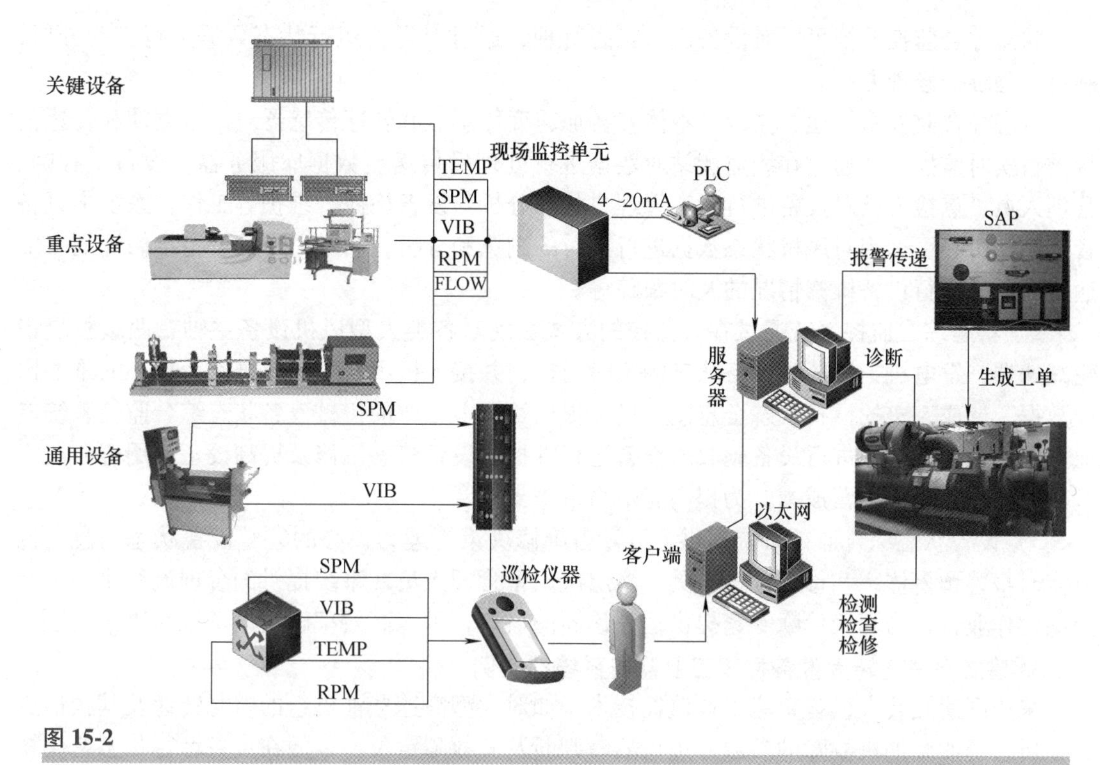

图 15-2

典型的 TPCM 型工厂设备状态监控与管理体系

益重要的作用。典型的状态综合监控系统如图 15-3 所示。

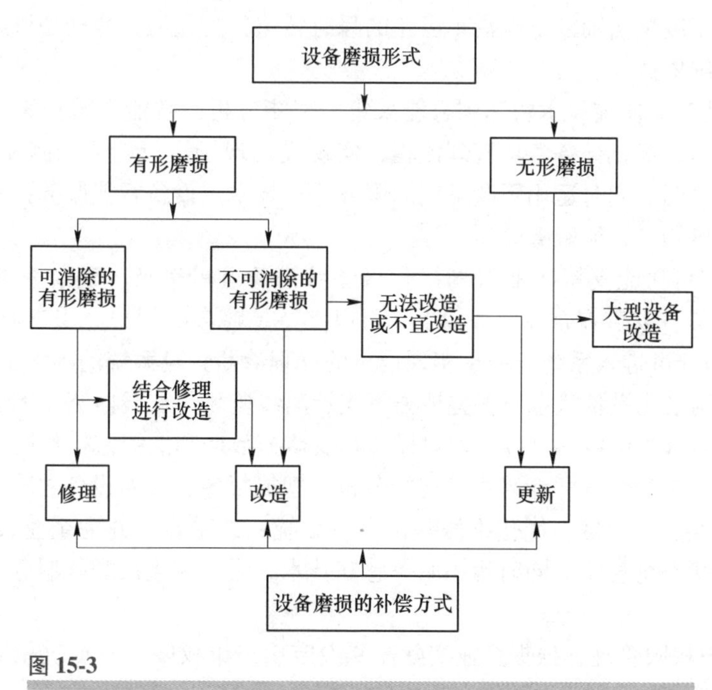

图 15-3

典型的状态综合监控系统

状态综合监控系统可以对设备进行状态管理，通过对设备运行状态数据进行实践分析，制定合理维护修理方案。

状态综合监控系统通过在设备本体安装加速度传感器和转速传感器对设备振动和转速信号进行实时监控，并通过在线监测站对数据进行处理后传送至数据库服务器。设备工程师、管理人员、点检人员对设备进行状态管理、状态分析与设备检修、维护等工作，系统中设备管理高端中心可远程对风机状态数据进行实时的浏览和分析，制定科学的设备维修计划、下达指令，并进行设备维修情况的及时跟踪等。

2）状态综合监控系统通过在线监控的方式实现对各类大型风机设备主轴、两级行星齿轮减速器、发电机、塔体等设备状态的实时受控，并接入机组现有的以维修为核心的重要监控数据，形成完整的设备状态全息图。通过提供给风电企业的机械设备状态综合监控系统专业方案，为风电企业进行设备验收、设备运行维护、设备状态维修及提高设备使用寿命奠定基础，使企业降低运营成本，为提高竞争力带来支持。

3）设备状态综合监控系统提供了以设备维修决策管理为核心的完整设备状态信息，拥有实时报警预警体系和诊断分析工具，多层次设备管理人员在系统提供的合理流程化的平台上共同作业，也为高级诊断专家提供远程诊断的窗口，可以高效率解决设备维修决策问题。

3. 建立高速旋转大设备智能工业监控系统的实例

采用高速旋转大设备智能工业监控技术，如对大型高速柴油机组的瞬时转速及其频谱进行分析，提取柴油机故障的参数并进行故障判断及其故障定位，以便在设备运行状态恶化初期发现并及时准确地进行调整修复，将故障消灭在萌芽状态，确保生产安全可靠运行。代表性的大型高速柴油机组在线故障诊断系统将由上止点传感器、转速传感器、气缸监测仪组成；系统具有状态检测、显示记录、故障报警、数据存储及查询等功能；该系统设置多个电转速传感器，用于测量曲轴输出端盘车齿轮的瞬时转速，为大型高速柴油机组气缸做功的诊断系统提供了详细依据。

1）运用智能工业监控技术将达到智能采集、智能分析、智能报警预警，通过对设备信息化、智能化管理，优化设备各项管理流程，实现设备现场运行趋势预测和故障预测预估，建立设备状态全息图。同时运用不断发展的服务感知技术、设备智能服务技术、生产智能服务技术达到智能感知、智能服务。

2）先进的网络功能支持企业对网络化设备状态管理的需要，通过企业的 Internet 网，采用 B/S 结构，软件安装在企业服务器上，可以支持足够多的用户。用户通过 IE 浏览器输入服务器的 IP 地址可进入系统，便于实现设备的远程诊断，且系统的维护工作明显减少。

B/S 结构的网络化设备状态监测整体方案支持离线监测、在线监测及无线监测方式，兼容所有的 RH 系列监控仪器，可以实现对设备在线监控数据和离线监控数据的统一管理与分析，实现对设备状态的数据智能采集、智能分析、智能报警，并对设备故障进行早期诊断与趋势预测，为企业点检定修、优化维修提供了一个统一的平台，并为企业 ERP、EAM 系统提供科学的设备状态全息图，同时运用服务感知技术、设备和生产智能服务技术达到智能感知及智能服务。

3）完善用户权限管理，根据企业实际需要设定用户组权限，并提供相应的密码保护功能，保障系统安全、有序地运行。

① 根据企业实际需要设计直观的树形数据库结构，建立集团到分厂、到车间、到设备、

到数据测点的完整清晰的数据库结构，并把报警等级指示显示在各结构层次的图标上。

② 设备智能工业监控系统提供报警设置功能和设备状态模块，使用户对设备状态一目了然，且可以迅速识别有问题的区域，方便数据采集点检确定、数据回收等，系统同时支持临时任务数据的回收和转移。

第三节　机械系统故障诊断技术

机械系统故障诊断技术是人们从医学中吸取其诊断思想而发展起来的状态识别技术，即通过对故障的信息载体以及各种性能指标的监测与分析，进而了解运行机械系统当时的技术状态，查明机械系统发生异常现象的部位和原因，或预测、预报有关机械系统异常、劣化或故障的趋势，并做出相应对策的诊断技术。

机械系统故障诊断技术旨在有效地揭示系统中故障的原因及特征，分析故障的类型及程度；还能够发现事故隐患，以便及时排除故障，预防恶性事故，避免人身伤亡、环境污染和巨大经济损失。机械系统故障诊断技术已渗透到机械系统的设计、制造和使用等各个阶段，并使机械系统的寿命周期费用达到最经济，并将不断提高机械系统运行可靠性、维修性，减少停机时间，大幅度地提高生产率，创造社会和经济效益。

机械系统故障诊断技术是机械电子技术、计算机技术、现代测试技术和人工智能技术等多项先进技术交叉和综合而迅速发展起来的现代技术，是现代化生产和先进制造技术发展的必然产物，是保证机械系统安全运行和实现科学维护的关键技术之一。随着现代化工业设备不断发展，特别是智能分析、云计算、大数据分析、互联网+等新理论、新概念的不断涌现和逐步推广，通过信息获取、信息认知、信息决策、信息执行手段推进，故障诊断技术也将不断开发和应用。

一、故障诊断的主要技术内容、基本类型、典型方式及一般流程

机械系统故障诊断技术能够产生巨大的经济效益和社会效益，因而该项技术在国内外发展迅速，应用也越来越广泛。近年来，高档微处理器不断更新且价格迅速下降，适合数字信号处理的分析和计算方法不断优化，数据处理速度和精度大为提高，为在工业现场应用故障诊断技术进一步创造了条件。

1. 故障诊断的主要技术内容

随着计算机技术和相关技术的发展，故障诊断技术已经逐步发展成为一个复杂技术的综合体，包含了模式识别技术、形象思维技术、可视化技术、建模技术、并行推理技术、信息融合技术及数据压缩技术等。只有充分发挥这些技术的作用，才能有效地改善故障诊断的推理诊断能力、智能处理能力、信息综合能力和知识集成能力，推动设备故障诊断技术向着数字化、自动化、信息化、智能化、集成化和网络化的方向发展。故障诊断从技术流程上看包括信号采集、信号处理和故障分析等主要内容。

（1）信号采集技术　只有采集到反映机械系统实际运行状态的各种信号，监测与诊断才有意义。在信号采集技术中，传感器技术是重点。所应用的传感器按功能分为振动传感器（位移、速度、加速度、烈度）、声级计、声发射传感器、转速传感器、温度传感器、压力传感器、流量传感器、电量传感器、油液传感器等。以往对传感器的研究偏重硬件方面，要

求其具有良好的动态特性、灵敏度、稳定性和抗干扰能力强等，但随着监测与诊断系统的庞大化和复杂化，传感器的类型和数量急剧增多，形成了传感器群，从而带动了传感器如何布局的研究。由于传感器的组合不同，提供了设备不同类型、不同部位的信息，由此产生了信息融合技术研究。

（2）信号处理技术　信号处理的研究是机械系统运行状态监测与诊断技术的关键，也是理论和方法研究的热点之一。原始信号大部分不能直接利用，必须利用信号分析与处理技术对信号进行分析，以得到能够敏感反映机械系统运动状态的敏感特征因子，因此敏感特征因子的确定和提取技术是机械系统运行状态监测与诊断技术中的关键内容。在系统动态信号处理及系统集成方面，相关新技术涉及早期故障微弱信号处理技术、空间域滤波的预处理技术、Vold-Kalman 滤波的多轴阶比信号分析技术、适于非平稳信号的基于 Wigner-Ville 分布分析、小波（Wavelet）变换方法、混沌分析方法、智能传感与检测技术、VXI 和 PXI 等相关总线技术、现场总线和远程网络技术、智能仪器及虚拟仪器技术等。信号处理每一种新技术在机械系统故障诊断中的应用，都是对故障诊断技术的一次有力推动。

（3）故障分析技术　机械系统故障分析研究是机械系统运行状态监测与诊断技术的核心，监测的内容主要是识别机械系统的运行状态是否正常，故障分析主要是对运行状态异常的机械系统进行故障原因分析。

故障分析技术根据不同的信号类型分为振声诊断、温度诊断、油液分析、光谱分析等。在技术发展前期，受技术条件限制，仪器处理后的信号主要靠人工去分析。例如：对油液中颗粒大小和形状的分析，只有有经验的专家和技术员才能将它和故障联系起来。随着人工智能技术的发展，故障分析智能化逐渐成为现实。基于知识的专家系统通过人机对话，能较为准确地诊断出各种常见故障，在诊断中已有成功应用。模糊理论由于具有处理不确定信息的能力，因此通常和专家系统相结合，作为前处理和后处理。人工神经元网络具有强大的并行计算能力、自学习功能和联想能力，适合作为故障分类和模式识别。神经元网络基于大规模的数值计算，具有学习能力，但不具有解释能力；专家系统是基于符号的推理系统，存在知识获取困难的缺点，但具备解释能力；神经网络与专家系统优势互补，两者结合有良好的应用前景。演化算法适合故障诊断中的推理和网络结构的优化，具有较强生命力。

信息融合利用各种信息提高故障分析的准确率。单维的信息显然具有局限性，根据信息论原理，由单维信息融合起来的多维信息，其信息含量比任何一个单维信息含量都大。目前进行信息融合的方法主要有 Bayes 推理、Kalman 滤波、D-S 推理等。近来利用神经元网络进行信息融合显示了巨大优势。

短时傅里叶变换（STFT）以及进一步发展起来的小波变换（WT）、分形（Fractal）和混沌（Chaos）、盲源分离、支持矢量基、故障自愈等方法在故障诊断中的应用，为传统的故障诊断技术带来了新的生机与活力，为提高故障分析能力提供了新的方法。智能故障分析能够从提取的机械动态信号中刻画出故障的内在复杂性，表征设备的故障机理，有效控制故障的进一步劣化。相关知识挖掘、知识库、专家系统以及深度学习智能技术等将对故障诊断技术发展产生不可估量的作用。

近年来相关的人工智能、云计算、大数据分析等新方法迅速发展，为海量特征信息的集成、挖掘与利用提供了有力的支持。

2. 故障诊断的基本类型

机械系统故障诊断通常包括初级故障诊断和精密故障诊断两种基本类型。

1）由现场作业人员实施初级故障诊断。

2）由专门人员实施精密故障诊断，即对在初级故障诊断中查出来的故障现象，还要进一步开展精密故障诊断，以便确定故障的类型，了解故障产生的原因；预估故障的危害程度，预测其发展；确定消除故障、恢复设备正常运行的对策。

初级故障诊断和精密故障诊断是普及和提高的关系。机械设备故障诊断技术的两种基本类型如图 15-4 所示。

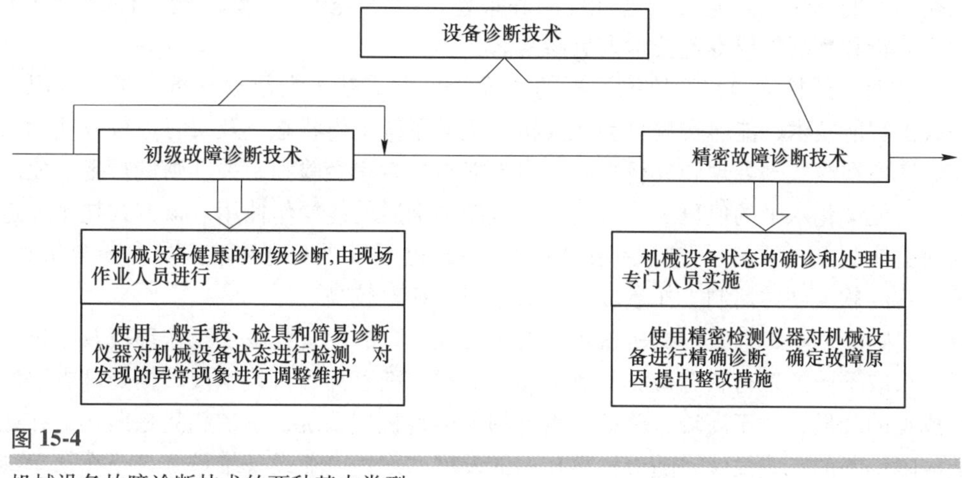

图 15-4

机械设备故障诊断技术的两种基本类型

未来故障诊断技术不仅需要具体的现场测试和分析，还需要运用应力定量技术、故障检测及分析技术、材料强度及性能定量技术等。精密故障诊断技术的构成及内容如图 15-5 所示。

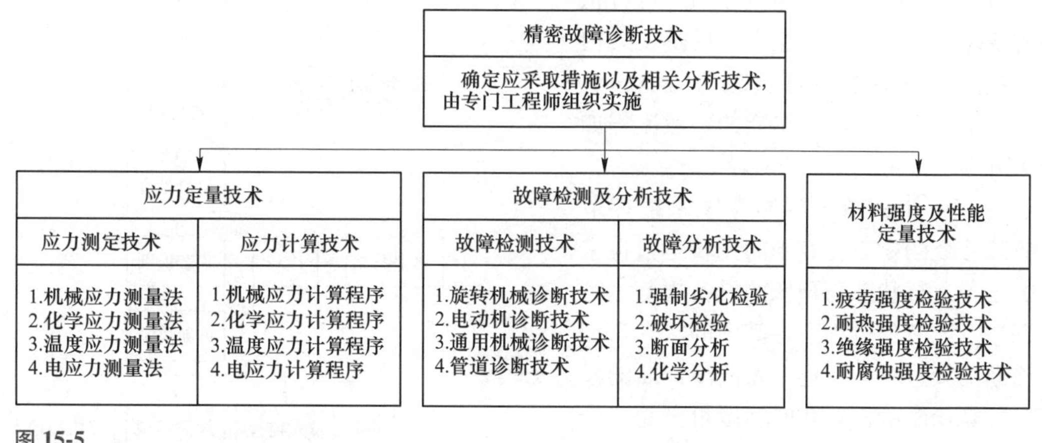

图 15-5

精密故障诊断技术的构成及内容

3. 故障诊断的典型方式

故障诊断技术发展至今，国内外较典型的故障诊断方式可以大致分为三种。

（1）离线定期检测及故障诊断的方式　测试人员定期到现场用传感器依次对各测点进行测试，并用记录仪器或存储仪器记录信号，数据分析由专业人员在其信息处理系统上完成，或是直接在便携式内置微机的仪器上完成。由于该方式成本较低，使用方便，在早期应用中普遍采用。但是采用该方式的测试工作较烦琐，需要专门的测试和故障分析人员；由于是离线定期检测，因此难以及时避免突发性故障。

（2）在线检测、离线分析及故障诊断的方式　也称为主从机监测与诊断方式，在机械系统的多个测点均安装传感器，由现场微处理器对各个测点进行数据采集和处理，在主机系统上由专业人员进行状态分析和故障判断。相对离线定期检测与故障诊断的方式，该方式免去了更换测点的麻烦，并能在线进行检测和报警，但是该方式需要离线进行数据分析和判断，而且分析和判断需要专业技术人员参与。

（3）实时在线检测与智能故障诊断的方式　该方式基于大数据分析、深入学习、专家系统等人工智能技术，能够实现自动在线检测机械系统工作状态以及实时进行故障诊断及预报，能够实现在线数据处理和分析判断，由于能根据专家经验和有关准则进行智能化的比较和判断，较低文化水平的值班工作人员经过短期培训后就能操作使用。该方式技术先进，不需要人为更换测点，不仅不需要专门的测试人员，也不需要专业技术人员参与分析和判断；但是该方式的软、硬件研制工作量较大，应用成本相对较高。

目前实际应用中，通常根据机械系统的重要性、事故危害程度、工作环境及维护方式等不同需求采取不同的运行状态检测与故障诊断方式。随着计算机技术及数据处理方法的发展和应用成本的降低，对于高端、关键及重要的大中型机械系统，总的趋势是向实时在线检测与智能故障诊断的方式发展。随着科学技术的发展，现代企业设备维护方式正在从单纯的定期检测、巡回检测与检修，逐渐向长期连续检测与预测性维修方式过渡。

4. 故障诊断的一般流程

机械系统故障诊断技术是识别机械系统运行过程的技术，也是机械系统运行状态的变化在故障诊断信息中的反映，其内容包括对机械系统运行状态的监测、识别、预报等方面。故障诊断的一般流程如图15-6所示。

图15-6中的故障诊断专家系统环节是故障诊断的核心，其中的比较是指将未知的设备运行状态与预知的设备规范运行状态进行比较的过程。在其中的状态识别与诊断决策过程中，还涉及故障诊断的模式，故障诊断的模式按时间段可分为三个阶段，即：

前期诊断——设备开动前（或故障发生前），根据某一特定的设备状态，从实际检测的经验，运用概率统计的数学手

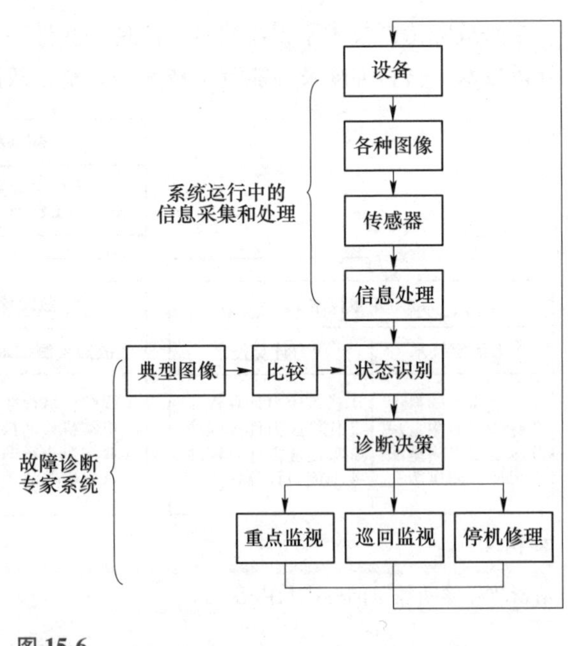

图15-6
故障诊断的一般流程

段，来预测某设备的缺陷、异常或故障的发生。

中期诊断——在设备运行中进行状态监测，掌握设备故障萌芽前运行状态。

后期诊断——故障发生后（或异常状态出现后）进行诊断，确定设备故障或异常的原因、部位和故障源。

二、故障诊断技术的发展趋势

近年来工业经济持续发展，机械系统的类型和数量不断增加，特别是高端机械装备数量增加明显，迫切需要大力开发和应用机械系统故障诊断技术及早期故障预报技术，以满足机械系统安全可靠、高效运行的要求。

机械系统故障诊断技术正在从单纯的故障排除，发展到从系统工程观点出发，涉及系统设计、制造、安装、运转、维护保养到报废的全过程。

随着现代企业管理水平的提升，一些企业还开始将机械设备故障诊断相关模块融入企业的管理系统，进一步促进了传统制造业的技术及管理体系的升级改造。

故障诊断技术的发展趋势可以归纳为以下几点：

1）从采用初级故障诊断技术向采用精密故障诊断技术发展，越来越注重智能故障诊断技术的研发及应用，为运行操作人员提供及时的信息，能够指导及合理调整及优化设备运行参数，能够迅速查明故障原因，尽量减少或避免由于生产废品、整套设备突然停止运转以及突发恶性事故而造成的重大经济损失和人员伤亡。

2）随着生产工艺复杂化及精密化，从设备的诊断延伸到对工艺过程和产品质量的诊断，对生产工艺过程进行诊断、预报及控制，从而有利于提高生产水平，保证高质优产，实现节能减排。随着对机械设备安全可靠性要求的提升，故障诊断技术将在对投产前的设备进行试车验收，样机性能对比，改进设备结构及优化设计等方面发挥更重要的作用。

3）推进实现设备的在线、实时、动态的故障诊断，构建基于远程网络的故障监测中心（平台），以保证各类设备及生产自动线的可靠运转，实现企业及企业集团机械设备群异地健康监测与分析，特别是适应数字化、自动化、网络化、集成化及智能化系统的故障诊断需求。

4）发展设备状态趋势预测技术，从局部推测整体、由当前预测未来，从单纯的故障事后分析判断发展到早期故障诊断及早期故障预报，帮助维修人员早期发现故障，预测故障影响，实现有计划、有针对性地维修，延长检修间隔期，缩短停机时间，提高修理质量，减少备件储备，制定科学的维修计划，将常规检修次数减至最少，最大限度地提高设备的维修和管理水平。通过采用视情维修减少事故率，降低设备维修费用。

5）将故障诊断技术与运行状态结合，在状态监控、故障诊断及故障预警技术融合的基础上，进一步实现机械系统工作状态优化控制及故障自愈。例如：故障诊断系统的输出信息驱动机械设备安全保护装置，在线实时调整机械设备及关键部件的运行参数，实现故障事先预防、故障征兆预测控制，以至控制机械设备能够在节能减排、安全低耗状态下优化运行等。

6）将故障诊断技术进一步嵌入到科学维护系统，使之有利于合理安排机械设备生产调度以及为实行动态科学维修创造条件，有利于在避免机械设备恶性事故前提下，延长维修周期，减少过剩维修，降低维修成本，减少维修备件库存及资金占用，提高机械设备利用率。

进一步嵌入的系统涉及预知维修系统、主动维修系统、IM智能维修或自维修系统、CM改善维修系统、FMEA/EFMEA前瞻性预测维修系统、RBI（Risk Based Inspection）基于风险的检验系统、RCM以可靠性为中心的维修系统、ACM以利用率为中心的维修系统等。

7）将故障诊断系统作为企业机械设备信息化管理系统的组成部分或子系统，通过进行故障诊断的模块化集成有利于传统制造业管理体系的升级与改造。相关系统涉及：企业管理系统——ERP企业资源规划、SAP企业管理平台、EM设备管理信息系统；人员管理系统——TPM全员生产维修（相应点检维修）；资产管理系统——EAM企业资产管理系统、LCC寿命周期费用管理系统；安全管理系统——HSE危害识别与风险控制管理系统（健康——Health、安全——Safety、环境——Environment三位一体）、（Hazard and Operability Analysis）HAZOP危险与可操作性分析系统、SIL（Safety Integrity Level）安全完整性等级分析系统等。

从机械设备管理的角度，对大型机组与过程装备通过故障诊断技术开发和应用，实现机械设备一生的寿命周期费用最经济。故障诊断技术将在机械设备全寿命周期内发挥重要的管理功能，使机械设备具有状态自动判断的功能。图15-7所示为机械设备全寿命周期故障诊断的技术路线图。

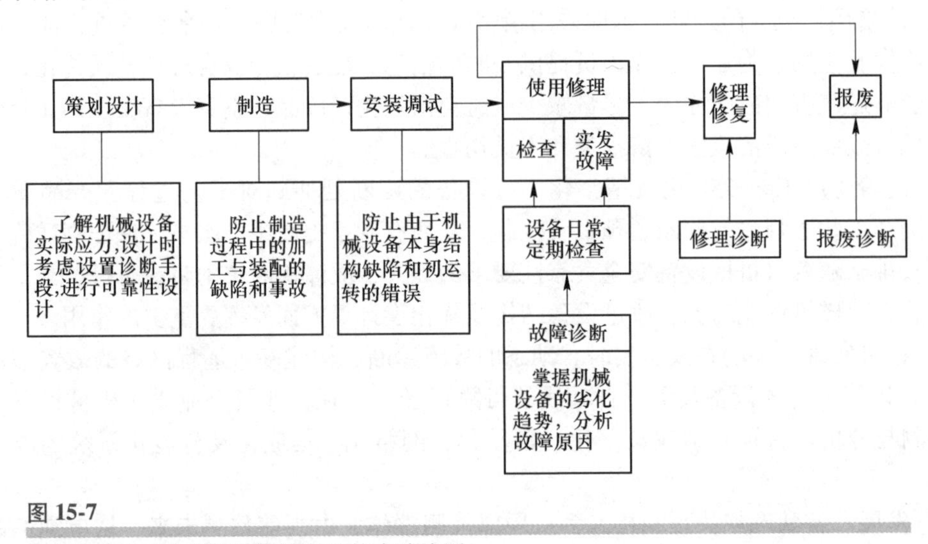

图 15-7

机械设备全寿命周期故障诊断的技术路线图

三、故障诊断技术的应用实施

为了保障机械系统安全可靠服役、高效节能运行、稳定产品质量及改善工作条件等，机械系统故障诊断关键技术及物化系统不断优化并在工程中应用。

面向工程中的多种应用需求，相继发展了相应的多种故障诊断技术，如振动监测诊断、声响监测诊断、声发射诊断、温度监测诊断、红外测温诊断、应力应变分析诊断、油样分析诊断、铁谱和光谱分析诊断、泄漏检测诊断、腐蚀监测诊断等，又如裂纹检测诊断、无损检测诊断、厚度精细测量诊断等，形成具有特色的故障诊断技术，基于这些故障诊断技术研发了故障诊断装置与系统，并构建了相应的典型故障模拟诊断试验平台，其中的关键技术涉及相关的信号采集、数据处理、调控系统、维护策略等。

1. 故障诊断技术的应用实施过程（见表 15-1）

表 15-1　故障诊断技术的应用实施过程

时期	阶　段	采用有效技术
前期	规划、研制、设计制造、更新改造	分析和预测可靠性、维修性；研究维修方式；开发检测和诊断技术；可靠性、维修性设计
中期	使用、维修	定期的计划预修；状态监测维修；点检；可靠性和维修性的长期监测
后期	使用、维修、试验、报废	分析故障和异常的原因；计算可靠性、维修性的极限值；故障分析

2. 大机组、过程装备的设备故障诊断技术的应用

随着工业经济的进展，大型机组、过程装备及装置，尤其是流程型的成套设备，迫切要求采用先进的设备故障诊断技术，以便发挥最大的生产和经济效益，从而促进了设备故障诊断技术的迅速发展与越来越广泛的工程应用。

信物百年
新中国第一台
水轮发电机组

设备故障诊断技术的典型应用（1），见表 15-2。

设备故障诊断技术的典型应用（2），见表 15-3。

表 15-2　设备故障诊断技术的典型应用（1）

分类	设备对象	诊断技术	典型应用
机械零件	1）滚动轴承 2）滑动轴承 3）齿轮装置等	1）振动声响法（包括冲击脉冲法、振铃法、高频振动法等） 2）电阻法 3）速度变化法 4）油品分析法 5）温度法 6）声发射法	滚动轴承的诊断采用冲击脉冲法、振铃法、高频振动法等。滑动轴承的诊断采用振动声响法和电阻法等。齿轮装置的诊断应用振动声响法、声发射法、油品分析法等，并进一步研究几种诊断方法的融合技术
传动机构	1）传动轴 2）高速旋转体 3）车轴	1）振动声响法 2）声发射法 3）振动模态法	在传动轴、车轴的裂纹检测方面，进行以振动模态法和声发射法的研究与应用。对于高速旋转体的异常振动的诊断，如美国进行了相关研究与应用
流体机械	1）水力机械（水轮机、水泵等） 2）油压机械（泵、缸、阀） 3）空气机械（空压机、风机）	1）振动声响法 2）压力脉冲法 3）空气中超声波法 4）温差法 5）效率测定法	压力脉冲法用于水轮机（扫描上方二维码观看相关视频）、泵等设备的诊断，研究表明是一种十分有效的方法，正在进入实用阶段。对阀的泄漏检测一般采用温差法和空气中超声波法
原动机	1）发动机 2）汽轮机 3）油压电动机等	1）振动声响法 2）气体流动分析法 3）效率性能法 4）气体分析法 5）压力脉动法	对于原动机的诊断，进一步应用于飞机、船舶、运输车辆的发动机上 对于叶轮机械的诊断系统，正在开发及进入应用阶段

（续）

分类	设备对象	诊断技术	典型应用
加工机械	1）工作母机 2）剪切机械 3）焊接机械等	1）振动声响法 2）负载电流法 3）火花检测法	对于工作机械振动的诊断和加工性能的诊断，近年来逐步加强了系统性研发。最近研发的具有自动诊断功能的装置和仪器仪表，具有一定先进性
工程结构	1）受压容器 2）结构件 3）管道系统 4）焊缝	1）声发射法 2）红外摄像法 3）机械阻抗法 4）超声波法 5）腐蚀监测法 6）振动声响法	对于受压容器和结构件，特别是海上风力发电和采油平台设备，声发射法获得应用推广。塔、槽等的壁厚测定和腐蚀诊断，除了已有的无损检测外，超声波法和机械阻抗法等也在不断开发与应用
电力设备	1）旋转电动机 2）静止电力设备 3）动力电缆	1）振动声响法 2）电流分析法 3）绝缘诊断法 4）整流诊断法 5）故障点规（标）定法 6）旋转速度变化法	绝缘诊断、整流诊断及故障点规（标）定法等电气诊断技术将不断研发使其具有更多实用价值。最近振动声响法和电流分析法以及旋转速度变化法等，已进入实用阶段，使这类诊断技术的可靠性大为提高
控制系统	1）电动机控制系统 2）液压控制系统 3）仪表控制系统	1）卡尔曼滤波法 2）传递函数法 3）系统固定理论 4）统计控制理论 5）多变量分析法	各种控制系统的发展，尤其是随着液压控制系统等向高精度、大规模方向发展，使这类诊断技术不断强化开发，传递函数法已经进入初步实际应用

表15-3 设备故障诊断技术的典型应用（2）

分类		停机/不停机	故障部位	典型应用
1）目观		停机与不停机	限于外表面	包括很多特定的方法，将广泛用于发动机的定期检查、检测及诊断
2）温度监测		不停机	外表面或内部	从直读的温度计到红外扫描仪得到应用和不断改进
3）润滑液监测		不停机	润滑系统的所有部位，通过磁性栓、过滤器或油样等	光谱和铁谱分析装置等，在现场用来测定其中元素成分
4）泄漏检查		停机及不停机	承压零件	利用仪器仪表，采用特定方法进行监测与诊断
5）裂纹检查	① 染色法	停机与不停机	在清洁表面上	用于查出表面出现的裂纹及分析发展趋势
	② 磁力线法	停机与不停机	靠近清洁光滑的表面	磁性材料对裂纹取向敏感研发与应用
	③ 电阻法	停机与不停机	在清洁光滑表面上	应用于对裂纹取向敏感，可查出裂纹深度

（续）

分类		停机/不停机	故障部位	典型应用
5）裂纹检查	④ 涡流法	停机与不停机	靠近表面，但探极与表面过于接近对监测结果有一定影响	测出多种不同的材料不连续性，如裂纹、杂质、硬度变化等
	⑤ 超声法	停机与不停机	在清洁光滑表面上	对方向性敏感，作业时间长，通常用于其他诊断技术的辅助手段
6）腐蚀监测	① 腐蚀检测仪	不停机	管内及容器内（包括设备内外表面）	测出 1μm 的腐蚀厚度
	② 极化电阻及腐蚀电位	不停机		测出有否腐蚀现象及量值
	③ 氢探极	不停机		氢气扩散入薄壁探极管内，检测出腐蚀厚度
	④ 探极指示孔	不停机		测出腐蚀量
	⑤ 超声	停机		测出腐蚀厚度

3. 高端设备故障诊断的实践与试验

为进行各种状态的数控加工中心整机故障诊断，以高档精密数控机床（如车铣复合数控加工中心）为例，构建数控加工中心整机动态性能故障诊断试验平台。该平台包括高速数据采集及分析处理系统；为进行样本的获取，配置以激光干涉仪为核心的精密测量系统，实现对精密机床的精密角度测量、精密平面度测量、精密线性测量、精密回转轴测量、精密垂直度测量等；为进行机械动态特性的测试，配置 PCI-2 型声发射检测系统、压电式切削测力系统、智能信号采集处理系统、振动噪声测试分析系统等。数控加工中心整机动态性能故障诊断试验平台如图 15-8 所示。

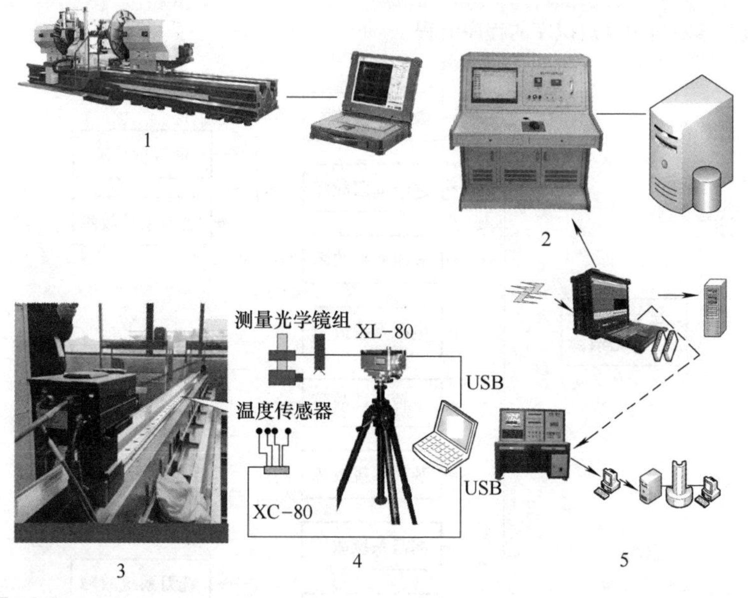

图 15-8

数控加工中心整机动态性能故障诊断试验平台

1—典型试验整机系统，主轴最高转速为 5000r/min，主轴电动机功率为 18kW

2—试验测试及试验数据样本获取分析系统 3—激光干涉仪系统

4—测量光学镜组 5—数据远程传输网络模块以及在线分析

（1）数控加工中心的样本获取　采用振动噪声测试分析系统和高速数据采集及分析处理系统，对数控加工中心实际加工时的动态特性进行测量和样本获取试验。运用压电式切削测力系统和振动噪声测试分析系统，进行主轴振动和工件受力测试及样本获取试验。运用DISP 系统对刀具的破损及磨损类故障进行样本获取试验，应用检测得到的电压信号、频率质心信号、峰值频率信号等评价刀具的磨损程度。

（2）故障诊断与预报知识库构建　依据数控加工中心结构复杂的特点，建立面向车铣复合数控加工中心的故障诊断与预报知识库。故障诊断与预报知识库的程序流程，如图 15-9 所示；同时构建基于知识粒度的车铣复合数控加工中心知识库的故障知识元模型，如图 15-10 所示。

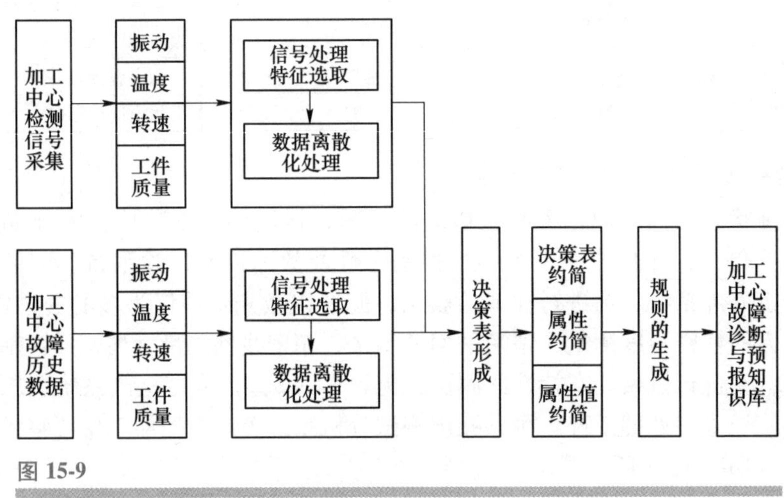

图 15-9

故障诊断与预报知识库的程序流程

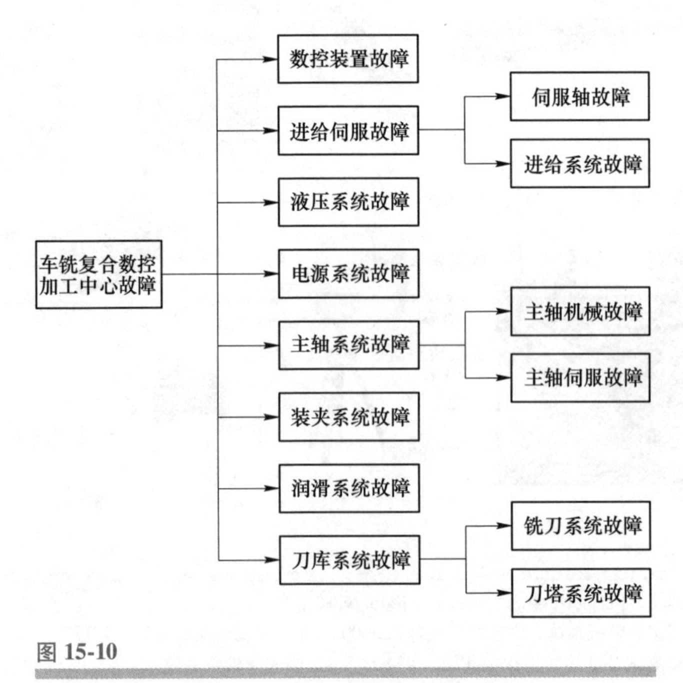

图 15-10

车铣复合数控加工中心知识库的故障知识元模型

以数控加工中心故障样本和历史测试数据作为故障诊断的属性集，以数控加工中心的故障模式构建故障信息决策表。对数控加工中心各种故障模式所需要的属性条件进行初步约简分类，用基于粒度计算原理的二进制矩阵进行属性和属性值约简，以置信度进行规则评价，进而构建数控加工中心的故障知识库和规则库。

4. 远程故障诊断及预警系统的构建与应用

随着远程网络技术发展，进一步促进了远程故障诊断预警技术的发展及应用。该项技术涉及振动测试、信号分析、故障诊断、趋势预测以及机械、流体、电子、计算机和人工智能等多门学科以及工程应用技术。

基于远程故障诊断预警技术，现代企业（企业集团）构建了设备（设备群）故障诊断预警系统，能够将工业现场在役设备及设备群的状态信息通过远程网络及数据接口传输至企业（企业集团）故障诊断预警系统，进行在线、异地的状态监控、故障诊断及故障预警，还能够通过远程故障诊断预警系统将数据分析结果和故障诊断预警结果直接反馈到企业用户，以指导用户进行针对性的设备维护修理和设备管理；必要时可将经分析判断后的反馈信号直接实时反馈到设备接口，以起动设备安全保护系统或进行设备运行状态的优化控制。有的故障诊断预警系统还可以将设备故障诊断预警系统作为现代 CNC、FMS、CIMS 机械制造设备及设备群体的智能监控系统的配套系统和升级系统，成为在设备维护方面以信息技术改造传统产业的整个体系的一个组成部分，成为先进制造系统中的一个子系统。

利用远程故障诊断预警系统能够积累大量测试数据及故障案例，通过系统中专家系统或专业人员的专业化服务，能够异地在线判别运行设备有无故障以及故障类型、原因、部位、损坏程度；甚至能够根据设备机械特性及其历史特征、设备现状以及不同故障模式，预测设备故障发展趋势，使得设备安全、高效、长周期运行成为可能，为远程在线健康状况分析、有计划支持服务、远程维护、故障处理、全生命周期管理等质保业务及运维服务提供支持，为在制造企业构建设备运行在线监测诊断中心、不间断应答中心等公共服务平台等提供条件。

随着人类对设备智能化程度要求的不断提高，远程故障诊断预警技术将随着云计算、大数据分析、互联网+等新技术和新概念越来越广泛地被应用到工业生产设备当中。在设备设计时就将设备远程智能诊断技术纳入在内。

例如：大型旋转烟气轮机机组是炼油厂催化裂化关键设备，其再生烟气中的热能和压力通过膨胀做功后转变为机械能。烟气轮机机组输出的功率用来驱动主风机或者发电机，从而达到回收能量的目的。单级烟气轮机为单级涡轮机，采用轴向进气悬臂转子结构，其大型悬臂式烟气轮机机组设计额定功率为 18000kW，实际运行功率经常在 13000~14000kW 之间。机组主要由烟气轮机、联轴器、减速器、发电机和励磁机等组成。大型旋转烟气轮机机组的结构示意图如图 15-11 所示，运行基本参数见表 15-4。

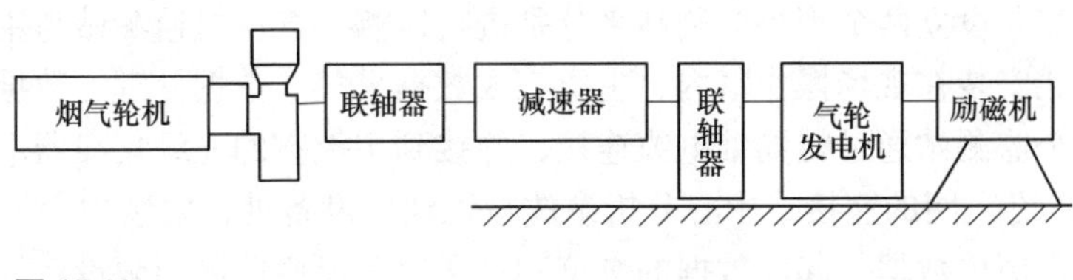

图 15-11

大型旋转烟气轮机机组的结构示意图

表 15-4 大型旋转烟气轮机机组运行基本参数

压力		温度		生产能力		介质	
设计	操作	设计	操作	设计	实际	设计	实际
入口 0.35MPa	入口 0.35MPa	入口 700℃	入口 665~700℃	18000kW/h	13600kW/h	烟气	烟气
出口 0.1072MPa	出口 0.1072MPa	出口 510℃	出口 490~510℃				

烟气入口、出口压力，烟气轮机、联轴器、发电机的振动，连接轴的轴向位移等都是表征机组正常运行的重要参数。通过构建异地的远程故障诊断预警系统掌握机组的运行状况。大型旋转烟气轮机机组故障诊断预警系统配置振动、温度、压力等传感器并安装在机组相应位置，该系统的监测点配置如图 15-12 所示。

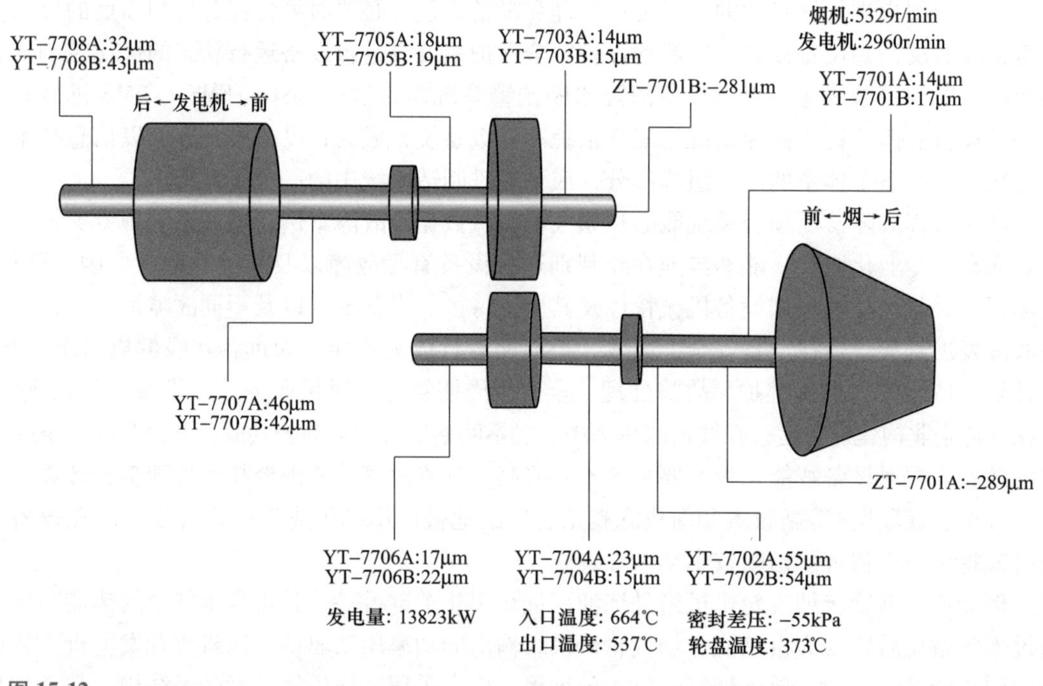

图 15-12

大型旋转烟气轮机机组故障诊断预警系统的监测点配置

根据机组分布情况，1 号和 2 号主风机与机组同在一个机房内，而气压机在相距较远的另一个机房内，需要设立两个现场监测站来分别进行监测。气压机监测站与主风机、机组监测站以盘装的方式安装在现场操作室内，主要完成数据采集、数据处理、数据存储以及现场显示等功能。两个监测站通过粗同轴电缆连接，并接到主控室的光纤集线器上，实现与全厂 MIS（管理信息系统）网的连接。中心分析站放在炼油厂设备处，安装中心分析站软件可实现机组实时数据、历史数据、起停数据的浏览和打印以及灵敏监测门限设置等功能。浏览器安装了软件并与 MIS 上的计算机连接，主要完成远程浏览机组的实时数据、历史数据和起停数据的功能，通过远程数据传输获取大型设备机组的相关数据。

建立远程网络设备故障预警服务中心，将状态监测系统安装在最终用户端，利用现场监测系统采集数据，该数据传递给构建的远程网络设备故障预警服务中心。该故障预警服务中心由高性能远程中心服务器、多个企业级旋转机械状态监测系统等组成。大型旋转烟气轮机机组远程状态监测系统如图 15-13 所示。

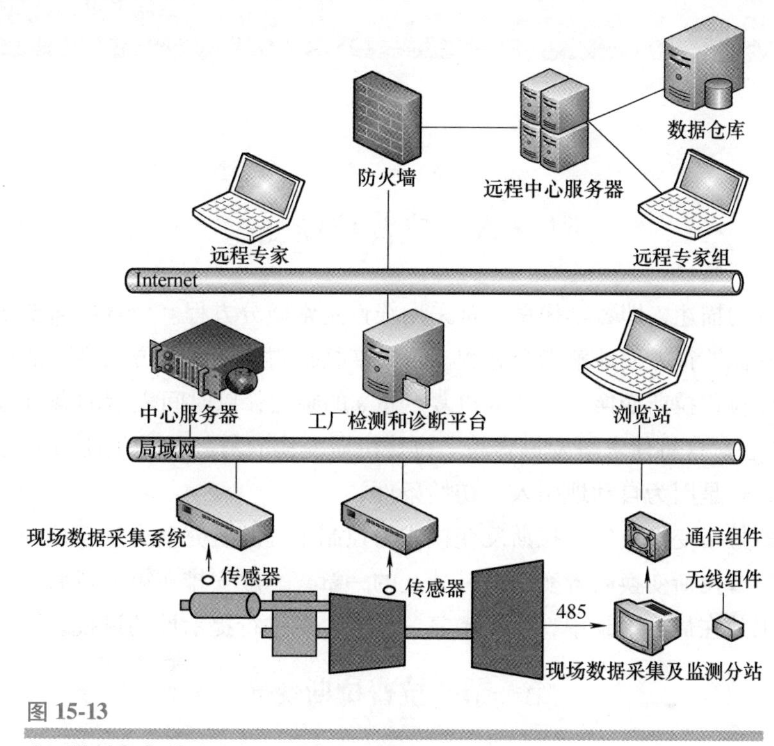

图 15-13

大型旋转烟气轮机机组远程状态监测系统

远程中心服务器由大型数据服务器和专用软件等组成，完成对多个代理服务器远程监测系统的管理与设置，对多套机组运行数据进行长期存储和管理，提供专业的诊断和预测预警图谱，为工程师提供网上共享的工作平台，并可根据用户需要，开发其他个性化功能，完善远程监测故障诊断系统。

利用物联网技术及传感器系统实施现场远程信号获取，信号采集内容主要包括：轴振动、轴位移监测，轴转速监测，轴瓦温度监测等，这些属于机组本身监测；轮盘温度监测，前、后轴承进油压力监测，进、排油温度监测，支座回水温度监测等，这些属于机组配套管线监测；另外，还有机组配套安装的仪表盘监测。在这些监测系统中，最重要的信号是能够揭示机组机械动态特性的轴振动和位移信号。

附　录

附录 A　拉普拉斯变换

对一个系统的描述，即数学模型，常采用线性定常微分方程。拉普拉斯变换，简称为拉普拉斯变换，它能够很方便地解微分方程。这种变换而得到的运算方法主要的优点是：以时间函数的导数经拉普拉斯变换后，变成以复变量 s 的乘法；以时间表示的微分方程，变为以 s 表示的代数方程。这将使求解变得容易。拉普拉斯变换的另一优点是使微分方程的补解及特解同时求出，这是因为自动地引入了初始条件。

因此，拉普拉斯变换及拉普拉斯反变换成为控制工程及研究动力学系统的一个基本数学方法。这部分拉普拉斯变换内容实际上是独立的一章，一般安排在第一章后面。考虑到读者已经修过，本书放在最后附录中，供读者复习参考，或进行提示性的讲授。

第一节　拉普拉斯变换

一、拉普拉斯变换的定义

若 $f(t)$ 为实变数 t 的函数，且 $t<0$ 时，$f(t)=0$，则函数 $f(t)$ 的拉普拉斯变换定义为

$$\mathcal{L}[f(t)] = \mathcal{F}(s) = \int_0^{\infty} f(t)\mathrm{e}^{-st}\mathrm{d}t \tag{A-1}$$

式中，$\mathcal{L}$ 是拉普拉斯变换符号；s 是复变数；$\mathcal{F}(s)$ 是 $f(t)$ 拉普拉斯变换函数，即象函数；$f(t)$ 对应以上称为原函数。

拉普拉斯变换存在的条件，是原函数 $f(t)$ 必须满足狄里赫利条件。这些条件在工程上常常是可以得到满足的。

二、典型时间函数的拉普拉斯变换

1. 单位阶跃函数

单位阶跃函数 $x(t)=1(t)=1$ 的拉普拉斯变换为

$$\mathcal{L}[1(t)] = \int_0^{\infty} 1\mathrm{e}^{-st}\mathrm{d}t = -\frac{1}{s}(\mathrm{e}^{-st})\Big|_0^{\infty} = \frac{1}{s} \tag{A-2}$$

推广到常数 K 的拉普拉斯变换为

$$\mathcal{L}(K) = K\mathcal{L}(1) = \frac{K}{s} \tag{A-3}$$

这说明拉普拉斯变换是一种线性变换。

2. 指数函数

指数函数 Ae^{-at} 的拉普拉斯变换为

$$\mathcal{L}(Ae^{-at}) = \int_0^\infty Ae^{-at}e^{-st}\mathrm{d}t = A\int_0^\infty e^{-(a+s)t}\mathrm{d}t = \frac{A}{s+a} \tag{A-4}$$

式中，A、a 是常数。

3. 斜坡函数

斜坡函数 $f(t) = At$ 的拉普拉斯变换为

$$\mathcal{L}(At) = \int_0^\infty Ate^{-st}\mathrm{d}t = At\left(\frac{e^{-st}}{-s}\right)\Bigg|_0^\infty - \int_0^\infty \frac{Ae^{-st}}{-s}\mathrm{d}t = \frac{A}{s}\int_0^\infty e^{-st}\mathrm{d}t = \frac{A}{s^2} \tag{A-5}$$

4. 正弦函数

正弦函数 $A\sin\omega t$，先由欧拉公式变成指数函数。其中，A、ω 是常数。

因

$$e^{j\omega t} = \cos\omega t + j\sin\omega t, \quad e^{-j\omega t} = \cos\omega t - j\sin\omega t$$

因此

$$\sin\omega t = \frac{1}{2j}(e^{j\omega t} - e^{-j\omega t})$$

所以

$$L(A\sin\omega t) = \frac{A}{2j}\int_0^\infty (e^{j\omega t} - e^{-j\omega t})e^{-st}\mathrm{d}t$$

$$= \frac{A}{2j}\frac{1}{s - j\omega} - \frac{A}{2j}\frac{1}{s + j\omega} = \frac{A\omega}{s^2 + \omega^2} \tag{A-6}$$

实际上，在对 $f(t)$ 求拉普拉斯变换时，不需要做以上的计算，就可以很方便地由拉普拉斯变换表查出。表 A-1 就是常用的时间函数拉普拉斯变换表。

表 A-1　常用的时间函数拉普拉斯变换表

原　函　数 $f(t)$	象　函　数 $F(s)$
$\delta(t)$（单位脉冲函数）	1
$1(t)$（单位阶跃函数）	$\frac{1}{s}$
K（常数）	$\frac{K}{s}$
t（单位斜坡函数）	$\frac{1}{s^2}$

（续）

原 函 数 $f(t)$	象 函 数 $F(s)$
t^n $(n=1, 2\cdots)$	$\frac{n!}{s^{n+1}}$
e^{-at}	$\frac{1}{s+a}$
$t^n e^{-at}(n=1, 2\cdots)$	$\frac{n!}{(s+a)^{n+1}}$
$\frac{1}{T}e^{-\frac{t}{T}}$	$\frac{1}{Ts+1}$
$\sin\omega t$	$\frac{\omega}{s^2+\omega^2}$
$\cos\omega t$	$\frac{s}{s^2+\omega^2}$
$e^{-at}\sin\omega t$	$\frac{\omega}{(s+a)^2+\omega^2}$
$e^{-at}\cos\omega t$	$\frac{s+a}{(s+a)^2+\omega^2}$
$\frac{1}{a}(1-e^{-at})$	$\frac{1}{s(s+a)}$
$\frac{1}{b-a}(e^{-at}-e^{-bt})$	$\frac{1}{(s+a)(s+b)}$
$\frac{1}{b-a}(be^{-bt}-ae^{-at})$	$\frac{s}{(s+a)(s+b)}$
$\sin(\omega t+\phi)$	$\frac{\omega\cos\phi+s\sin\phi}{s^2+\omega^2}$
$\frac{\omega_n}{\sqrt{1-\zeta^2}}e^{-\zeta\omega_n t}\sin\omega_n\sqrt{1-\zeta^2}\,t$	$\frac{\omega_n^2}{s^2+2\zeta\omega_n s+\omega_n^2}$
$\frac{1}{\omega_n\sqrt{1-\zeta^2}}e^{-\zeta\omega_n t}\sin\omega_n\sqrt{1-\zeta^2}\,t$	$\frac{1}{s^2+2\zeta\omega_n s+\omega_n^2}$
$-\frac{1}{\sqrt{1-\zeta^2}}e^{-\zeta\omega_n t}\sin(\omega_n\sqrt{1-\zeta^2}\,t-\phi)$ 其中，$\phi=\arctan\frac{\sqrt{1-\zeta^2}}{\zeta}$	$\frac{s}{s^2+2\zeta\omega_n s+\omega_n^2}$
$1-\cos\omega t$	$\frac{\omega^2}{s(s^2+\omega^2)}$
$\omega t-\sin\omega t$	$\frac{\omega^3}{s(s^2+\omega^2)}$
$t\sin\omega t$	$\frac{2\omega s}{(s^2+\omega^2)^2}$

第二节　拉普拉斯变换定理

以下介绍拉普拉斯变换的主要定理，这对研究线性系统是很有用的。

一、线性定理

若 α、β 是任意两个复常数，且 $\mathcal{L}[f(t)]=F(s)$［即 $f(t)$ 的拉普拉斯变换存在］，则

$$\mathcal{L}[\alpha f_1(t)+\beta f_2(t)]=\alpha F_1(s)+\beta F_2(s) \tag{A-7}$$

证明：

$$\begin{aligned}\mathcal{L}[\alpha f_1(t)+\beta f_2(t)]&=\int_0^{\infty}[\alpha f_1(t)+\beta f_2(t)]e^{-st}dt\\&=\int_0^{\infty}\alpha f_1(t)e^{-st}dt+\int_0^{\infty}\beta f_2(t)e^{-st}dt\\&=\alpha F_1(s)+\beta F_2(s)\end{aligned}$$

线性定理表明，时间函数和的拉普拉斯变换等于每个时间函数的拉普拉斯变换之和，若有常数乘以时间函数，则经拉普拉斯变换后，常数可以提到拉普拉斯变换符号外面。

例 A-1

已知 $f(t)=1-2\cos\omega t$，求 $F(s)$。

解：

$$F(s)=\mathcal{L}[f(t)]=\mathcal{L}(1-2\cos\omega t)=\mathcal{L}(1)-\mathcal{L}(2\cos\omega t)$$

查拉普拉斯变换表，得

$$F(s)=\frac{1}{s}-\frac{2s}{s^2+\omega^2}=\frac{-s^2+\omega^2}{s(s^2+\omega^2)}$$

二、平移定理

若 $\mathcal{L}[f(t)]=F(s)$，则有

$$\mathcal{L}[e^{-at}f(t)]=F(s+a) \tag{A-8}$$

证明：

$$\mathcal{L}[e^{-at}f(t)]=\int_0^{\infty}f(t)e^{-at}e^{-st}dt=\int_0^{\infty}f(t)e^{-(s+a)t}dt=F(s+a)$$

这个公式说明，在时域中 $f(t)$ 乘以 e^{-at} 的效果，是其在复变量域中把 s 平移为 $s+a$，是复域平移定理，在求算有指数时间函数项的复合时间函数的拉普拉斯变换时很方便。

例 A-2

求 $\mathcal{L}(e^{-at}\cos\omega t)$。

解： 根据查拉普拉斯变换表 $\cos\omega t$ 的拉普拉斯变换及式（A-8），得

$$\mathcal{L}(e^{-at}\cos\omega t)=\frac{s+a}{(s+a)^2+\omega^2}$$

三、微分定理

若 $\mathcal{L}(f(t))=F(s)$，则

$$\mathcal{L}\left[\frac{df(t)}{dt}\right]=sF(s)-f(0) \tag{A-9}$$

式中，$f(0)$ 是函数 $f(t)$ 在 $t=0$ 时刻的值，即为 $f(t)$ 的初始值。

证明： 由拉普拉斯变换定义，有

$$\mathcal{L}\left[\frac{df(t)}{dt}\right]=\int_0^{\infty}\frac{df(t)}{dt}e^{-st}dt$$

利用分部积分公式 $\int u dv=uv-\int v du$，取 $u=e^{-st}$，$v=f(t)$，有

$$\mathcal{L}\left[\frac{df(t)}{dt}\right]=[e^{-st}f(t)]\Big|_0^{\infty}+s\int_0^{\infty}f(t)e^{-st}dt=sF(s)-f(0)$$

同理，二阶导数的拉普拉斯变换为

$$\mathcal{L}\left[\frac{d^2f(t)}{dt^2}\right]=s^2F(s)-sf(0)-\dot{f}(0)$$

n 阶导数的拉普拉斯变换为

$$\mathcal{L}\left[\frac{d^nf(t)}{dt^n}\right]=s^nF(s)-s^{n-1}f(0)-\cdots-sf^{(n-2)}(0)-f^{(n-1)}(0) \tag{A-10}$$

式中，$f(0)$，$\dot{f}(0)$，$f^{(2)}(0)$，…，$f^{(n-1)}(0)$ 分别为各阶导数在 $t=0$ 时的值。由式（A-10）可知，在求导数的拉普拉斯变换中，已计入了各个初始条件。如果这些初始值均为零，则有

$$\mathcal{L}\left[\frac{d^nf(t)}{dt^n}\right]=s^nF(s) \tag{A-11}$$

对微分方程进行拉普拉斯变换时，常用到微分定理。它也可以用来求算某些函数的拉普拉斯变换。

例 A-3

求以下微分方程的拉普拉斯变换，已知其各阶导数的初始值为零。

解：

$$\frac{d^3x_o(t)}{dt^3}+2\frac{d^2x_o(t)}{dt^2}+3\frac{dx_o(t)}{dt}+x_o(t)=2\frac{dx_i(t)}{dt}+x_i(t)$$

用式（A-11），对上式两端取拉普拉斯变换，得

$$s^3X_o(s)+2s^2X_o(s)+3sX_o(s)+X_o(s)=2sX_i(s)+X_i(s)$$

$$(s^3+2s^2+3s+1)X_o(s)=(2s+1)X_i(s)$$

可知象函数是一个代数方式，容易求解。

例 A-4

求 $f(t)=\sin\omega t$ 的拉普拉斯变换。

解：

$$\frac{\mathrm{d}(\sin\omega t)}{\mathrm{d}t}=\omega\cos\omega t$$

可知

$$f(0)=\sin 0=0$$

$$\dot{f}(0)=\omega\cos 0=\omega$$

又

$$\frac{\mathrm{d}^2(\sin\omega t)}{\mathrm{d}t^2}=-\omega^2\sin\omega t$$

由式(A-10)，有

$$\mathcal{L}\left[\frac{\mathrm{d}^2 f(t)}{\mathrm{d}t^2}\right]=s^2\mathcal{F}(s)-sf(0)-\dot{f}(0)$$

有

$$\mathcal{L}\left[\frac{\mathrm{d}^2(\sin\omega t)}{\mathrm{d}t^2}\right]=\mathcal{L}(-\omega^2\sin\omega t)=s^2\mathcal{L}(\sin\omega t)-s\times 0-\omega$$

即

$$-\omega^2\mathcal{L}(\sin\omega t)=s^2\mathcal{L}(\sin\omega t)-\omega$$

故得

$$\mathcal{L}(\sin\omega t)=\frac{\omega}{s^2+\omega^2}$$

四、积分定理

若 $\mathcal{L}[f(t)]=\mathcal{F}(s)$，则

$$\mathcal{L}\left[\int f(t)\mathrm{d}t\right]=\frac{1}{s}\mathcal{F}(s)+\frac{1}{s}\int f(0)\mathrm{d}t \tag{A-12}$$

式中，$\int f(0)\mathrm{d}t$ 是 $\int f(t)\mathrm{d}t$ 在 $t=0$ 时刻的值，或称为积分的初始值。

证明：由拉普拉斯变换的定义，有

$$\mathcal{L}\left[\int f(t)\mathrm{d}t\right]=\int_0^\infty\left[\int f(t)\mathrm{d}t\right]\mathrm{e}^{-st}\mathrm{d}t$$

利用分部积分法，取

$$u=\int f(t)\mathrm{d}t,\quad \mathrm{d}v=\mathrm{e}^{-st}\mathrm{d}t$$

则有

$$du = f(t)\,dt, \quad v = \frac{e^{-st}}{-s}$$

因此

$$\int_0^{\infty}\left[\int f(t)\,dt\right]e^{-st}dt = \left\{\left[\int f(t)\,dt\right]\frac{e^{-st}}{-s}\right\}\Bigg|_0^{\infty} - \int_0^{\infty} f(t)\,dt\,\frac{e^{-st}}{-s}$$

$$= \frac{1}{s}\int f(t)\,dt\,\Bigg|_{t=0} + \frac{1}{s}\int_0^{\infty} f(t)e^{-st}dt$$

$$= \frac{1}{s}\int f(0)\,dt + \frac{1}{s}\mathcal{F}(s)$$

即

$$\mathcal{L}\left[\int f(t)\,dt\right] = \frac{1}{s}\mathcal{F}(s) + \frac{1}{s}\int f(0)\,dt$$

同理可得

$$\mathcal{L}\left[\int^{(n)} f(t)\,dt\right] = \frac{1}{s^n}\mathcal{F}(s) + \frac{1}{s^n}\int f(0)\,dt + \frac{1}{s^{n-1}}\int^{(2)} f(0)\,dt + \cdots + \frac{1}{s}\int^{(n)} f(0)\,dt \tag{A-13}$$

式中，$\int f(0)\,dt$，$\int^{(2)} f(0)\,dt$，…，$\int^{(n)} f(0)\,dt$ 分别为 $f(t)$ 的各重积分在 $t=0$ 的值。如果这些积分的初始值均为零，则有

$$\mathcal{L}\left[\int^{(n)} f(t)\,dt\right] = \frac{1}{s^n}\mathcal{F}(s) \tag{A-14}$$

利用积分定理，可以求时间函数的拉普拉斯变换，利用微分、积分定理可将微分-积分方程变为代数方程。

例 A-5

求 $\mathcal{L}[t^n]$。

解： 由于

$$\int_0^t 1(t)\,dt = t$$

则由式(A-14)，有

$$\mathcal{L}(t) = \mathcal{L}\left[\int_0^t 1(t)\,dt\right] = \frac{1}{s}\mathcal{L}[1(t)] = \frac{1}{s^2}$$

又由于

$$\int_0^t\left[\int_0^t 1(t)\,dt\right]dt = \int_0^t t\,dt = \frac{1}{2}t^2$$

故有

$$\int_0^t\int_0^t\cdots\left[\int_0^t 1(t)\,dt\right]dt^{(n-1)} = \frac{1}{n!}t^n$$

式中，n 为正整数。

对上式两边取拉普拉斯变换，并利用积分定理，则

$$\mathcal{L}(t^n) = n!\ \mathcal{L}\left[\int_0^t\int_0^t\cdots\int_0^t 1(t)\,\mathrm{d}t^{(n)}\right] = \frac{n!}{s^n}\mathcal{L}[1(t)] = \frac{n!}{s^{n+1}}$$

五、终值定理

若 $\mathcal{L}[f(t)] = F(s)$，则终值定理表示为

$$\lim_{t\to\infty} f(t) = \lim_{s\to 0} sF(s) \tag{A-15}$$

证明：由式(A-9)，有

$$\mathcal{L}\left[\frac{\mathrm{d}f(t)}{\mathrm{d}t}\right] = \int_0^\infty \frac{\mathrm{d}f(t)}{\mathrm{d}t}\mathrm{e}^{-st}\mathrm{d}t = sF(s) - f(0)$$

令 $s\to 0$，有

$$\lim_{s\to 0}\int_0^\infty \frac{\mathrm{d}f(t)}{\mathrm{d}t}\mathrm{e}^{-st}\mathrm{d}t = \lim_{s\to 0}[sF(s) - f(0)]$$

又因

$$\lim_{s\to 0}\mathrm{e}^{-st} = 1$$

得

$$\int_0^\infty\left[\frac{\mathrm{d}f(t)}{\mathrm{d}t}\right]\mathrm{d}t = [f(t)]\Big|_0^\infty = f(\infty) - f(0)$$

由以上两式及 s 与 $f(0)$ 无关，有

$$f(0) = \lim_{s\to 0} f(0)$$

得

$$f(\infty) - f(0) = \lim_{s\to 0}[sF(s) - f(0)] = \lim_{s\to 0} sF(s) - f(0)$$

因此

$$f(\infty) = \lim_{t\to\infty} f(t) = \lim_{s\to 0} sF(s)$$

终值定理用来确定系统或元件的稳态度，即在 $t\to\infty$ 时，$f(t)$ 稳定在一定值的数值。这在时间响应中求算稳态值常常用到。但是，如果在 $t\to\infty$ 时，$\lim_{t\to\infty} f(t)$ 极限不存在时，则终值定理不能应用。如 $f(t)$ 分别包含有振荡时间函数（如 $\sin\omega t$）或指数增长的时间函数时，终值定理则不能应用。

例 A-6

已知 $\mathcal{L}[f(t)] = F(s) = \dfrac{1}{s+a}$，求 $f(\infty)$。

解：由式（A-15），有

$$f(\infty) = \lim_{s\to\infty} sF(s) = \lim_{s\to 0}\frac{s}{s+a} = 0$$

又有已知 $F(s) = \dfrac{1}{s+a}$，查拉普拉斯变换表，可得

$$f(t)=\mathrm{e}^{-at}$$

而

$$f(\infty)=\lim_{t\to\infty}\mathrm{e}^{-at}=0$$

可知两者结果是一致的。

六、初值定理

$$\lim_{t\to 0}f(t)=\lim_{s\to\infty}s\mathcal{F}(s) \tag{A-16}$$

式(A-16) 即为初值定理。

证明：由拉普拉斯变换的定义，有

$$\mathcal{L}\left[\frac{\mathrm{d}f(t)}{\mathrm{d}t}\right]=\int_0^{\infty}\frac{\mathrm{d}f(t)}{\mathrm{d}t}\mathrm{e}^{-st}\mathrm{d}t=s\mathcal{F}(s)-f(0)$$

由于$s\to\infty$时，$\mathrm{e}^{-st}\to 0$，因而

$$\lim_{s\to\infty}\left[\int_0^{\infty}\frac{\mathrm{d}f(t)}{\mathrm{d}t}\mathrm{e}^{-st}\mathrm{d}t\right]=\lim_{s\to\infty}[s\mathcal{F}(s)-f(0)]=\lim_{s\to\infty}s\mathcal{F}(s)-f(0)=0$$

因而

$$f(0)=\lim_{t\to 0}f(t)=\lim_{s\to\infty}s\mathcal{F}(s)$$

初值定理只有$f(0)$存在时才能应用，它用来确定系统或元件的初始值，而不需要知道原函数。

例 A-7

已知 $\mathcal{F}(s)=\dfrac{1}{s+a}$，求$f(0)$。

解：由式(A-16)，有

$$f(0)=\lim_{s\to\infty}s\mathcal{F}(s)=\lim_{s\to\infty}\frac{a}{s+a}=\lim_{s\to\infty}\frac{1}{1+\dfrac{a}{s}}=1$$

要知道原函数时，可由 $\mathcal{F}(s)=\dfrac{1}{s+a}$ 查拉普拉斯变换表，得

$$f(t)=\mathrm{e}^{-at}$$

则

$$f(0)=\lim_{t\to 0}f(t)=\lim_{t\to 0}\mathrm{e}^{-at}=1$$

结果表明两种算法的值相同。

七、卷积定理

$$\mathcal{L}\left[\int_0^{\infty}f_1(t-\tau)f_2(\tau)\mathrm{d}\tau\right]=\mathcal{F}_1(s)\mathcal{F}_2(s) \tag{A-17}$$

式(A-17) 表明两个时间函数$f_1(t)$、$f_2(t)$卷积的拉普拉斯变换等于两个时间函数的拉普拉斯变换的乘积。这个关系式在拉普拉斯反变换中可以简化计算。证明从略。

本节结束时，需要提醒注意，关于拉普拉斯积分下限我们用的数值符号是0，因此在计算及公式中没有出现0^-及0^+数值符号。如果拉普拉斯积分中的时间函数在$t=0$处包含脉冲函数，或者时间函数在$t=0^-$及$t=0^+$处不连续时，有时为了加以区别，自然在计算及公式中就出现了0^-及0^+数值符号。

第三节　拉普拉斯反变换

一、拉普拉斯反变换

拉普拉斯反变换是指将象函数$\mathcal{F}(s)$变换到与其对应的原函数$f(t)$的过程。采用拉普拉斯反变换符号$\mathcal{L}^{-1}$，可以表示为

$$\mathcal{L}^{-1}[\mathcal{F}(s)]=f(t) \tag{A-18}$$

拉普拉斯反变换的求算有多种方法，其中比较简单的方法是由$\mathcal{F}(s)$查拉普拉斯变换表得出相应的$f(t)$及部分公式展开法。

如果把$f(t)$的拉普拉斯变换$\mathcal{F}(s)$分成各个部分之和，即

$$\mathcal{F}(s)=\mathcal{F}_1(s)+\mathcal{F}_2(s)+\cdots+\mathcal{F}_n(s)$$

假若$\mathcal{F}_1(s)$，$\mathcal{F}_2(s)$，…，$\mathcal{F}_n(s)$的拉普拉斯反变换很容易由拉普拉斯变换表查得，那么即得

$$\begin{aligned}f(t)&=\mathcal{L}^{-1}[\mathcal{F}(s)]=\mathcal{L}^{-1}[\mathcal{F}_1(s)]+\mathcal{L}^{-1}[\mathcal{F}_2(s)]+\cdots+\mathcal{L}^{-1}[\mathcal{F}_n(s)]\\&=f_1(t)+f_2(t)+\cdots+f_n(t)\end{aligned} \tag{A-19}$$

但是$\mathcal{F}(s)$有时比较复杂，当不能很简便地分解成各个部分之和时，可采用部分分式展开法对$\mathcal{F}(s)$分解成各个部分之和，然后再对每一部分查拉普拉斯变换表，得到其一一对应的拉普拉斯反变换函数，其和就是要得的$\mathcal{F}(s)$的拉普拉斯反变换$f(t)$函数。

二、部分分式展开法

在系统分析问题中，$\mathcal{F}(s)$常具有如下形式：

$$\mathcal{F}(s)=\frac{A(s)}{B(s)}$$

式中，$A(s)$和$B(s)$为s的多项式，$B(s)$的阶次较$A(s)$阶次要高。对于这种称为有理真分式的象函数$F(s)$，分母$B(s)$应首先进行因子分解，换句话说就是分母$B(s)$的根必须预先知道，才能用部分分式展开法，最后得到$F(s)$的拉普拉斯反变换函数，即把分母$B(s)$进行因子分解，写成

$$\mathcal{F}(s)=\frac{A(s)}{B(s)}=\frac{A(s)}{(s+p_1)(s+p_2)\cdots(s+p_n)}$$

式中，p_1、p_2、…、p_n是$B(s)$的根，或称为$\mathcal{F}(s)$的极点，它们可能是实数，也可能为复数。如果是复数，则一定是成对共轭的。

如果不是$B(s)$的阶次高于$A(s)$的阶次，即$A(s)$的阶次高于$B(s)$时，则应首先用分母$B(s)$去除分子$A(s)$，由此得到一个s的多项式，再加上一项具有分式形式的余项，其分

子 s 多项式的阶次就化为低于分母 s 多项式的阶次了。

1. 分母 $B(s)$ 无重根

在这种情况下，$F(s)$ 总可以展成简单的部分分式之和，即

$$F(s)=\frac{A(s)}{B(s)}=\frac{A(s)}{(s+p_1)(s+p_2)\cdots(s+p_n)}$$

$$=\frac{a_1}{s+p_1}+\frac{a_2}{s+p_2}+\cdots+\frac{a_n}{s+p_n} \tag{A-20}$$

式中，$a_k(k=1, 2, \cdots, n)$ 为常数，系数 a_k 为在极点 $s=-p_k$ 处的留数。a_k 的值可以用在等式两边乘以 $(s+p_k)$，并把 $s=-p_k$ 代入的方法求出。即

$$\left[(s+p_k)\frac{A(s)}{B(s)}\right]\Bigg|_{s=-p_k}$$

$$=\left[\frac{a_1}{s+p_1}(s+p_k)+\frac{a_2}{s+p_2}(s+p_k)+\cdots+\frac{a_k}{s+p_k}(s+p_k)\right.$$

$$\left.+\cdots+\frac{a_n}{s+p_n}(s+p_k)\right]\Bigg|_{s=-p_k}=a_k$$

可以看出，在所有展开项中除去含有 a_k 的项外都消去了，因此留数 a_k 可由下式得到

$$a_k=\left[(s+p_k)\frac{A(s)}{B(s)}\right]\Bigg|_{s=-p_k} \tag{A-21}$$

需要注意的是，因为 $f(t)$ 是时间的实函数，如 p_1 和 p_2 是共轭复数时，则留数 a_1 和 a_2 也必然是共轭复数。这种情况下，式(A-21) 也可以应用。共轭复留数中，只需计算一个复留数 a_1（或 a_2），而另一个复留数 a_2（或 a_1）自然也就知道了。

例 A-8

已知 $F(s)=\dfrac{s+3}{s^2+3s+2}$，求 $F(s)$ 的拉普拉斯反变换。

解：

$$F(s)=\frac{s+3}{s^2+3s+2}=\frac{s+3}{(s+1)(s+2)}=\frac{a_1}{s+1}+\frac{a_2}{s+2}$$

由式(A-21)，得

$$a_1=\left[(s+1)\frac{s+3}{(s+1)(s+2)}\right]\Bigg|_{s=-1}=2$$

$$a_2=\left[(s+2)\frac{s+3}{(s+1)(s+2)}\right]\Bigg|_{s=-2}=-1$$

因此

$$f(t)=L^{-1}[F(s)]=L^{-1}\left(\frac{2}{s+1}\right)+L^{-1}\left(\frac{-1}{s+2}\right)$$

查拉普拉斯变换表，得

$$f(t)=2\mathrm{e}^{-t}-\mathrm{e}^{-2t}$$

例 A-9

已知 $F(s)=\dfrac{2s+12}{s^2+2s+5}$，求 $\mathcal{L}^{-1}[F(s)]$。

解：分母多项式可以因子分解为

$$s^2+2s+5=(s+1+\mathrm{j}2)(s+1-\mathrm{j}2)$$

进行因子分解后，可对 $F(s)$ 展成部分分式

$$F(s)=\frac{2s+12}{s^2+2s+5}=\frac{a_1}{s+1+\mathrm{j}2}+\frac{a_2}{s+1-\mathrm{j}2}$$

由式(A-21) 得

$$a_1=\left[(s+1+\mathrm{j}2)\frac{2s+12}{(s+1+\mathrm{j}2)(s+1-\mathrm{j}2)}\right]\Bigg|_{s=-1-\mathrm{j}2}$$

$$=\frac{2s+12}{s+1-\mathrm{j}2}\Bigg|_{s=-1-\mathrm{j}2}=\frac{2(-1-\mathrm{j}2)+12}{(-1-\mathrm{j}2)+1-\mathrm{j}2}$$

$$=\frac{-2-\mathrm{j}4+12}{-1-\mathrm{j}2+1-\mathrm{j}2}=\frac{10-\mathrm{j}4}{-\mathrm{j}4}=\frac{10\mathrm{j}+4}{4}=1+\mathrm{j}\frac{5}{2}$$

由于 a_2 与 a_1 共轭，因此

$$a_2=1-\mathrm{j}\frac{5}{2}$$

所以

$$f(t)=\mathcal{L}^{-1}[F(s)]=\mathcal{L}^{-1}\left(\frac{1+\mathrm{j}\frac{5}{2}}{s+1+\mathrm{j}2}+\frac{1-\mathrm{j}\frac{5}{2}}{s+1-\mathrm{j}2}\right)$$

$$=\mathcal{L}^{-1}\left(\frac{1+\mathrm{j}\frac{5}{2}}{s+1+\mathrm{j}2}\right)+\mathcal{L}^{-1}\left(\frac{1-\mathrm{j}\frac{5}{2}}{s+1-\mathrm{j}2}\right)$$

查拉普拉斯变换表，得

$$f(t)=\left(1+\mathrm{j}\frac{5}{2}\right)\mathrm{e}^{-(1+\mathrm{j}2)t}+\left(1-\mathrm{j}\frac{5}{2}\right)\mathrm{e}^{-(1-\mathrm{j}2)t}$$

$$=\mathrm{e}^{-(1+\mathrm{j}2)t}+\mathrm{e}^{-(1-\mathrm{j}2)t}+\mathrm{j}\frac{5}{2}[\mathrm{e}^{-(1+\mathrm{j}2)t}-\mathrm{e}^{-(1-\mathrm{j}2)t}]$$

$$=\mathrm{e}^{-t}(\mathrm{e}^{-\mathrm{j}2t}+\mathrm{e}^{\mathrm{j}2t})+\mathrm{j}\frac{5}{2}\mathrm{e}^{-t}(\mathrm{e}^{-\mathrm{j}2t}-\mathrm{e}^{\mathrm{j}2t})$$

$$=2\mathrm{e}^{-t}\left(\frac{\mathrm{e}^{-\mathrm{j}2t}+\mathrm{e}^{\mathrm{j}2t}}{2}\right)-\mathrm{j}^2 5\mathrm{e}^{-t}\left(\frac{\mathrm{e}^{\mathrm{j}2t}-\mathrm{e}^{-\mathrm{j}2t}}{2\mathrm{j}}\right)$$

$$=2\mathrm{e}^{-t}\cos 2t+5\mathrm{e}^{-t}\sin 2t$$

2. 分母 $B(s)$ 有重根

若有三重根，并为 p_1，则 $F(s)$ 一般的表达式为

$$
\begin{aligned}
F(s) &= \frac{A(s)}{(s+p_1)^3+(s+p_2)(s+p_3)\cdots(s+p_n)} \\
&= \frac{a_{11}}{(s+p_1)^3}+\frac{a_{12}}{(s+p_1)^2}+\frac{a_{13}}{s+p_1}+\frac{a_2}{s+p_2}+\frac{a_3}{s+p_3}+\cdots+\frac{a_n}{s+p_n}
\end{aligned}
$$

式中，系数 a_2，a_3，…，a_n 仍按照上述无重根的方法［即式（A-21）］来计算，而重根的系数 a_{11}，a_{12}及 a_{13}可按以下方法求得

$$
a_{11} = [(s+p_1)^3F(s)]\Big|_{s=-p_1}
$$

$$
a_{12} = \left\{\frac{\mathrm{d}}{\mathrm{d}s}[(s+p_1)^3F(s)]\right\}\Bigg|_{s=-p_1}
$$

$$
a_{13} = \frac{1}{2!}\left\{\frac{\mathrm{d}^2}{\mathrm{d}s^2}[(s+p_1)^3F(s)]\right\}\Bigg|_{s=-p_1}
$$

依此类推，当 p_1 为 k 重根时，其系数为

$$
a_{1m} = \frac{1}{(m-1)!}\left\{\frac{\mathrm{d}^{(m-1)}}{\mathrm{d}s^{(m-1)}}[(s+p_1)^kF(s)]\right\}\Bigg|_{s=-p_1} \quad m=1,2,\cdots,k \tag{A-22}
$$

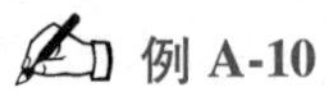 例 A-10

已知 $F(s)$，求 $\mathcal{L}^{-1}[F(s)]$。

$$
F(s) = \frac{s^2+2s+3}{(s+1)^3}
$$

解： $p_1=1$，p_1 有三重根。

$$
F(s) = \frac{s^2+2s+3}{(s+1)^3} = \frac{a_{11}}{(s+1)^3}+\frac{a_{12}}{(s+1)^2}+\frac{a_{13}}{s+1}
$$

由式(A-22) 可得

$$
a_{11} = \left[(s+1)^3\frac{s^2+2s+3}{(s+1)^3}\right]\Bigg|_{s=-1} = 2
$$

$$
a_{12} = \left\{\frac{\mathrm{d}}{\mathrm{d}s}\left((s+1)^3\frac{s^2+2s+3}{(s+1)^3}\right]\right\}\Bigg|_{s=-1} = (2s+2)\big|_{s=-1} = 0
$$

$$
a_{13} = \frac{1}{2!}\left\{\frac{\mathrm{d}^2}{\mathrm{d}s^2}\left[(s+1)^3\frac{s^2+2s+3}{(s+1)^3}\right]\right\}\Bigg|_{s=-1} = \frac{1}{2}(2)\big|_{s=-1} = 1
$$

因此，得

$$
\begin{aligned}
f(t) &= \mathcal{L}^{-1}[F(s)] \\
&= \mathcal{L}^{-1}\left[\frac{2}{(s+1)^3}\right]+\mathcal{L}^{-1}\left(\frac{0}{s+1}\right)+\mathcal{L}^{-1}\left(\frac{1}{s+1}\right)
\end{aligned}
$$

查拉普拉斯变换表，有

$$
f(t) = t^2\mathrm{e}^{-t}+0+\mathrm{e}^{-t} = (t^2+1)\mathrm{e}^{-t}
$$

通过本节讨论拉普拉斯反变换的方法，我们就可以用这些方法求得线性定常微分方程的全解（补解和特解）。采用这种方法在求微分方程的全解时，不需要像经典方法那样计算由初始条件确定的积分常数。因为在微分方程的拉普拉斯变换中已自然地包含了初始条件。

解微分方程的步骤为：

1）对给定的微分方程等式两端取拉普拉斯变换，变微分方程为 s 变量的代数方程。

2）对变换的代数方程加以整理，得到微分方程求解的变量的拉普拉斯表达式。对这个变量求拉普拉斯反变换，即得在时域中（以时间 t 为参变量）微分方程的解。

附录B 常用函数 z 变换表

序 号	$x(t)$	z 变换 $X(z)$
1	$\delta(t)$	1
2	$\delta_T(t) = \sum_{n=0}^{\infty}\delta(t-nT)$	$\frac{z}{z-1}$
3	$1(t)$	$\frac{z}{z-1}$
4	t	$\frac{T_z}{(z-1)^2}$
5	$\frac{t^2}{2}$	$\frac{T^2z(z+1)}{2(z-1)^3}$
6	$\frac{t^n}{n!}$	$\lim_{a\to 0}\frac{(-1)^n}{n!}\frac{\partial^n}{\partial a^n}\left(\frac{z}{z-\mathrm{e}^{-aT}}\right)$
7	e^{-at}	$\frac{z}{z-\mathrm{e}^{-aT}}$
8	$t\mathrm{e}^{-at}$	$\frac{Tz\mathrm{e}^{-aT}}{(z-\mathrm{e}^{-aT})^2}$
9	$1-\mathrm{e}^{-at}$	$\frac{(1-\mathrm{e}^{-aT})z}{(z-1)(z-\mathrm{e}^{-aT})}$
10	$\mathrm{e}^{-at}-\mathrm{e}^{-bt}$	$\frac{z}{z-\mathrm{e}^{-aT}}-\frac{z}{z-\mathrm{e}^{-bT}}$
11	$\sin\omega t$	$\frac{z\sin\omega T}{z^2-2z\cos\omega T+1}$
12	$\cos\omega t$	$\frac{z(z-\cos\omega T)}{z^2-2z\cos\omega T+1}$
13	$\mathrm{e}^{-at}\sin\omega t$	$\frac{z\mathrm{e}^{-aT}\sin\omega T}{z^2-2z\mathrm{e}^{-aT}\cos\omega T+\mathrm{e}^{-2aT}}$
14	$\mathrm{e}^{-at}\cos\omega t$	$\frac{z^2-z\mathrm{e}^{-aT}\cos\omega T}{z^2-2z\mathrm{e}^{-aT}\cos\omega T+\mathrm{e}^{-2aT}}$
15	$a^{t/T}$	$\frac{z}{z-a}$

附录 C 常见非线性特性的描述函数及负倒描述函数曲线

类型	非线性特性	描述函数 $N(A)$	负倒描述函数曲线 $-1/N(A)$
理想继电器特性		$\dfrac{4M}{\pi A}$	
死区继电器特性		$\dfrac{4M}{\pi A}\sqrt{1-\left(\dfrac{h}{A}\right)^2}\quad(A\geqslant h)$	
滞环继电器特性		$\dfrac{4M}{\pi A}\sqrt{1-\left(\dfrac{h}{A}\right)^2}-\mathrm{j}\dfrac{4Mh}{\pi A^2}$ $(A\geqslant h)$	
死区加滞环继电器特性		$\dfrac{2M}{\pi A}\left[\sqrt{1-\left(\dfrac{mh}{A}\right)^2}+\sqrt{1-\left(\dfrac{h}{A}\right)^2}\right]+\mathrm{j}\dfrac{2Mh}{\pi A^2}(m-1)\quad(A\geqslant h)$	
饱和特性		$\dfrac{2k}{\pi}\left[\arcsin\dfrac{a}{A}+\dfrac{a}{A}\sqrt{1-\left(\dfrac{h}{A}\right)^2}\right]$ $(A\geqslant a)$	
死区特性		$\dfrac{2k}{\pi}\left[\dfrac{\pi}{2}-\arcsin\dfrac{\Delta}{A}-\dfrac{\Delta}{A}\sqrt{1-\left(\dfrac{\Delta}{A}\right)^2}\right]$ $(A\geqslant\Delta)$	
间隙特性		$\dfrac{k}{\pi}\left[\dfrac{\pi}{2}+\arcsin\left(1-\dfrac{2b}{A}\right)+2\left(1-\dfrac{2b}{A}\right)\sqrt{\dfrac{b}{A}\left(1-\dfrac{b}{A}\right)}\right]+\mathrm{j}\dfrac{4kb}{\pi A}\left(\dfrac{b}{A}-1\right)\quad(A\geqslant b)$	
死区加饱和特性		$\dfrac{2k}{\pi}\left[\arcsin\dfrac{a}{A}-\arcsin\dfrac{\Delta}{A}+\dfrac{a}{A}\sqrt{1-\left(\dfrac{a}{A}\right)^2}-\dfrac{\Delta}{A}\sqrt{1-\left(\dfrac{\Delta}{A}\right)^2}\right]\quad(A\geqslant a)$	

参 考 文 献

[1] 朱骥北 . 机械工程控制基础 [M]. 北京：机械工业出版社，1989.

[2] 王积伟，潘亚东 . 控制工程基础 [M]. 南京：南京大学出版社，1991.

[3] OGATA K. 现代控制工程 [M]. 卢伯英，于海勋，等译 . 北京：电子工业出版社，2000.

[4] 张汉全，肖建，汪晓宁 . 自动控制理论 [M]. 成都：西南交通大学出版社，2000.

[5] 王彤，等 . 自动控制原理试题精选与答题技巧 [M]. 哈尔滨：哈尔滨工业大学出版社，2000.

[6] DORF R C，BISHOP R H. 现代控制系统 [M]. 谢红卫，等译 . 北京：高等教育出版社，2001.

[7] 胡寿松 . 自动控制原理 [M]. 4 版 . 北京：科学出版社，2001.

[8] 王万良 . 自动控制原理 [M]. 4 版 . 北京：科学出版社，2001.

[9] 徐小力，王书茂，万耀青 . 机电设备监测与诊断现代技术 [M]. 北京：中国宇航出版社，2003.

[10] 杨叔子，杨克冲，等 . 机械工程控制基础 [M]. 5 版 . 武汉：华中科技大学出版社，2006.

[11] 董景新，赵长德 . 控制工程基础 [M]. 3 版 . 北京：清华大学出版社，2006.

[12] 曾励，等 . 控制工程基础 [M]. 北京：电子工业出版社，2007.

[13] 孔祥东，姚成玉 . 控制工程基础 [M]. 3 版 . 北京：机械工业出版社，2019.

[14] 韩力群 . 智能控制理论及应用 [M]. 3 版 . 北京：机械工业出版社，2008.

[15] 陈康宁，等 . 机械工程控制基础 [M]. 3 版 . 西安：西安交通大学出版社，2008.

[16] 杨前明，吴炳胜，金晓宏 . 机械工程控制基础 [M]. 武汉：华中科技大学出版社，2010.

[17] 刘豹 . 现代控制理论 [M]. 北京：机械工业出版社，2010.

[18] 徐小力，王红军 . 大型旋转机械运行状态趋势预测 [M]. 北京：科学出版社，2011.

[19] 曾孟雄，刘春节，张屹，等 . 机械工程控制基础 [M]. 北京：电子工业出版社，2011.

[20] 王伟，申爱明，王殿军，等 . 机械工程控制基础 [M]. 北京：中国石化出版社，2011.

[21] 柳洪义，罗忠，宋伟刚，等 . 机械工程控制基础 [M]. 北京：科学出版社，2011.

[22] 孙增圻，邓志东，张再兴 . 智能控制理论与技术 [M]. 北京：清华大学出版社，2011.

[23] 朱骥北，徐小力，陈秀梅 . 机械控制工程基础 [M]. 2 版 . 北京：机械工业出版社，2013.

[24] 中国机械工程学会设备与维修工程分会 . 设备管理、监测诊断及维修改造 [M]. 北京：机械工业出版社，2013.

[25] 中国机械工程学会设备与维修工程分会 . 设备维修工程技术及其应用 [M]. 北京：机械工业出版社，2013.

[26] 2014 年全国设备监测诊断与维护学术会议组织委员会 . 2014 年全国设备监测诊断与维护学术会议论文：理论与方法部分 [J]. 振动与冲击，2014，33（S）：1-582.

[27] 中国机械工程学会设备与维修工程分会 . 2014 年全国设备监测诊断与维护学术会议论文：应用与产品部分 [J]. 设备管理与维修，2014，增刊（360）：1-228.

[28] 徐小力 . 机电设备故障预警及安全保障技术的发展 [J]. 设备管理与维修，2015（8）：7-10.

[29] 中国机械工程学会设备与维修工程分会 . 设备管理与维修路线图 [M]. 北京：中国科学技术出版社，2016.

[30] 徐小力 . 机电系统状态监测及故障预警的信息化技术综述 [J]. 电子测量与仪器学报，2016，30（3）：325-332.

[31] 2016 年全国设备监测诊断与维护学术会议组织委员会 . 2016 年全国设备监测诊断与维护学术会议论文：理论方法类 [J]. 振动与冲击，2016，35（S）：1-336.

[32] 中国机械工程学会设备与维修工程分会 . 2016 年全国设备监测诊断与维护学术会议论文：工程应用

类［J］. 设备管理与维修，2016，增刊（392）：1-173.

［33］徐小力，刘秀丽．不治已病治未病：读懂远程故障预报智能监测系统［J］. 中国设备工程，2017，(21)：22-23.

［34］中国机械工程学会设备与维修工程分会．2018 年全国设备监测诊断与维护学术会议论文：工程应用类［J］. 设备管理与维修，2018，7（427）：1-164.

［35］陈雪峰，訾艳阳．智能运维与健康管理［M］. 北京：机械工业出版社，2018.